Katja Nettesheim

KI-Kompetenz:
Für eine Zukunft in Wohlstand

Für Jutta ♡

Danke, danke für all die tollen Impulse, die du mir gibst. Extrem wertvoll ♡

KI-KOMPETENZ

Für eine Zukunft in Wohlstand

von KATJA NETTESHEIM

Verlag Franz Vahlen München

vahlen.de

ISBN Print 978 3 8006 7504 3
ISBN E-Book (ePDF) 978 3 8006 7505 0
ISBN E-Book (ePUB) 978 3 8006 7506 7

Druck und Bindung: Beltz Grafische Betriebe GmbH
Am Fliegerhorst 8, 99947 Bad Langensalza

Satz: Fotosatz Buck
Zweikirchener Str. 7, 84036 Kumhausen
Produktion: Sieveking Agentur, München
Umschlag: Nadine Bernhardt – Grafische Angelegenheiten
Bildnachweis: Motiv U1: Klingline (adobestock); Autorinnenfoto U4: Alexander Klebe;
S. 27: David Bruyndoncks (unsplash); S. 41: Shifaaz Shamoon (unsplash);
S. 87: Robert Murray (unsplash); S. 175: Matteo di Iorio (unsplash);
S. 365: Dip Shondipon (unsplash)

myclimate
shape our future

vahlen.de/nachhaltig

Gedruckt auf säurefreiem, alterungsbeständigem Papier
(hergestellt aus chlorfrei gebleichtem Zellstoff)

Für Sumi, die mir alles gegeben hat.
Für Helena und Victoria, denen ich alles gebe.

Bedienungsanleitung

Ich habe dieses Buch geschrieben, um Ihnen den Erwerb und die Verbreitung von KI-Kompetenz so leicht wie möglich zu machen. Weil es wichtig ist, dass wir alle uns in dieser Hinsicht weiterentwickeln. Warum ist mir das so wichtig? Das erfahren Sie in Kapiteln 1 und 2.

Um Ihnen dafür die beste Unterstützung zu bieten, haben wir verschiedene Elemente eingebaut, um das Buch gut nutzbar zu machen. Als Erstes erhalten Sie hier eine Inhaltsübersicht, die Ihnen zeigt, was Sie in jedem Kapitel erwartet (ein detailliertes Inhaltsverzeichnis folgt weiter unten):

INHALTSÜBERSICHT

1. Ausgangspunkt

In diesem Kapitel erfahren Sie, wo wir als Land aktuell stehen in Bezug auf Digitalisierung und Bruttoinlandsprodukt. Und was wir alle – als Individuen – machen können, um gemeinsam in eine bessere Position zu kommen, nämlich in eine »Zukunft in Wohlstand«.

Dieses Kapitel eignet sich für alle Leser:innen. Überspringen können es diejenigen, die schon voll von der Notwendigkeit der KI-Transformation überzeugt sind und direkt loslegen wollen.

2. Unsere große Chance

Schwerpunkt dieses Kapitels ist die KI-Revolution: Wie KI unsere Gesellschaft schon verändert hat und was kurzfristig noch zu erwarten ist. Dabei dürfen auch die Risiken der KI nicht fehlen – und wie wir sie verringern können. Zuletzt beantworten wir die Frage, was das Ganze mit Ihnen zu tun hat und über welche Fähigkeiten Sie schon heute verfügen, um auch in Zukunft erfolgreich zu sein.

Dieses Kapitel eignet sich ebenfalls für alle Leser:innen. Es unterstützt selbst diejenigen, die schon überzeugt sind, mit zusätzlicher Motivation.

3. Ihre persönliche KI-Transformation beginnt jetzt

Im dritten Kapitel geht es dann darum, wie Sie persönlich anfangen können, unliebsame Arbeit auf die KI zu delegieren.

Dazu gehört auch einer meiner Lieblingsabschnitte, der die Einwände behandelt, die in unserem Kopf plötzlich auftauchen, wenn wir an KI-Nutzung denken. Danach folgt ein weiterer schöner Abschnitt, nämlich wie vier ganz unterschiedliche Menschen ihre persönliche KI-Transformation angegangen sind.

In Abschnitt 3.4 geben wir Ihnen dann eine Schritt-für-Schritt-Anleitung, wie Sie Ihre künstlich-intelligente Assistenz aufsetzen, sie mit Ihren besonderen Umständen vertraut machen und mit ihr reden. Zum Abschluss zeigen wir für zehn alltägliche Anwendungsfälle, wie KI Ihnen Arbeit abnehmen kann.

Ich lege dieses Kapitel allen Leser:innen stark ans Herz. Diejenigen, die KI schon intensiv nutzen, können es querlesen.

4. KI-Transformation für alle, die auch für eine Organisation verantwortlich sind

Im vierten Kapitel geht dann darum, wie Sie Ihre neue KI-Kompetenz auf die Organisationen, für die Sie verantwortlich sind, übertragen können. Als solche Organisationen kommen vor allem Unternehmen in Betracht, aber auch Behörden, Vereine, Parteien, Schulen, Verbände und ähnliche Einheiten, wo es darauf ankommt, Begeisterung für eine solch tiefgreifende Veränderung zu schaffen.

Hier fangen wir wieder mit den Widerständen an, die Ihnen begegnen, und was Sie spontan dagegen tun können (»Einwandbehandlung«). Danach geht es an die Verwandlung der Organisation: Wie Sie Veränderungslust schaffen, wie Sie eine KI-Strategie erarbeiten und danach, wie Sie KI-Kompetenz systematisch in der Organisation ausrollen.

Zum Schluss zeigen wir Beispiele von vier Organisationen, mit ihren jeweils unterschiedlichen Wegen zur bzw. in der KI-Transformation.

Dieses Kapitel ist für diejenigen, die andere mitreißen wollen: Führungskräfte in Unternehmen aus den Bereichen General Management (z. B. CEOs), Technologie (z. B. CIOs) und Personal (z. B. CHROs). Vorstände oder Geschäftsführer:innen von Parteien und Vereinen. Direktor:innen von Schulen. Und alle anderen, die Einfluss auf eine Gruppe von Menschen haben. Vorab: Der wichtigste Hebel, den Sie dabei haben, ist Ihre eigene Vorbildfunktion! Ausgehend vom Prototyp »Unternehmen« ist Vieles, mit etwas Transferleistung, auch für andere Organisationen hilfreich. Kommen Sie also bitte nicht auf die Idee, die vorhergehenden Kapitel zu überspringen. Sie ruinieren damit die Erfolgsaussichten Ihres Vorhabens und machen sich unter Umständen sogar lächerlich. Das will ja niemand 😊!

5. Kritisches Hinterfragen & Ausblick

Zu guter Letzt widmen wir noch ein Kapitel dem beständigen kritischen Hinterfragen der Nutzung und der Ergebnisse der KI. Denn, obwohl ich immer stark für Nutzung von KI plädiere, darf dies nicht unreflektiert und unreguliert geschehen. Wie wir das in Zukunft gewährleisten können, stellt den Abschluss des Buches dar, ...

... der natürlich Pflichtlektüre für alle Leser:innen ist!

ZIEL DIESES BUCHES

Unser Ziel ist es, Ihnen den Erwerb und die Verbreitung von KI-Kompetenz möglichst einfach zu machen. Daher werde ich Sie auch nicht mit Wissen oder Quellen, mit theoretischen Herleitungen oder akademischen Kategorisierungen überhäufen. Stattdessen ist unser Ziel, dass Sie ein kompaktes Buch in der Hand halten, das leicht zu lesen ist, und das Sie manchmal auch zum Lachen bringt. Wir wollen, dass dieses Buch ein paar Spuren in Ihrem Gedächtnis und in Ihrer Arbeit – sei es im privaten oder beruflichen Zusammenhang – hinterlässt. Dafür haben wir all unsere psychologischen und neurowissenschaftlichen Erkenntnisse genutzt. Lassen Sie sich überraschen!

AKTIVE MITARBEIT

Daher ist es auch nicht verwunderlich, dass wir versuchen, Ihnen so viele praktische Arbeitshilfen wie möglich an die Hand zu geben:

Für das ganze Buch gibt es ein ausführliches Glossar für die rot markierten Begriffe, das Sie unter https://www.vahlen.de/37209736 oder auf www.katjanettesheim.de (sukzessive mit weiteren Arbeitshilfen) einsehen können.

Im ersten Teil, der persönlichen KI-Transformation, regen wir immer wieder Ihre Mitarbeit an. Sie haben einfach deutlich mehr von der Lektüre, wenn Sie gleich in die Aktivität kommen. Suchen Sie sich dabei aus, was zu Ihnen passt:

- Arbeiten Sie mit dem Text, z. B. durch Unterstreichen, Anmerkungen oder Exzerpieren.
- Halten Sie Ihre Erkenntnisse, Gedanken und Umsetzungsimpulse während der Lektüre in einer Datei oder einem Notizbuch fest. So haben Sie direkt einen Absprungpunkt für die Umsetzung.
- Und vielleicht (hoffentlich?) haben Sie Lust, Ihre KI-Transformation gleich aktiv anzugehen? Für den Fall haben wir ein paar wesentliche Aktivitäten vorgedacht, mit denen Sie parallel zur Lektüre starten können.

Im zweiten Teil, der KI-Transformation von Organisationen, gehen wir einen anderen Weg. Dort geben wir Ihnen mit Frameworks, Prozessen und vielen Erfolgsrezepten aus der Praxis das Handwerkzeug dafur, mit Ihrer Organisation den Weg der Transformation zu gehen. Digitale Versionen einiger Werkzeuge finden Sie ebenfalls auf meiner Webseite. Dieses Handwerkszeug sollte Sie in die Lage versetzen, direkt loszulegen. Und wenn etwas augenblicklich noch nicht relevant für Sie ist: Kleben Sie ein Post-it dran und kommen Sie später darauf zurück. Viele unserer Werkzeuge können Ihnen die erste, teure Runde mit Beratungen sparen. Für weitere Impulse, Anmerkungen, Fragen etc. kontaktieren Sie mich gern unter ki-k@culcha.com.

ES BRAUCHT EIN DORF

Ich habe inzwischen eine mittlere zweistellige Zahl von Digitalen Transformationen und neuerdings auch einige KI-Transformationen begleitet. Dabei habe ich viel von anderen gelernt, von Kunden, Podcast-Gästen, Projektpartner:innen. Deren wertvolles Wissen wollen wir Ihnen auch bieten! Daher haben wir Wert darauf gelegt, sie auch zu Wort kommen zu lassen. Zur Auflockerung geschieht das in Form von wörtlichen Zitaten. Sie bekommen hier also nicht nur die Expertise von einer Person, sondern von über 40, allesamt Pioniere in ihrem Feld.

Dieser Facettenreichtum schlägt sich auch in der gendergerechten Sprache nieder: Wir gendern hauptsächlich mit Doppelpunkt, aber wenn es den Lesefluss stört, nutzen wir auch mal das substantivierte Partizip (den Ausdruck habe ich gerade erst bei ChatGPT nachgefragt – z. B. »Mitarbeitende« 😉), nennen alle Geschlechter oder nur eines (und das nächste Mal das andere). Wenn wir Originalzitate wiedergeben, belassen wir die Form so, wie sie der/die Sprecher:in gewählt hat. In jedem Fall sind immer alle mit gemeint (und wenn wir mal nur das Femininum verwenden, dann meint es natürlich auch Männer 😁).

Falls für Ihren Geschmack zu viele Anglizismen vorkommen, entschuldige ich mich im Vorhinein, verbunden mit dem Hinweis, dass dies die Fachsprache in Tech (sic!) ist und zwanghafte Übersetzungen der Fachbegriffe oft dazu führen, dass man nicht mehr weiß, was gemeint ist.

All das ist mir in Fleisch und Blut (und Herz) übergegangen, als Gründerin eines Start-ups mit einem Frauenanteil von zeitweise 66 %, mehrheitlich Gen-Y-Mitarbeitenden und solchen, die kaum ein Wort Deutsch sprachen. Also sehen Sie es mir bitte nach, falls Sie selbst anders formulieren.

NUTZUNG VON KI

Natürlich ist dieses Buch entstanden unter Nutzung von KI. Um dies so transparent wie möglich zu machen, nutze ich bei den Prompt-Beispielen oft solche, die ich im Schreibprozess tatsächlich verwendet habe. Dabei habe ich aber eine klare Grenze gezogen: Ich habe KI nicht dazu genutzt, etwas schreiben zu lassen, wo mir das Wissen fehlte, die Richtigkeit zu überprüfen. Falls Sie tiefergehend daran interessiert, wie KI hier in dieses Buch eingeflossen ist, kann ich Ihnen die Dokumentation der KI-Nutzung gern zur Verfügung stellen.

Wenden Sie sich dazu an uns unter ki-k@culcha.com, genauso wenn Sie weitere Anmerkungen haben oder Ihre Erfahrungen mit der KI-Transformation teilen wollen. Wir freuen uns, von Ihnen zu hören.

Und nun: Viel Spaß mit unserem Buch!
P.S.: Über diesen QR-Code kommen Sie zu den Zusatzmaterialien, wie dem Glossar.

Inhaltsverzeichnis

Ein KI-K muss durch Deutschland gehen

Deutschland, seine Bevölkerung und seine Unternehmen haben eine Chance bekommen: die Künstliche Intelligenz (KI)-Revolution. Es ist die vermutlich letzte Möglichkeit, zur Weltspitze aufzuschließen. Was es dafür braucht? Diese Chance beherzt zu ergreifen.

Meine 20-jährige Transformationserfahrung hat mich gelehrt: Wenn man den technologischen Wandel wie diesen für sich nutzbar machen will, benötigt es einen Dreischritt. Es gilt:

- die hauptsächlich durch die generative Künstliche Intelligenz (GenKI) ausgelöste Wirkung dieser Veränderung auf uns alle anzuerkennen,
- zu verstehen, wie diese Veränderung funktioniert, z. B., was die neuen persönlichen und beruflichen Erfolgsfaktoren im Zeitalter von KI sind, und
- sich diese nicht nur theoretisch, sondern auch praktisch anzueignen.

Das betrifft natürlich alle Unternehmen und staatliche Stellen. Zuerst aber betrifft es jede:n Einzelne:n. Jede:r Einzelne kann – und muss! – beitragen, unser Land zukunftsfähig zu halten. Indem er/sie bei sich selbst anfängt, die Chancen durch KI für sich nutzbar zu machen, also KI-kompetent zu werden. Um danach die Organisationen, auf die er/sie Einfluss hat, zu transformieren.

Das Schöne dabei: Haben sich auch andere Personen in dieser Organisation selbst schon auf den Weg gemacht, wird diese Transformation – die des Gemeinderats, der Firma, des Vereins – um ein Vielfaches einfacher.

Lassen Sie uns deshalb eine Bewegung schaffen, damit ganz Deutschland KI-kompetent wird. Dieses Mal nicht von oben nach unten (dafür haben wir keine Zeit mehr!), sondern von unten nach oben.

Und das mit allen Mitteln, die wir dafür einsetzen können: Das Buch, das Sie in Ihren Händen halten, Trainings, Webinare, Apps, Kooperationen zwischen Start-ups und öffentlichen Stellen, Pressearbeit, etc. Dazu mit all den Partnern, die wir für diese gute, unseren Wohlstand sichernde Sache aktivieren können: Freunde & Bekannte, staatliche Organisationen, Autor:innen, andere Akteure, die sich für Deutschlands Zukunft einsetzen, Familienunternehmer:innen, Multiplikator:innen, Vereine, die sich um den Standort Deutschland Sorgen machen und Viele weitere mehr.

Ein KI-K muss durch Deutschland gehen:
KI-Kompetenz für eine Zukunft in Wohlstand.

Den aktuellen Stand der Bewegung finden Sie auf www.ki-k.org. Wir freuen uns, wenn Sie mitmachen.

Katja Nettesheim, September 2024

Vorwort von Melanie Kehr, CIO der Kreditanstalt für Wiederaufbau

Wir alle stehen in Deutschland im Jahr 2024 vor enormen Herausforderungen: wirtschaftlich, ökonomisch und sozial. Die rasante Entwicklung Künstlicher Intelligenz (KI) wird einen entscheidenden Beitrag für eine Revolutionierung der Arbeitswelt leisten. Ein Technologiesprung, der eine herausragende Chance bedeutet, Innovationen in Zukunftstechnologien zu motivieren und damit unsere Zukunftsfähigkeit zu sichern.

Der fortschreitende Klimawandel, ein mäßiger wirtschaftlicher Produktivitätszuwachs und ein sich verschärfender demographischer Wandel bedrohen unseren Wohlstand. Gleichzeitig ist offensichtlich, dass die Digitalisierung einer der größten Hebel ist, um diesen komplexen Herausforderungen zu begegnen. Mit Digitalisierung können wir einen unerlässlichen Beitrag zur Erreichung der Klimaziele leisten, unsere Produktivität steigern und den Auswirkungen des demografischen Wandels entgegenwirken.

KI baut auf den Grundlagen der Digitalisierung auf und nutzt riesige Datenschätze in intelligentester Art und Weise. Damit heben wir die Digitalisierung auf ein neues Level – KI ist der Schlüssel zum Umgang mit hoher Komplexität.

Nun gilt es, die Chancen und auch Risiken im Umgang mit KI genau zu verstehen – im sozialen, ökologischen und wirtschaftlichen Umfeld. Eine Herausforderung angesichts der enormen Geschwindigkeit, mit der sich die KI entwickelt und die sich, angesichts zunehmender Rechenleistungen, exponentiellem Wachstum von Daten, der Verbreitung von KI-Anwendungen bei gleichzeitiger Zunahme der Entwicklung von KI-Algorithmen und Deep Learning, weiter beschleunigen wird.

Daher ist für jedes Unternehmen unverzichtbar: Ohne eine umfassende KI-Transformation wird es kaum gelingen, sich im globalen Wettbewerb langfristig zu behaupten. Der Einsatz von KI im Unternehmen wird nur erfolgreich sein, wenn wir unsere Unternehmensstrategie und die Denkweise von allen Mitarbeitenden mit Blick auf KI grundsätzlich neuausrichten und »KI verstehen«, ihren Mehrwert gezielt einsetzen und auch die zugehörigen Risiken analysieren und bewusst und vertretbar eingehen.

Dabei ist das Verständnis entscheidend, dass KI nicht »in der IT-Organisation passiert«, sondern ein gezielter, professioneller KI-Einsatz durch die gesamte Organisation vorangetrieben und getragen werden muss – mit Business Expertise, Verständnis des Angebots externer Partner und einem adäquaten Ambitionsniveau im Umfeld Informationssicherheit, Datenschutz und Recht.

Zwei Ansätze sind hierfür ausschlaggebend: Es werden die Unternehmen erfolgreich sein, die ein offenes Leadership mit Begeisterung für KI-Innovation und Fokus auf den Nutzen zeigen und gleichzeitig auf innovationsfreudige, kreative Mitarbeitende in cross-funktionalen Teams setzen können.

Klar wird damit, wie wichtig es ist, dass wir alle die Chancen der KI-Transformation ergreifen – mit Leadership, Neugier, Begeisterung – aber auch tiefem Know-How, Durchhaltevermögen und dem Verständnis, dass wir am Anfang der Reise stehen, auf die wir uns mit Entschlossenheit, mobilisierten Teams und Leadership einlassen.

Die Transformation in die digitale Welt erfordert Technologie, vor allem benötigt sie engagierte Personen, die sie vorantreiben und Unternehmen, die den Skillaufbau in der Breite befördern.

Die Verantwortung liegt bei uns: Nehmen wir sie an – mit Mut und Innovationsgeist, um die Zukunftsfähigkeit Deutschlands zu sichern.

Melanie Kehr
CIO der Kreditanstalt für Wiederaufbau

Vorwort von Dr. Ralf Wintergerst, CEO von Giesecke+Devrient und Präsident des Bitkom e.V.

In der Weltwirtschaft und der Geopolitik werden die Karten derzeit so intensiv neu gemischt wie seit vielen Jahrzehnten nicht mehr. Wenn Deutschland bei diesem Umbruch mit im Regiestuhl sitzen möchte, ist eines entscheidend: Wir müssen neuen Technologien mit Neugier und Offenheit begegnen. Künstliche Intelligenz ist von diesen Technologien wohl diejenige mit dem größten Potenzial.

KI-Anwendungen sind vielerorts noch nicht im Alltag angekommen oder werden lediglich als Werkzeug eingesetzt, um uns von monotonen Routineaufgaben zu entlasten. Die wirklich spannenden Anwendungsfälle zeichnen sich dabei gerade erst ab. In nahezu allen Bereichen wird KI künftig sowohl Prozesse und Arbeitsweisen als auch Kundenangebote selbst radikal verändern. Dieser Wandel muss sorgfältig durchdacht und behutsam reguliert werden. Aber ich bin sicher: Wir dürfen ihm mit Zuversicht begegnen.

unterhalten und zu informieren. Dazu führt sie schon seit 2021 den Podcast »**Pioniere des Wandels**«, in dem sie mit Top-Managern aus der Geschäftsführung, der IT und dem Personalwesen zu den Herausforderungen und Erfolgsrezepten in der Transformation spricht. O-Töne und Erkenntnisse aus diesen über 40 Gesprächen sind an vielen Stellen dieses Buches eingeflossen. Wir stellen Ihnen die Gesprächspartner:innen auf den inneren Umschlagseiten einzeln vor.

Dazu veranstaltet sie **Webinare**, ein LinkedIn **Audio**-Format namens »Culcha Club« und die **Preisverleihung** »Digital Transformer of the Year (DTOY)« zu den Themen Transformation und KI.

Auch persönlich hat sie Erfahrung mit Transformationen: Als promovierte **Juristin** mit Schwerpunkt Internationales Steuerrecht gab sie diese Karriere im Zusammenhang mit dem Aufkommen der inzwischen für unzulässig erklärten Steuerstruktur »cum ex« auf. Anschließend stieg sie bei der »**Boston Consulting Group**« in die Welt der Wirtschaft ein. Nach einer Zeit als Angestellte des Axel Springer-Konzerns, u. a. in der Verlagsgeschäftsführung des »Hamburger Abendblatts«, wagte sie 2008 den Schritt in die **Selbstständigkeit**, später ins **Unternehmertum**. Mit ihrer ersten Firma »MEDIATE« hat sie bereits rund 100 Unternehmen bei Transformations- und Change-Prozessen unterstützt (u. a. ProSiebenSat.1, Parship, Bonnier, Egmont, Deutsche Post). 2019 entwickelte sie sich dann zur **Tech-Unternehmerin** fort mit der Gründung des Start-ups Culcha.

Katja Nettesheim kennt die Thematik der Transformation daher aus einer Vielzahl verschiedener Facetten und wie kaum jemand sonst. Mit ihrer Energie und Leidenschaft ist sie prädestiniert, ein überlebenswichtiges Buch zu schreiben, um eine Bewegung von **Überzeugungstätern** zu schaffen, die über den Hebel der KI-Transformation gemeinsam den Fortbestand unserer Wirtschaft und damit unseres Wohlstands sichern wollen.

Sie erreichen sie unter ki-k@culcha.com.

1

1. Ausgangspunkt

- Deutschland verliert seine Wettbewerbsfähigkeit und damit seinen Wohlstand – massiv.
- Die Digitale Transformation zeigt: Wir können uns nicht darauf zurückziehen, dass »der Staat« oder »die Wirtschaft« sich schon darum kümmern werden.
- Jede:r Einzelne muss etwas tun und bei sich anfangen. Selbstwirksamkeit und Eigeninitiative sind gefordert!

Vor über 30 Jahren haben wir begonnen, unsere Gesellschaft und unsere Unternehmen digital zu transformieren. Zum Vergleich: Es hat nur 20 Jahre gedauert, um die Pyramiden von Gizeh (2580–2560 v. Chr.) zu errichten.

WAS HABEN WIR ERREICHT?

Was ist in Deutschland in Bezug auf die Digitalisierung in dieser Zeitspanne passiert? Nicht genug, denn Deutschland liegt im internationalen Vergleich derzeit im unteren Mittelfeld. Ein paar Zahlen hierzu: Deutschland liegt auf

- Platz 13 von 27 EU-Mitgliedstaaten, also im Mittelfeld der EU-Länder, mit einem Digitalisierungsgrad von 50 bis 55 Prozent laut dem Digital Economy and Society Index (DESI) der EU-Kommission (2023)[1]

- Platz 23 von 64 Staaten weltweit, hinter Ländern wie den Niederlanden, den VAE, Belgien oder Österreich, in dem World Digital Competitiveness Ranking der renommierten Business School IMD aus dem Jahr 2022 (wobei die Einzelwertung für technische Fähigkeiten uns auf dem 52. Platz von 63 führt – erinnert eher an den Eurovision Song Contes als an »deutsche Ingenieurskunst« oder ein stolzes »Made in Germany«!)[2].
- Platz 17 unter den G20-Staaten, und das mit einem Rückgang der relativen Wettbewerbsposition zwischen 2018 und 2021, gemäß dem Digital Riser Report der Hochschule ESCP. Wörtlich: »*(...) Germany dropped enormously in terms of its relative competitive position.*«[3]
- »Platz 1« erzielt Deutschland allerdings in der Untersuchung des Wirtschaftsforschungsinstituts ZEW aus dem Jahr 2022, und zwar hinsichtlich der Größe des Verlustes in Attraktivität des Wirtschaftsstandorts innerhalb der letzten 15 Jahre – und zwar noch vor Großbritannien (trotz Brexit)[4]

Einschub 1: Abbildung: Veränderung der Rangplätze im Länderindex seit dem Jahr 2006

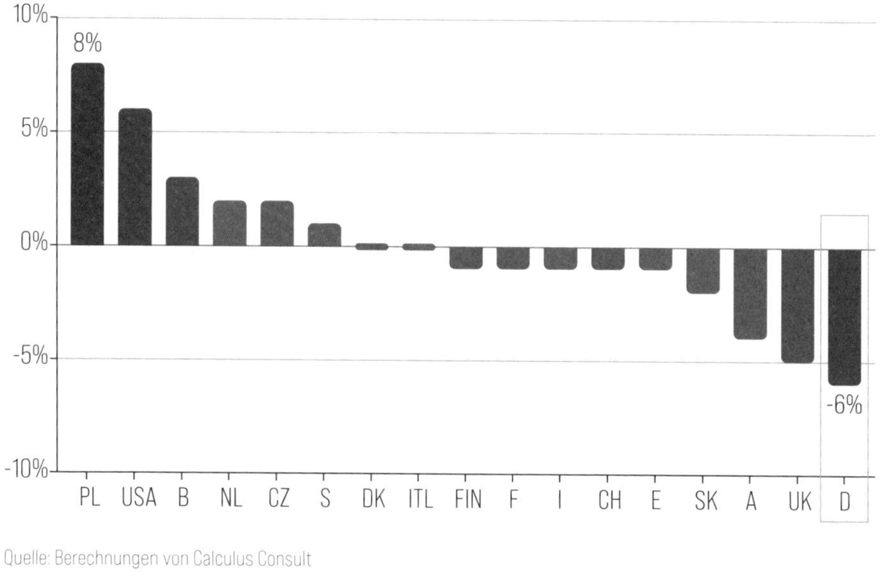

Quelle: Berechnungen von Calculus Consult

Das heißt also, wenn wir das Absinken Großbritanniens dem Brexit zuschreiben, haben wir das Gleiche – und noch einen Prozentpunkt mehr – geschafft, obwohl wir in der EU geblieben sind. Das muss man sich mal auf der Zunge zergehen lassen.

ES GEHT UNS NICHT GUT!

Ich weiß, dass Viele das nicht hören wollen. Aber genau das ist ein Grund für diese beklagenswerte Position und muss deshalb so klar herausgearbeitet werden. Ich habe das, seit ich mich mit Transformation beschäftige, also bald 20 Jahre lang, beständig selbst erlebt bzw. mit eigenen Ohren gehört: Dass man unangenehme Weisheiten hierzulande nicht hören will. Stattdessen suhlt man sich in den Erfolgen der Vergangenheit. Klassischer »Vogel Strauß«. Ein schönes Sprichwort, das ich in meinen Gesprächen häufig anbringe, ist Folgendes:

Wem die Götter Schlechtes wünschen,
dem senden sie 30 Jahre Erfolg.

Die Reaktion darauf ist meistens ein herzliches Lachen – vermutlich ein Weglachen.

Die Tatsache, dass die Zeiten des deutschen Erfolges vorbei sind, muss erstmal akzeptiert werden. Sonst kommen wir nicht voran – das sagt schon die Binsenweisheit »Selbsterkenntnis ist der erste Schritt zur Besserung!«. Wir dürfen diesen Befund, diese klare Datenlage, nicht länger ignorieren, sondern sie als Beschreibung der Realität akzeptieren und zur Grundlage für unser Handeln machen. Dafür sind die interessengeleiteten Jubelmeldungen von Verbänden und Politik nicht gerade hilfreich. Wie wäre es also mit etwas mehr echten Impulsen zum Aufbruch, statt der Pflege ach so zarter Egos?

Danach müssen wir uns fragen: Woran liegt dieses Defizit? Wer oder was ist die Ursache? Und wie können wir es besser machen? Das sind die Themen, denen ich in diesem Buch nachgehe. Denn es geht um unsere Zukunft.

In der Folge des Digitalisierungsdefizits hat Deutschland nämlich auch an Wohlstand eingebüßt. Nehmen wir hier nur mal, als einen von mehreren Indikatoren, die Entwicklung des realen Bruttoinlandsproduktes, wie es alljährlich von der OECD ermittelt wird:

Einschub 2: Abbildung: Entwicklung des realen Bruttoinlandsproduktes weltweit (2008–2025, inkl. neuster Prognose der OECD für Deutschland)[5]

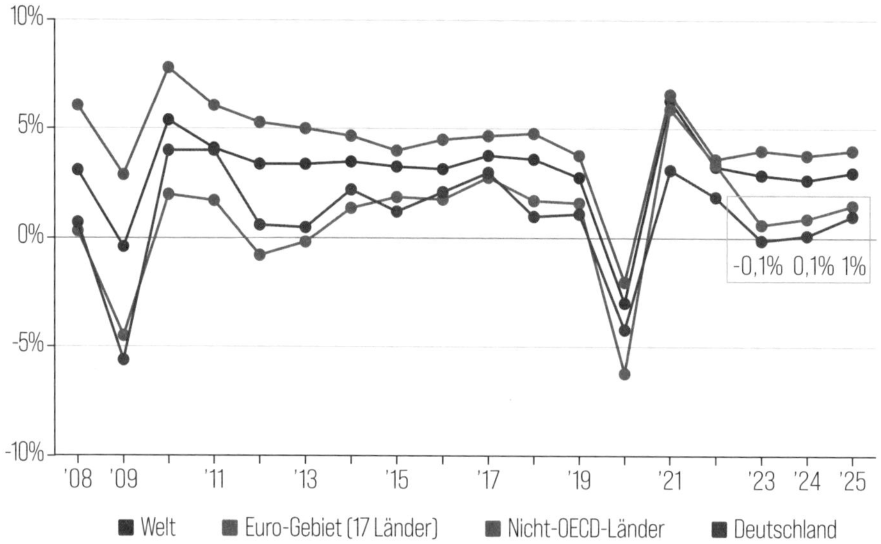

Während Deutschland nach dem vorletzten Schock, der Finanzkrise 2008/2009, stark zurückkam, wendete sich das Blatt ab 2014. Bis kurz vor der Corona-Krise konnten wir im Vergleich zu den 17 Ländern der Eurozone noch einigermaßen mithalten, seit der Corona-Krise hingegen liegt unsere Heimat im Wachstum des realen BIPs deutlich unter dieser Gruppe (die übrigens global betrachtet ihrerseits Schlusslicht ist). Das setzt sich auch in den Prognosewerten bis 2025 fort.

Natürlich kann man jetzt wieder die Glaubwürdigkeit dieser und jener der oben genannten Studien anzweifeln, sich auf die Definition der Kennzahlen stürzen und die Abgrenzung der Grundgesamtheit kritisieren. Doch eigentlich wissen wir doch, dass das im Großen und Ganzen stimmt – oder? Warum dann Energie verschwenden mit solchen Haarspaltereien?

UND WIR TUN: NICHTS!

Bislang sind – wie auch aus diesen Daten ersichtlich – keine großen Bemühungen erkennbar, diesen Rückstand aufzuholen. Im Gegenteil, in den letzten Jahren war der Trend eher – sagen wir mal vorsichtig – »misslich«:

Nach dem Digitalisierungsindex 2023 des Bundesministeriums für Wirtschaft und Klimaschutz stagniert die Digitalisierung der Wirtschaft in Deutschland weiterhin, bzw., wenn man genau hinschaut, geht sie sogar leicht zurück: »Der deutschlandweite Indexwert beträgt 108,6 Punkte im Jahr 2023 im Vergleich zu 110,5 Punkten im Jahr 2022«. Nach einem starken Anstieg im Jahr 2021 (corona-bedingt) bewegt sich Deutschland seitdem seitwärts:

Einschub 3: Abbildung: Entwicklung des deutschlandweiten Digitalisierungsindex' in den Jahren 2020–2023[6]

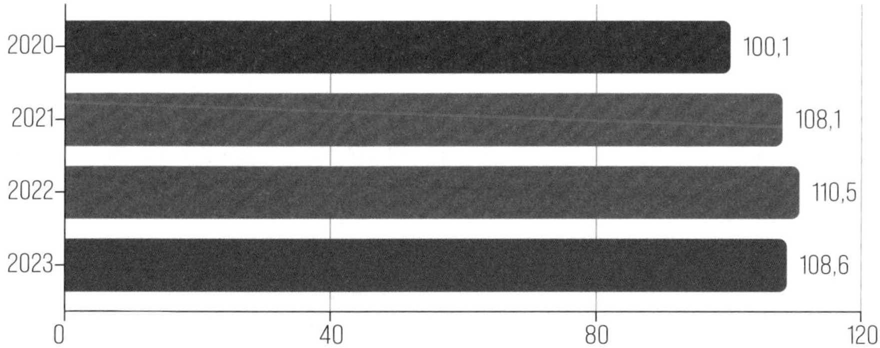

Quelle: Institut der deutschen Wirtschaft

Die Analyse der Veränderung der einzelnen, dem Index zugrundeliegenden Kategorien ergibt leider keinen klaren »Schuldigen«: 2023 kommt es sowohl bei den unternehmensinternen Kategorien als auch bei den externen Rahmenbedingungen zu einem Rückgang der Digitalisierung mit -1,0 bzw. -2,6 Punkten.

Besonders erschreckend: Unter den unternehmensinternen Kategorien nehmen vor allem die umsatz- und zukunftsrelevanten Teilbereiche ab:

- Forschungs- und Innovationsaktivitäten: 3,0 Punkte Rückgang
- Geschäftsmodelle: 3,1 Punkte Rückgang
- Produkte: sagenhafte 15,4 Punkte Rückgang im Jahr 2023!

In den unternehmensexternen Kategorien setzt sich vor allem die negative Entwicklung des Humankapitals fort: Im Jahr 2023 verliert diese Kategorie 16,9 Punkte, was der stärkste Rückgang unter allen Kategorien ist. Dies hat mit der sich weiter vergrößernden Fachkräftelücke in Digitalisierungsberufen zu tun. Ein weiterer Grund, warum ich dieses Buch schreibe!

Ein anderer interessanter Datenpunkt: Dieser Rückgang ist hausgemacht! Denn schon 2021 ermittelte die Kreditanstalt für Wiederaufbau (KfW), dass Deutschland bei Investitionen in IT der überwiegenden Mehrheit der führenden Volkswirtschaften hinterherhinkt.

Einschub 4: Abbildung: IT-Investitionen bezogen auf das BIP im internationalen Vergleich[7]

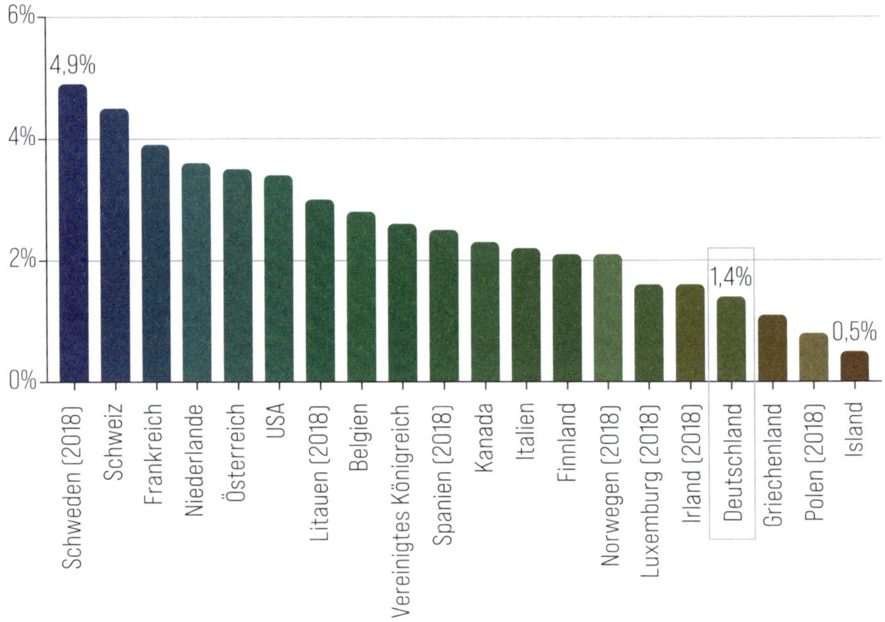

Quelle: OECD

In einfachen Worten: Wir predigen Wein und trinken Wasser. Oder: Wir reden viel und machen wenig. Ist es ein Zufall, dass diese Investitionsschwäche zeitlich zusammen fällt mit dem Beginn des dauerhaften Rückstands Deutschlands beim Wachstum des realen BIPs, den wir oben gesehen haben?

DAS KANN UNS NICHT ZUFRIEDEN STELLEN!

Mittelfeld in der Digitalisierung, Schlusslicht im Wohlstandsaufbau – das kann doch nicht sein, oder? Ich erinnere nur an »Exportweltmeister«, »made in Germany«, »Wirtschaftswunder«! Das ist doch die Positionierung, die wir in der Welt haben wollen und unser Anspruch an uns selbst!

Die Wirtschaft hat aber nun eine neue Dimension: Digitalisierung. Folgerichtig müssen wir diesen Anspruch auch auf die Digitale Transformation anwenden. Wie wäre es mit »Digitalisierungsweltmeister«, »digitized in Germany« oder »Transformationswunder«? Hört sich gut an, oder?

Dazu kommt: Die nächste, noch viel größere Stufe der Digitalen Transformation hat bereits angefangen: die Transformation durch Künstliche Intelligenz, also die »KI-Transformation«.

Unterschiedlichste Studien zeigen schon erhebliche Vorteile für Unternehmen, die KI nutzen:

- 18 %-ige Steigerung in Schlüsselbereichen wie Kundenzufriedenheit und Mitarbeiterproduktivität (IDC Studie, 2023)[8]
- 15,2 % Produktivitätssteigerung in der industriellen Produktion (Microsoft-Umfrage, 2024)[9],
- »Der Mehrwert, den generative KI-Anwendungsfälle liefern könnten, entfällt zu etwa 75 Prozent auf vier Bereiche: Customer Operations, Marketing und Vertrieb, Softwareentwicklung sowie Forschung und Entwicklung.« (McKinsey, 2023)[10]

Auch wenn diese Zahlen als »Beraterliteratur« vorsichtig betrachtet werden sollten, kommt die Business School IMD zu einem ähnlichen Schluss, diesmal sogar in Bezug auf Staaten:

»Incorporating AI technology from the top down will build digital nationhood in 2024 [11].«

(Die Integration von KI-Technologie von oben nach unten wird die digitale Nation im Jahr 2024 stärken)

Es ist also an der Zeit, endlich etwas zu unternehmen!

DER AUFTAKT EINER REVOLUTION

Willkommen an der Schwelle zur Zukunft, einer Ära, in der die KI nicht mehr nur eine kleine Rolle in unserem Leben spielt, sondern das Skript für unser Leben neu schreibt. Diese Revolution erfordert eine KI-Transformation, die Summe der nächsten Schritte zur Sicherung unseres Wohlstands und zur Verbesserung unserer Position auf dem globalen Markt.

Und nun, in diesem Moment, steht Deutschland vor einer wichtigen Entscheidung: Mitgehen oder abgehängt werden?

Genauso sieht es die Zukunftsforscherin Amy Webb, die mit ihrem Future Today Institute jüngst zwei Szenarien für die Wirtschaft und die Gesellschaft Deutschlands entworfen hat[12]:

Szenario 1: Chancen ergreifen

Dieses Szenario veranschaulicht eine Zukunft, in der Deutschland seine wirtschaftliche Landschaft erfolgreich transformiert, indem es digitale Innovationen annimmt, seine Industrien modernisiert und in neue Technologien und Bildung investiert. Schlüsselaktionen dieses Szenarios sind die Umsetzung einer Strategie »Made in Germany 2035« (mit Fokus auf KI, neuen Materialien und Industrie 5.0-Technologien), die Vereinfachung bürokratischer Prozesse und die ganzheitliche Integration von KI in alle Unternehmensbereiche. Die Ergebnisse wären eine dynamische Wirtschaft mit einer führenden Position in Advanced Manufacturing, neue Ansätze zur Wiederherstellung der ökologischen Integrität sowie ein weitreichendes Innovationszentrum, das eine inklusive und (wieder)vereinte Gesellschaft fördert. Auf dem Weg dorthin braucht es, so Webb, neue Geschäftsmodelle, eine Strategie für die Entwicklung der Belegschaft, die wirklich den Problemen gerecht wird (anstatt nur Symbolcharakter zu haben) und ein Netzwerk von Unternehmen und Institutionen (»Ökosystem«), das darauf ausgerichtet ist, gemeinsam zu experimentieren und Neues hervorzubringen. Über allem schwebt die Bereitschaft, wieder mehr zu lernen, auch aus neuen, bisher nicht genutzten Quellen.

Szenario 2: Versuchter Schutz des Status quo

In diesem Szenario wird eine Zukunft dargestellt, in der Deutschland als Wirtschaftsmacht absteigt, weil es versucht, den gegenwärtigen Zustand zu bewahren, der durch mangelnden Ehrgeiz und ziellose Innovationsbemühungen gekennzeichnet ist. Die von der Regierung und den Wirtschaftsführern getroffenen Maßnahmen sind unzureichend, um die grundlegenden Probleme zu lösen, was zu einem Mangel an Arbeitskräften, schwindenden Exportmärkten, gesteigerter Abhängigkeit von Energieimporten und geringerer Anziehungskraft für ausländische Talente führt. Das Szenario ist wesentlich geprägt davon, sich einlullen zu lassen von früheren Erfolgen, geprägt weiterhin von den negativen Folgen des planlosen Innovierens und den Auswirkungen der Entfremdung der Belegschaft. Dies alles ist fatal für die Wettbewerbsfähigkeit.

Für Amy Webb ist ein strategischer Wechsel erforderlich, der das Ergreifen von Chancen anstelle der Verteidigung des Status quo in den Vordergrund stellt. Sie schließt aus ihren Daten, dass der Schlüssel dafür darin liegt, (endlich) zu begreifen, dass eine andere Art der Zusammenarbeit dringend nötig ist. Eine Zusammenarbeit, die Innovation und Risikobereitschaft fördert und eine Kultur schafft, die Experimente schätzt und Fehler zulässt. Wirtschaftsführer sollen entschlossen in Richtung Innovation handeln, mutig in Technologien investieren, die Wachstum ermöglichen, und eine Atmosphäre pflegen, die die Entwicklung und das Engagement der Belegschaft fördert.

UND NUN? WAS TUN!

Deutschland, die einst führende Wirtschaftskraft Europas, steht also an einem kritischen Punkt. Trotz beeindruckender Errungenschaften in Wissenschaft und Technik machen die Daten klar, dass wir im digitalen Rennen hinterherhinken. Dass wir uns also besonders anstrengen müssen, wenn wir das erste Szenario, das mit dem positiven Ergebnis, erreichen wollen.

Dafür ist KI kein Allheilmittel, aber eine notwendige Bedingung. Denn die KI-Revolution bietet eine einzigartige Gelegenheit, die vorhandenen Entwicklungslücken zu schließen. KI ist in unserem Alltag bereits präsent, von intelligenten Assistenten bis hin zu fortschrittlichen Analysetools in der Industrie. Die Frage ist nicht, ob KI unser Leben beeinflussen wird, sondern wie wir diese Technologien nutzen, um unseren Platz in der Zukunft zu sichern. Das Rennen ist noch nicht gelaufen – wir haben noch eine Chance, hier auf Augenhöhe mitzuspielen, wenn wir uns wirklich beeilen und ernst gemeinte Initiativen konsequent durchziehen.

Und damit meine ich nicht, was wir schon haben: Die nationale Strategie für Künstliche Intelligenz, wie zuletzt im Aktionsplan des Bundesministeriums für Bildung und Forschung (warum eigentlich da?) konkretisiert, zielt darauf ab, die (angeblich) »exzellente Basis Deutschlands bei Forschung und Kompetenzen in sicht- und messbare wirtschaftliche Erfolge umzusetzen und einen konkreten spürbaren Nutzen für die Gesellschaft« zu erzeugen[13]. Allein dieser Satz zeigt bereits, wie stark das deutsche Ambitionsniveau Lücken zu Ländern wie den USA, China oder anderen Mitgliedsstaaten der Europäischen Union aufweist. Während z. B. die USA und China führend in der Entwicklung und Anwendung von KI sein wollen, geht Deutschland von der aktuellen Situation aus, die nicht erbaulich ist, anstatt ein klares, ambitioniertes Ziel zu formulieren. Außerdem wiederholen sich die Fehler der Vergangenheit. So hat jüngst der EU-Rechnungshof festgestellt, dass sich die KI-Investitionslücke zwischen den USA und der EU, die sowohl den öffentlichen als auch den privaten Sektor betreffe, zwischen 2018 und 2020 mehr als verdoppelt habe. Damit liege die EU um über 10 Milliarden Euro zurück[14]. Wenn schon ein Rechnungshof übertriebene Sparsamkeit rügt, dann steht das Dach wohl in Flammen ...

Wir müssen also wirklich noch eine Schippe drauflegen! Aber wer soll's tun? Schauen wir zurück auf unseren Referenzpunkt, die Digitale Transformation. Dabei hat sich unser **Staat** nicht mit Ruhm bekleckert, weder in eigener Sache, noch bei der Förderung der Wirtschaft:

Z. B. ergab eine Befragung der Unternehmensberatung BCG in 41 Ländern, dass die Unzufriedenheit mit den digitalen Behördendiensten nur in zwei Ländern noch größer als in Deutschland: in Österreich und in Japan[15]. Wen wundert's da, dass im Digitalisierungsindex 2023 des Wirtschaftsministeriums selbst im Jahre 2023 der Begriff »Künstliche Intelligenz« nicht ein einziges Mal vorkommt?

Auch eine großangelegte, konzertierte Aktion der Wirtschaft lässt weiterhin auf sich warten. Aufrufe und ernst gemeinte, wirklich dem Schweregrad der Aufgabe gerecht werdende Angebote der Wirtschaftsverbände? Fehlanzeige, wenn man mal hinter die vollmundigen Appelle und Ankündigungen schaut. Gleiches gilt für die Vorstände, die Geschäftsführungen und weitere Akteure, die die Geschicke von Unternehmen bestimmen: Nur wenige, wie z. B. die Otto Group oder Axel Springer, haben sich der Digitalen Transformation so ernsthaft verschrieben, wie es nötig ist, wenn man sich einem kompletten Paradigmenwechsel entgegensieht. Stattdessen war es in den letzten 20 Jahre ein wenig so, als hätten – rein hypothetisch – Betriebe in der ehemaligen DDR nach der Wende einfach den Kapitalismus ignoriert, sich einander vergewissert, dass er sie nicht beträfe, wieder vorbeiginge und einfach weiter gemacht mit dem Wirtschaften à la Sozialismus.

UND ZWAR JEDE:R – SELBST!

Vor diesem Hintergrund ist die Botschaft klar: Der Schlüssel zum Nutzen der KI-Revolution als Chance für eine Zukunft in Wohlstand liegt in der Eigeninitiative: Jede:r Einzelne, jedes Unternehmen, jede Bildungseinrichtung, jeder Verein muss die Bedeutung von KI für sich selbst anerkennen, die entsprechenden KI-Kompetenzen lernen und aktiv anwenden. Etwas abstrakter formuliert: Es geht darum, in Bezug auf KI eine Kultur des Realismus, der Neugier, des Lernens, der Anpassungsfähigkeit und des »Neu-Anfangens« zu schaffen.

Der Fokus liegt dabei wirklich auf den einzelnen Individuen: In all den Gesprächen, die ich in den vergangenen 20 Jahren mit Top-Führungskräften zu den Hindernissen bei der Digitalen Transformation geführt habe, lagen die nicht mitziehenden Mitarbeitenden und Führungskräfte – oder, in der abstrakteren Form, die »entgegenstehende Unternehmenskultur« – ganz vorn. Seit 2017 sehen wir dies auch in unseren Befragungen zum »Digital Transformer of the Year«, einer Initiative zur Förderung der Digitalen Transformation in Deutschland: Die »entgegenstehende Unternehmenskultur« war immer unter den Top 3 der Transformations-Herausforderungen.

DIE EBENEN FÜR DEN ERFOLG DEUTSCHLANDS IN DER KI-TRANSFORMATION

Wenn wir also Deutschland wieder zum Erfolg führen wollen, müssen wir uns zunächst an die eigene Nase packen. Jede:r Einzelne ist dafür verantwortlich, eine persönliche KI-Transformation zu durchlaufen. Denn nur wer die Materie versteht und die Vorteile am eigenen Leibe erlebt hat, kann die Organisation, für die er/sie verantwortlich ist, glaubwürdig und ohne Reibungsverluste durch eine organisatorische KI-Transformation führen. Die Ebenen sind also wie folgt:

KI-Kompetenzaufbau für alle Einzelnen: Wir müssen alle unsere Abläufe kritisch hinterfragen, uns mit den Möglichkeiten der KI vertraut machen und einfach anfangen, sie einzusetzen. Wenn ich einen Wunsch habe für Deutschland, dann ist es folgender:

»Anfänger sein« muss wieder positiv gewertet werden.
Wer etwas Neues anfängt, ist mutig und sollte bewundert werden.

Organisationen transformieren: Organisationen müssen über eine sinnvolle KI-Strategie verfügen und diese lustvoll stringent umsetzen. Keine Schutzbehauptungen mehr. Und ja, das muss, selbst in Zeiten von begrenzten Budgets!
Eine inklusive KI-Gesellschaft schaffen: Der Zugang zu KI-Ressourcen und -Wissen muss für alle ermöglicht werden, um eine gerechte Teilhabe zu gewährleisten.

Wir stehen also am Anfang einer spannenden Reise. Mit der richtigen Einstellung und den erforderlichen Kompetenzen können wir im internationalen Wettbewerb die Lücken bei der KI-Kompetenz schließen und dadurch unseren Wohlstand sichern. Bisher ist das einzige Alleinstellungsmerkmal, mit dem Deutschland international hausieren geht, die Rolle als Hüter eines ethisch verantwortlichen und datenschutzgerechten Einsatzes von KI. Das ist gut und wichtig, aber wenn uns die Entwicklung der Digitalwirtschaft und der sie beherrschenden Unternehmen in den letzten Jahren eines gezeigt hat: Damit ist kein Blumentopf bzw. Renommée zu gewinnen. Und Wohlstand auch nicht.

Das folgende Kapitel legt den Grundstein für unser gemeinsames Ziel, meines und aller Beteiligten dieses Buches: eine Zukunft, in der KI-Kompetenz nicht nur ein Wunsch, sondern eine Realität für alle in Deutschland ist.

2

2. Unsere große Chance

- KI ist aus unserem Leben jetzt schhon nicht mehr wegzudenken – und in Zukunft wird sie noch mehr Funktionen übernehmen.
- Erwerb von KI-Kompetenz durch jeden Einzelnen ist wichtig, um die mit der Nutzung verbundenen Risiken einzudämmen.
- KI-Kompetent sind Sie, wenn Sie sich die Erfolgsfaktoren für Leben (und Wirtschaften) im KI-Zeitalter zu eigen gemacht haben, vor allem, wenn Sie flüssig und sicher mit KI umgehen können.
- Wir alle können noch KI-Kompetenz erwerben, unabhängig von Kriterien wie Alter, Technologieaffinität und Beruf.

2.1 WILLKOMMEN IN DER ZUKUNFT: DIE KI-REVOLUTION VERSTEHEN

2.1.1 KI: Von Science-Fiction zur Realität

KI hat sich von visionären Ideen einiger Science-Fiction-Autoren zu einer der prägendsten Realitäten unseres Alltags entwickelt. Was einst nur futuristisches Träumen war, ist heute eine wesentliche Triebkraft der modernen Gesellschaft und Wirtschaft. Erinnern Sie sich noch an den Kinoklassiker »Terminator« mit Arnold Schwarzenegger aus dem Jahr 1984? Mit einer Google Glass, die gerade als Sonnenbrille wieder auf den Markt kam, oder einer Apple Vision Pro sind wir in unserer Realität schon sehr nah an der Terminator-Brille.

Die Entwicklung der KI ist eine faszinierende Geschichte, deren erste theoretische Überlegungen zurückreichen bis in die 1950er-Jahre. So legten Visionäre wie Alan Turing im Jahr 1950 mit Fragen wie »Kann eine Maschine denken?« die Grundlage für das, was wir heute als KI verstehen. Diese Neugierde entfachte eine wissenschaftliche Bewegung, die über die Jahrzehnte hinweg exponentiell wuchs. In der Folge hat sich KI von einem wissenschaftlichen Nischenforschungsbereich zu einer Schlüsseltechnologie entwickelt, die unseren Alltag und unsere Arbeitswelt tiefgreifend verändert.

Diese Reise war allerdings alles andere als geradlinig. Sie erlebte mehrere Phasen von Aufschwüngen und Rückschlägen, besonders in den 1970er- und 1990er-Jahren, als die Forschung aufgrund fehlender finanzieller Unterstützung jeweils fast zum Erliegen kam. Diese Durststrecken prägten den Begriff »KI-Winter« für Zeiten, in denen es kaum Fortschritte gab. Dennoch folgte auf jeden KI-Winter eine Periode des Aufschwungs mit neuen, leistungsstärkeren Technologien und einem Anstieg der Popularität, oft angefacht durch spektakuläre Mensch-gegen-Maschine-Wettbewerbe: 1997, als die KI »Deep Blue« gegen Gari Kasparow im Schach gewann, oder 2016, als »AlphaGo« Lee Sedol im sehr komplexen, chinesischen Spiel Go schlug. Nicht zu vergessen »Watson«, die KI von IBM, die schon im Februar 2011 das Spiel »Jeopardy!« besser spielte als die weltbesten menschlichen Spieler.

Parallel verlief eine andere Entwicklung, nicht in die Tiefe, sondern diesmal in die Breite: Noch bis in die frühen 1990er-Jahre hinein waren KI-Systeme vorwiegend auf einige wenige Spezialanwendungen begrenzt, wie etwa für militärische Zwecke, für erste Industrieroboter oder für die Erkennung von Mustern in der Raumfahrt. Erst nach dem Jahrtausendwechsel breiteten sich KI-Systeme in vielen anderen Wirtschaftsbereichen aus, was unter anderem auf die Fortschritte bei datenbasierten KI-Methoden zurückzuführen ist. Infolgedessen gibt es heute nicht nur eine Vielzahl von KI-Systemen in Industrie und Wirtschaft, sondern auch einen schnell wachsenden Konsumentenmarkt für Produkte und Dienstleistungen, die auf KI beruhen. Durch die fortschreitende Rechenleistung und Verfügbarkeit von großen Datenmengen haben KI-Systeme zudem in den letzten zwei Jahrzehnten Einzug in anders gelagerte Verbraucherprodukte gehalten, z. B. als virtuelle Assistenten, Empfehlungssysteme und Smart Home-Geräte. Wichtige Treiber dafür waren die Etablierung von Machine Learning-Techniken wie Deep Learning sowie Fortschritte in der Sprach- und Bilderkennung.

Dies gilt erst recht, seit OpenAI im November 2022 ChatGPT der breiten Öffentlichkeit zugänglich machte und damit die generative KI (GenKI) als Tool für »normale« Anwender vorstellte. Am 5. Dezember 2022, also bereits 5 Tage nach Veröffentlichung, konnte ChatGPT gemäß einer Äußerung von CEO Sam Altman auf X (ehemals Twitter) schon über eine Million Nutzer verzeichnen, was damals den Rekord für die am schnellsten wachsende Anwendung bedeutete. Die monatlichen Aufrufe steigerten sich, laut den Schätzungen des Analyse-Tools SimilarWeb, innerhalb des Jahres 2023 von 616 Mio. im Januar bis zum Höchststand von 1,7 Mrd. (im November), was einem Zuwachs von ca. 276 % entspricht. In Juni 2024 lag die Zahl dann bei 2,9 Milliarden.

2.1.2 Wie KI unseren Alltag bereits verändert hat

Heute ist KI eine treibende Kraft, die unsere Welt transformiert, die Grenzen des Möglichen erweitert und uns gleichzeitig vor gewichtige, noch zu lösende Herausforderungen stellt. Sie hat sich von einer fernen Idee zu einer realen Präsenz entwickelt, die nicht nur unsere gegenwärtige Lebensweise bereichert, sondern ebenfalls zukünftige Generationen prägen wird.

Konkrete Beispiele, wie KI heute im weitesten Sinn in der Wirtschaft schon genutzt wird, sind weitreichend und lassen sich in allen Bereichen finden:

Einschub 5: Aktuelle Anwendungsfälle von KI in unterschiedlichen Bereichen

Gesundheitswesen

- Vorausschauende Analytik für Diagnosen: Vorhersage von Krankheiten basierend auf medizinischen Daten.
- Automatisierte Bildanalyse: Erkennung von Anomalien in Röntgenbildern und MRTs.
- Personalisierte Medizin: Entwicklung maßgeschneiderter Behandlungspläne.
- Chatbots für Patientenbetreuung: Automatisierte Antworten auf Gesundheitsfragen.

Finanzwesen

- Betrugserkennung: Identifizierung verdächtiger Transaktionen in Echtzeit.
- Robo-Advisor: Automatisierte, KI-gesteuerte Anlageberatung.
- Kreditwürdigkeitsprüfung: Schnelle Bewertung der Kreditwürdigkeit von Kunden.
- Automatisierte Kundenbetreuung: Virtuelle Assistenten für Kundenanfragen.

Einzelhandel

- Preisoptimierung: Dynamische Preisgestaltung je nach Nachfrage und Angebot.
- Empfehlungssysteme: Personalisierte Produktvorschläge für Online-Shopping.
- Lagerbestandsmanagement: Optimierung von Lagerbeständen durch Vorhersage, was Kund:innen kaufen.
- Chatbots für Kundenservice: Virtuelle Helfer für Kundenanfragen und Support.

Verkehr und Mobilität

- Autonomes Fahren: Selbstfahrende Fahrzeuge und Assistenzsysteme beim Fahren.
- Verkehrsflussanalyse: Optimierung des Verkehrsflusses in Städten.
- Intelligente Navigationssysteme: Echtzeit-Verkehrsinformationen und Routenvorschläge.
- Vorhersage von Fahrzeugausfällen: Frühzeitige Erkennung von Wartungsbedürfnissen.

Sicherheit

- Gesichtserkennung: Zugangskontrollen und Identitätsprüfung.
- Überwachungssysteme: Erkennung ungewöhnlicher Aktivitäten in Echtzeit, z. B. auf Ihrem Computer.
- Cybersicherheit: Erkennung und Abwehr von Cyberangriffen.
- Intelligente Alarmsysteme: Anpassung der Empfindlichkeit basierend auf verschiedenen Faktoren.

Landwirtschaft

- Präzisionslandwirtschaft: Einsatz von Drohnen und Sensoren zur Überwachung von Feldern.
- Erntevorhersage: Vorhersage der Ernteerträge durch Analyse von Wetterdaten.
- Schädlingsbekämpfung: Identifizierung und Bekämpfung von Schädlingen durch Bildanalyse.
- Automatisierte Bewässerungssysteme: Bedarfsgerechte Bewässerung basierend auf Bodenfeuchtigkeit und Wettervorhersagen.

Unterhaltung

- Musik- und Filmempfehlungen: Personalisierte Vorschläge basierend auf bisheriger Nutzung.
- Computerspiele: Entwicklung von KI-Gegnern, deren Verhalten sich anpasst.
- Automatisierte Videoinhalte: Erstellung und Bearbeitung von Videos durch KI.
- Sprachsynthese: Erzeugung natürlicher Sprache für virtuelle Assistenten.

Produktion

- Qualitätskontrolle: Automatische Erkennung von Fehlern in der Produktion.
- Vorhersagende Wartung: Voraussagen von Maschinenausfällen, um ungeplante Stillstände zu vermeiden.

Abgesehen von den Vorteilen für die Wirtschaft, können viele KI-Tools Ihnen persönlich helfen: In einer Welt, in der Zeit knapp und kostbar ist, wirken KI-Technologien wie ein unsichtbarer Assistent, der uns Alltagsaufgaben erleichtert und so mehr Zeit für das gibt, was wirklich zählt.

Stellen Sie sich das mal vor: Ihre E-Mails werden schon vor dem ersten Kaffee am Morgen gefiltert und sortiert, sodass nur noch die Nachrichten übrig bleiben, die wichtig sind. Alle Werbung ist raus! Oder Ihre Meeting-Notizen verwandeln sich wie von Zauberhand in strukturierte Dokumente mit klaren Aufgaben für das Team, ohne dass Sie einen Finger krümmen müssen. Noch besser: Die KI erinnert an die Termine, hakt automatisch nach, wenn jemand eine Frist überschritten hat, und fordert in Ihrem Namen einen Zwischenstand zum Schulterblick ein, um sicherzustellen, dass alles in die richtige Richtung geht.

Mit der Erleichterung im Arbeitsalltag ist es allerdings nicht getan – lassen Sie uns weiterdenken: Während Sie am Samstag mit der Familie frühstücken, sucht im Hintergrund Ihr persönlicher Einkaufsassistent basierend auf Ihren Vorlieben und früheren Entscheidungen die besten Angebote im Supermarkt für Sie aus. Gleichzeitig sorgt Ihr intelligenter Staubsaugroboter dafür, dass Ihr Zuhause blitzblank bleibt – ohne, dass Sie auch nur daran denken müssen. Nachdem Sie die Einkaufsliste noch einmal überprüft haben (»human in the loop«), verwandelt sie sich mit einem Klick in eine

Lebensmittelbestellung. Die Lieferfenster, die Ihnen vorgeschlagen werden, sind schon mit Ihrem Kalender abgestimmt – es kann also nicht mehr passieren, dass jemand beim wichtigen Fußballspiel der Kinder daheimbleiben muss, um die Lieferung anzunehmen. Die Planung Ihres nächsten Urlaubs macht übrigens der KI-basierte Reiseassistent, der Ihnen maßgeschneiderte Vorschläge unterbreitet und sogar die Buchung übernimmt. Alles, während Sie die Kinder vom Spielfeldrand anfeuern. Auf der Rückfahrt, just Samstag um 18.30 Uhr, fällt Ihnen ein, dass Sie ja noch den neuen Sessel reklamieren müssen. Per Sprachassistent rufen Sie die Online-Seite des Möbelhändlers auf und treten in Dialog mit dem Kundenservice. Der hat glücklicherweise KI-getriebene Chatbots und virtuelle Assistenten, die Anfragen rund um die Uhr und (inzwischen) wirklich zielführend bearbeiten. Darum müssen Sie sich nicht mehr während der Arbeitszeit kümmern und verringern so Ihren Stress unter der Woche. Daheim angekommen, klingelt bald der Lieferservice. Einräumen müssen Sie noch selbst, aber Ihr Kühlschrank vermerkt sofort, was da ist, denn er scannt dabei die Barcodes der Produkte. Unter Berücksichtigung der Uhrzeit und der wahrgenommenen Familienmitglieder schlägt er ein Abendessen vor, das Sie mit den Einkäufen kochen können – und das alle mögen. Haben Sie zudem noch einen Thermomix (o. Ä.), funkt er das Rezept direkt an das Gerät. Das heißt, Sie müssen nur noch den Anweisungen auf der Anzeige folgen. Damit ist das ganze Kochen so einfach, dass Sie es an die Kinder delegieren können, während Sie es sich mit einem Glas Wein auf dem Sofa gemütlich machen. Nach dem Essen (wenn die Frage, wer die Küche macht, geklärt ist – ggf. durch Entscheidungsalgorithmen in ChatGPT4o, die dieser gleich verkünden kann zur Entlastung der Eltern-Kind-Beziehung), kommt die nächste Sollbruchstelle im Familienfrieden: die Auswahl des Films. Doch hier hilft Ihnen KI ebenfalls: Auf Basis der sich vor dem Computer versammelnden Familienmitglieder, ihrer Vorlieben und Seh-Historie, nimmt Ihnen die KI die Auswahl des Films für den Filmabend in der Familie ab. Was für eine Abkürzung bezüglich Zeit, Nerven und Streitpotenzial!

Während dieses Szenario eher in die Zukunft weist, gehen wir noch mal zurück in die Gegenwart: Überlegen Sie mal: Wie viel Zeit haben Sie schon gespart durch automatisches Einfüllen von Kontaktdaten und Passwörtern in Online-Formulare? Durch Umwandlung von gesprochenen in Textnachrichten – oder umgekehrt? Durch sinnvolle Vorschläge von Antworten auf E-Mails oder LinkedIn-Nachrichten? Alles unsichtbare KI (»Embedded AI«)!

Und denken Sie nur an die Stunden, die Sie jedes Jahr mit der Steuererklärung verbringen – auch hier kommt KI zur Rettung und hilft Ihnen, Ihre

Finanzen besser zu managen und Steuersparpotenziale zu entdecken. Datenorganisation und automatisches Backup laufen im Hintergrund und sorgen dafür, dass wichtige Informationen immer griffbereit sind.

Zu guter Letzt: Haben Sie nicht schon mal davon geträumt, alle Sprachen zu sprechen? KI-getriebene Übersetzungstools ermöglichen Ihnen inzwischen, in Echtzeit Unterhaltungen zu führen mit allen Menschen, egal ob Sie der Sprache mächtig sind oder nicht. Eine großartige Sache, z. B. dann, wenn man allein in China im Taxi unterwegs ist und keine Ahnung hat, wo man hin muss – wie es mir im Jahr 2018 erging!

Dementsprechend zeigt auch die OECD auf, wie hoch die Effizienzgewinne bei einzelnen Tätigkeiten sind:

Einschub 6: Abbildung: Prognostizierte Leistungsverbesserung durch den Einsatz von KI[16]

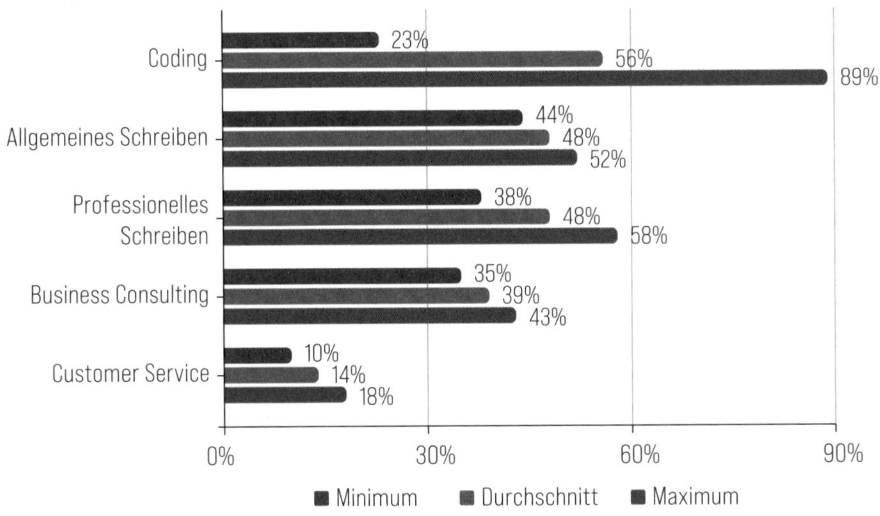

Quelle: OECD Economic Outlook, Mai 2024

All dies sind nur Beispiele dafür, wie KI-Technologien uns jetzt schon unterstützen, den Alltag effizienter zu gestalten und uns Freiräume für Kreativität, Erholung und zwischenmenschliche Beziehungen schaffen – bis hin zur Verbesserung des Familienlebens!

KI ist also jetzt schon allgegenwärtig – selbst dann, wenn man sie nicht sieht. KI verändert unser Leben und unsere Wirtschaft. KI schafft Arbeitsplätze und macht Arbeitsplätze überflüssig. KI bringt Menschen in ein neues Zeitalter oder stellt sie aufs Abstellgleis. Auf welche Weise Sie betroffen sind, liegt in Ihrer Hand.

2.2 DIE KI UND SIE: WARUM IHRE KI-KOMPETENZ JETZT ZÄHLT

2.2.1 Die KI-Revolution hat bald noch weitreichendere Auswirkungen

Wenn Sie meinen, das sei schon zu viel, dann schnallen Sie sich an! Die absehbaren Auswirkungen von KI in der Zukunft werden noch viel weitreichender sein. Und das auf allen Ebenen: In Wirtschaft, Gesellschaft und auch persönlich. Hier jeweils nur ein paar Beispiele:

a. Wirtschaftliche Auswirkungen

- **Produktivitätssteigerung:** Automatisierung von Routineaufgaben führt zu höherer Effizienz und Produktivität in verschiedenen Branchen. Eine Studie vom McKinsey Global Institute, dem volkswirtschaftlichen Think Tank dieser Unternehmensberatung vom Mai 2024 geht davon aus, dass bis 2030 rund 30 % der aktuellen Arbeitsstunden durch Technologie, inklusive generativer KI, automatisiert werden können. Das betrifft zu 54 % die administrativen Bürotätigkeiten.

  Dieser Effekt wird von Vielen in der Wirtschaft herbeigesehnt – und nicht nur aus Gründen der Produktivität. Sebastian Harrer, Experte für die Transformation der Arbeitswelt, mit dem ich sprach, als er Bereichsleiter Personal bei der Landesbank Baden-Württemberg war, sagte:

  »Damit kann ein gezielter und beherzter Einsatz von KI dafür sorgen, dass wir in deutschen Unternehmen endlich den Rückschritt in der Produktivität wieder aufholen. Und vermutlich werden die Produktivitätsgewinne sogar noch für ein bisschen Entlastung sorgen bei den beiden ›gefährlichsten‹ Typen von Wissensarbeit: ›bore out‹ und ›burn out‹-Arbeit. In [einer] Studie der Harvard Business School steckt [die] Erkenntnis, dass die (gut begleitete) Nutzung von GenKI am Arbeitsplatz zu einem ›level playing field‹ beiträgt. Bei allen Teilnehmer:innen der Studie waren die Arbeitsergebnisse der Testgruppe signifikant besser als die der Kontrollgruppe. Alle profitieren von KI! Aber diejenigen mit unterdurchschnittlich guten Abschlüssen oder einem eher schlechteren Track Record in der Firma (es waren Berater:innen von BCG) profitierten noch stärker, relativ zu den anderen Kolleg:innen«.

- **Schaffung neuer Märkte:** KI-basierte Innovationen ermöglichen die Entstehung neuer Geschäftsmodelle und Märkte.
- **Verringerung der Arbeitsplätze:** Während einige Jobs durch Automatisierung wegfallen, entstehen neue Berufsfelder rund um KI und Technologie. Verschiedene Studien zeigen, dass technologische Innovationen und

Automatisierung in der Vergangenheit langfristig gesehen tendenziell mehr Arbeitsplätze schaffen, als sie vernichten:

- Analysen des Zentrums für Europäische Wirtschaftsforschung (ZEW) zufolge habe der technologische Wandel von 1999–2010 zum Verlust von ca. 9,6 Mio. Arbeitsplätzen geführt. Produktnachfrage und »Spillover-Effekte« ließen aber viele neue Jobs entstehen, schätzungsweise etwa 21 Millionen in ganz Europa[17].
- Laut Forschern des ZEW fallen nur durchschnittlich 9 % der Jobs in OECD-Ländern in die Kategorie »potenzieller Automatisierung«. Die Rede sei auch hier eher von der schrittweisen Automatisierung einzelner Tätigkeiten, statt der gänzlichen Abschaffung von Arbeitsplätzen[18].
- Eine Studie von Deloitte zeigt auf: Es gibt neue Anforderungen (und damit auch Jobs) auf dem sich wandelnden Arbeitsmarkt. So gehören komplexe Problemlösung, prozessbezogene, inhaltsbezogene und kognitive Fertigkeiten neben sozialen Fähigkeiten zu den Kompetenzen, die immer wichtiger werden[19].

Zusammenfassend legen die Studien nahe, dass technologische Sprünge bisher zwar kurzfristig Arbeitsplätze kosteten, langfristig aber zu einem Beschäftigungsanstieg (z. B. durch neue Tätigkeitsfelder oder steigende Produktnachfrage) führten.

Mehr Leute werden durch das Aufkommen von KI z. B. gebraucht als:

- **Prompt Engineers:** »die, die mit der KI reden«.
- **Business Process Manager:** analysieren das Unternehmen nach Einsatzfeldern für KI.
- **AI Developer:** entwickeln Lösungen unter Nutzung von KI.
- **Data Analyst:** »die, zu der Zahlen sprechen«.
- **RPA Engineer:** verantwortlich für die IT-Architektur und Infrastruktur in Projekten, bei denen repetitive manuelle Tätigkeiten durch Roboter automatisiert werden.
- **Drohnenpilot:innen**
- **Change Manager:** machen diese gesamte Veränderung verdaubar.

b. Gesellschaftliche Auswirkungen

- **Bildung:** KI kann personalisiertes Lernen fördern und den Zugang zu Bildung weltweit verbessern. Sie kann endlich das Defizit an Lehrkräften kompensieren durch kluge, punktuelle Entlastung bei der individuellen Betreuung von Schüler:innen.

- **Gesundheitswesen:** KI revolutioniert Diagnostik und Behandlungsmethoden, was zu präziserer Medizin und besserer Patientenversorgung führt. Neben den schon bekannten Einsatzbereichen in Radiologie und Dermatologie (Erkennen von bösartigen Hautveränderungen), werden Roboter nicht nur bei Operationen, sondern auch bei der Pflege unterstützen.
- **Öffentliche Sicherheit und Überwachung:** KI kann helfen, Kriminalität zu bekämpfen und die Sicherheit zu erhöhen, wirft aber Fragen der Privatsphäre und Überwachung auf. Werden diese angemessen gelöst, könnte KI in Zukunft z. B. die Fluchtgefahr berechnen und so das Erteilen von Untersuchungshaftstrafen gerechter aussteuern. Terroranschläge können gerade durch Kombination von Daten aus verschiedensten Quellen vorhergesagt und oft auch verhindert werden.
- **Soziale Ungleichheit:** Die Verteilung der durch KI generierten Werte könnte bestehende Ungleichheiten verstärken, wenn nicht gezielte politische Maßnahmen ergriffen werden. Andererseits ermöglicht KI auch neue Chancen für Unternehmertum. So ist zuküftig denkbar, sehr wertvolle Unternehmen zu schaffen mit wenig Startkapital und einer geringen Anzahl an Mitarbeitenden, auch für nicht-privilegierte Gründer:innen.
- **Umweltauswirkungen:** KI kann zur Lösung von Umweltproblemen beitragen. Z. B. kann KI durch automatische Bilderkennung und Datenanalyse wilde Tierpopulationen und deren Verhalten überwachen. So lassen sich Maßnahmen gegen Wilderei, Abholzung etc. besser planen. Ein weiteres Anwendungsfeld von KI wird die Analyse riesiger Klimadatensätze und komplexer Algorithmen sein, um die Entwicklung des Klimas, der Ursachen und Folgen (und damit auch Gegenmaßnahmen) besser vorhersagen zu können. Im Gegenzug kann nicht von der Hand gewiesen werden, dass KI auch erhebliche Mengen an Energie und Ressourcen verbraucht. Wie jedoch bei der Blockchain-Technologie schon gesehen, steht zu erwarten, dass es bald technologische Fortschritte geben wird, die den Strombedarf verringern
- **Veränderung des Konsumverhaltens:** KI beeinflusst, wie Menschen Informationen konsumieren und Entscheidungen treffen, was wiederum Auswirkungen auf Demokratie und Gesellschaft hat.

c. Persönliche Auswirkungen

- **Lebenslanges Lernen:** Die dynamische Entwicklung der KI erfordert kontinuierliche Weiterbildung der Menschen, um mithalten zu können. Dies wird Charaktereigenschaften wie Neugier und Mut, sowie bestimmten Haltungen, wie z. B. einem »Growth Mindset« (dazu unten mehr in Abschnitt 2.4.1), zu neuer Beliebtheit verhelfen.

- **Psychologische Anpassung an neue Realitäten:** Menschen müssen lernen, mit der durch KI veränderten Welt umzugehen, was psychologische und soziale Anpassungen erfordert. Nach der Studie des McKinsey Global Institutes werden z. B. bis zu 3 Millionen Berufswechsel in Deutschland bis 2030 erwartet. Das entspricht 7 % der Gesamtbeschäftigung.
- **Verbesserung der Lebensqualität:** KI kann den Alltag erleichtern, von smarter Haustechnik über Gesundheits-Apps bis hin zur allgemeinen Effizienzsteigerung, wie oben beschrieben.
- **»Menschliche« Nähe:** Ferner gibt es auch das Szenario, dass KI zu mehr »menschlicher« Nähe führt. Zum einen echte menschliche Nähe: Wir lernen durch die ständige Interaktion mit einem »dummen« Computer, präziser zu formulieren und mehr Verständnis zu entwickeln für unser Gegenüber, da uns ja täglich vor Augen geführt wird, wie missverständlich wir selbst kommunizieren. Dazu hatte ich vor Kurzem ein spannendes Gespräch mit Dr. Michael Müller-Wünsch, Bereichsvorstand Technology (CIO) des Versandhändlers Otto, der gleichzeitig einer der Pioniere in der KI-Forschung in Deutschland war:

»Wir werden übrigens eine neue Sozialfähigkeit wieder erlernen. Für mich eine ganz spannende Beobachtung. Wir haben ja über die letzten 40 Jahre die Interaktion mit Computern über Keyboarding gelernt. Das heißt, wir alle können mehr oder minder mit 10 Fingern über die Tastatur huschen. Und dann haben wir am Smartphone Short Messaging gelernt und alle möglichen coolen Sachen. Und jetzt wird es Sprache sein. Aber es wird nicht nur [normale] Sprache sein, das haben wir jetzt auch schon seit ein paar Jahren [in der Steuerung von Geräten]. Aber wenn du beim Prompt eine genaue Kontextinformation mitlieferst, dann kriegst du, wenn du genau zuhörst, auch eine gute Antwort. Und auf einmal fangen wir wieder an, miteinander zu reden, und zwar aufmerksam miteinander zu reden. Und wir werden eine Fähigkeit erwerben oder wieder erlernen, die wir durch 140 Zeichen irgendwie in den letzten 20 Jahren ein bisschen vernachlässigt haben. Das gute ›Miteinander Reden und Zuhören‹. […] Und dieses stichwortartige, SMS-ähnliche Kommunikationsverhalten der letzten 20 Jahre wird auf einmal durch eine neue Präzision – und jetzt sage ich mal ganz bewusst: der deutschen Sprache –, da kannst du die Mächtigkeit der deutschen Sprache noch mal auf ein anderes Level heben und damit ein anderes Miteinander zwischen Menschen produzieren, was ich als Technologe tierisch spannend finde.«

Zum anderen gibt es spätestens seit dem Film »Her« auch die Chance auf größere »menschliche« Nähe in Anführungszeichen: In dem Film von Spike

Jonze aus dem Jahr 2013 geht es um die ungewöhnliche Liebesbeziehung zwischen einem einsamen Mann namens Theodore und einer künstlichen Intelligenz namens Samantha. Dieses Entstehen von engen zwischenmenschlichen Verbindungen mit einer:m Partner:in, der/die gerade kein Mensch ist, wird nicht mehr lang eine Zukunftsvision sein. Schon heute sind in den USA und Japan Begleitroboter im Einsatz, die künstlich intelligent sein. Werden diese dann noch gestaltet nach dem Aussehen der:s verstorbenen Lebenspartner:in, mit einem Dialogsystem wie ChatGPT versehen und auf Basis von Videoaufnahmen mit der Stimme des/der Verstorbenen versehen, ist die Basis geschaffen. Dann »nur« noch die Erinnerungen an das gemeinsame Leben einfüttern, die ja inzwischen zunehmend digital vorliegen, und man hat einen humanoiden Roboter als Lebensbegleiter, der/die einem jedem Wunsch von den Augen abliest. Hierzu gibt es auch einen Film: »Ich bin dein Mensch«, ein großartiger deutscher Spielfilm von Maria Schrader aus dem Jahr 2021.

Wir sehen also, der Einsatz von KI wird uns erhebliche Chancen, Arbeitserleichterungen, Effizienzsteigerungen, zusätzliche Geschäftsmodelle, neue Beziehungen, eventuell ein besseres Klima und, und, und bescheren.

Doch all das kommt nicht ohne Risiken. Diese wollen wir uns, wegen ihrer besonderen Bedeutung, ausführlich im nächsten Kapitel ansehen.

2.2.2 Die Risiken beim Einsatz von KI und wie wir damit umgehen können

Bei all der Begeisterung für die Potenziale, die KI aufweist, unser Leben zu verbessern, muss ein besonderer Blick auf die damit verbundenen Risiken gelenkt werden. Diese Risiken haben sich zum Teil bereits manifestiert (z. B. die Diskriminierung von Bewerberinnen bei der KI-gesteuerten Vorauswahl von Menschen im Recruiting-Prozess) oder sind auf Basis der Entwicklung des Internets – wie es gerade die jüngste Vergangenheit gezeigt hat – wahrscheinlich.

Eines will ich dabei aber vorwegnehmen: Wie jedes Werkzeug bzw. Mittel kann auch jede Technologie – ganz unabhängig von ihren **spezifischen** Gefahren – zu guten Zwecken und genauso zu schlechten Zwecken angewendet werden. Nehmen wir mal zwei am wenigsten technologische Mittel, Papier oder Bargeld: Man kann auf Papier Poesie schreiben oder Schmähungen. Man kann mit Geld Almosen geben oder Frauen kaufen. Gehen wir weiter in Richtung Technologie auf diesem Spektrum, ist z. B. selbst die Atomtechnik ambivalent: Massenvernichtung und Stromerzeugung.

Folglich ist bei der Beurteilung von KI besondere Vorsicht geboten, wenn es sich um ein Risiko handelt, das Mann/Frau/Divers durch die Verwendung der KI selbst geschaffen hat. Hier ist der Mensch mit seiner Intention der entscheidende Faktor für den Eintritt des Risikos, nicht die Technologie selbst – es sei denn, sie wäre genau im Hinblick auf diese unethische, gefährliche oder anderweitig schädliche Verwendung entwickelt worden.

Um diesem Faktor Genüge zu tun, ordnen wir die in der folgenden Liste **exemplarisch aufgeführten Risiken** auch danach ein, ob sie »Technologie-immanent« oder »menschengemacht« sind. Ferner kennzeichnen wir, ob ihr Eintritt verminderbar ist durch den Einzelnen und ob die Nutzung der KI regulierbar ist. Zuletzt bemessen wir (natürlich höchst subjektiv) den **relativen** Schweregrad (d. h. nach der grundsätzlichen Einordnung als schwer) und ergänzen erste Ansätze zu Linderungs- oder Regulierungsmaßnahmen. Das Ziel ist, die Probleme abzuschichten, mögliche Gegenmaßnahmen zu Risiken in den Blick zu nehmen und damit eine zutreffende Einschätzung für die tatsächliche Größe der Risiken zu bekommen – was in der aktuellen Diskussion leider oft ausbleibt.

Einschub 7: Tabelle: Risiken durch den Einsatz von KI und ihre Einordnung

Legende:
Gelbe Zeilen: Hauptrisiko; weiße Zeilen: Untergruppen von Einsatz und Risiko
X: zutreffend, (X): in gewissem Maße zutreffend
relativer Schweregrad: »Wie schwer wiegt das Risiko«? 1: mittel/2: hoch/3: sehr hoch

Risiko (gelb) durch Einsatz von KI zu/als/bei:	**Technologie-immanent?**	**Menschengemacht?**	**Verhinderbar?**	**Regulierbar?**	**relativier Schweregrad**	**Linderungs- und/oder Regulierungsmaßnahmen**
Abhängigkeit von KI:		**X**	**X**	**(X)**	**1**	
Arbeitserleichterung, daher weniger Einsatz von menschlicher Kreativität, kritischem Denken und Intuition, was einen Verlust menschlicher Intelligenz und Entscheidungsfähigkeiten nach sich ziehen kann		X	X	(X)		Selbstdisziplin, Training der Intelligenz, Ersatz durch neuartige Formen von Intelligenz (→ nur Verschiebung)

Risiko (gelb) durch Einsatz von KI zu/als/bei:	Technologie-immanent?	Menschengemacht?	Verhinderbar?	Regulierbar?	relativier Schweregrad	Linderungs- und/oder Regulierungsmaßnahmen
Arbeitsplatzverluste:		**X**	**X**	**X**	**1–2**	
Automatisierung von Arbeitsabläufen, u. a. in Industrie 4.0 und digitalen Fabriken, die KI besser kann als Menschen		X	X	X		Menschengemacht, d. h. dieses Risiko liegt in unserer Hand. Kann daher im Einzelfall abgewogen und notfalls reguliert werden
Unterstützung von Menschen durch KI verringert den Bedarf an Mitarbeitenden		X	X	X		siehe oben
Soziale Manipulation:	**X**	**X**	**X**	**X**	**1–2**	
Generieren von gefälschten Texten, Bildern oder Videos, welche die Öffentlichkeit täuschen (auch über ihre:n Absender:in, »Deep Fakes«), politische Manipulationen ermöglichen und Persönlichkeitsrechte verletzen können	X	X	X	X		Verbot oder Kennzeichnungspflicht, Einsatz von Software zum Erkennen und Sperren dagegen verstoßender Inhalte; Verpflichtung von Plattformen, diese nicht zu verbreiten; Medienkompetenz
Personalisierte Botschaften zu noch stärkerer, gezielter Einflussnahme, z. B. zur Manipulation des Wahlverhaltens und zur Gefährdung der Demokratie	X	X	X	X		siehe oben

Risiko (gelb) durch Einsatz von KI zu/als/bei:	Technologie-immanent?	Menschengemacht?	Verhinderbar?	Regulierbar?	relativier Schweregrad	Linderungs- und/oder Regulierungsmaßnahmen
Datenschutzverstöße:	**X**		**(X)**	**X**	**2**	
Sammlung und Analyse großer Mengen (persönlicher) Daten durch KI-Technologien	X			X		Daten sind die Grundvoraussetzung von KI, daher Technologie-immanent und nicht verhinderbar
Verletzung der Privatsphäre durch den Einsatz von KI-Algorithmen, die sensible Informationen verarbeiten und speichern.	X			X		siehe oben; dazu: Abschottung sensibler Daten
Datenmissbrauch und unbefugter Zugriff auf persönliche Daten	X	X		X		Menschliche Entscheidung ist (zumeist noch) Ursache für missbräuchlichen Umgang
Profilbildung und Überwachung von Nutzern	X	X	(X)	X		Bestehende Verbote streng umsetzen
Sonstige Verstöße gegen Datenschutzbestimmungen und Transparenzpflicht	X	X	(X)	X		siehe oben
Voreingenommenheit, Diskriminierung:	**X**		**X**	**X**	**1–2**	
Bias (Voreingenommenheit) in den Trainingsdaten und der zugrunde liegenden Metrik – z. B. zu geringe Repräsentanz von Frauen und POC	X		X	X		»Einbau von Vielfalt« in Algorithmen; Pflicht zum Gegencheck mit manuellem Ergebnis

Risiko (gelb) durch Einsatz von KI zu/als/bei:	Technologie-immanent?	Menschengemacht?	Verhinderbar?	Regulierbar?	relativier Schweregrad	Linderungs- und/oder Regulierungsmaßnahmen
Verborgene Bias und Zielsetzungen auf Nutzerebene bei der Aufnahme der KI-Ergebnisse		X	X			Allgemeine Maßnahmen gegen menschengemachte Diskriminierung
Mangel an Transparenz und Erklärbarkeit:	**X**		**(X)**	**X**	**2**	
Viele KI-Algorithmen sind so komplex, dass sie für nicht zu interpretieren sind.	X			X		Gesetzliche Verpflichtung zur Erklärung der Inhalte der Algorithmen
Die genutzten maschinellen Lernverfahren agieren oft als »Blackbox«, d. h., es ist nicht erkennbar, wie sie zu ihren Entscheidungen gelangen.	X		X	X		Gesetzliche Verpflichtung zur Erklärung der Wirkweise der Algorithmen
Aktuell wenig wirksame Anwendung von erklärbaren KI-Tools (Explainable AI, XAI) in der Praxis.		X	(X)	X		Wirksamkeit kann/wird noch erhöht werden
Noch keine klaren Standards bzgl. Nachvollziehbarkeit von KI-gestützten Entscheidungen.		X	X	X		Klare, einheitliche Standards setzen
Priorität bei KI-Entwicklung auf Richtigkeit und Debugging statt Transparenz etc.		X	(X)	X		Incentivierung ändern, gesetzliche Verpflichtungen schaffen, i. Ü. Verbesserung in nächster Entwicklungsstufe möglich

Risiko (gelb) durch Einsatz von KI zu/als/bei:	Technologie-immanent?	Menschengemacht?	Verhinderbar?	Regulierbar?	relativier Schweregrad	Linderungs- und/oder Regulierungsmaßnahmen
KI selbst kann bisher keine Rechenschaft über ihre Entscheidungen ablegen	X		X	X		Dokumentation der Entscheidungswege inkl. KI könnte gesetzlich vorgeschrieben werden
Wenn Ergebnisse nicht nachvollziehbar und zurückverfolgbar sind auf das Tun eines Menschen, ist Verantwortlichkeit/(strafrechtliche) Haftung unklar.	X		X	X		Juristische Konstrukte für KI analog nutzen, Weiterentwicklung bestehender durch Gesetze und allgemeine Rechtsfortbildung
Andere Ethikdilemmata:	**X**	**X**	**(X)**	**(X)**	**2**	
Entscheidungen der Algorithmen beinhalten immer eine gewisse Ethik (aus Trainingsdaten oder von Entwickler:innen), die nur schwer transparent gemacht werden kann	X	X	(X)	X		Transparenzpflichten helfen, Überprüfung durch geeignete Stellen, ggf. Korrektur
Abgabe von Entscheidungsbefugnissen an KI-Systeme wirft Fragen zur menschlichen Autonomie auf.	X	X	X	(X)		Neubestimmung des Autonomiebegriffs, z. B. als: »autonomes Sich-Erweitern durch KI«; Definition gesetzlicher Folgen
Entscheidungen zu übertragen an eine KI kann zu Fehlern oder unbeabsichtigten Folgen führen, die ohne adäquates menschliches Eingreifen unbemerkt bleiben.		X	X	(X)		Definieren und Einhalten von Test- und Aufsichtspflichten in Abhängigkeit von Schwere der Konsequenz

Risiko (gelb) durch Einsatz von KI zu/als/bei:	Technologie-immanent?	Menschengemacht?	Verhinderbar?	Regulierbar?	relativier Schweregrad	Linderungs- und/oder Regulierungsmaßnahmen
Sicherheitsrisiken:	**X**	**X**	**(X)**	**X**	**2**	
Cyberkriminalität, um automatisierte Angriffe auf Computersysteme durchzuführen	X	X	(X)	X		Nutzen der Technologie u. a. dazu, illegale Verwendungen zu unterbinden; Verringerung: Absicherung der Systeme, robustere Verfolgung; Regulierung: Verbot
Angreifer können KI-Systeme selbst manipulieren, indem sie sie darauf trainieren, falsche oder interessengeleitete Ergebnisse zu liefern oder sie zu sabotieren	X	X	(X)	X		Absicherung der Systeme, Früherkennung, Abwehrmaßnahmen etc. mit technischen Mitteln; Regulierung: Verbot
Konzentration der Macht:	**X**	**X**	**(X)**	**X**	**2**	
Konzentration der wirtschaftlichen und politischen Macht in Händen von Big-Tech-Unternehmen aufgrund ihres Vorteils bei Ressourcen wie Daten und Rechenleistung	X	X	(X)	X		KI-Regulierung und stärkere, v. a. frühzeitigere Verfolgung von missbräuchlicher Ausnutzung der Marktposition
Unerwünschte Konsequenzen:	**X**	**X**	**(X)**	**(X)**	**2–3**	
Aufgrund Komplexität und Mangel an menschlicher Aufsicht unerwartete Verhaltensweisen oder Konsequenzen	X	X	X	X		Transparenzpflichten (s. o.), verstärkte Aufsicht, schnelle Konsequenzen, Frühwarnsysteme, etc.

Risiko (gelb) durch Einsatz von KI zu/als/bei:	**Technologie-immanent?**	**Menschengemacht?**	**Verhinderbar?**	**Regulierbar?**	**relativier Schweregrad**	**Linderungs- und/oder Regulierungsmaßnahmen**
Reißen oder Aufgeben der Klimaziele wegen erhöhtem Stromverbrauch	X	X	(X)			Technische Weiterentwicklungen kann aktuelle Stromverbrauchsprognosen verringern
Existenzrisiken durch AGI:	**ggf.**		**ggf.**	**ggf.**	**3**	
Entwicklung einer künstlichen allgemeinen Intelligenz (AGI), die die menschliche Intelligenz übertrifft	X	X	(X)	(X)		Sicherheitsforschung, ethische Leitlinien, Transparenz und Gesetze bei der Entwicklung von AGI; Inpflichtnahme der Entwicklungsunternehmen
Unkontrollierbare, selbstbewusste KI:	**ggf.**		**ggf.**	**(X)**	**3**	
KI könnte schnell an Intelligenz gewinnen, bewusst werden und außerhalb menschlicher Kontrolle handeln, ggf. dadurch bösartiges Verhalten und Bedrohung für die Menschheit	X	(X)	(X)	(X)		Internationale Regulierung und Verlangsamung der Weiterentwicklung der KI; Inpflichtnahme der Entwickler

Die hier exemplarisch aufgeführten Risiken und die möglichen Gegenmaßnahmen unterstreichen

- die Bedeutung einer verantwortungsvollen und transparenten KI-Entwicklung: Rund 80 % der hier genannten Risiken sind verminderbar – durch die Entwickler in Kombination mit dem Gesetzgeber.
- die Wichtigkeit eines verantwortungsvollen Umgangs seitens der User mit KI: Über 70 % der genannten Risiken sind zumindest auch menschengemacht.

- die höchste Relevanz eines kompetenten Gesetzgebers in den Sitzstaaten der Entwicklungsunternehmen, der Anwender und auf EU-Ebene: über 90 % der genannten Risiken sind zumindest in gewissem Maße regulierbar.

Durch ein Zusammenspiel dieser drei Hebel ist die Wahrscheinlichkeit hoch, dass wir potenzielle negative Auswirkungen mildern und die sichere und vorteilhafte Nutzung von KI-Technologien gewährleisten können. Diese negativen Auswirkungen müssen also nicht zwangsläufig eintreten, sondern wir können etwas dagegen tun. Das ist ein weiterer Aspekt, der m. E. in der aktuellen Diskussion zu kurz kommt: Die eigene Gestaltungsmacht als Bürger:in und als Staat zu erkennen. KI wird oft wie eine Naturgewalt dargestellt, gegen die man nichts machen könne. Das stimmt aber nur in Maßen.

Unglücklicherweise sind die Verminderbarkeit und die Regulierungsmöglichkeit besonders da gering, wo das Risiko sehr hoch ist. Namentlich beim Entstehen einer allgemeinen künstlichen Intelligenz, die die menschliche Intelligenz übertrifft und/oder Bewusstsein erlangt. In jedem der beiden Fälle ergibt sich die Möglichkeit, dass sie außerhalb der menschlichen Kontrolle selbstständig agiert. Das führt zu einer Angst, die anzuerkennen ist. Denn es gab bereits Vorfälle in diese Richtung, z. B. als 2016 der Microsoft Chatbot »Tay« binnen Kürze antisemitische und sonstige Hassreden auf X (ehemals Twitter) führte – auf Basis von nicht angemessen geprüften Trainingsdaten. Die Folge? Er wurde ca. 24h später vom Netz genommen und der Fehler, der zu diesem Vorfall geführt hat, wurde korrigiert[20]. Also eigentlich ein guter Vorfall, denn wir dürfen nicht vergessen: Wir sind noch in den frühen Phasen der Entwicklung dieser Technologie. Nicht alles, was jetzt passiert, wird auch in Zukunft noch geschehen. Auf jeden Fall scheint die Gefahr einer menschenzerstörenden AGI noch zu diffus, um deswegen die Technologie insgesamt zu diskreditieren und daran zu appellieren, die KI-Anwendung ganz zu unterlassen.

Und eine weitere »Nebelkerze« möchte ich hier abdecken: Das häufig genutzte Argument, dass die KI in manchen Fällen »falsch« entscheidet. Meist dargestellt an dem konstruierten Beispiel, ob ein selbstfahrendes Auto jetzt eine Oma oder ein kleines Kind umfahren solle. Natürlich ist das ein gravierendes ethisches Dilemma, bei dessen Bewältigung viele Dinge gegeneinander abgewogen werden müssen. Aber wie hätten Sie es lieber: Dass darüber vorab unter Experten bei der Entwicklung des Algorithmus lang und breit diskutiert wird, oder dass ein möglicherweise angetrunkener Mensch das innerhalb von einem Sekundenbruchteil entscheidet? Wer sagt uns, dass der Mensch in dieser Situation besser entscheiden würde? Ein Mensch, bei dem die Allgemeinheit nur dadurch Einfluss hat, ihn mit allgemeinen Wertgrundsätzen zu umgeben, in der Hoffnung, dass er sie annimmt und dann in dem jeweiligen Moment auch abrufen kann? Da ist mir eine klare Einprogrammierung dieser Grundsätze in den Algorithmen hinter einer KI deutlich lieber ...

Zu guter (oder, je nach Ihrem Standpunkt, schlechter) Letzt darf eines nicht vergessen werden: Wir dürfen uns nicht der Illusion hingeben, dass unsere Einstellung zur KI diese Nutzung und Fortentwicklung dieser Technologie global aufhalten könnte. Das heißt, KI wird eingesetzt werden, egal ob wir es wollen oder nicht. Um es plastisch, und auch ein wenig flapsig auszudrücken: Die Zahnpasta ist aus der Tube. Und ist es Ihnen jemals gelungen, sie wieder zurückzudrücken?

Die großen Tech-Unternehmen setzen bereits uneingeschränkt auf KI – zur Gewinnmaximierung und Steigerung Ihrer Abhängigkeit. Daher kommt KI in Ihr Leben, ob es Ihnen gefällt oder nicht: Die Produktsuite von Google stellt den Nutzern proaktiv KI-Tools zur Verfügung. Microsoft drängt seine Unternehmenskunden und zunehmend auch Privatkunden aggressiv zur Nutzung von Copilot, der KI-Anwendung von Microsoft. Und alle Tools, die Sie im Unternehmen oder im Privatleben nutzen, setzen KI ein. Spotifys personalisierte Playlisten, Googles Verbesserung der Suchergebnisse, Social Medias Mechanismen, welche Beiträge Sie sehen etc.

Wir haben also nur noch Hebel der Eindämmung der Risiken, nämlich
- einen verantwortungsvollen Umgang mit KI durch die Nutzer:innen und
- kompetent erarbeitete Regulierung für Entwicklung und Nutzung von KI.

Beides ist aber nur möglich, wenn wir KI nutzen. Dabei langt es nicht, nur so ein bisschen mitzumachen. Sondern wir müssen ergebnisoffen und ernsthaft mitmachen. Denn der, der sich nicht damit auseinandersetzt, wird nicht zu einem verantwortungsvollen Umgang kommen. Diejenigen, die zuständig sind für Regulierung, müssen KI vorher selbst nutzen, um auf Basis von Kompetenz qualifizierte Grenzen zu ziehen. Und nicht wie so oft auf Basis von Unwissenheit, Angst oder Lobbydruck.

Meine Schlussfolgerung ist: Wir alle müssen KI nutzen. Auch, um die Risiken aus der Nutzung von KI einzudämmen. Es ist daher ein Beitrag zu unser aller Sicherheit, sich mit dieser Technologie vertraut zu machen, KI-Kompetenz erwerben. Man könnte also sagen:

KI-Kompetenz ist Bürgerpflicht!

2.3 KI-KOMPETENZ?

2.3.1 Auf Sie kommt es an!

Was unser Leben leichter machen soll, bringt oftmals auch eines mit sich: Eine gehörige Portion Angst. So glauben 29% der Deutschen, dass KI die Demokratie durch die Verbreitung von Fake News gefährden könnte und weitere 28% befürchten, gänzlich durch KI ersetzt zu werden[21]. Vor allem in Unternehmen herrscht eine frustrierende Zögerlichkeit gegenüber dem technologischen Wandel.

Wenn von KI und maschinellem Lernen die Rede ist, sprechen wir von Technologien, die eines Tages größer sein können als wir, wo wir befürchten, sie nicht sicher steuern und beeinflussen zu können. Da erscheint es oft einfacher, alles beim Alten zu belassen und zu hoffen, dass der Wind der Veränderung vorüberzieht, ohne Schäden zu hinterlassen, um dann die Ruhe nach dem Sturm zu genießen.

Das wird aber nicht geschehen. Denn der Wind der Veränderung bläst unaufhörlich und nimmt keine Rücksicht darauf, wie sich Unternehmen oder Einzelne dazu stellen. Sich dem entgegenzustemmen ist ungefähr so sinnvoll wie den Regen anzuschreien, dass er aufhören möge zu fallen!

Daraus folgt auch: Wer bei dieser unaufhaltbaren Veränderung nicht mitmacht, schadet nicht dem Fortschritt, sondern sich selbst. Denn der Abstand zwischen der eigenen Person und dem aktuellen technischen Stand der Dinge wird immer größer. Und wie zuvor erwähnt, dem technischen Stand der Dinge ist das egal. Nicht aber Ihnen, spätestens dann, wenn eine Technologie auf den Markt kommt, die für Sie ungemein erstrebenswert ist – und Sie dazu dann nicht mehr den Zugang bekommen, wenn Sie vorher ein-, zweimal ausgesetzt haben.

Daher:

Wer heute, im Jahr 2024, unter 70 Jahre alt ist, kann es sich nicht leisten, die KI-Transformation an sich vorbeiziehen zu lassen – schon im eigenen Interesse!

Darüber hinaus, wie wir oben bei den Risiken gesehen haben, schadet derjenige oder diejenige, welche die KI-Transformation aussitzen, ohne KI-Kompetenz zu erwerben, der Allgemeinheit: Weil er/sie nicht dazu beiträgt, dass wir alle einen verantwortungsvollen Umgang mit der KI einüben. Weil er/sie sich nicht in seiner/ihrer Einflusssphäre dafür einsetzt, dass die Organisation sich mit KI wettbewerbsfähig hält – und damit ihre Zukunft sichert.

Ergo: Nur diejenigen, die sich frühzeitig mit dem Fortschritt auseinandersetzen und diesen zumindest begleiten, haben die Chance, ausreichend Erfahrungen zu sammeln, um verantwortungsvoll mit dieser Technologie umzugehen. Damit also privat und beruflich eine gute Ausgangslage zu haben für Lebenserleichterung und Zukunftssicherung. Außerdem sind auch sie es, die Druck aufbauen können, dass auf Basis von Kompetenz KI zielführend und sachgerecht reguliert wird.

Einschub 8: Interview mit Anke Sax, Geschäftsführerin bei der Anlagegesellschaft KGAL GmbH & Co. KG (KGAL)

Anke Sax ist eine veränderungserprobte und leidenschaftliche Führungskraft, mehrfach ausgezeichnet als European Digital Leader und CIO des Jahres, mit nun rund 40 Jahren Erfahrung im international agierenden Finanzsektor. Was ich an ihr besonders schätze? Trotz – oder in Ihrem Fall vielleicht sogar wegen – dieser langjährigen Berufstätigkeit hat sie sich nicht den Umständen gefügt, sondern ist immer noch eine engagierte, unglaublich kluge Kämpferin für die Verbesserung der Zukunftsfähigkeit von Unternehmen und des Standorts Deutschland, die auch das offene Wort nicht scheut:

Prof. Dr. Katja Nettesheim
Liebe Anke, wie siehst du die Erfolge und die Fortschritte Deutschlands in der Digitalen Transformation in den letzten 20 Jahren?

Dr. Anke Sax
[...] Als Bürger, wenn ich jetzt in der Verwaltung unterwegs bin – für meinen Personalausweis und meinen neuen Führerschein muss ich jetzt nach Freiburg fahren, um ihn neu zu beantragen und kriege so in drei Monaten erst den Termin. Das ist halt schon bitter. Und wenn ich dann höre, dass es sogar bei Lkw-Fahrern so ist, dass sie warten müssen, bis sie ihren Führerschein verlängert kriegen, das ist schon echt unglaublich bitter. Oder wenn ich in meiner Firma Leute sehe, die nicht mit Teams umgehen können, oder nicht wissen, wie man den Bildschirm teilt. Das ist manchmal schon echt strange. Oder auch in der Schule: Unsere Tochter ist Grundschullehrerin, in der Corona-Pandemie hat sie sich selbst darum gekümmert, dass sie Videokonferenzen machen kann. Das kann es ja auch nicht sein. [...]

Katja Nettesheim
Was tun wir denn dagegen?

Anke Sax
Ich glaube schon, dass es einzelne Menschen sind, die was dagegen tun, und zwar auf allen Ebenen. Ob es jetzt Mitarbeiter sind, ob es Führungskräfte sind, ob es in der Wirtschaft ist, ob es in der Forschung ist, ob es in Schulen ist oder was auch immer. Einzelne Menschen tun das. Und das wirkt auch. Das Problem ist halt nur in der Geschwindigkeit, in der das wirkt oder in dem Ausmaß, in dem das wirkt. Es ist einfach viel, viel zu wenig. [...]

Katja Nettesheim
Wenn ich dir zuhöre, heißt das auch, Einzelne machen – aber das sind nicht unbedingt die mit dem großen Hebel. Und sie stoßen sich an den Systemen und reiben sich auf, mit dem Ergebnis, dass der Fortschritt so langsam ist.

Anke Sax
Ja, gut zusammengefasst. Wobei ich noch was sagen würde zu dem großen Hebel: Also wir tun ja immer so, dass wir den Bundeskanzler mit dem großen Hebel oder einen CEO von einem DAX-Konzern mit dem großen Hebel brauchen. Ich glaube aber nicht, dass wir so kleine Hebel haben. Also ja, natürlich ist es nicht so, dass wir jetzt 50.000 Mitarbeiter verändern können. Solche Hebel haben wir nicht. Aber ich würde nicht unterschätzen, wie viel Hebel wir haben. Wir müssen sie eben noch mehr nutzen.

Was ich bewirken möchte, ist, dass das Thema Digitale Transformation als unbewusste Inkompetenz anerkannt wird. Im Sinne von: »Ach du Scheiße, das sollten wir eigentlich wissen. Ach du Scheiße, wir haben wirklich einen Wohlstandsverlust. Ach du Scheiße, wir übergeben gerade unseren Kindern und Enkelkindern etwas, das nicht mehr funktioniert. Und ach du Scheiße, die guten Zeiten sind vorbei, ich muss mal meinen Hintern wieder hochkriegen.«

Also das ist das, was ich erreichen möchte. Und dann natürlich, dass es dann die Veränderung gibt. Dass, als nächster Schritt, wir in eine »bewusste Inkompetenz« kommen. Das ist das Allererste, was ich erreichen möchte, dass die Leute mal merken, dass es so nicht weitergeht. Ich glaube, da sind wir nämlich noch gar nicht. So im Sinne von »Einsicht ist der erste Weg zur Verbesserung«. [...]

Katja Nettesheim

Wenn wir die Einsicht geschaffen haben, was wollen wir dann? Wer soll dann agieren? Was muss die Bevölkerung machen? Wozu wollen wir aufrufen?

Anke Sax

Ganz platt, genau wie ich demonstriere für oder gegen was auch immer, demonstriere ich auch für dieses Thema. Und wenn vom Amt eine solche Rückmeldung kommt, nehme ich das nicht einfach so hin und sag im stillen Kämmerchen »Leute, das kann ja nicht sein!« Sondern ich schreibe Leserbriefe, ich poste selbst. [...] Ein weiterer Ansatz ist, dass wir Leute an Machtpositionen bekommen, die sich mit Digitaler Transformation auskennen, also den Bürgermeister wählen, der sich auf diese Themen einlässt oder den CIO in Unternehmen in den Vorstand bekommen.

Mein Thema ist genau das, was du vorhin gesagt hast: Wir rutschen gerade ab als Deutschland. Wir rutschen gerade ab und du und ich, wir hatten unglaublich tolle Rahmenbedingungen, als wir jung waren. Und wenn wir Babyboomer nun in Rente gehen, brauchen wir in der Summe noch mehr Geld, weil wir immer weniger Leute haben, die das erwirtschaften können. Und die einzige Möglichkeit, wie wir da rauskommen, ist aus meiner Sicht über Automatisierung. Dass die Jobs nicht mehr von Menschen gemacht werden, sondern von Maschinen. Und ich möchte, wenn ich 80 bin, schon noch meine Rente bekommen. Und eine Pflege, die funktioniert. Ich glaube einfach nicht mehr dran, dass wir die nächsten 20, 30, 40 Jahre hier so haushalten können, wie wir manchmal glauben, dass wir haushalten können. Da nehme ich es jetzt mal den Roman Herzog: »Es muss ein Ruck durch Deutschland gehen!«.

Katja Nettesheim

Dankeschön – genau das ist ja auch das Motto von meinem Buch: »Es muss ein KI-K durch Deutschland gehen!« KI-K wie KI-Kompetenz. Das heißt, letztendlich sagst du, wir sollten die letzten zehn bis 15 Berufsjahre, die wir noch haben, gefälligst dieses Land voranbringen, damit wir nicht zur verkonsumierenden Generation gehören, sondern unser Land so hinterlassen, wie wir es vorgefunden haben.

Anke Sax
Du hast das wunderbar zusammengefasst. Genau das ist es. Ich finde, das ist verdammt meine Verantwortung. Und: Wir sehen es ja auch. Ich glaube nicht, dass es alle sehen, aber wir, die so ausgebildet sind, die in dieser Materie sind, wir sehen das doch. Und dann finde ich, da kann man nicht die Klappe halten.

Katja Nettesheim
Ja, ich sehe das ganz genauso. Aber was sagst du zu denjenigen, die sagen, naja, für die nächsten zehn Jahre wird es noch langen, und danach bin ich im Ruhestand?

Anke Sax
Also ich bin auch ein bisschen reifer geworden in meinem Leben. Früher hätte ich versucht, mit denen zu argumentieren und ihnen 27 andere Sachen zu sagen, damit sie es endlich kapieren. Das habe ich jetzt echt aufgegeben. Also es gibt Leute, die sagen, ich bin in zehn Jahren im Ruhestand. Dann sage ich, okay, dann du raus aus dem Spiel. Also auch aus meiner Energie. Es gibt so viele andere. Also ich habe keine Energie mehr, jeden mitzuschleifen. Mache ich nicht mehr. Dann sollen sie stehen bleiben.

Katja Nettesheim
Okay, verstanden, das ist vermutlich klug. Ich verkämpfe mich da immer noch … Aber bei denen, die noch nicht »verloren« sind, was würdest du denen sagen?

Anke Sax
Also, wenn ich mir jetzt vorstelle, du wärst so jemand, würde ich sagen: »Katja, guck raus. Guck mal, lies mal. Guck mal, was da draußen alles passiert. Denk an deine Kinder. Denk an die Wettbewerber. Denk an China, Amerika. Denk an Indien. Glaubst du, dass du mit Nichtstun dafür sorgst, dass dieses Land dir deine Rente bezahlen kann? Glaubst du, dass du mit Nichtstun deinen Kindern und Enkelkindern eine Zukunft hinterlässt, die lebenswert ist? Es geht hier nicht nur um Digitale Transformation, es ist die generelle Transformation, es ist ein Überlebenskampf. Es gehört alles zusammen, denn die Digitale Transformation brauche ich auch, um die Klimaanpassungskrise zu bewältigen. Und, liebe Katja, du hast so viel in deinem Leben gelernt. Das schaffst du auch noch. Das lernst du auch noch.« Das würde ich sagen.

Katja Nettesheim
Oh, da bekomme ich gleich Gänsehaut. Du hast mich überzeugt! Vielen Dank! Interessant finde ich vor allem diesen Aspekt: Das ist nichts, was du für dein Land tust. Das ist etwas, was du für dich tust. Diese Frage: »Wer soll dich denn pflegen? Wer soll denn deine Rente zahlen?«.

Und du hast gerade gesagt, es ist gar nicht so schwer. Was muss denn gemacht werden? Was sind die ersten zwei Schritte oder drei Schritte, die jeder von uns, jede von uns machen sollte?

Anke Sax
Ich fange mal mit den Managern an. Also bei den Managern ist es so, sie müssen mal anfangen zuzuhören. Und sie müssen mal anfangen, mit Menschen wie dir zu reden. Also aus ihrer Blase raus, aus ihrer Selbstvergewisserung rausgehen und einfach mal zulassen, dass sie irritiert werden. Zulassen, dass ihre Glaubenssätze irritiert werden. Das ist das Allerallererste, was zu tun ist.

Und wenn sie dann irritiert sind, dann würde ich sagen, fang mal klein an. [...] Ich würde mit kleinen Erfolgserlebnissen anfangen und dann sukzessive in die Veränderung gehen. Ich bin total überzeugt, dass es evolutionär, nicht revolutionär ist. Ich glaube, viele Leute haben viel Angst, dass es revolutionär sei. Oder auch die Hoffnung . Viele fragen mich auch: »Ja, Anke, wann ist es denn fertig?« Und ich denke so: »Nie. Es wird nicht fertig werden.« Und: »Wann haben wir es denn dann schön?«. Meine Antwort: »Sukzessive immer mehr.« Dieses Irritieren, kleine Schritte, Erfolgserlebnisse und dann in eine neu gelernte Routine kommen.

Den Bürgern würde ich sagen: »Postet auf Social Media, schreibt dem Bürgermeister. Nehmen wir mal so eine 100.000-Einwohner-Stadt. Wenn da jede Woche zehn, 50 Leute schreiben, das ist nicht viel. Ich glaube, das hat aber trotzdem eine Wirkung, weil insgesamt wenig Leute schreiben. Ich glaube, penetrant hilft – auch, wenn du allein penetrant bist. Aber wenn so zehn, 50 Leute einfach bestimmte Sachen nicht mehr akzeptieren – nicht mehr akzeptieren, dass man eine halbe Stunde in der Warteschleife hängt, nicht mehr akzeptieren, dass ich bei einer Versicherung fünfmal dieselben Scheißdinger ausfüllen muss – dann tut sich was. Bürger können jederzeit bewusst machen, dass es irgendwie skurril ist, was wir gerade hier treiben. Und das Zweite: Kleine Schritte zur Verbesserung fordern. [...] Fangt mal klein an und wenn ihr dann grundsätzlich wisst, was ihr wollt, dann holt ihr euch einen Profi an die Hand und dann macht ihr den nächsten Schritt und den nächsten Schritt und den nächsten Schritt.

Ich möchte einfach das Spotlight dahin lenken, in diese Dreckecke lenken, bis sie irgendwann sagen: »Ja stimmt, ist dreckig!«.

Aber eines ist mir dabei besonders wichtig: Ich stelle es immer unter die Überschrift »Ja zum Menschen«. Also dieser arme Mensch am Tresen des Arztes ist ja nicht derjenige, der dafür verantwortlich ist, dass es nicht digital funktioniert. Also deshalb nicht anmotzen und irgendwie niedermachen. Damit kriege ich keine Veränderung. Sondern immer wieder so einen Triggerpunkt setzen, sagen, das sei nicht optimal. Ja, das ist so ein Saatkorn. Und dann kommst du später wieder und erwähnst das nochmal. Und weitere Menschen auch. Und dann ist es irgendwann nicht mehr übersehbar.

Katja Nettesheim

Vielen herzlichen Dank, Anke. Gibt es noch irgendwas, was du abschließend nochmal betonen willst?

Anke Sax

Also mir sind zusammenfassend zwei Sachen extrem wichtig,:
Wie du selbst vorhin gesagt hast: »Alle, jeder«. Also wir können jetzt nicht warten, bis irgendein Digitalminister oder sonst irgendwer uns sagt »Jetzt geht's weiter, jetzt geht's voran, jetzt sofort müssen wir alle uns darum kümmern, dass etwas voran geht in unserem Land.« Ich weiß gar nicht, auf was wir noch warten ...

Und das zweite Ding ist, dass wir die anderen, die sich noch nicht so viel mit Digital beschäftigt haben, in die bewusste Inkompetenz kriegen. Also ihre Glaubenssätze zu irritieren, und das mit einem »Ja zum Menschen«, also mit einer freundlichen, hilfsbereiten, verändernden Art. Nicht mit »Wir sind elitär, wir sagen jetzt, wie blöd ihr alle seid.«. Das geht nach hinten los. Es hilft auch überhaupt gar nicht. Und ehrlich gesagt sind wir alle in einer unbewussten Inkompetenz in einem anderen Bereich. Von daher, wenn die Menschen in meinem Umfeld in einer unbewussten Inkompetenz sind, ist das okay. Aber wenn man immer wieder versucht, sie zu einer bewussten Inkompetenz zu bringen, dann ist irgendwann nicht mehr okay. Aber im Moment würde ich sagen, für den einen oder anderen im Amt oder so, der muss einfach irritiert werden. Und zwar von vielen, vielen Leuten in einer freundlichen Art, mit einer handreichenden Veränderung. So dieses »Ja zum Menschen«, das ist mir echt nochmal wichtig. Es geht mir darum, dass ich an dieser Ecke, oder auch du, also dass wir an dieser Ecke einfach eine bessere Expertise haben, bestimmte Sachen sehen und deshalb helfen, hier in die Veränderung zu kommen.

Fazit: Es kommt auf jede:n Einzelne:n an, auch schon in Ihrer Eigenschaft als Bürger:in. Das Mindeste, was Sie beitragen können, ist sich selbst und anderen ein Grundbewusstsein dafür zu schaffen, dass die Dinge in Deutschland in puncto Digitale Transformation nicht da sind, wo sie sein sollten. Dadurch, dass Sie einerseits sich selbst ein wenig »aufschlauen« und andererseits andere auf diesen Umstand hinweisen. Nur so haben wir als Gesellschaft die Chance, von einer unbewussten in eine bewusste Inkompetenz kommen.

Einschub 9: Die vier Stufen der Kompetenzentwicklung:

Leben heißt Lernen. Jeder Tag gibt uns die Möglichkeit, etwas zu lernen, ob mit neuen Aufgaben oder neuen Erfahrungen. Dabei entwickeln wir Kompetenzen. Das bedeutet, wir haben uns das Wissen und Können angeeignet, die es uns ermöglichen, eine Aufgabe erfolgreich zu erfüllen. Auf dem Weg dorthin durchlaufen wir verschiedene Phasen:

1. Unbewusste Inkompetenz: Ich weiß nicht, dass ich etwas nicht weiß oder kann

Jeder kann irgendetwas nicht, ob das Ausführen einer Tätigkeit oder richtiges Verhalten in einer Situation. Doch bevor wir daran arbeiten können, diesen Zustand zu verbessern, müssen wir uns bewusstwerden, was wir nicht wissen oder können. Oft ist das nicht der Fall – Hauptursachen für den sogenannten »Dunning Kruger-Effekt«, also das übermäßige Selbstbewusstsein inkompetenter Menschen.

2. Bewusste Inkompetenz: Mir wird bewusst, dass ich etwas nicht kann

Merken wir, dass eine Fähigkeit oder Wissen fehlt, so befinden wir uns in der Phase der bewussten Inkompetenz. In dieser Phase kann der Lernprozess beginnen, Wiederholung ist der Schlüssel auf dem Weg zur Kompetenz, um Gelerntes zu vertiefen und Fähigkeiten zu festigen.

3. Bewusste Kompetenz: Ich weiß, dass ich etwas kann und weiß

Erfolgserlebnisse und Fortschritte motivieren dazu weiterzumachen. Auch wenn diese Phase noch hohe Konzentration und Aufmerksamkeit erfordert, um das Gelernte anzuwenden, ist es wichtig zu erkennen, dass bereits eine Veränderung begonnen hat. Dies ist durchaus ein Fortschritt, welcher Anerkennung verdient!

4. Unbewusste Kompetenz: Wissen und Können sind fester Bestandteil und laufen automatisch ab

Ist die letzte Stufe der Kompetenzentwicklung erreicht, wird das Gelernte automatisch und ohne große Anstrengung angewendet. Das gibt Ihnen die Zeit, Ihre Energie in andere Themen zu stecken oder etwas Neues zu erlernen. Denken Sie z. B. an Ihre Entwicklung hinsichtlich des Autofahrens: Ihnen war bald bewusst, dass sie es nicht konnten. Dann haben sie es gelernt und waren stolz darauf. Ihre neue Kompetenz war Ihnen sehr bewusst. Und inzwischen denken Sie kaum noch darüber nach, wetten? Die Kompetenz ist ins Unterbewusste gerutscht und Sie nehmen sie als selbstverständlich war.

Was schön ist beim Autofahren, kann auch nachteilige Konsequenzen haben. Denn dieser Mechanismus, dass Dinge, die wir besonders gut gemeistert haben, ins Unterbewusstsein rutschen, ist einer der Gründe, warum viele hoch kompetente Menschen sich für eine Mogelpackung halten (»Impostor-Syndrom«).

2.3.2 Was ist eigentlich KI-Kompetenz?

Haben wir im vergangenen Abschnitt viel über Inkompetenz gesprochen, wollen wir uns nun der Kompetenz zuwenden:

Seit Jahren beschäftige ich mich mit der Digitalen Transformation. Um ehrlich zu sein sogar schon seit Jahrzehnten. Zu Beginn dieser Zeit, als ich mit meiner auf Digitale Transformation spezialisierte Beratung Mediate im Markt unterwegs war, fragte ich diejenigen, die unsere Dienste anfragten, immer: »Warum wollen Sie eigentlich digital transformieren?«. Die Antwort war meist sehr enttäuschend. Erst nach tiefergehenden Fragen und Reflexionen kam dann das eigentlich Offensichtliche zu Tage: Es ging darum, im digitalen Zeitalter Umsätze zu machen. Das gelingt dann, wenn man sich so verhält wie die damals schon erfolgreichen, inzwischen sogar absolut vorherrschenden Digitalunternehmen, wenn man also eine Kompetenz für »digitales« Wirtschaften erwirbt und ausübt.

Diese vorherrschenden Digitalunternehmen hatten schon früh drei Erfolgsrezepte für sich ausgemacht, die inzwischen zu unverzichtbaren Erfolgsfaktoren in der durch sie geprägten Wirtschaft wurden:

- Anschlussfähigkeit an die neuesten Technologien
- Kundenzentrierung
- Datenzentrierung

Diese Formel hält seit über 15 Jahren verschiedenen Diskussionen stand, hat sich in Beratungsprojekten bewährt und in Keynotes inspiriert. Und nachdem viele Expert:innen bei Unternehmen die KI-Transformation »nur« als eine weitere Phase der Digitalen Transformation ansehen, ist es naheliegend, diese Formel auch für die Definition von KI-Kompetenz nutzen:

Digitale Transformation ist, sich diese Erfolgsfaktoren für Wirtschaften im digitalen Zeitalter zu eigen zu machen.

KI-Transformation ist also, sich die Erfolgsfaktoren für Wirtschaften (im Fall von Unternehmen und der beruflichen Tätigkeit von Personen) bzw. für Leben im KI-Zeitalter zu eigen zu machen.

KI-Kompetenz ist das Ergebnis dessen, also der Zustand, nachdem man sich die Erfolgsfaktoren für Wirtschaften (oder Leben) im KI-Zeitalter zu eigen gemacht hat. Dann ist man »KI-kompetent«.

In Rückbezug auf den Titel dieses Buches lässt sich also sagen: Wer sich die Erfolgsfaktoren für Wirtschaften im KI-Zeitalter zu eigen gemacht hat, hat die besten Grundlagen geschaffen für eine Zukunft in Wohlstand. Hört sich gut an, oder?

Lassen Sie uns diese über mehr als 15 Jahre bewährte Formel zur Digitalen Transformation auch für die Definition der Inhalte der KI-Kompetenz anwenden, zumindest im Sinne des iterativen Vorgehens, bis wir bessere Erkenntnis haben. Einschränkend ist dabei zu berücksichtigen, dass die letzten 15 Jahre für die meisten Branchen auch eine bittere Weisheit bereithielt: Die aus der Digitalen Transformation erhofften zusätzlichen Umsätze waren meist nicht so groß oder nur mit sehr viel Mühe zu erarbeiten. Daraus lernend, fällt bei der KI-Transformation nun (auch) der Blick auf den anderen Hebel des wirtschaftlichen Erfolgs, neben neuen Produkten und Geschäftsmodellen: Kostenreduktion. Daher kommen auch die Prozesse stärker in's Visier, mit dem Ziel, ineffiziente Prozesse mithilfe von KI besser zu machen und Kosten zu sparen.

Einschub 10: Tabelle: Erfolgsfaktoren von Unternehmen und Einzelnen im KI-Zeitalter, abgeleitet aus den Erfolgsfaktoren im Digitalen Zeitalter

Erfolgsfaktoren von Unternehmen im Digitalen Zeitalter	Erfolgsfaktoren von Unternehmen (und anderen Organisationen) im KI-Zeitalter	Erfolgsfaktoren von Einzenen im KI-Zeitalter
Anschlussfähigkeit an neueste Technologie	KI-Readiness, in Bezug auf – Kultur – Fähigkeiten – Daten – Infrastruktur	KI-Readiness, in Bezug auf – Denkweise – Fähigkeiten – Daten (optional) – Infrastruktur (optional)
Kundenzentrierung: Radikalen Fokus auf den Umsatzbringer	Prozesszentrierung und Kundenzentrierung	Prozesszentrierung bzgl. aktueller und angestrebter Tätigkeiten; keine Kundenzentrierung
Datenzentrierung (in Ausprägung von datengetriebenem Arbeiten & Entscheiden)	Datengetriebenes Hinterfragen der bisherigen Vorgehensweisen und der neuen (solang noch im Test)	Kritisches Hinterfragen der bisherigen Vorgehensweisen und der neuen (solang noch im Test)

2.3.3 Wie wir KI-Kompetenz in diesem Buch vermitteln

Nochmal zusammenfassend: Oben haben wir definiert, dass die KI-Transformation darin besteht, sich als Einzelperson oder Unternehmen KI-Kompetenz zuzulegen, d.h. Erfolgsfaktoren im KI-Zeitalter zu meistern. KI-Kompetenz ist bei Einzelpersonen und Unternehmen ähnlich, aber nicht ganz identisch. Derzeit können wir sie noch gleichbehandeln, während wir in den Kapiteln 3 und 4 unten auf die Besonderheiten jeweils einzeln vertieft eingehen. Die Vorgehensweise für Unternehmen kann auf andere Organisationen mit gewissen Anpassungen analog angewendet werden, bestehen die Schwierigkeiten – wie wir später sehen werden – vorwiegend darin, mit Menschen in die Veränderung zu gehen.

Abgeleitet aus den Erfahrungen mit der Digitalen Transformation bestehen die Erfolgsfaktoren im KI-Zeitalter also aus

- KI-Readiness in Bezug auf Kultur/Denkweise, Fähigkeiten, bei Organisationen auch in Bezug auf Daten und Infrastruktur
- Prozess- und, bei Organisationen, auch Kundenzentrierung sowie
- dem beständigen datenzentrierten Hinterfragen der bisherigen und der neuen Vorgehensweisen.

Wer sich dies erfolgreich angeeignet hat, ist KI-kompetent.

Dies soll dann der weitere Verlauf dieses Buches sein:

Einschub 11: Aufbau des Buches, abgeleitet aus den Kriterien für eine erfolgreiche KI-Transformation von Organisationen und Einzelnen

Kriterien	Einzelpersonen (persönliche oder berufliche Sphäre)	Organisationen (zusätzlich für Leser:innen in Führung)
KI-Readiness in Bezug auf – Denkweise/Kultur – Fähigkeiten – Daten – Infrastruktur	– Denkweise: Kapitel 2 und 3 – Fähigkeiten: Kapitel 3	– Kultur: Kapitel 4 – Fähigkeiten: Kapitel 3 und 4 – Daten: Kapitel 4 – Infrastruktur: Kapitel 4
Prozess- und ggf. auch Kundenzentrierung	Prozesszentrierung: Kapitel 3	Prozess- und Kundenzentrierung: Kapitel 4
Kritisches Hinterfragen der Vorgehensweisen	Kapitel 5	Kapitel 5

2.4 DIE DENKWEISE FÜR DIE KI-TRANSFORMATION

Die KI-Transformation – das haben Sie sicher schon dem Interview mit Anke Sax entnommen – hat sehr viel mit Veränderung und Wachstum zu tun. Mit einer Fortentwicklung von unbewusster Inkompetenz zu bewusster Inkompetenz und dann mindestens bis zur bewussten Kompetenz.

All dies setzt voraus, dass wir es für möglich erachten, dass wir – auch in fortgeschrittenem Alter – noch Fortschritte machen, noch wachsen können.

2.4.1 Das Konzept der wachstumsorientierten Denkweise (»Growth Mindset«)

Unser Geist ist ein mächtiges Werkzeug. Die Art, wie wir uns selbst betrachten, wie wir uns bewerten und was wir uns zutrauen, hat entscheidenden Einfluss auf unsere Lebensgestaltung. Diese Denkweise, das sogenannte »Mindset«, ist mittlerweile gründlich erforscht. Die moderne Psychologie weiß, wie Glaubenssysteme unser Verhalten antreiben und unseren Erfolg bestimmen. Wegweisend in diesem Feld ist die Forschungsarbeit der amerikanischen Wissenschaftlerin Carol Dweck[22]. Sie beschreibt zwei Arten von Mindsets: das Fixed Mindset und das Growth Mindset.

Des Menschen Geist ist sein Himmelreich!

Ein »Fixed Mindset«, also eine statische Denkweise, geht davon aus, dass unser Charakter, unsere Intelligenz und unsere Fähigkeiten statisch sind, wir sie also nicht verändern können.

Ein »Growth Mindset« hingegen, also eine wachstumsorientierte Denkweise, lebt von der Herausforderung und sieht diese eher als Sprungbrett an, für Wachstum und für die Erweiterung vorhandener Fähigkeiten.

Diese beiden Denkweisen, die wir meist von klein auf entwickeln, leiten uns in großen Teilen unseres Verhaltens. Sie prägen unser Verhältnis zu Erfolg und Misserfolg im beruflichen und privaten Zusammenhang und beeinflussen letztlich unsere Fähigkeit zum Glücklichsein.

Die gute Nachricht: Die eigene Denkweise kann verändert werden. Und je schneller Sie damit anfangen, desto besser – für Ihre persönliche Zufriedenheit und Ihren beruflichen Erfolg. Denn die Digitale Transformation und die KI-Transformation stellen Menschen vor große Herausforderungen. Viele neue Kompetenzen und Abläufe müssen erlernt werden. Wer daran glaubt, dass er/sie diese Kompetenzen erlernen kann, wird sie auch erlernen. Zahlreiche Studien haben die positiven Folgen eines »Growth Mindset« auf so unterschiedliche Dinge wie Motivation, Mathe-Noten, das Selbstbewusstsein zum Einschreiben in fortgeschrittenere Kurse und eine generell stärkere Aktivierung des Gehirns bei Lernsituationen gezeigt.

Diesen Studien und auch meine Erfahrung in der Digitalen Transformation der letzten 20 Jahre machen klar: Das »Growth Mindset«, also die wachstumsorientierte Denkweise, ist der wichtigste Faktor für Erfolg in einer komplexen, dynamischen Umwelt, in der sich die Dinge plötzlich entwickeln. Das kommt Ihnen bekannt vor? Ja, mir auch – das ist die Beschreibung der Welt, in der wir heute leben. Ergo ist die wachstumsorientierte Denkweise der Schlüssel dazu, in unserer heutigen Welt als Sieger vom Platz zu gehen.

Können wir unsere Denkweise ändern?

Sie meinen, Sie könnten Ihre Denkweise nicht mehr ändern? Damit stellen Sie sich gegen die Wissenschaft, die eindeutig sagt, dass es auch in fortgeschrittenem Alter möglich ist, sich eine konstruktive Einstellung zuzulegen! Psychologe und Lernforscher Prof. Dr. Christian Stamov Roßnagel widmet sich genau diesem Thema. Eines der vielen Ergebnisse seiner Studien: Im Alter nichts Neues lernen zu können, »ist ein großer, leider weitverbreiteter Irrtum«, der letztlich zur selbsterfüllenden Prophezeiung wird. Tatsächlich nimmt die Lernfähigkeit nicht ab, sondern allenfalls die Lerngeschwindigkeit. Im direkten Vergleich zu Jüngeren können »Ältere« sogar die Oberhand gewinnen, weil sie neue Informationen leichter in ihr größeres Vorwissen einordnen können[23].

»Entscheidend ist nicht die Aufstellung, sondern die Einstellung.« – Jogi Löw

---

Die Denkweise, Einstellung oder Haltung (alles deutsche Übersetzungen von »mindset«) lässt sich als eine Art Filter betrachten, durch den alles interpretiert wird, was wir in unserer Umwelt wahrnehmen. Er ist das Ergebnis unserer bisherigen Erlebnisse und Erfahrungen. Durch diesen Filter entlastet uns das Gehirn im Alltag. Ein Beispiel: Fassen wir auf eine heiße Herdplatte, lernt unser Gehirn, dass das mit Schmerz verbunden ist. Würde unser Gehirn keine solchen Assoziationen und damit Denkweisen bilden, müssten wir alles immer wieder neu lernen, könnten uns nicht weiterentwickeln und überleben.

Denkweisen helfen uns also dabei, Situationen besser einzuschätzen und schneller Entscheidungen zu fällen. Sie werden durch die Verknüpfung neuer Informationen zu bereits existierenden Neuronen-Netzwerken gebildet. Je häufiger ein Neuronen-Netzwerk stimuliert wird, desto einfacher wird dieses Netzwerk aktiviert. Das bedeutet: Je öfter wir einen bestimmten Gedanken denken, desto schneller wiederholen wir ihn. Gerald Hüther, einer der bekanntesten Hirnforscher Deutschlands, nennt dies »Autobahnen ins Gehirn fräsen«.

Leider kann das auch zum Nachteil werden: Wer ständig hört (oder hören will), er sei zu alt für neue Technologien, wird das eines Tages glauben. Und wahrscheinlich erst gar nicht mehr versuchen, den Gegenbeweis anzutreten.

Die gute Nachricht: Unser Gehirn ist formbar, wir können jederzeit neue Verbindungen in unserem Kopf ausbilden oder bereits existierende Assoziationen vermindern – die sogenannte »Neuroplastizität«. Dies gilt auch noch in fortgeschrittenem Alter. So haben mehrere neurowissenschaftliche

Studien herausgefunden, dass sich kritische Zeitfenster für die Entwicklung von verschiedenen Hirnleistungen wieder öffnen (lassen) in Abhängigkeit von bestimmten Erlebnissen. Denken Sie doch nur mal an die möglichen Erfolge einer Reha nach einem Schlaganfall! Gemäß einer Studie der Universität von Montréal setzt sich die Plastizität generell im Erwachsenenalter fort, wird aber durch eine Vielzahl von zellulären und molekularen Prozessen streng reguliert. Diese Mechanismen nehmen mit dem Alter aber tendenziell ab, sodass unspezifische passive Erfahrungen wieder zu einer Umbildung des Gehirns führen können[24]. Eine neuere Studie der Universität Jena beschäftigte sich mit sogenannten »Super Agern«, Menschen im Alter von 80 Jahren und älter, die über eine Gedächtnisleistung verfügen, die eigentlich für 30 Jahre jüngere Menschen typisch ist. Sie ergab, dass ein aktiverer Lebensstil in der Lebensmitte und lebenslanges Lernen – u. a. durch Aktivitäten wie das Spielen eines Instruments – dazu beitragen, die graue Substanz im Gehirn zu vergrößern und damit auch Veränderungen in der Denkweise noch ermöglichen[25]. Ihr Alter ist also kein Hinderungsgrund, sondern eher ein Anreiz, sich auf dem Weg zu einer wachstumsorientierten Denkweise zu machen – und dieses Buch, zumindest aber diesen Abschnitt zu Ende zu lesen 😉.

Wie genau unterscheiden sich die beiden Denkweisen?

Carol Dweck ging auf Basis Ihres berühmten Experiments mit Schüler:innen und wie sie auf verschiedene Arten des Lobs reagierten, tiefer in die Definition der beiden Denkweisen:

Menschen mit einem »Fixed Mindset« gehen davon aus, dass Intelligenz und Talente unverrückbare Merkmale sind. Sie vermeiden Herausforderungen, nehmen Feedback schlechter an und geben bei einem Fehler schneller auf.

Jemand mit einem »Growth Mindset« ist hingegen überzeugt, dass Intelligenz und Talente weiterentwickelt werden können, sucht daher Herausforderungen, lernt von Feedback, wird vom Erfolg anderer inspiriert und gibt nicht schnell auf. Fehler sind dabei nur ein Anreiz, es nochmal zu versuchen. Ein Growth Mindset erzeugt eine Begeisterung fürs Lernen statt ein Bedürfnis nach Anerkennung.

Einschub 12: Unterschiede zwischen einer statischen und einer wachstumsorientierten, dynamischen Denkweise

Statische Denkweise (»Fixed Mindset«)

Eigene Fähigkeiten sind gegeben und unveränderbar
Schnelle Frustration & Aufgeben
Lernen und Üben haben keinen Sinn
Im Bekannten und Sicheren verbleiben
Fehler sind Risiko und Ausdruck von Unzulänglichkeit
Denken in Begrenzungen
Selbstwert an Bewertungen von außen gebunden

⚠ Resignation, Selbstaufgabe, Unsicherheit, Stillstand

Wachstumsorientierte Denkweise (»Growth Mindset«)

Fähigkeiten wachsen und können sich entwickeln
Herausforderungen annehmen
Bereitschaft zum Lernen und Üben
Erweiterung von Horizont und Erfahrungen beabsichtigt
Fehler sind Chance zur Veränderung und Weiterentwicklung
Denken in Möglichkeiten
Selbstwert von innen heraus definiert

✓ Aktivität, Wirksamkeit, Selbstvertrauen, Wachstum

Das Modell der statischen und wachstumsorientierten Denkweise nach Carol Dweck ist bestechend einfach – aber auch irreführend, wenn es nur oberflächlich betrachtet wird:

- Ein »Growth Mindset« bedeutet nicht allein, flexibel, positiv oder offen zu sein.
- Es ist auch kein »Entweder-oder«: Nach Dweck hat jeder Mensch eine Mischung aus einer statischen und dynamischen Denkweise, die sich kontinuierlich über entsprechende Erfahrungen verändern kann.
- Und ja, auch beim »Growth Mindset« zählen die Resultate. Denn Anstrengungen ohne positive Entwicklung entsprechen nicht dem Grundgedanken dieses Prinzips.

Drei Schritte zur Stärkung des Growth Mindsets

Wie kann man seine Denkweise verändern? Die erste Voraussetzung ist – ganz simpel – der Wille dazu. Ferner hilft ein Gedankengangs mit drei Schritten:

1. Stimmen der statischen Denkweise erkennen
Die Formulierungen »Das ist nichts für mich!« bei einer neuen Herausforderung oder »Das ist nicht meine Schuld!« bei Kritik sind Beispiele für die hemmenden inneren Kräfte, die eine statische Denkweise hervorbringt. »Dieses KI-Zeugs, da bin ich zu alt für!« oder »Ich bin eine Person, die sich mit Technik-Zeugs schwertut«, gehören auch dazu. Wann immer sie sich bei einem solchen Gedanken ertappen, merken Sie auf!

2. Wahlmöglichkeit erkennen.
Wie wir Rückschläge und Kritik interpretieren, ist eine Entscheidung. Legen Sie sich ein für Sie passendes kleines Ritual zu, wie Sie einen zeitlichen Raum für diese Entscheidung schaffen, d. h. eine Sekunde zwischen den Reiz (Rückschlag oder Kritik) und die Reaktion legen. Das kann unter anderem sein, dass Sie vier tiefe Atemzüge nehmen. Oder kurz geistig an einen Ort gehen, an dem Sie sich sicher und geborgen fühlen: Ihren liebsten Ferienort, im Arm eines geliebten Menschen oder in Ihre Lieblingskneipe.

3. Mit einer wachstumsorientierten Stimme antworten
Wenn sie es dadurch geschafft haben, nicht reflexartig zu reagieren, können Sie sich bewusst in eine wachstumsorientierte Haltung versetzen und in der Folge Rückschläge oder Kritik als hilfreiche Hinweise verstehen, neue Wege einzuschlagen. Z. B. können Sie sich bei Rückschlägen sagen: »Wenn ich es nicht noch einmal probiere, werde ich es automatisch nicht schaffen.« Oder bei Kritik »Selbst wenn es unangenehm ist, ich höre zu und lerne das Bestmögliche daraus – wenigstens sagt es mir mal einer.«

Wenn Sie sich diesen Dreischritt zum Teil der eigenen Natur machen, werden die Anteile der Zeit, die Sie im wachstumsorientierten Denken verbringen, immer größer. Und damit Ihre Chance, die Buntheit des Lebens wahrzunehmen, mitunter auch, KI-Kompetenz zu erlangen!

Die Macht des »Noch Nicht«

Und noch ein einfacher Tipp zum Abschluss: Menschen mit einer statischen Geisteshaltung denken häufig »Ich kann das nicht!«. Hinzu kommt die Überzeugung, dass Sie es auch nie können werden, weil ihnen die Begabung fehlt. Doch, wie Carol Dweck bewiesen hat, ist es der Wille zum Lernen, der zu Erfolg führt, und nicht die Begabung.

Ein effektiver Weg, an dieser Stelle in eine wachstumsorientierte Denkweise zu kommen, ist daher, sich selbst zu sagen: »Ich kann das NOCH nicht«. Dieses kleine Wort »noch« wirkt wahre Wunder. Denn es bedeutet für uns, dass das Hindernis überwindbar ist. Der Gedanke des »noch nicht« stärkt die Selbstwirksamkeit, also die Kraft, die wir aus uns heraus entwickeln können.

Wichtig ist, dass das »Noch« keine genaue Zeitangabe ist, sondern die Überzeugung, es in Zukunft zu schaffen. Vielleicht fehlen Ihnen »noch« die Ressourcen für diese Aufgabe oder Sie haben »noch« keine Zeit für die Umsetzung eines wichtigen Projekts. Doch der Gedanke, dass das Ziel erreichbar ist, macht es auch erreichbar!

2.4.2 Offenheit für KI-Technologie

Sie haben es sicher gerade schon gemerkt: Eine wachstumsorientierte Denkweise hat auch großen Anteil daran, wie man mit der KI-Revolution zurechtkommt. Die Formel ist einfach:

Erfolg in der KI-Revolution = eigene KI-Transformation
= Offenheit für KI-Technologie
+ wachstumsorientierte Denkweise.

Jetzt mal Hand aufs Herz: Wie fühlen Sie sich, wenn Sie »Künstliche Intelligenz«, »neuronale Netze« oder »AGI« hören? Überfordert? Oder haben Sie schon zu Anfang eine klare Meinung zu diesen neuen Technologien? Glaubenssätze bestimmen unseren Alltag und haben einen großen Einfluss darauf, wie wir Dingen gegenüberstehen. Was wir uns selbst unbewusst erzählen, wird zu unserer Realität. Was auch immer Sie sich über neue Tools und Technologien sagen, es wird sich in Ihrem Arbeitsalltag bewahrheiten. Der erste Schritt ist deshalb eine der KI zugewandte Haltung. So geht's:

1. Widerstände aufdecken
Achten Sie darauf, was Sie denken, wenn Sie das nächste Mal mit der Einführung neuer Technologien konfrontiert werden. Welche inneren Widerstände begegnen Ihnen?
Beispiel: »Künstliche Intelligenz – das ist zu hoch für mich!«

2. Hinterfragen
Gehen Sie kritisch mit diesen Gedanken um. Nicht alles, was wir den lieben, langen Tag denken, stimmt. Im Gegenteil. Also prüfen Sie sorgsam: Entsprechen diese Gedanken der Realität? Finden sich nicht vielleicht Gegenbeispiele dafür?

Beispiel: Warum denken Sie, dass künstliche Intelligenz zu kompliziert für Sie ist? Haben Sie schon einmal probiert, zu verstehen, was dahintersteckt? Und ist Ihnen nicht neulich etwas gelungen?

3. Umwandeln
Wenn Sie diesem falschen Glaubenssatz so die Macht genommen haben, kann die Umkehr erfolgen. Fragen Sie sich: Wie kann ein positiver Gedanke lauten? Finden Sie eine für Sie attraktive Formulierung, die das Gegenteil aussagt. Beispiel: Aus »Das ist zu kompliziert für mich!« wird »Ich kann mir schrittweise KI erschließen, das Arbeiten damit lernen und in Zukunft von den vielen Vorteilen profitieren. Ich habe dabei keinen Zeitdruck. Jeder kleine Schritt ist ein Fortschritt, für den ich mich belohnen kann.«

2.4.3 Neugier & Lernen

Wie heißt es so schön in dem beliebten Trauspruch von *Joseph Bernhart*?

Dem Erkennen und der Liebe ist es nicht gegeben, aufzuhören.

Hier wollen wir uns – oh Wunder! – allein auf den ersten Teil konzentrieren, das Erkennen. Es wird Sie nicht überraschen, dass bei einer Technologie wie der Künstlichen Intelligenz es nicht damit getan ist, den Computer anzuschmeißen und sie gelegentlich zu benutzen. Stattdessen sollten Sie – auch um mehr Spaß und Erfolgserlebnisse dabei zu haben – sich einen soliden Grundstock an Wissen aneignen und diesen beständig aktualisieren. Hier ein paar Anregungen dazu:

Bilden Sie sich fort
Nutzen Sie erst einmal das Naheliegende: Lesen Sie dieses Buch! Zusätzlich können Sie Seminare oder ähnliche Veranstaltungen besuchen, die Ihr Arbeitgeber anbietet. Oder Sie schauen kurze Webinare, die es inzwischen zuhauf gibt, oder Anleitungen auf YouTube an. Wer es genauer wissen will: Es gibt Weiterbildungen (mit Zertifikat!) auf Plattformen wie udemy, udacity, EdX, Section o. Ä. an, die kostenfrei oder zu geringen Kosten (steuerlich abzugsfähig!) KI-Wissen zugänglich machen.

Und auch die großen Universitäten, wie Harvard oder das MIT, bieten KI-Kurse online an.

Wenn Sie was nicht wissen: Schlagen Sie nach

Wie oft neigt man dazu, einen umständlicheren Weg zu wählen, anstatt mal nachzuschlagen oder eine:n Kolleg:in zu fragen – gerade wenn man im Homeoffice sitzt. Das rächt sich aber, denn dann machen Sie's das nächste Mal wieder umständlich. Zwingen Sie sich also jedes Mal, wenn etwas unbekannt oder umständlich ist, nachzuschlagen. Und wo?

- Option 1: Das, was früher der Brockhaus war, ist inzwischen YouTube. Für Menschen unter 40 meist schon ein Reflex, für Menschen über 40 noch eher Überwindung. Aber es lohnt sich – die Tutorials dort sind inzwischen so gut, dass Sie (fast) jedes Problem in Windeseile lösen.
- Option 2: Gleich ChatGPT oder ein anderes LLM befragen. Denn diese fassen Ihnen alle Hilfeseiten zusammen in einer schrittweisen Anleitung, wie Sie Ihr Problem beheben. Sie fragen also nicht Eine:n, sondern Viele – und haben dabei schon ein KI-Tool genutzt! Für viele Menschen unter 30 schon ein Reflex, für Menschen über 30 tatsächlich noch eher #Neuland. Wie das geht, erfahren Sie unten in Kapitel 3.

Lassen Sie sich inspirieren!

Auch im deutschsprachigen Raum gibt es eine Vielzahl von Ressourcen und Ansätzen, die Sie erkunden können, um sich zu KI-Tricks und Tools inspirieren zu lassen. Hier ein paar aktuelle:

- Newsletter: Diese sind meine Hauptinformationsquelle, um auf dem Laufenden zu bleiben darüber, was sich in der KI-Szene tut. Meine aktuellen Empfehlungen: »Five Things AI«, »The AI Break« oder »Superpower Daily« (englisch) oder »KI zum Kaffee« (deutsch).
- Fachzeitschriften und Blogs: Viele deutschsprachige Fachzeitschriften und Blogs beschäftigen sich mit dem Thema KI. Seiten bzw. Hefte wie heise online, Golem.de oder t3n Magazin bieten regelmäßig Artikel, Analysen und Berichte über die neuesten Trends und Entwicklungen.
- Podcasts und Videokanäle: Es gibt eine wachsende Anzahl von Podcasts und YouTube-Kanälen, die sich auf KI und verwandte Technologien konzentrieren. Für Einsteiger empfehlen sich vor allem »Der KI-Podcast« der ARD und der Podcast »Künstliche Intelligenz« der F.A.Z. Auf YouTube ist der Podcast (und auch der ganze Kanal) von Google DeepMind besonders reichhaltig.
- Soziale Medien und Foren: Natürlich können Sie auch auf LinkedIn oder Twitter KI-Expert:innen, Forschungsgruppen und Unternehmen folgen. Gute Einstige sind auf LinkedIn Raphael Schaadt mit seinem AI Training Institute oder Felix Schlenther.

Nutzen Sie Reverse Mentoring

Reverse Mentoring ist ein Konzept, bei dem die traditionelle Mentor-Mentee-Beziehung umgekehrt wird. Im Gegensatz zum klassischen Mentoring übernimmt dabei die jüngere Person die Rolle des Mentors und coacht die ältere, oft ranghöhere Person. Reverse Mentoring trägt unter anderem dazu bei, Wissen in Bezug auf die Nutzung neuer Technologien von der jüngeren Generation an die ältere Generation weiterzugeben.

Häufig geschieht dies institutionalisiert in Organisationen, wie ich es beispielsweise von der Messe München, TotalEnergies oder auch Rotary kenne. Es geht aber auch informeller: Bauen Sie z. B. kleine Teams, in der sich jeweils ein:e Ansprechpartner:in mit dem nötigen technischen Knowhow befindet – unabhängig vom Altersabstand. Das geht beruflich und auch im Privatleben, zum Beispiel im Elternbeirat. Und/oder Sie organisieren Sie sich das privat: Nichten, Neffen, Kinder, Enkel:innen sind alle mögliche Mentor:innen. Wenn Sie es ernst meinen (und auch die Zeit und den guten Willen Ihrer Mentor:innen nicht überstrapazieren wollen) ist wichtig, dass Sie sich regelmäßig treffen, z. B. alle zwei Wochen für eine Stunde, und Sie Ihre Fragen mitbringen. Noch besser, wenn Sie Ihre Fragen vorher schicken, damit Ihr:e Mentor:in sich auch vorbereiten kann. Organisieren Sie das familienintern, haben Sie den zusätzlichen Vorteil, dass sich jemand gehört, gesehen und gewertschätzt fühlt, der/die sonst vielleicht eher am unteren Ende der Nahrungskette steht. Das kann sehr förderliche Auswirkungen auf den Rest Ihrer Beziehung haben.

Viele unserer Interviewpartner in unserer Podcast-Serie haben auf die Notwendigkeit von Lebenslangem Lernen hingewiesen, aber niemand so charmant wie Harald Greiner, langjähriger CIO:

»Der wichtigste Hack für die KI-Transformation ist das lebenslange Lernen. Da haben wir im Deutschen so einen komischen Begriff, da muss ich dran denken, weil mein Sohn gerade Abi macht. Das ist der Bildungsabschluss, ja, der macht jetzt Abitur, er hat einen Bildungsabschluss. Ich finde, das ist das dümmste Wort, das es eigentlich gibt in der deutschen Sprache. Wieso sollte Bildung abgeschlossen sein? Also ich bin jetzt 57 und freue mich immer über jedes neue Tool, das ich mal angucken kann oder sonst irgendwo was lernen kann. Und der 70-jährige soll es gefälligst auch tun. Wir haben eine Gesellschaft, wo man sich ständig weiterbilden muss. Und bei dem KI-Thema haben wir ja die besondere Herausforderung, dass die Geschwindigkeit, mit der das passiert, dieses exponentielle Wachstum für uns superschwer zu verarbeiten ist. Am Anfang geht alles ganz langsam – und irgendwann explodiert es.«

2.5 SIE KÖNNEN DAS!

Das war jetzt eine Menge, oder? Aber keine Sorge, Sie schaffen das!

Sie befinden sich erst am Anfang eines Wegs, der nicht nur frisch und spannend ist, sondern auch das Potenzial hat, Ihre Weltsicht grundlegend zu wandeln und Ihre Chancen in der modernen Welt zu vervielfältigen. Aber: Sie haben aber immer noch die Wahl, diesen Weg nicht zu betreten.

Wenn Sie es tun, beginnt dieser Pfad – wie so viele – mit dem ersten Schritt. Und dann der Zweite und dann der Dritte. Ich verstehe, dass Neues Unsicherheit und Schwierigkeiten mit sich bringt. Doch vergessen Sie nicht: Sie verfügen bereits über alle Ressourcen in Ihrem Inneren, die Sie brauchen, um diese Schwierigkeiten zu bewältigen und aus Unsicherheit Kraft zu schöpfen.

Denken Sie an frühere Situationen in Ihrem Leben, in denen Sie sich neuen Herausforderungen gestellt haben. Vielleicht war es der erste Tag in einem neuen Job, der Umzug in eine fremde Stadt, der Beginn der Elternschaft oder das Erlernen einer neuen Fähigkeit. Trotz anfänglicher Zweifel haben Sie all diese Situationen gemeistert. Warum? Weil Sie die Fähigkeit besitzen, aufmerksam zu sein, sich anzupassen, zu lernen und zu wachsen. Diese Fähigkeit ist auch jetzt in Ihnen – bereit, aktiviert zu werden.

Beginnen Sie damit, Ihre Einstellung zu betrachten. Statt »Ich kann das nicht«, denken Sie »Ich kann das NOCH nicht, und ich kann das lernen«. Jede Expertise hat einmal als Neuland begonnen. Erinnern Sie sich daran, wie Belohnung nicht nur im Erreichen von Zielen liegt, sondern auch im Lernprozess selbst – in jedem Schritt, den Sie vorwärtsgehen, in jeder neuen Erkenntnis, die Sie gewinnen. Anfänger zu sein ist cool! Denn nur diejenigen, die etwas Neues beginnen, sind mutig.

Seien Sie neugierig wie ein Kind, das zum ersten Mal einen Wald erkundet. Jeder Baum, jeder Stein birgt ein Wunder, eine neue Entdeckung. So ist es ebenfalls mit KI: Jede Anweisung an ein LLM, jedes neue selbst generierte Bild, jedes automatisch in einer anderen Sprache generierte Video – und die Fehler dabei – sind Chancen zu lernen, zu wachsen und Ihre Grenzen zu erweitern.

Ich bitte Sie, diese Reise mit Offenheit und Vertrauen anzutreten. Vertrauen Sie darauf, dass Sie bereits alle Ressourcen, alle Fähigkeiten in sich tragen, die Sie benötigen, um diese Herausforderung zu meistern. Sie haben es schon so oft bewiesen! Gehen Sie also auch diesen Weg mit der Gewissheit, dass jeder Schritt Sie nicht nur Ihrem Ziel näherbringt, sondern Sie auch wachsen lässt.

Es warten viele Vorteile auf Sie: Mit KI-Kompetenz erschaffen Sie sich in Ihrem persönlichen Bereich einen oder mehrere virtuelle Assistenten, die

Ihnen die Arbeiten abnehmen, vor denen Sie sich grauen. Nie mehr stundenlanges Belege suchen in der Inbox!

In Bezug auf Ihren Beruf macht KI-Kompetenz Sie sicher: Sie sind in der Lage, mit KI als neuem Kollegen umzugehen, also sind Sie eine:r derjenigen, die auch nach Automatisierung noch gebraucht werden. Eine interessante Studie aus dem Jahr 2023 des National Bureau of Economic Research aus Cambridge zeigt, dass KI weniger erfahrenen Arbeitnehmer:innen helfen kann, ihre Produktivität schneller zu steigern als erfahrenen[26]. Jüngeren Arbeitnehmer:innen fällt es leichter, Chancen zu nutzen, während ältere Arbeitnehmer Schwierigkeiten haben, sich anzupassen. Je früher Sie also anfangen, desto besser. Und: Sind Sie schneller KI-kompetent als Ihr Chef und zudem noch loyal, ist Ihre persönliche KI-Transformation Ihr Karrierebooster!

In diesem Sinne: Legen Sie los und nutzen Sie KI-Tools. Leichte Einstiegspunkte finden Sie in Kapitel 3.5 unten, geordnet danach, was Sie erreichen wollen.

Einschub 13: Für aktive Mitarbeit

Wollen Sie die Wirkung dieses Buches vertiefen? Dann reflektieren Sie bitte über die folgenden Fragen, am besten schriftlich in einem separaten Notizbuch oder einer Datei. Vertrauen Sie mir, bitte. Diese Aktivität wird auf der psychologischen Ebene Wunder wirken.

a. Welche Erfolge haben Sie in der Vergangenheit erzielt, die Ihnen heute noch ein Lächeln ins Gesicht zaubern?
b. Können Sie eine Situation nennen, in der Sie sich selbst überrascht haben, indem Sie etwas erreicht haben, von dem Sie dachten, es sei außerhalb Ihrer Möglichkeiten?
c. Wenn Sie an Ihre täglichen Routinen denken, welche Aspekte empfinden Sie als besonders stärkend?
d. Denken Sie an eine kürzlich bewältigte Herausforderung. Wie haben Sie das geschafft? Welche Ihrer Eigenschaften haben dazu beigetragen?
e. Apropos: Welche drei Stärken oder Talente haben andere schon einmal bei Ihnen gesehen und anerkannt, die Sie selbst vielleicht nicht als solche sehen? Wenn Ihnen nichts einfällt: Fragen Sie ein paar Menschen in Ihrem Umfeld, was sie an Ihnen schätzen!

3

3. Ihre persönliche KI-Transformation beginnt jetzt

- Eine persönliche KI-Transformation von Jedem und Jeder ist die Voraussetzung dafür, dass unsere Volkswirtschaft erfolgreich ist.
- Für die persönliche KI-Transformation gilt es, gewisse innere Widerstände zu überwinden – aber Sie können das!
- Die Zusammenarbeit mit KI ähnelt der mit einem jüngeren Mitarbeiter, dem sie in einem strukturierten Prozess immer mehr Aufgaben delegieren.
- Die Einsatzbereiche sind unendlich, wir geben Ihnen für zehn Bereiche umfangreiche Anleitungen und für zwei Dutzend weitere Themen Prompts für die KI.

Es gibt keinen Zeitpunkt, der günstiger wäre als heute, um Ihre persönliche KI-Transformation zu starten: Die Entwicklungen in den Bereichen Maschinelles Lernen und Künstliche Intelligenz schreiten in einem extremen Tempo voran. Die Künstliche Intelligenz hält Einzug in sämtliche Lebensbereiche – wer jetzt nicht aktiv wird, wird abgehängt! Eine proaktive persönliche KI-Transformation ist der einzige Weg, um im kommenden KI-Zeitalter nicht nur zu überleben, sondern es mitzugestalten und von den enormen Möglichkeiten zu profitieren.

Zögern Sie also nicht. Wer nicht schon jetzt sein Denken neu ausrichtet, seine digitalen Fähigkeiten auf den neuesten Stand bringt und mit offenen Augen diese Revolution mitgestaltet, wird ins Hintertreffen geraten. Umgekehrt jedoch, wer die Potenziale der KI frühzeitig für sich nutzt – ob im Beruf, in der Bildung oder im Privatleben – wird klar im Vorteil sein.

Starten Sie also hier und heute Ihren individuellen Transformationsprozess: Erkennen Sie die Veränderungen an, und dass sie auch Sie betreffen. Verstehen Sie, was die neuen Erfolgsfaktoren sind. Und passen Sie dann sukzessive Ihre Denkmuster, Fähigkeiten und Verhaltensweisen an.

Doch wie so alles, ist das nicht ohne Probleme: Vor allem der Anfang und die systematische Bearbeitung dieses Themas machen Schwierigkeiten.

Welche Grundlagen nötig sind und wie wir dennoch strukturiert vorgehen können, ist Inhalt dieses Kapitels.

3.1 KI UND MENSCHLICHE INTELLIGENZ FUNKTIONIEREN ÄHNLICH

Künstliche Intelligenz funktioniert oft nach dem Prinzip des Lernens aus Beispielen, ähnlich wie ein Kind die Welt kennenlernt: Statt einer festen Programmierung wird die KI mit riesigen Mengen an Daten wie Texten, Bildern oder Sensordaten gefüttert. Aus diesen Rohdaten extrahieren leistungsstarke Algorithmen des maschinellen Lernens selbstständig Muster und Strukturen.

Auf Basis dieser erlernten Muster kann die KI dann neue, bisher ungesehene Daten verarbeiten und Vorhersagen treffen. Je mehr Beispiele die KI »studiert«, desto genauer werden ihre Modelle und Vorhersagen.

Dieses Lernen aus Erfahrung ist ein grundlegender Unterschied zur klassischen Programmierung. Während herkömmliche Software starr nach vorgegebenen Regeln arbeitet, passt sich eine KI durch Lernen aus Daten flexibel an neue Situationen an.

Allerdings bedeutet das auch, dass KI-Systeme eine gewisse Unvorhersehbarkeit und Fehleranfälligkeit aufweisen können. Ihre Ausgaben sind nicht zu 100 % deterministisch (also durch vorherige Ursachen und Bedingungen eindeutig bestimmt), sondern beruhen auf Wahrscheinlichkeiten (sie sind »stochastisch«). Sie sind also gewissen Zufallsschwankungen unterworfen. Insgesamt ähnelt der Lernprozess einer KI dem eines Menschen, der aus Erfahrung und Beispielen klüger wird.

Hier noch einige Grundbegriffe, die Ihnen die Funktionsweise von KI etwas näherbringen (diese und weitere finden Sie nochmal im Glossar):

Algorithmus: Ein Algorithmus ist eine präzise Schritt-für-Schritt-Anleitung zur Lösung eines Problems oder einer Aufgabe. Er ist eine endliche Folge von Anweisungen, die in einer bestimmten Reihenfolge ausgeführt werden müssen, um zu einem gewünschten Ergebnis zu kommen.

Allgemeine KI (AGI): Zukünftige Stufe, bei der Maschinen wie Menschen über allgemeines Bewusstsein und Intelligenz verfügen würden; bisher eine reine Spekulation.

Chatbot: Ein Chatbot ist ein KI-gesteuertes Dialogsystem, das in natürlicher Sprache mit Menschen kommunizieren kann. Chatbots simulieren eine menschliche Unterhaltung und können Fragen beantworten, Aufgaben erledigen oder Dienste anbieten. Sie basieren oft auf Techniken des Natural Language Processing (NLP).

Computer Vision: Dabei lernen Computer, Bilder und Videos »sehen« zu können. Relevant für Anwendungen wie Gesichtserkennung oder autonomes Fahren.

GPT (Generative Pre-trained Transformer): Ein GPT ist ein großes Sprachmodell (siehe unten, LLM), das in der Lage ist, Texte in natürlicher Sprache zu verarbeiten und zu generieren. Seine »Transformer-Architektur« macht es möglich, den Kontext der gesamten Eingabe zu berücksichtigen und nicht nur Wort für Wort zu verarbeiten. GPTs werden im Vorfeld mit riesigen Mengen an Textdaten trainiert (»pre-trained«), um ein breites Sprachverständnis und -können aufzubauen. Damit können GPT-Modelle ihr Wissen auf verschiedene Aufgaben der natürlichen Sprachverarbeitung wie Textgenerierung, Übersetzung oder Beantwortung von Fragen anwenden.

Deep Learning: Besonders leistungsstarke neuronale Netzwerke (siehe unten) mit vielen Schichten. Sie stecken hinter modernen Sprachassistenten oder selbstfahrenden Autos.

Generative KI (GenKI, GenAI): Generative KI-Systeme sind in der Lage, neue Inhalte wie Texte, Bilder, Audio oder Code zu erzeugen, die den Trainingsdaten ähneln, aber neuartig sind. Sie lernen die Muster in großen Datenmengen und können diese dann nachahmen und neue Inhalte generieren. Bekannte Beispiele sind Bildgeneratoren wie DALL-E und Textgeneratoren wie ChatGPT. Als für Sie relevanteste Form von KI hier auch nur »KI« genannt.

Halluzination: Im Kontext der KI bezeichnet Halluzination das Phänomen, dass KI-Systeme manchmal sehr überzeugende, auch mit Zahlen belegte, aber falsche oder irreführende Antworten produzieren. Die KI »halluziniert« Informationen, die nicht auf Fakten basieren. Halluzinationen treten häufig bei generativen Sprachmodellen auf, wenn diese zu lange Ausgaben generieren.

Large Language Models (LLMs, große Sprachmodelle): Riesige neuronale Netzwerke, die aus Billionen von Textbeispielen gelernt haben, menschenähnliche Sprache zu generieren. Dies ist die Basis für ChatGPT und ähnliche Assistenten.

Maschinelles Lernen: Hierbei werden Computerprogramme nicht klassisch programmiert, sondern lernen selbstständig aus Daten. Für Nutzer bedeutet das, dass sich solche Programme an neue Situationen anpassen können.

Multimodale KI: Multimodale KI kombiniert und verarbeitet verschiedene Datentypen wie Text, Bild, Audio und Video. Sie kann Informationen aus mehreren Modalitäten gleichzeitig nutzen, um komplexere Aufgaben zu lösen. Ein Beispiel wäre ein System, das Bilder und Texte gemeinsam analysiert, um Inhalte zu beschreiben.

Natürliche Sprachverarbeitung (Natural Language Programming, NLP): Computer lernen, geschriebene und gesprochene Sprache zu verstehen und zu produzieren. Dies ist die Grundlage für Sprachassistenten, Übersetzungen etc.

Neuronale Netzwerke: Sie ahmen die Funktionsweise des menschlichen Gehirns nach. Für Anwender können sie komplexe Aufgaben wie Bilderkennung oder Sprachverarbeitung übernehmen.

3.2 SYLVIE & BERNHARDT: EINE GOLDENE HOCHZEIT IN SECHS WOCHEN ORGANISIEREN?

Einschub 14: Die Geschichte von Sylvie und Bernhard

Sylvie ist Hausfrau, Mutter von drei Jungs im Alter von 12, 15 und 17 und betreibt einen Blumenladen. Sie ist 48 Jahre alt und hat mit all dem sehr viel zu tun. Bernhard ist ihr Bruder. Er ist Oberstudienrat, unterrichtet Latein und Geschichte in der Oberstufe. Er ist 55 Jahre alt und sehnt sich der Pensionierung entgegen. Sie leben in unterschiedlichen Städten.

Sylvie und Bernhard werden von ihren Eltern gebeten, deren Goldene Hochzeit zu organisieren. Es soll ihr letztes großes Fest werden, und daher wollen sie es nicht in die Hände Fremder legen. Sie erwarten ca. 100 Gäste und einen Ablauf, der mit unterschiedlichen Programmpunkten von Samstagmittag bis Sonntagmittag dauert.

Bernhard ist der Erste, der sich beklagt. Er sei derart überlastet vom Unterricht, dass er sich nicht auch noch darum kümmern könne. Sylvie, ganz in ihrem Programm der braven Tochter, sagt zwar nichts, hat aber ebenfalls keine Ahnung, wie sie das noch bewältigen soll. Sie überlegt, ob sie nicht doch heimlich einen Event-Manager beauftragen soll.

Der Vater der beiden, Hartmut, kennt seine Kinder gut und spürt die Zurückhaltung. Seit seinem Ruhestand lebt er seine Technologieleidenschaft voll aus und beschäftigt sich mit allem, was neu auf dem Markt ist. Denn früher, an seinem Arbeitsplatz in der Stadtverwaltung, musste er immer mit veralteten Geräten und Software arbeiten. Jetzt – so fühlt es sich für ihn an – »revanchiert« er sich und lebt sich technologisch aus. Aktuell beliest er sich vor allem zu KI und KI-Tools.

Er schlägt daher seinen Kindern vorsichtig vor, solche Tools für die Organisation der Goldenen Hochzeit einzusetzen. Dieser Vorstoß Hartmuts führt zu sehr unterschiedlichen Reaktionen:

Sylvie hatte schon von ihren Söhnen etwas über KI mitbekommen, sich selbst dem Thema aber noch nie genähert. Sie weiß, dass die Söhne begeistert sind, was sie damit alles erledigen können.

Bernhard verteufelt die KI rundweg, da sie ihm das Leben als Lehrer – insbesondere das Korrigieren von Aufsätzen – sehr schwer macht. Für ihn bedeutet sie das Ende der Kultur des Abendlandes und der intellektuellen Kreativität. Daher erfüllt es ihn mit Stolz, dass er noch nicht ein einziges Mal ChatGPT genutzt hat.

Sylvie und Bernhard diskutieren ausgiebig, ob es zulässig und sinnvoll ist, sich von KI helfen zu lassen. Die Meinungen gehen hin und her, gegen Ende kommt Bernhard in die Enge. Also schreit er Sylvie an: »Wenn du es mit diesem Teufelszeug machen willst, kannst du es gleich allein machen.«

Sylvie ist jetzt erstrecht besorgt, wie sie das alles noch hinbekommen soll. Sie kann pro Tag nur eine Stunde für die Organisation aufbringen, und es sind nur noch sechs Wochen bis zu dem 50. Hochzeitstag ihrer Eltern.

Sie wird nervös und unglücklich. Das sieht ihr mittlerer Sohn, Hannes. Er fragt, was mit ihr sei. Sie erzählt es ihm und er reagiert prompt: »Mama, das machen wir, ich spreche mit Opa, was er genau meint, und dann zeige ich dir die Tools.«

Sylvie ist es weiterhin mulmig, denn sie hat noch nie KI benutzt, und selbst die elektronische Kasse im Laden stellt sie manchmal vor Herausforderungen. Außerdem fühlt sie sich im Zwiespalt zwischen dem Gehorsam als Tochter und der Bewunderung, die sie immer ihrem großen Bruder gegenüber hatte

Langsam sind es nur noch vier Wochen. Verwandte, die von Sylvies Mutter Annemarie von dem Fest gehört haben, rufen immer öfter bei Sylvie an, um zu hören, wann sie jetzt wo sein sollen und wie sie

denn ihre Anreise organisieren sollen. Dass setzt Sylvie sehr unter Druck.
Dann, am nächsten Samstag, kommt es zur großen Konfrontation: Annemarie, die Mutter, steht unangekündigt vor Sylvies Haustür und fragt nach dem Stand der Zusagen. Und das, wo noch nicht eine einzige Einladung rausgegangen ist! Sylvie bricht in Tränen aus – sie ist innerlich total zerrissen.

Glücklicherweise kommt in diesem Moment Hannes vom Fußballtraining. Er sieht seine erboste Großmutter und seine aufgelöste Mutter in der Tür stehen und weiß sofort, was los ist. Ohne zu zögern, stellt er sich an die Seite seiner Mutter: »Oma, der Computer ist gerade kaputt gegangen, auf dem wir das immer speichern. Aber morgen bekommen wir einen neuen. Wenn wir den eingerichtet haben, schicken wir dir eine genaue Übersicht.«

Sylvie ist zwar eine grundehrliche Haut, aber bei dieser Notlüge kann sie auch nichts einwenden. Voller Dankbarkeit schaut sie ihren Mittleren an. Mit den Worten: »Oma, wir müssen uns jetzt um das Back-up kümmern. Wir melden uns nächster Tage,« schiebt er Annemarie aus der Tür und setzt seine Mutter an den Esstisch.

Wie ein wohlmeinendes, aber strenges Elternteil schaut er seine Mutter an und fragt sie: »Und was für mögliche Lösungen gibt es aus deiner Perspektive?« Tatsächlich sieht nun auch Sylvie keine andere Möglichkeit, als maximal zu delegieren. Und da alle anderen Familienmitglieder aus verschiedenen Gründen ausscheiden, beschließt sie, sich doch der KI zu bedienen, egal, was ihr Bruder sagt. Sie ist erstmal sehr erleichtert und schenkt sich ein Glas Wein ein. »Alles wird gut,« denkt sie sich.

Aus dem einen Glas Wein werden zwei und dann drei, aber das macht ja nichts, denkt sich Sylvie, als sie sich an ihren Computer setzt. »Denn jetzt muss ja nicht mehr ich arbeiten, sondern die KI arbeitet für mich!«. Frohen Mutes geht sie zu ChatGPT, legt sich ein Konto an und gibt ihre erste Anweisung ein. »Hallo ChatGPT, bitte schreiben Sie eine Einladung zur Goldenen Hochzeit meiner Eltern.« Zufrieden lehnt sie sich zurück und nippt nochmal an ihrem Weinglas.

Keine 20 Sekunden später sieht sie das Ergebnis und erschrickt zutiefst! Der Text hat überhaupt nichts mit ihrer Familie und ihrem Stil zu tun. Stattdessen hat ChatGPT eine launige Einladung geschrieben, in einem komischen Rhythmus, der eher an Büttenreden erinnert. Verzweifelt legt sie den Kopf in die Hände.

So findet sie ihr Sohn Hannes. Wieder sehr pädagogisch versiert bietet er an, seiner Mutter dabei zu helfen, sich KI-Tools zurecht zu legen für all die Dinge, die noch getan werden müssen. Gemeinsam machen sie einen Plan, wie Sylvie mit welchem Tool (und ein bisschen Einführung durch Hannes) alles noch rechtzeitig vor der Feier hinbekommt. Erneut erleichtert und frohen Mutes geht Sylvie ins Bett, um am nächsten Tag frisch ans Werk zu gehen.

Was weiter passiert und ob es noch klappt, die Feier zu organisieren, erfahren Sie weiter unten.

3.3 PERSÖNLICHE KI-TRANSFORMATION: INNERE WIDERSTÄNDE UND GELUNGENE BEISPIELE

Nach all dem, was Sie bisher gelesen haben, müsste es doch total einleuchten, sich sofort von KI unterstützen zu lassen, oder? Das ist eine rein rhetorische Frage, die Antwort ist klar: Ja! Dennoch tun sich viele Menschen schwer; sie begegnen dieser Technologie mit Skepsis und Zögern. In diesem Abschnitt wollen wir die Gründe dafür untersuchen, neue Technologien eben gerade nicht mit offenen Armen zu empfangen.

3.3.1 Zwölf Gründe, warum die KI-Transformation schwer erscheint – aber nicht ist

Innerer Widerstand ist verständlich und nur natürlich, wenn man das Gefühl hat, als ob der Boden unter einem wankt und Sicherheiten wegbrechen.

a. Die Angst vor dem Unbekannten

Ein wesentlicher Grund für die Zurückhaltung gegenüber neuen Technologien im Allgemeinen ist die Angst vor dem Unbekannten. Das ließ sich die letzten 20 Jahre bei der Digitalen Transformation sehr gut beobachten. Und ja, die Vorstellung, sich mit einer komplexen und schwer verständlichen Technologie auseinanderzusetzen und sich in sie »hineinzufräsen«, führt bei den allermeisten Menschen zu einem flauen Gefühl in der Magengegend. Denn es fühlt sich einfach nicht gut an, wie der Ochs vorm Berg zu stehen. Kam man früher viel schneller auf gewohnten Wegen zum Erfolg, muss man sich jetzt erst mühsam einarbeiten. Die Zeit bis zum nächsten Dopamin-Kick wird länger!

Was können Sie dagegen unternehmen?

- Denken Sie daran, dass jeder Ihrer großen Fortschritte einst »unbekannt« im Sinne dieses Abschnitts war und Sie ihn doch gemeistert haben. Beispiels-

weise erinnere ich mich nur sehr ungern an meine ersten Gehversuche in PowerPoint im Jahr 2001 ...
- Fordern Sie von sich nicht die Lösung, sondern nur einen ersten Schritt. Wenn der getan ist, dann vielleicht einen Zweiten. Und dann vielleicht einen Dritten.

b. Komplexität und Missverständnisse

Bei KI kommt noch hinzu, dass sie als sehr, sehr komplex wahrgenommen wird. Verständlicherweise fühlen sich viele Menschen von dem technischen Jargon und den Konzepten hinter KI-Systemen eingeschüchtert. Wenig hilfreich sind dabei die Ausdrücke und die ganzen impliziten Konzepte, die die Sprache der Expert:innen bevölkern.

Hinzu kommen Missverständnisse, die durch sensationsheischende Medienberichte und Science-Fiction verstärkt werden, welche KI oft als Bedrohung für die Menschheit darstellen. Oder der (vielleicht urdeutsche) Drang zum Katastrophisieren, der meist nur ein mehr oder weniger eleganter Weg ist, sich nicht mit Themen beschäftigen zu müssen.

Was können Sie hier tun?

- Wenn es Ihnen zu kompliziert wird bei den Aussagen eine:s Expert:in, fragen Sie nach. Ist Ihr Gegenüber in der Lage, die Aussage nochmal für Sie verständlich zu formulieren, haben Sie auch mehr Sicherheit, dass es sich nicht um eine:n Blender:in handelt.
- Dampfen Sie die Horrorszenarien auf ihren Kern herunter, z. B. mithilfe der Kriterien »verminderbar« und »regulierbar« aus der Tabelle in Abschnitt 2.2.2. Danach kann man rational über die Dinge sprechen.

c. Allgemeines, diffuses Misstrauen gegenüber KI

Wenn Menschen nicht nachvollziehen können, wie ein KI-System zu seinen Schlussfolgerungen kommt, kann dies zu Misstrauen und Widerstand gegen die Einführung dieser Technologien führen.

Auf Basis der menschlichen kognitiven Fortschritte seit der Renaissance hat man sich sehr gut eingerichtet in der Vorstellung, dass nichts klüger sein könne als wir. Und wenn wir es nicht nachvollziehen können, dann kann es ja nichts sein!

Aber macht das wirklich Sinn? Ich kann beispielsweise die Relativitätstheorie nicht nachvollziehen, spreche ihr aber nicht die Richtigkeit ab. Wieso dann bei KI?

Die Lösung? Zum Beispiel Folgendes:

- Nutzen Sie die Informationen – z. B. von Seiten seriöser Stellen wie Bildungseinrichtungen – über die Funktionsweise von KI

- Lesen Sie die zunehmend rechtlich erforderlichen Hinweise zur Wirkungsweise von KI-Anwendungen durch die Hersteller – eine Art digitaler Beipackzettel.

d. Die Kraft der Gewohnheit

Wir Menschen sind Gewohnheitstiere. Das ist vermutlich, wenn wir ehrlich sind, das größte Hindernis der KI-Transformation. Die Umstellung von vertrauten Abläufen auf neue, technologiegestützte Prozesse ist eine Herausforderung – das kann ich aus eigener Erfahrung bestätigen!

Was kann man tun, um sich selbst neue Prozesse nahe zu bringen?

- Definieren Sie jeweils nur kleine, machbare Schritte zur Integration neuer Technologien in Ihr Leben. Bei mir war es zu Beginn einfach, ChatGPT zu nutzen bei jeder Gelegenheit.
- Finden Sie Auslöser (»Trigger«) dazu, den aktuellen kleinen Schritt auch umzusetzen. Das können Erinnerungen sein, die Sie sich schicken lassen. Oder Sie verknüpfen den kleinen technologischen Fortschritt mit etwas, das Sie ohnehin machen. Oder ganz einfach: Sie schreiben sich einen Zettel. So war's bei mir zu Beginn: Ich schrieb mir auf ein Post-it: »Associate? Gehe zu ChatGPT« und klebte mir diesen an den Monitor um daran erinnert zu werden, dass ich jedes Mal, wenn ich gern Arbeit an eine:n junge:n Mitarbeiter:in abgeben wollen würde, ich ChatGPT nutze.
- Haben Sie einen wirksamen Auslöser gefunden, können Sie sich die Nutzung der Technologie regelrecht selbst »einprogrammieren« und so die Kraft der Gewohnheit zu Ihrem Vorteil nutzen.

e. Halluzinationen und sonstige funktionale Risiken

Viele Menschen haben ebenfalls Bedenken hinsichtlich der Leistung und Zuverlässigkeit von KI-Systemen. Das ist oft auch zutreffend, denn die LLMs sind so programmiert, dass sie uns gefallen wollen. Finden sie keine Antwort, denken sie sich daher eine aus (Stichwort »Halluzinationen«) – es sei denn, mal gibt ihnen anderslautende Anweisungen (dazu mehr unten).

Bislang gibt es keine gute Methode, KI-Halluzinationen vollständig zu verhindern. Forscher weltweit arbeiten daran, diese Halluzinationen einzuschränken, können sie aber noch nicht völlig unterbinden.

Ein guter Grund für Viele, KI rundweg abzulehnen. Ein wohl bekanntes Phänomen, das wir bereits bei der Digitalen Transformation oft gesehen haben: Wegen Kinderkrankheiten einer Technologie war man froh, sie komplett verteufeln zu können. Nur, damit man sich nicht damit auseinandersetzen muss. So sagte mir ein Verleger noch im Jahr 2017, als Zalando »nur«

4,5 Mrd. Euro Umsatz machte: »Bei den Retourenquoten, das wird nicht lang gut gehen mit Zalando!«. Im Jahr 2023 machte Zalando 10,3 Mrd. Euro Umsatz und ist profitabel. Davon kann der Verleger inzwischen nur noch träumen!

Warum erzähle ich Ihnen diese Anekdote? So subjektiv angenehm es ist, sich wegen Anfangsschwierigkeiten gleich einer »drohenden« Veränderung zu entziehen: Mit diesem Ansatz macht man sich dümmer, als man eigentlich ist. Denn keine Technologie ist von Anfang an perfekt, sondern sie entwickelt sich fort – selbst der Buchdruck! Im Fall der KI sogar exponentiell: GPT-1 hatte beispielsweise im Jahre 2018 noch Schwierigkeiten, kohärente und zusammenhängende Texte zu generieren. Beim Versuch, eine Geschichte zu schreiben, wechselte es oft abrupt das Thema oder produzierte absurde Sätze. Zum Beispiel konnte ein Satz von »Der Hund lief im Park« plötzlich zu »und dann entschied der Elefant, eine Rakete zu bauen« wechseln. Diese Inkonsequenz zeigte die begrenzte Fähigkeit von GPT-1, Kontext zu bewahren und logisch zu bleiben. Die Folge: Die Technologie wurde von Vielen belächelt.

Heute kann zum Beispiel Chat GPT-4 oder -4o einen vollständigen Geschäftsbericht analysieren, daraus eine Zusammenfassung erstellen und die wichtigsten Finanzkennzahlen in natürlicher Sprache erläutern.

Sich mit solch schlechten Argumenten zu verschließen, heißt also zum Einen, sich dümmer zu machen, und zum Zweiten die eigene Wettbewerbsfähigkeit – also die Zukunftsfähigkeit – aufs Spiel zu setzen. Schlechte Idee!

f. Angst vor Arbeitsplatzverlust

Auch die Sorge, durch KI ersetzt zu werden, ist weit verbreitet als Grund für Ablehnung. Diese Angst ist nicht unbegründet, denn KI hat das Potenzial, bestimmte Jobs zu automatisieren, so dass es insoweit keiner menschlichen Arbeit mehr bedarf. Beim näheren Hinsehen ist diese Reaktion aber sehr kontraproduktiv. Denn am ehesten wird man von einer KI ersetzt, wenn man in der »alten Welt« verharrt. Wer sich vertraut gemacht hat mit KI, also als Bindeglied zwischen der alten und der neuen Welt fungieren kann, wird wertvoller als Arbeitskraft und noch viel länger gebraucht.

Insgesamt ist wichtig zu betonen, dass KI

- auch neue Arbeitsplätze schafft, von denen wir profitieren können, wenn wir uns entsprechend fortbilden
- die Art und Weise, wie wir arbeiten, verbessert, indem sie tendenziell kognitiv einfachere Tätigkeiten übernimmt (wie Kategorisierung), damit mehr Raum schafft für das intellektuelle, konzeptionelle Erarbeiten von Neuartigem durch den Menschen.

g. Überforderung durch Auswahl

Viele Menschen, die ich kenne – inklusive ich selbst – sind überwältigt ob der schieren Menge an technologischen Optionen. Wie wählt man aus einer Unmenge an Tools, Apps und Gadgets das Richtige aus? Rund um KI ist eine Goldgräberstimmung ausgebrochen, die dazu führt, dass für alle Nutzungsmöglichkeiten vier verschiedene Tools pro Monat auf den Markt kommen. Oft ist noch unklar, wie sie sich voneinander – und von den gängigen LLMs – unterscheiden, und welches sich am Ende durchsetzt. In diesem Dickicht den richtigen Weg zu finden, wird zurecht oft als mühsam, zeitaufwändig und frustrierend empfunden.

Ansätze zur Erleichterung liegen in

- der Fokussierung auf das, was unser Leben tatsächlich bereichert und vereinfacht
- dem Einholen von Expertenrat, welches Tool für die angestrebte Nutzung wirklich das Beste ist (direkt menschliche Expert:innen oder durch Befragen von ChatGPT – welches nicht nur sich selbst empfiehlt!), oder
- dem Verzicht auf Spezialsoftware, zugunsten der derzeit aktuellen Version des mächtigsten LLMs, das zu Ihrer Verfügung steht.

Es geht nicht darum, blind immer das Neueste vom Neuen anzunehmen, sondern diejenigen Technologien zu finden, die unseren Alltag verbessern.

h. Ethische Bedenken

KI wirft für die Mehrheit von Menschen zahlreiche ethische Fragen auf, von Datenschutz bis hin zu Entscheidungsfindungsprozessen. Diese zu stellen, ist nicht nur begründet, sondern darüber hinaus wesentlicher Bestandteil davon, dass wir die Risiken aus der Verwendung von KI (siehe oben) eindämmen. Demnach dürfen die ethischen Bedenken nicht so überhandnehmen, dass sie als Blanko-Verweigerung herhalten, getreu dem Motto »Das ist doch alles unethisch, damit fange ich gar nicht erst an!«. Zum einen ist das kein sauberer Entscheidungsprozess, hat aber das Zeug dazu, uns vieler Chancen zu berauben. Zum anderen haben wir oben herausgearbeitet, dass nur die **Nutzung in Verbindung mit dem kritischen Hinterfragen** – auch und gerade vor dem Hintergrund ethischer Fragestellungen – den Mittelweg bereit hält zwischen Wahrung der Chancen und Eingehen von unnötigen Risiken.

Welche Lösung gibt es für dieses Dilemma? Ein Ansatz ist, sich selbst bei der Nutzung ethische Richtlinien zu geben. Zumindest so lange, wie es noch keine herrschende Meinung unter Philosophen, Regierungen, Regulierungsbehörden, Forschungseinrichtungen und NGOs gibt.

i. Sorge um Datenschutz und Sicherheit

In einer Zeit, in der Datenschutz und Sicherheit zu Recht große Bedeutung zukommt, ist es verständlich, dass Menschen bei der Annahme neuer Technologien zögern. Zu oft haben wir schon von Datenleaks, Datenmissbrauch, Profiling und so vielem anderen durch eigentlich – angeblich? – vertrauenswürdige Anbieter gehört. Wer hinsichtlich des Schutzes seiner eigenen Daten sehr vorsichtig ist, kann sich natürlich immer gegen die Nutzung von KI aussprechen. Wichtig ist jedoch, informierte Entscheidungen zu treffen. Und nicht das Argument des Datenschutzes dafür zu missbrauchen, die eigene Angst zu überdecken, die eigentlich der Grund ist, sich gegen KI zu wenden und sich aller damit verbundenen Chancen zu berauben.

Eine weitere Sorge, die in akademischen und aktivistischen Kreisen oft geäußert wird, ist der »Datenkolonialismus«: Wenn KI als Lösung für verschiedene Themen vorgeschlagen wird, setzt sie meist voraus, dass Daten aus dem Leben der Menschen entnommen werden, oft ohne deren Wissen. Das Machtgefälle, das dem zugrunde liegt, ist der Grund für die Ablehnung.

Lösung- oder Minderungsansätze finden sich hier auf zwei Ebenen

- **Individuell:** Verständnis der Sicherheitsfeatures und Datenschutzrichtlinien, inklusive der Möglichkeiten, der Nutzung der persönlichen Daten zu widersprechen (z. B. in den Optionen von ChatGPT)
- **Kollektiv:** LLMs, die Daten in einem geschlossenen Kreis halten, d. h. das Training und die Antworten beschränken sich auf Daten der eigenen Organisation, und werden nicht zum allgemeinen Training des LLMs benutzt.
- **Datenkolonialismus** kann auf verschieden Arten reguliert werden, zumindest sollten Kompensationsmechanismen gefunden werden für diejenigen, deren Daten verwendet werden.

j. Veränderung der sozialen Dynamik

KI verändert, wie wir untereinander interagieren, wie wir lernen und Entscheidungen treffen. Diese Veränderungen können auf die Menschen, die sie jetzt schon sehen, ebenfalls beängstigend wirken und ggf. sogar zu Widerstand führen. Vor allem, wenn man mal weiterdenkt: Was passiert z. B., wenn alle gleichermaßen Zugang zum gesamten Wissen der Welt haben? Wenn es kein »Herrschaftswissen« mehr gibt, auf dem man sich ausruhen und seine persönliche Identität fußen kann? Was passiert mit der Lernindustrie (Schulen, Universitäten, Fortbildungsanbieter), wenn wir nicht mehr lernen müssen im herkömmlichen Sinn als das »Sich-Aneignen von Fakten«? Obwohl KI eigentlich den Zugang zu Wissen erleichtert und damit demokratisiert: Wie ist die Teilhabe aller daran gewährleistet, damit nicht neue soziale Spaltungen auftreten, welche wirtschaftliche Ungleichheit verschärfen und zu Widerstand führen?

Wir haben oben die Kraft der KI-Revolution beschrieben. Was meinen Sie: Wird diese zum Erliegen kommen, weil jemand aus Befürchtung der Veränderung der sozialen Dynamik nicht mitmacht? Garantiert nicht! Sie mögen dieses Argument zynisch finden, für mich ist es realistisch. Daher gilt hier wieder: Wohl abgewogen mitmachen ist die einzige Möglichkeit zu gestalten – und sich nicht selbst aufs Abstellgleis zu schieben.

Ansatzpunkte, um diesem Bedenken zu begegnen, sind vielfältig:

- Indem wir KI-Tools entwickeln, die die menschliche Erfahrung erweitern und nicht ersetzen, können wir die soziale Akzeptanz von KI erhöhen.
- Bei der Gestaltung unseres Gemeinwesens in der Zeit der KI muss der soziale Aspekt von KI berücksichtigt und Lösungen entwickelt werden, die Inklusion und sozialen Zusammenhalt fördern.

k. Das Gefühl der Ersetzbarkeit und Entwertung

Ein großes Hindernis für die persönliche KI-Transformation ist die Befürchtung, durch Technologie ersetzt oder zumindest entwertet zu werden. Diese Angst ist so alt wie Technologie selbst.

Die Entwertung der eigenen Fähigkeiten – das, was früher mal ein bewundernswerter Skill war, wird heute nicht mehr gebraucht – ist ein fürchterliches Gefühl. Da spreche ich aus eigener Erfahrung. Umso schlimmer, wenn diese Fähigkeiten eng mit der eigenen Identität verknüpft sind. Ganz im Sinne von: »Ich bin der Typ, der das und das besonders gut kann!«.

Durch schmerzhafte Erfahrung habe ich gelernt: »Nicht die KI wird Sie ersetzen, sondern Ihr eigenes Festhalten an alten Arbeitsweisen und Verhaltensmustern.«

l. Soziale Normen

Des Weiteren können auch gesellschaftliche Erwartungen und Normen in Bezug auf die Technologie Widerstand hervorrufen – oder umgekehrt herabsetzen.

Wenn Sie in einer Situation sind, dass in Ihrem Umfeld eine besonders zurückhaltende Einstellung gegenüber KI propagiert wird, fragen Sie sich, warum. Gab es dort tatsächlich schlechte Erfahrungen mit der Einführung von Technologie, die auf KI übertragbar sind? Wer hat welchen Nutzen von dieser zurückhaltenden Einstellung? Geht es vielleicht eigentlich um Beibehaltung des Status Quo, Machterhalt oder die Pflege eines zarten Egos? Um sich dieses sozialen Drucks zu entledigen, fragen Sie sich immer, wer von dem kollektiven

Glaubenssatz profitiert. Und ob er/sie wirklich die Kompetenz dafür hat – oder selbst vielleicht aus Angst agiert?

3.3.2 Es geht auch anders: Persönliche Geschichten

Seit ich angefangen habe, mich mit KI zu beschäftigen und meine eigene KI-Transformation zu betreiben, haben mich vermehrt Reaktionen erreicht wie: »Du, in deiner Position, das hast du doch nicht nötig!« oder – die weniger charmante Variante – »Du, in deinem Alter, warum tust du dir das noch an?«.

Für mich war es selbstverständlich, mich mit KI auseinanderzusetzen. Wenngleich ich zugeben muss, dass ich mich nicht sofort im Herbst 2022 darauf gestürzt habe. Viele der oben genannten Schutzbehauptungen galten auch für mich: Es war mir zu kompliziert, ich war doch nach bald 25 Jahren Berufserfahrung schon sehr effizient, und tatsächlich hatte ich tolle Mitarbeitende, die mir viel abgenommen haben. Als ich mich dann dazu durchgerungen habe, fiel es mir nicht in den Schoß. Wie auch ein paar meiner Kolleg:innen oder Bekannten, deren Geschichten ich hier mit Ihnen teilen möchte:

a. Nico Lumma

Nico Lumma ist ein erfahrener Digitalunternehmer und Investor mit Schwerpunkt auf Innovation und Start-ups. Als Managing Partner bei NMA Venture Capital bringt er seit über neun Jahren seine Expertise in Bereiche wie Trendvorhersage, Innovationsmanagement und digitale Strategien ein. Seinen Ursprung hatte Lummas Werdegang in Agenturen wie Scholz & Friends, wo er Social Media-Strategien für Großkunden verantwortete. Der Hamburger Unternehmer vereint somit langjährige Erfahrung aus verschiedenen Perspektiven der Digitalbranche – von Agenturarbeit über Unternehmensberatung bis hin zu Investitionstätigkeiten und dem Aufbau eigener Startups. Sein Fachwissen bringt er auch als Gastdozent ein. Nico ist eher ein »Early Adopter«, aber aufgrund seiner offenen und unprätentiösen Art ist seine Transformations-Geschichte ein bereichernder Beitrag zu diesem Buch. Lesen Sie selbst:

Einschub 15: Persönliche Geschichte von Nico Lumma

> Ich bin aufgewachsen mit Science-Fiction-Serien wie Raumschiff Enterprise und natürlich den »Krieg der Sterne«-Filmen, wie sie damals noch hießen. Mit 12 Jahren konnte ich mir erfolgreich einen Commodore

C64 erquengeln, und ich kann mich noch gut daran erinnern, wie ich das erste Mal ELIZA laufen ließ. Das Programm vom Informatik-Pionier Joseph Weizenbaum simulierte einen Dialog mit der Maschine, die so tat, als ob sie einfühlsam sei und den Menschen verstehe. Ich war fasziniert, auch wenn der Dialog weit weniger aufregend war als die Mensch-Maschine-Kommunikation, die ich aus Science-Fiction-Serien kannte. Aber die Möglichkeit, sich mit einem Computer unterhalten zu können, fand ich sehr spannend.

40 Jahre später haben wir plötzlich an jeder Ecke Chatbots, aber so plötzlich war das eigentlich gar nicht, denn in den letzten 10 Jahren haben die Möglichkeiten, mit großen Datenmengen zu arbeiten und über sogenanntes Maschinelles Lernen komplexe Auswertungen, Ableitungen und Vorhersagen entwickeln zu können, stetig zugenommen. Wir hatten daher schon ab 2015 angefangen, mit dem damaligen next media accelerator in junge Start-ups zu investieren, die versucht haben, mit den neuen technischen Möglichkeiten komplexe Herausforderungen zu lösen. Dennoch war das, was OpenAI mit ChatGPT-3 im November 2022 vorgestellt hat, ein vollkommen neuer Meilenstein, der alles bisher Erreichte sofort in den Schatten stellte. Für einige der Start-ups war dies eine Bestätigung dafür, dass sie schon frühzeitig das richtige Thema besetzt hatten, für andere wiederum war dies plötzliche Konkurrenz, die nicht unbedingt positiv für die weitere Entwicklung der Firma sein würde.

Ich habe natürlich am Anfang mit ChatGPT herumgespielt, so wie ich das immer mache, wenn etwas Neues vorgestellt wird. Also bin ich eingetaucht in eine völlig neue Welt, in der auf einmal das Thema Prompt Engineering im Vordergrund stand, und sich Menschen als Experten für das richtige Schreiben von Anweisungen für ChatGPT feiern ließen. Was für eine schöne neue Welt. Natürlich macht man beim Ausprobieren auch viel Quatsch und testet Dinge, die man später nie brauchen wird. Vor allem habe ich gemerkt, wie schnell ChatGPT und andere KI-Plattformen über Schnittstellen in Programme integriert wurden, sodass ich mit KI arbeiten konnte, ohne großartig darüber nachzudenken. Mein Mailprogramm gibt mir so nicht nur eine Zusammenfassung einer Mail, sondern bietet mir auch immer drei Antworten an, die ein wenig an die Antworten auf die Frage »Willst Du mit mir gehen?« aus der Schule erinnern, also »Ja«, »Nein«, »Vielleicht«, aber nett mit KI getextet und zum Mailverkehr passend.

Für mich ist ChatGPT ideal, um mich an ein Thema anzunähern mit einem Sparringspartner, den ich vielleicht gerade nicht habe. Also frage ich ChatGPT nach der Struktur eines Workshops zu einem Thema, oder nach der Gliederung für einen längeren Text oder nach einer Übersicht über ein Thema. Damit fängt aber meine Auseinandersetzung mit dem Thema erst so richtig an, denn ich umgehe so geschickt das berühmte weiße Blatt Papier und fange mit ein paar Ideen meines Gegenübers an, was mir die Arbeit sehr erleichtert. Ich weiß dann genau, was ich alles will und nicht will und kann so viel schneller die Aufgabe bewältigen. Ich nehme den Austausch mit ChatGPT als Absprung für meine Auseinandersetzung mit der Aufgabe. Natürlich schlägt mir ChatGPT auch mal Blödsinn oder Unpassendes vor, aber das kommt ebenso im Arbeitsalltag um Umgang mit Menschen durchaus mal vor, daher finde ich das nicht so dramatisch.

Allerdings habe ich vor einigen Monaten meiner ältesten Tochter den Zugang zu meinem ChatGPT-Account gegeben, damit sie damit im Rahmen ihres Studiums rumtesten kann. Nun sehe ich ab und zu mit einem Auge neue Dialoge von ihr zu politikwissenschaftlichen Themen und sie sieht, was ich so treibe. Als junger Student durfte ich noch mit Karteikarten in der Bibliothek recherchieren, da ist es schon sehr beeindruckend zu sehen, wie schnell sie sich bei ihren Themen an des Pudels Kern annähern kann.

Ich nutze ChatGPT oder besser gesagt DALL-E auch sehr gerne, um mal eben Bilder oder Grafiken zu erzeugen. Ich habe keinerlei grafisches Talent und war bislang immer aufgeschmissen, wenn ich etwas visualisieren wollte. Allein ging dies nicht. Nun kann ich einfach Anweisungen an DALL-E geben, und es kommen Grafiken zurück, die natürlich nicht perfekt sind, aber die ich sofort einsetzen kann und für deren Erstellung ich nicht auf andere angewiesen bin. Dabei ist mir durchaus bewusst, dass viele Menschen, die mit grafischer Gestaltung ihren Lebensunterhalt verdienen, mit dieser Entwicklung nicht glücklich sein werden. Allerdings habe ich bislang immer auf Grafiken verzichtet, da ich sie allein nicht hinbekommen habe und sehe das daher eher als persönlichen Vorteil an.

Wenn man schon etwas länger das World Wide Web nutzt, dann kann man sich noch an die Phase erinnern, in der es viele Suchmaschinen gab, die aber alle irgendwie nicht zufriedenstellende Ergebnisse lieferten, bis plötzlich mit Google alles anders und besser wurde. Seitdem suche ich mit Google, auch wenn ich über die Jahre immer genervter wurde von den Suchergebnissen und der für mich abnehmenden Relevanz. Daher nutze ich mittlerweile immer öfter Perplexity.ai, denn

Perplexity stellt einen ähnlichen Quantensprung dar, wie es Google vor über 20 Jahren tat. Bei Perplexity bekommt man für eine Suche genau ein Ergebnis, und zwar eine Zusammenfassung mitsamt Fußnoten. Das ist beeindruckend, und es spart so viel Zeit. Insgesamt verhält sich das gerade ein wenig wie vor 30 Jahren, als Excel in die Büros Einzug hielt, aber die Menschen lieber noch auf dem Taschenrechner nachgerechnet haben, ob die Summen wirklich stimmten. Natürlich gucke ich auch immer noch bei Google, merke aber immer mehr, dass ich diese vielen Ergebnisse alle nicht benötige.

Seit ELIZA ist viel passiert, und der Austausch mit der Maschine ist immer selbstverständlicher geworden. Ich bin nach wie vor kein großer Fan von stimmbasierten Dialogen, vermutlich, weil ich vier Kinder habe und einfach mal froh bin, wenn niemand was sagt. Aber auch, weil ich nur wenige Momente sehe, wo Schreiben und Lesen wirklich aufwändiger sind als Sprechen und Zuhören. Hinzu kommt, dass Alexa und Siri wirklich nicht so anregend waren bislang, aber da dürfte auch sehr schnell ein weiterer Innovationsschub erfolgen.

Viel spannender finde ich ohnehin, wie die KI zwar einerseits allgegenwärtig sein wird, aber andererseits immer mehr in den Hintergrund tritt, und wir die vielen Optimierungen und Interaktionen gar nicht mehr als solche wahrnehmen. Schon jetzt optimiert die KI die Prompts selbst, um Ressourcen zu schonen, denn die Kosten für jede Anfrage sind hoch und Rechenzentren sind teuer. Aber auch darüber hinaus werden kleine KI-Agenten halbwegs autonom Dinge für uns im Hintergrund erledigen, von denen wir gar nicht mehr so genau mitbekommen werden, was die mit anderen Systemen so diskutieren. Wir müssen dann als Menschen immer wieder entscheiden, wo wir es bevorzugen, von Mensch zu Mensch zu kommunizieren, und wo es völlig ausreicht, dass die Maschinen Dinge klären, bevor wir das Ergebnis freigeben können.

Mit der KI nimmt die Digitale Transformation nicht nur an Fahrt auf, sondern sie bringt auch viele neue Facetten dazu. Der persönliche Produktivitätsboost ist sicherlich erst der Anfang einer längeren Reise zusammen mit der KI. Science-Fiction wird gerade zur Realität und wir sind mittendrin.

b. Kirsten Lange

Kirsten Lange, die ich schon von meiner Zeit bei der Boston Consulting Group vor rund 20 Jahren kenne, ist eine beeindruckende Mischung aus Strategin, empathischer Führungskraft und gesellschaftlich engagierter Vordenkerin. Als erfahrene Führungskraft mit Spitzenposten bei Konzernen wie Voith und BCG hat sie sich einen herausragenden Ruf in der Wirtschaft erarbeitet. Gleichzeitig engagiert sie sich als »Leadership Fellow« am Windsor Castle dafür, verantwortungsvolle Führungskräfte für eine bessere Gesellschaft auszubilden. Mit ihrer Expertise als Aufsichtsrätin bei Unternehmen wie Blue Cap, ATS und DLA Piper sowie als Adjunct Professor an der Wirtschaftsuniversität INSEAD setzt sie sich für nachhaltige Unternehmensführung ein. Kirsten beeindruckte mich im Frühsommer 2024 damit, wie stringent sie KI für ihre eigene Arbeit als Aufsichtsrätin nutzt. Hier ihre Geschichte:

Einschub 16: Persönliche Geschichte von Kirsten Lange

Ich war nie ein Tech-Freak, wohl aber immer ein Effizienz-Freak. Technologie interessiert mich nicht zum Selbstzweck (und wie es im Inneren funktioniert, schon gar nicht), dagegen sehr, wenn ich dadurch besser und schneller werde. Als ChatGPT im November 2022 gelauncht wurde, war ich sofort neugierig und fing an, es auszuprobieren. Ich gehe dabei immer sehr pragmatisch vor, lese keine Anleitungen, sondern fange einfach mal an und schaue, was klappt (und was auch nicht). So war einer meiner ersten Versuche, die Frage nach den besten Restaurants an der Ostküste Mallorcas, inhaltlich ein völliger Reinfall, aber dadurch lernte ich schnell, wie ich meine Prompts am besten formuliere. Zufällig (?) wurden mir dann auch in meiner Instagram Timeline einige Prompting Tipps eingespielt, und als ich dann den Accounts folgte, lernte ich auch schnell von anderen.

Heute vergeht kein Tag, ohne dass ich diverse KI-Modelle intensiv nutze. Ich arbeite als selbstständige Aufsichtsrätin, beaufsichtige fünf Unternehmen von Start-up bis zu einem globalen Konzern und bin im Wesentlichen Einzelkämpferin, habe also keinen Support durch Sekretärin, Reisebüro oder Buchhaltung. Daher bedeutet jeder Effizienzgewinn mehr Freizeit für mich. Eine gute Motivation!

Das erste Einsatzgebiet der KI war eine mir angebotene neue Aufsichtsratsposition. Ich nutzte die KI nicht nur um allgemein das Unternehmen und seine Herausforderungen zu recherchieren, sondern ließ sie auch meinen Lebenslauf analysieren und mit dem Anforderungsprofil abgleichen. So fragte ich z. B. nach potenziell kniffligen Interviewfragen und ließ ChatGPT ebenfalls gleich einen Vorschlag machen, wie man diese beantworten könne. Natürlich wurden mir weder diese Fragen so gestellt, noch hätte ich die Antworten einfach so verwendet, aber es half mir, mich umfangreicher vorzubereiten, als mir das allein möglich gewesen wäre.

Nach meiner Berufung in diesen Aufsichtsrat begann eine intensive Onboarding-Phase. Ich musste mich gründlich einlesen und einarbeiten. Hierbei war KI eine große Hilfe. Ich ließ z. B. den Nachhaltigkeitsbericht des Unternehmens von der KI mit den Berichten von Wettbewerbern vergleichen, um herauszufinden, in welchen Bereichen das Unternehmen führend ist. Die KI unterstützte mich ebenso intensiv bei der Datenanalyse, zum Beispiel habe ich wichtige Zahlen aus den PDFs vergangener Jahresberichte in Excel umwandeln und dann die wesentlichen Entwicklungen analysieren lassen.

Die Vertraulichkeit der Informationen ist dabei natürlich enorm wichtig. Ich habe hauptsächlich öffentlich zugängliche Informationen genutzt, wie Jahresberichte, und bei vertraulicheren Daten beispielsweise in Excel-Tabellen Überschriften anonymisiert, Einheiten verändert oder Dummy-Datenreihen eingefügt, um die Rückverfolgbarkeit zu verhindern.

Für mich den größten Nutzen hat die KI derzeit jedoch bei kreativen Tätigkeiten. Als neu ernannte Leiterin des Risikokomitees wollte ich kürzlich eine Umfrage entwickeln, um die Zufriedenheit der Mitglieder mit unserer bisherigen Arbeit zu ermitteln und ihre Glaubenssätze besser zu verstehen. Die KI war dabei eine enorme Unterstützung. Eine Umfrage, deren Entwicklung zuvor fünf Stunden in Anspruch genommen hätte, konnte ich mithilfe der Künstlichen Intelligenz in nur wenigen Minuten nahezu perfekt gestalten.

Ein ähnlicher Anwendungsfall, bei dem KI meine Arbeit erheblich erleichtert hat, war das Entwickeln einer Übersicht über die Qualifikationen im Aufsichtsrat. Der deutsche Corporate Governance Kodex empfiehlt eine solche Übersicht, aber in den meisten Unternehmen ist sie eher oberflächlich. Üblicherweise wird nur beschrieben, ob ein Aufsichtsratsmitglied eine Kompetenz hat oder nicht, z. B. in Cybersecurity oder Sustainability. Ich fand dies unzureichend und bat die KI, die verschiedenen Expertenlevel in Werten darzustellen und genau zu beschreiben, was jedes Level bedeutet. Diese detaillierte Aufschlüsselung, verbunden mit einer genau beschriebenen Punktzahl für die Bewertung der Fähigkeiten, ermöglichte tiefere und sachgerechte Diskussionen darüber, was wir können und welche Defizite wir haben. Und es zeigt bei der Beschreibung der Level erneut, wie KI gerade bei kreativen Aufgaben schnell und effektiv unterstützen kann.

Ein weiterer häufiger Anwendungsfall für mich sind die Transkription und automatische Zusammenfassung von Meetings. Diese Technologie setze ich bei weniger vertraulichen Treffen ein. Bei einem meiner Mandate habe ich 20 Einzel-Interviews zur Unternehmenskultur geführt, aufgenommen und anschließend transkribieren lassen. Dies sparte nicht nur Zeit, sondern erleichterte auch das Festhalten und Abgleichen der besprochenen Inhalte und der daraus resultierenden Handlungsempfehlungen.

Derzeit experimentiere ich mit verschiedenen KI-unterstützten Tools zur besseren Erfassung meiner Arbeitszeiten. Ziel ist es, möglichst unkompliziert festzuhalten, wie viele Stunden ich für jedes meiner Aufsichtsratsmandate arbeite und diese Daten dann mit einer automatisierten Rechnungserstellung zu verknüpfen. Ich stehe noch am Anfang dieses Prozesses und bin bislang nicht sicher, wie gut es funktionieren wird. Doch es ist definitiv ein Ansatz, mit dem ich ungeliebte Tätigkeiten als Einzelunternehmerin automatisieren kann.

Mein wichtigster Rat ist daher, neugierig zu bleiben und immer wieder Neues auszuprobieren. Ich verbringe viel Zeit damit, neue KI-Tools und Modelle zu testen und zu bewerten. Das ist spannend und ich bin immer wieder begeistert, was es alles Neues gibt und wie schnell sich bewährte Modelle weiterentwickeln. Künstliche Intelligenz hat meine Arbeitsweise jedenfalls grundlegend verändert: Ich bin produktiver geworden und habe mehr Zeit für die Dinge, die mir Spaß machen.

c. Alexander Klebe

Kommen wir nun zu Alexander Klebe, ein leidenschaftlicher Berliner Fotograf mit über 20 Jahren Erfahrung. Schon während seines Studiums entdeckte er die Porträtfotografie als Ausdrucksform, um das Wesen von Menschen einzufangen. Nach dem Abschluss machte er seine Leidenschaft zum Beruf und eröffnete ein Fotostudio in Berlin. Für ihn ist Fotografie eine zeitlose, wandelbare Kunstform. Mit seinem Studio Ocean Berlin schafft er heute authentische Business- und Porträtaufnahmen, die Marken stärken. Viermal war er offizieller Festivalfotograf für die Berlinale, wo er das facettenreiche indigene Kino festhielt.

Einschub 17: Persönliche Geschichte von Alexander Klebe

Als neugieriger Mensch und Technik-Enthusiast war ich von Anfang an fasziniert von den Möglichkeiten der Künstlichen Intelligenz. Als die ersten Bildgeneratoren herauskamen, wo man einen Prompt eingeben konnte und dann irgendwas herauskam, das war visuelles Neuland. Ich wollte diese neue, fast Science Fiction-artige Technologie unbedingt ausprobieren und daran teilhaben. Ich wollte verstehen: Wie sieht KI die Welt?

Meine ersten Experimente mit KI-generierten Bildern eröffneten mir vollkommen neue visuelle Welten, die mein Gehirn so noch nie gesehen hatte. Ich war wie ein Kind im Spielzeugladen, überrannt von den unendlichen Möglichkeiten. Zunächst generierte ich einfache Motive wie einen Ballon über den Wolken – für mich gänzlich neue Bildwelten.

Und klar, nach und nach kamen diese Funktionen in der Software an, die ich auch bei meiner täglichen Arbeit benutze, wie Photoshop. Da war es für mich schön zu merken, wie sich auch diese Arbeitsumgebung für mich verändert und mir ermöglicht, effizienter zu arbeiten. Weißt du, wie viel Zeit man früher mit einfachen Dingen wie Hintergrund entfernen verbracht hat? Da saß man schon mal eine Stunde dran!

Doch schon bald wurde mir klar, dass meine wahre Stärke und Leidenschaft in der authentischen Porträtfotografie mit Menschen liegt – etwas, das die KI nicht ersetzen kann. Bei meiner Arbeit mit Kunden ist der zwischenmenschliche Kontakt, die Verbindung und Empathie der entscheidende Faktor für kraftvolle, ausdrucksstarke Porträts. Die Kunden fühlen sich besser mit einem Bild, das darauf beruht, dass sie gesehen wurden. Das kann eine KI nicht leisten!

Trotz meiner Faszination für die neuen Möglichkeiten betrachte ich die KI auch kritisch:

Am Anfang hatte ich mich bedroht und ausgeraubt gefühlt, weil die KI uns Fotografen eine Grundlage entzogen hat, Einnahmen zu generieren mit unseren Bildern in Datenbanken. Das ist total eingebrochen. Dafür hat die KI indirekt von den Dateien der Fotografen profitiert, denn die Entwickler haben sie damit trainiert, unter dem Vorwand, dass es sich um nicht kommerzielle Trainingsmodelle handele. Das ist jedoch eine rechtliche Grauzone geworden, denn gerade das Urheberrecht ist für meine Klienten äußerst wichtig.

Die wollen kein Bild, das alle anderen auch haben können, sondern sie wollen exklusives Bildmaterial.

Als ein Kunde mir anbot, eine KI zur Bildauswahl für mich zu programmieren, lehnte ich ab. Denn dafür hätte ich die Bilddaten meiner Kunden in eine Cloud geben müssen. Der Datenschutz und die Persönlichkeitsrechte meiner Kunden sind für mich aber oberste Priorität.

Anfangs fühlte ich mich angesichts der rasanten technologischen Entwicklungen phasenweise tatsächlich überfordert. Täglich kamen neue Tools auf den Markt, immer beeindruckendere Beispiele. Ich stürzte mich in einen Lernprozess und wollte alle Tools beherrschen aus Angst, den Anschluss zu verlieren. Diese mentale Überforderung war zwar anstrengend, machte mich aber auch zum Schüler – etwas, das ich durchaus vermisst hatte. Mit großen Augen stand ich im Spielzeugladen und musste mich neu orientieren.

Ich erkannte, dass ich mich in dieser neuen KI-Welt neu positionieren und definieren musste: Was sind meine Kernkompetenzen als Mensch? Was kann die KI besser, wo sollte ich sie gezielt einsetzen? Schlussendlich fand ich einen pragmatischen Weg, die KI effizient in meinen Workflow zu integrieren – etwa als Wissensassistent beim Verfassen von Texten und Inhalten. Die KI ist Arbeitserleichterung geworden, nicht mehr und nicht weniger.

Heute nutze ich die KI gezielt dort, wo sie mir hilft, Zeit zu sparen und Abläufe zu straffen. Sie erstellt mir Textbausteine für wiederkehrende Aufgaben oder greift auf mein gespeichertes Wissen zurück, um daraus neue Inhalte zu generieren. Ein Beispiel war die Erstellung eines E-Book-Leitfadens für die Organisation von Shootings – die KI lieferte mir dafür einen Rohling auf Basis meiner bestehenden Dokumente.

Für kreative Zwecke wie die Generierung von Bildern setze ich die KI aber nur noch sehr gezielt und beschränkt ein. Mittlerweile fühle ich mich nicht mehr bedroht vom Aufstieg der künstlichen Intelligenz in meiner Branche. Denn meine Kernkompetenz, die authentische Begegnung mit Menschen bei Shootings, kann sie nicht ersetzen.

In Zukunft hoffe ich, dass sowohl ich als auch die Gesellschaft insgesamt einen entspannten, pragmatischen Umgang mit der KI finden werden. Diese Transformation wird schließlich über Jahre andauern, nicht von heute auf morgen kommen. Wenn wir eine innere Ruhe finden, können wir Schritt für Schritt sinnvolle Tools integrieren – und so mehr Zeit haben für das, was uns als Menschen wirklich wichtig ist.

d. Katja Nettesheim

Mich kennen Sie ja bereits … Tauchen wir also direkt ein in meine Geschichte:

Einschub 18: Persönliche Geschichte von Katja Nettesheim

Auch wenn es überhaupt nicht politisch korrekt ist, ich muss es jetzt mal so sagen: Als 50-jährige Frau, Juristin, Führungskraft und mit hohem Anspruch an Unfehlbarkeit, lag der intensive Einsatz von KI mir nicht gerade nahe. Stattdessen war ich immer sehr stolz auf meine eigenen Fähigkeiten: Präzise schreiben, gut strukturierte Präsentationen machen, Argumentationslinien und Strategien entwickeln, alles das zählte ich zu meinen Kernkompetenzen. Und insgeheim tröstete mich manchmal der Gedanke, dass dies wirklich niemand so gut könne wie ich. Das machte mir das Delegieren häufig zur Qual. Oft habe ich mehr Zeit hineingesteckt, als ich mir gespart habe.

Demgemäß war ich zu Beginn sehr skeptisch, ob so eine KI mir überhaupt irgendwie Zeit sparen und Aufgaben abnehmen könnte. Unbewusst hatte ich Bedenken, dass ein gutes Funktionieren von KI an meiner Identität rütteln könnte. Zudem hatte es doch bisher ganz gut geklappt mit meinen eigenen, mega-effizienten manuellen Prozessen, auf die ich so stolz war! Und meine eingespielte Organisation und Prozesse waren gefühlt ein großer Wert für mich.

Mein Mitgründer bei Culcha, der (natürlich!) für Technologie zuständig ist, wies mich dankenswerterweise schon früh auf ChatGPT hin. Gefühlt früh – zu der Zeit war das Tech Team allerdings schon den ganzen Tag auf der Eingabeseite, um Code damit zu überprüfen … Klar habe ich, neugierig wie ich bin, gleich etwas damit herumgespielt, aber so richtig toll fand ich das auf dieser Basis nicht. Schnell geriet es in der Hektik des Alltags wieder in Vergessenheit. Ich meinte, ich hätte einfach keine Zeit, mich damit zu beschäftigen, andere Dinge seien vordringlich. Und irgendwie hatte ich auch nie die Notwendigkeit dazu, sah keine passenden Anwendungsfälle, neudeutsch »Use Cases«.

Bis ich dann mal richtig Zeitdruck hatte: Eine Rede musste geschrieben werden auf dem Weg zu einem 50 Geburtstag, der nur 30 Minuten lang war (der Weg). Das Gleiche drei Tage später: Um eine kurzfristig aufgetretene Chance zu wahren, musste ich schnell ein Konzept für einen TEDx-Vortrag erarbeiten und in einer Präsentation überzeugend darstellen – innerhalb von nur drei Stunden. Später kam dazu, dass am Ende des Sommers 2023 viele unserer Mitarbeitenden gleichzeitig krank waren.

Aber irgendwie musste die Arbeit ja gemacht werden. Und wie immer landete sie auf meinem Schreibtisch. Wie sollte ich diese Flut an Aufgaben bewältigen, bei damals schon sehr hoher Belastung und angeschlagener Gesundheit?

In diesen Zeiten der Not, aber auch erst dann, besann ich mich wieder auf ChatGPT. Und siehe da, dieses Mal hatte ich mehr Erfolg: Entweder hatte ich aus Versehen bessere Anweisungen gegeben, oder das Ding hatte sich fortentwickelt, oder ich hatte einfach Glück! Jedenfalls beglückte es mich mit optimalen Vorarbeiten, bescherte mir erhebliche zeitliche Ersparnisse, und ich bekam einen richtigen Produktivitäts-Rausch. So viel Dopamin – ich fühlte mich allmächtig: Stringente, originelle Konzepte in unter einer Stunde. Wunderschöne Präsentationen in ebenfalls nur einer Stunde (mit beautiful.io). Datenauswertungen innerhalb von nur 10 Minuten, da, wo ich mir vorher ewig den Kopf zermartert hätte. Meine persönliche Produktivität war auf einem Allzeithoch angekommen.

In einer ruhigen Minute beschlich mich allerdings der Eindruck, dass da noch mehr gehen müsste. In der Folge habe ich mir alle Aufgaben aufgelistet, die ich so für mich oder innerhalb der Firma Culcha zu bewältigen hatte. Das war eine massive Liste, die mir ziemlich Angst einjagte. Mein Ansinnen war es, diese von oben bis unten abzuarbeiten, indem ich für jeden dieser bisher meist manuellen Prozesse eine Entsprechung mit KI-Unterstützung fände. Ziemlich unsinniges Vorhaben, denn ich überforderte mich damit komplett und selbst meine Disziplin war dafür nicht groß genug. Diese Prozesse einfach der Reihe nach anzuschauen und zu automatisieren bzw. zu »KI-fizieren« fiel mir neben dem Tagesgeschäft zu schwer. Da war der Leidensdruck dann doch nicht hoch genug, um mich in diese Vorgehensweise hineinzuzwingen. Angesichts dessen stoppte das Projekt für ein paar Wochen, bis ich dann, wieder zwangsweise – unter dem Druck einer umfangreichen Aufgabe und begrenzter Ressourcen – erneut damit anfing.

So nahm ich den Prozess der persönlichen KI-Transformation wieder auf, aber nicht abstrakt entlang der Reihenfolge der Prozesse, sondern konkret bei jedem Anlass, wo ich wieder etwas machen musste. Ich sammelte alle guten Hacks, die mir irgendwo in Social Media, Artikeln, Büchern oder Newslettern begegneten, sortierte sie grob nach Use Cases, und wann immer ich einen dieser Use Cases vor mir hatte, gestaltete ich mir mithilfe dieser Hacks den richtigen, KI-unterstützten Prozess. Daraus ergab sich mit der Zeit eine Prozesslandkarte (um ehrlich zu sein: eine Menge Post-its an der Wand neben meinem Schreibtisch), wo ich sehe, welche Aufgabe ich nun mit welcher KI und mit welcher Anweisung gut erledigen kann. Sobald sich diese Vorgehensweise bewährt hat und die entsprechende Aufgabe sich wiederholt, denke ich einen Schritt weiter und über Automatisierung nach. Aber auch erst dann. So spare ich mir den Zeiteinsatz für die Automatisierungen, bevor klar ist, dass sie wirklich etwas bringt und der Prozess immer wieder gebraucht wird.

Die Folge? Entgegen meiner ursprünglichen Ansicht, dass mich eine Hinzunahme von KI-Tools eher kleiner machen würde, habe ich jetzt das Gefühl, ich könnte alles leisten! Natürlich mit Hilfe von KI, aber was soll's?! KI klug einzusetzen ist doch auch eine Kunst und auf meine eigenen Fähigkeiten zurückzuführen. Insofern haben sich meine anfänglichen Bedenken in große Begeisterung gewandelt: Keine Verringerung meines Selbstwerts, sondern sogar eine Erhöhung, denn nun kann ich Dinge selbst machen, für die ich mir früher Hilfe hätte einkaufen müssen.

3.4 WIE KÖNNEN SIE ANFANGEN? DER PROZESS DER KI-TRANSFORMATION

Wenn Ihnen diese Geschichten jetzt richtig Lust gemacht haben, auch in diese Science Fiction-ähnlichen Welten einzutauchen, sich unangenehme Arbeiten abnehmen zu lassen oder einen Produktivitätsboost zu erleben, warten Sie nicht länger und legen Sie los. In den nächsten Abschnitten erfahren Sie, wie:

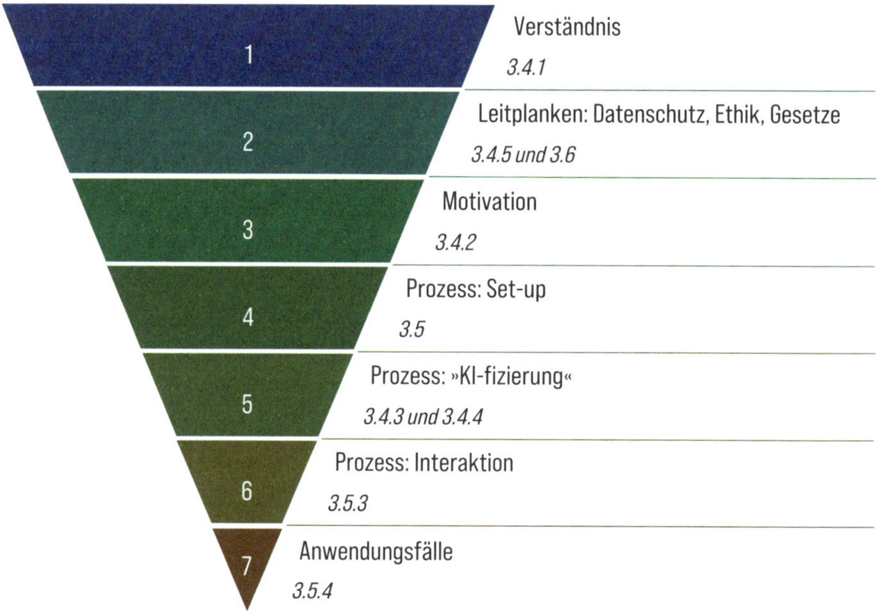

3.4.1 Verstehen Sie die Grundlagen

Starten Sie damit, aktiv anzuerkennen, welche Rolle KI derzeit in der Welt spielt – und was jetzt schon absehbar ist für die Zukunft (siehe Kapitel 2.1). Befragen Sie sich ernsthaft: Haben Sie noch Vorbehalte? Wenn ja, welche? Schauen Sie sich bitte nochmal den dazu passenden Abschnitt in Kapitel 3.3.1 an.

Gleichen Sie die Rolle der KI in der Allgemeinheit ab mit der Rolle, die sie aktuell in Ihrem Alltag spielt. Wo nutzten Sie die KI schon selbstbestimmt? Also nicht, wenn sie automatisch eingesetzt wird in Programmen zur Bilderverbesserung oder der Spracherkennung (Embedded AI).

Falls erforderlich, nutzen Sie dieses Buch und ergänzende einführende Ressourcen wie andere Bücher, Artikel, und Online-Kurse, um ein grundlegendes Verständnis von KI zu erlangen. Um hier immer die aktuellen Angebote zu finden, fragen Sie am besten gleich ein LLM. Das LLM wird Ihre neue

Suchmaschine! Wenn Sie noch nie mit einem gearbeitet haben, gehen Sie am besten zu ChatGPT (www.chatgpt.com) und nutzen Sie die kostenlose Version bzw. sogar diejenige, bei der Sie noch nicht einmal ein Konto anlegen müssen.

3.4.2 Setzen Sie sich Ihr eigenes Ziel

Definieren Sie klar für sich, warum Sie KI-kompetent werden wollen: Für mehr Effizienz in beruflichen oder privaten Aufgaben? Für bessere Entscheidungsfindung? Für eine stärkere Position auf dem Bewerbermarkt? Als Absicherung gegen Arbeitsplatzverlust? Die Gründe sind vielfältig!

Stellen Sie sicher, dass dieses Ziel eigenverantwortlich erreichbar ist, d. h., dass es nicht von dem Verhalten anderer abhangt. Sonst ist es kein Ziel, sondern ein Wunsch.

Formulieren Sie das Ziel attraktiv: kurz, knackig, in positiver Formulierung und so, dass Sie richtig Lust haben, dahin zu kommen. Viele Menschen nutzen dafür eine Selbstbeschreibung im Präsens, wie z. B.: »*Ich bin immer up-to-date mit den Arbeitserleichterungen durch KI, so dass ich die Zeit, die ich mit Arbeit verbringe, so gering wie möglich halten kann.*«. Die Kurzversion davon wäre: »*Minimale Zeit mit Arbeit verbringen!*«.

Stellen Sie sicher, dass Sie dieses Ziel immer präsent haben, z. B. mit einem schönen Abschrieb oder Ausdruck über dem Schreibtisch. Lesen Sie es täglich mehrfach durch.

Wenn es Ihnen dann noch möglich ist, sich unter Einbeziehung möglichst vieler Sinne auszumalen, woran Sie merken, dass Sie dieses Ziel erreicht haben, sind Sie schon einen großen Schritt gegangen, Ihr Ziel als Motivation fest in Ihrem Hirn zu verankern. Z. B. so: »*Wenn ich wenig Zeit mit Arbeit verbringe, kann ich am Nachmittag auf dem Balkon die warme Sonne auf der Haut spüren, den Vögeln zuschauen und sie zwitschern hören – während ich dazu ein duftendes Zitroneneis esse.*«

3.4.3 »KI-fizieren« Sie Ihre nervigsten Aufgaben

Nun gehen wir an die Umgestaltung: Schreiben Sie alle Prozesse auf, die häufig wiederkehren und die Sie gern abgeben würden. Um das zu erleichtern, beobachten Sie sich selbst für ein paar Tage unter der Perspektive, sie würden beabsichtigen, jemanden einzustellen, der Ihnen das Leben erleichtert. Wann immer Sie sehnsüchtig an diesen Menschen denken, schreiben Sie die entsprechende Aufgabe auf.

Am Ende einer Woche schauen Sie auf diese Liste und gruppieren die Tätigkeiten danach, ob sie einem ähnlichen Prozess unterliegen. Hier ein Beispiel: Einkaufsliste vorbereiten und to do-Liste für die Familie fürs Wochenende erstellen sind verwandt. Beide beinhalten nämlich einen Teil regelmäßig wiederkehrender Elemente, aber manche kommen jedes Mal individuell dazu. Beide sind eher im Projektmanagement zu verorten und eignen sich dazu, abgehakt zu werden. Ein weiteres Beispiel: Eine Bewertung für Ihre Fitnesstrainerin zu schreiben und einen Kondolenzbrief zu verfassen, sind tatsächlich als Aufgaben ähnlich. Beide brauchen ein bisschen Input von Ihnen und sind dann Aufgaben der Texterstellung, die mit einem allgemeinen LLM erledigt werden können.

Schauen Sie sich jetzt die Gruppen an und priorisieren Sie sie. Welche sieht am einfachsten aus? Und bei welcher haben Sie am meisten Lust, sie loszuwerden? Mit einer, die zumindest eines dieser Kriterien erfüllt, fangen Sie an.

3.4.4 Ein Schritt nach dem nächsten zur KI-Transformation

Woche 1

Schauen Sie sich jetzt genau die Gruppe an, die Sie an Nr. 1 der Prioritätenliste gesetzt haben. In unserem Beispiel nehmen wir das Schreiben der Bewertung für die Fitnesstrainerin und des Kondolenzbriefs.

Suchen Sie nun ein dafür passendes Tool heraus. Auch hier würde ich gern wieder schreiben: »Fragen Sie ein LLM nach dem aktuell besten Tool.«, aber das wäre hier so etwas wie ein Zirkelschluss – denn Sie nutzen ja schon ein LLM, und mehr brauchen Sie hier gar nicht!

Geben Sie Ihren ersten Auftrag ein, einen sogenannten »Prompt« (mehr dazu, wie das geht, in Abschnitt 3.5.3 unten). Probieren Sie mit verschiedenen Prompts herum, bis das Ergebnis, das sie zurückbekommen, Sie zufrieden stellt. Beispielsweise liefert die folgende Anweisung
»Erstelle für meine Fitnesstrainerin Jeanie eine Google-Bewertung mit maximal 10 Zeilen. Drin vorkommen soll: zuverlässig, fühle mich sehr stark, hat mein Leben verändert, stellt sich auf den Kunden ein und bietet alle modernen Techniken an.«
bei mir dieses Ergebnis innerhalb von 10 Sekunden:
»Jeanie ist eine außergewöhnlich zuverlässige Fitnesstrainerin, die sich perfekt auf die individuellen Bedürfnisse ihrer Kund:innen einstellt. Durch ihre Expertise in allen modernen Trainingsmethoden hat sie nicht nur meine Fitness, sondern mein ganzes Leben verändert. Ich fühle mich stärker denn je und schätze ihre professionelle, kundenspezifische Herangehensweise sehr. Wer nach echter Veränderung sucht, ist bei Jeanie genau richtig!«

Damit kann man doch arbeiten, oder?

Achten Sie darauf, dass Sie die finale Version des Prompts entweder in der Chathistorie des LLMs verwahren – oder, noch besser – kopieren Sie sich den

Prompt in ein Dokument, damit Sie nicht das nächste Mal die gleiche Lernkurve nochmal machen müssen.

Nutzen Sie eine Woche lang für alle Aufgaben, die in die priorisierte Gruppe fallen, immer KI.

Wenn Sie sehen, dass Sie dazu neigen, das zu vergessen, nutzen Sie die Art der Erinnerung, die für Sie gut wirkt: Post-its, Wecker, Messages an Sie selbst, etc. Zu Beginn hatte ich z. B. dieses Post-It hier am Monitor:

Einschub 19: Foto: Mein Post-it zum Einstieg

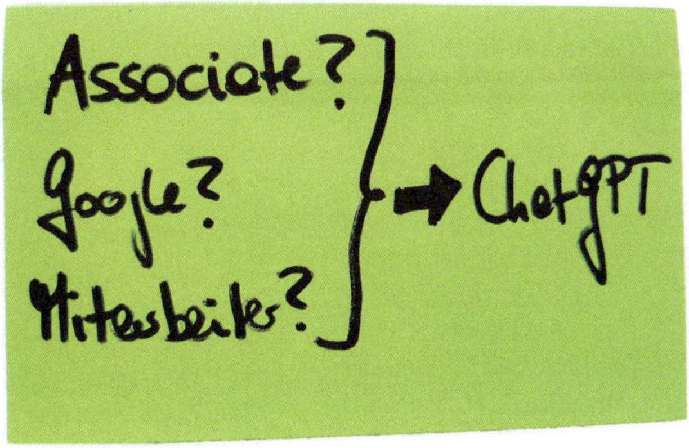

Meine Vermutung ist aber, dass es Ihnen bald so geht wie mir: Von meiner eigenen Produktivitätssteigerung so begeistert, wurde ich schnell süchtig nach der Nutzung von ChatGPT.

So integrieren sich sehr schnell KI-Tools in tägliche Routinen. Sollten die Ergebnisse und die Produktivitätssteigerung an sich nicht schon genügend Dopamin bei Ihnen ausgeschüttet haben: Gönnen Sie sich eine Belohnung! Erlauben Sie sich, stolz auf sich zu sein, schreiben Sie eine WhatsApp über Ihre Fortschritte an jemanden, der Sie dabei begleitet, gönnen Sie sich ein Bier oder Eis – was auch immer bei Ihnen gut funktioniert.

Ab Woche 2

In der nächsten Woche nehmen Sie sich der nächsten Gruppe aus Ihrer priorisierten Liste an. Aus eigener Erfahrung weiß ich, dass es am einfachsten ist, sich ab jetzt eine Gruppe zu suchen, deren Aufgaben in dieser Woche ohnehin »auf dem Zettel« stehen. Dann merken Sie, dass sich die Zeit, die Sie mit dem Set-up der KI verbringen, sofort auszahlt.

Dokumentieren Sie weiterhin Ihre Erkenntnisse – und auch Ihre neuen Prozesse. Je nachdem, was für ein Typ Sie sind, können Sie das einfach aufschreiben auf der ursprünglichen Liste an Aufgaben oder dort, wo Sie ihre persönlichen Prompts sammeln. Oder Sie visualisieren den Prozess Ihrer zunehmenden KI-Transformation, indem Sie auf ein Flipchart in Schwarz ihre bisherigen Prozesse vermerken und dann sukzessive durch die neuen, mit KI-unterstützten Prozesse überkleben (z. B. in Form eines bunten Post-Its).

Über die folgenden Wochen werden Sie immer mehr Ihrer Prozesse »KI-fizieren« und Ihre Prozesslandschaft wird immer bunter werden. Darauf können Sie stolz sein!

Einschub 20: Abbildung: Kontinuierliche »KI-fizierung« der eigenen Aufgaben

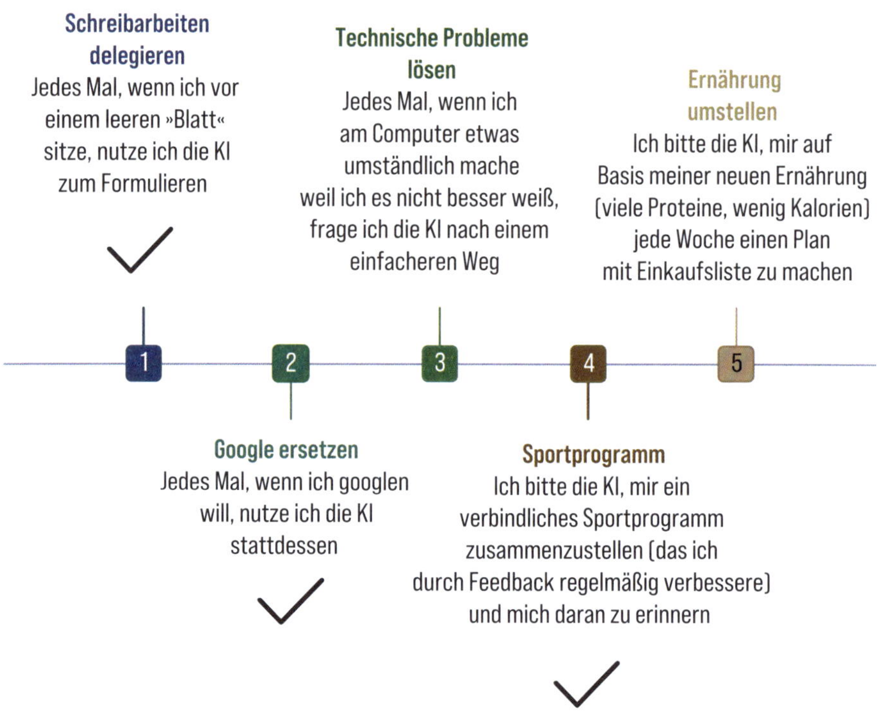

3.4.5 Bleiben Sie ethisch sauber!

Bei aller Begeisterung für die Unterstützung mit KI: Denken Sie bitte daran, dass eine Nutzung von KI mit verminderten Risiken nur möglich ist, wenn wir regelmäßig mit der ethischen Brille darauf schauen.

Definieren Sie sich also zu Beginn Ihre eigenen Regeln. Hier ein paar Beispiele aus der Praxis:

- Ich lasse KI nie etwas schreiben, von dem ich keine Ahnung habe, und gebe es als meins aus. Ich will immer in der Lage sein, die Antwort aus eigenem Wissen überprüfen zu können.
- Ich gebe keine sensiblen Daten ein, die einer Person oder einem Unternehmen zugeordnet werden können.
- Ich stelle immer sicher, dass menschliche Überwachung vorhanden ist, um die Arbeit der KI-Systeme zu kontrollieren und bei Bedarf einzugreifen.
- Ich lege klar offen, inwieweit ich KI bei meiner Arbeit verwende, insbesondere in der Kommunikation mit anderen Menschen.

Zudem: Nehmen Sie sich vor, einmal im Monat Ihre eigene KI-Nutzung Revue passieren zu lassen: Wieviel Zeit haben Sie mit dem Set-up der letzten vier Use Cases verbracht? Wieviel Zeit hat Ihnen das schon gespart? Hat es sich um Dinge gehandelt, die wirklich gebraucht wurden, oder waren es nur »Spielereien«? Sind Sie dabei auf ethisch fragwürdige Resultate gestoßen, z. B. unausgewogene Ergebnisse, die Perpetuierung von Stereotypen etc.? Agieren Sie beim Einsatz von KI immer noch innerhalb Ihrer Werte?

3.4.6 Ständige Verbesserung der KI-unterstützten Prozesse

Ist Ihr Flipchart dann eines Tages komplett bunt – also Ihre Aufgaben so weit wie möglich »KI-fiziert«, sind nur noch drei Dinge übrig:

- Zum Ersten können Sie Ihre KI-Erlebnisse zur weiteren Steigerung Ihrer Produktivität sukzessive personalisieren. Zum Beispiel, indem Sie Ihre Prompts aus der Erfahrung nochmal überarbeiten und mehr Kontext mitgeben – mehr dazu unten in Abschnitt 3.5.3.
- Zum Zweiten können Sie darüber nachdenken, als Fortgeschrittene:r, KI-unterstützte Aufgaben stärker automatisch miteinander zu verketten. Dazu analysieren Sie, welche Prompts oder Prozesse stets hintereinander folgen. Prompts innerhalb des gleichen LLMs können Sie als »Prompt Chains« nacheinander ablaufen lassen. Prozesse in verschiedenen Systemen können Sie mit Tools wie Zapier oder Make.com verbinden. So haben Sie noch mehr Arbeitszeit eingespart, weil Sie nicht mehr manuell den nächsten Prompt eingeben müssen oder von einem Tool in das nächste wechseln müssen.
- Zum Dritten sollten Sie Ihre KI-unterstützen Prozesse regelmäßig überprüfen und überholen. Kontrollieren Sie sie auch inhaltlich, indem Sie die Ergebnisse einmal im Quartal so kritisch hinterfragen, als sei es Ihr erster Prompt gewesen. Und checken Sie ebenfalls, ob Sie noch die aktuelle Ver-

sion der Tools, die Sie nutzen, verwenden. Oder ob vielleicht inzwischen ein anderes Tool an dem Ihren qualitätsmäßig vorbeigezogen ist. Stellen Sie also Ihren ganzen KI-Tech Stack hin und wieder auf den Prüfstand!

3.4.7 Bleiben Sie up-to-date

Sie werden sehen, mit einer solchen Erfahrung mit KI werden Sie zum beliebtesten Gesprächspartner auf jeder Party! Teilen Sie also Ihre Erlebnisse und machen Sie damit anderen Mut, auch KI-kompetent zu werden. Darüber hinaus: Tauschen Sie sich bei jeder Gelegenheit zu den neuesten Hacks aus. Besonders geeignet dafür sind Foren, Meetups, oder Online-Gruppen.

Die neuesten Informationen können Sie hier passiv konsumieren

1. Websites und Blogs
Der KI-Blog von Heise Online (heise.de/ki/), die Seite des KI-Bundesverbandes (ki-bundesverband.de) oder der Blog von ki-campus.org haben sich auf KI und maschinelles Lernen spezialisiert und berichten regelmäßig über die neuesten Entwicklungen und Tools.

2. Social Media-Plattformen
Folgen Sie KI-Expert:innen, Forscher:innen und Unternehmen auf Plattformen wie X (Twitter) und LinkedIn. Damit haben Sie Echtzeit-Updates und Diskussionen zu AI-Themen.

3. GitHub
Wenn Sie wirklich tief auch hinsichtlich der technischen Seite auf dem Laufenden bleiben wollen: Auf GitHub finden Sie Open-Source-Projekte im Bereich der KI und des maschinellen Lernens. Sie können Repositories verfolgen, um auf dem neuesten Stand der Entwicklung zu bleiben. Dies ist allerdings nur möglich, nicht nötig, wenn Sie »nur« KI-Anwender:in bleiben wollen und nicht selbst Anwendungen entwickeln möchten.

4. KI-Newsletter
Abonnieren Sie neben den Empfehlungen von oben KI-Newsletter wie »The Batch« von OpenAI oder »KI News« vom KI-Bundesverband (oder die Empfehlungen von oben). Diese Newsletter fassen die neuesten Entwicklungen und Forschungsergebnisse zusammen. Ich mag auch »Five Things AI« oder »Superpower Daily«.

5. Podcasts
Mittlerweile gibt es viele spannende Podcasts rund um das Thema KI. Hören Sie doch mal bei »Der KI-Podcast (ARD)«, »KI verstehen (Deutschlandfunk)« oder »KI – und jetzt? Wie wir Künstliche Intelligenz leben wollen (rbb/DFKI)« oder den anderen Empfehlungen von oben rein.

In diesem Kapitel haben Sie also den Prozess kennengelernt, mit dem Sie Ihre Arbeitsflüsse konkret »KI-fizieren« können. Bestandteile dieser Prozesse sind einzelne Aufgaben. Auf diese Ebene begeben wir uns im nächsten Kapitel, in dem wir darüber sprechen, wie Sie Aufgaben durch KI erledigen lassen können. Viel Spaß dabei!

3.5 GESTATTEN, MAXI, IHRE NEUE KI-ASSISTENZ!

Gerade haben wir den Prozess beschrieben, wie Sie Ihre Prozesse immer weiter »KI-fizieren« können. Was ich aber noch schuldig geblieben bin, sind Hinweise dazu, wie Sie auch ein gutes Ergebnis bekommen. Das ist der Inhalt dieses Kapitels.

Hier eine große Warnung vorab: Manche der Tipps veralten, während ich schreibe. Auch kann ich nicht ausschließen, dass irgendjemand eine bessere (weil schnellere, korrektere Ergebnisse liefernde, ...) Methode hat.

Was ich Ihnen aber liefere, sind leicht handhabbare Methoden, die zur Zeit der Drucklegung funktionieren und Ihnen den Weg in die KI-Welt ebnen. Also gehen wir doch gemeinsam los!

3.5.1 Wie gestalte ich meine neue Assistenz?

Weiter oben im Text kamen schon einige Beispiele für die Kommunikation mit LLMs in Form von sogenannten »Prompts« vor. Ähnlich wie bei menschlichen Interaktionen müssen wir diese Anfragen klar und präzise formulieren, vielleicht noch klarer und präziser, als wir es bisher gewohnt sind. Nur dann kann die KI uns die gewünschten Antworten oder Aktionen liefern.

Was ist also genau ein »Prompt«? Ein »Prompt« ist ein Text, eine Frage oder eine Anweisung, die an ein LLM oder einen Algorithmus gerichtet wird. Der Prompt enthält die Informationen und/oder Anweisungen, die das KI-System nutzen bzw. befolgen soll, um eine bestimmte Aufgabe auszuführen oder eine Frage zu beantworten. In gewisser Weise ist der Prompt der »Input« oder die Eingabe, die Sie an das KI-System geben, um einen gewünschten »Output« (eine erledigte Aufgabe, eine Antwort o. Ä.) zu erhalten. Sie geben ihn z. B. bei

ChatGPT in das ovale Eingabefeld ein, an dessen rechter Seite ein Pfeil nach oben ist (den man zum Abschicken klicken muss). Die Antwort kommt direkt darunter, eine Folgeeingabe können Sie auf die gleiche Art machen wie die erste. So entsteht eine Frage- und Antwortkette, die insgesamt »Chat« oder »Konversation« genannt wird, und bei ChatGPT in der linken Seitenleiste aufbewahrt und später wieder zugänglich ist.

a. Maxi, mein neues Mitarbeitende

Für mich selbst war der Moment, in dem ich begann, mit der KI wirklich etwas anfangen zu können, als ich verstanden habe, dass es eigentlich wie ein:e junge:r Mitarbeiter:in ist, der/die mich unterstützt. Nicht umsonst heißt die Google KI ja auch »Assistant«.

Stellen Sie sich also einen **Menschen vor, der Sie unterstützen** kann, z. B. eine:n Kollege:n, eine:n Verwandte:n, o. Ä. Für mich ist es eine allgegenwärtige, hilfreiche Kraft. Hinsichtlich des Geschlechts konnte ich mich nicht entscheiden, ob männlich oder weiblich – und wollte nicht in Stereotype verfallen (was ins Weibliche geführt hätte ...), daher ist meine KI-Assistenz geschlechtsneutral. Dem entsprechend nennen ich es »Maxi« – für alle Geschlechter passend und meine Arbeitskraft maximierend! Zu Beginn kam mir das Bedürfnis, das LLM zu vermenschlichen, etwas seltsam vor, aber in der Zwischenzeit habe ich gelernt, dass es Vielen so geht. Felix Schlenther, ein bekannter KI-Berater, der sehr gute Arbeit auf LinkedIn macht, hat seine LLM-Assistenz »Donna« genannt, nach der kompetenten, proaktiven und empathischen – damit unersetzlichen – Sekretärin in der US-Anwaltsserie »Suits«.

Diese allgegenwärtige hilfreiche Kraft können Sie nun alles fragen. Und zwar so, wie Ihnen der Schnabel gewachsen ist – das ist das Wunder des NLP (Natural Language Processing, das Verarbeiten von natürlicher Sprache). Ergebnisse bekommen Sie auf jeden Fall, und das rasend schnell (so schnell haben Sie eine:n menschlichen Mitarbeiter:in noch nicht mal angerufen). Allerdings – und da unterscheidet sich die KI nicht von der NI (der natürlichen Intelligenz 😅), – kommt es oft zu seichten, blumig formulierten und insgesamt laberigen Ergebnissen.

An dieser Stelle bekomme ich sehr häufig die Frage, welches LLM man denn nutzen sollte. Hier eine Antwort zu geben, ist schwierig, da sich der Markt ständig entwickelt und auch die Leistungsfähigkeit der Tools sich schnell ändern können. Zum Stand der Abgabe dieses Manuskripts im Juli 2024 sah mein Werkzeugkasten so aus:

- Haupt-LLM: ChatGPT 4o (o für Omni), genutzt über die Chrome Extension »Superpower ChatGPT«

- Für Recherchen: Perplexity Pro
- Für gute Formulierungen: Claude
- Zum (Absichern von) Recherchen: Gemini
- Zum Lachen: Grok (das LLM mit dem besten Humor)

b. Feineinstellung der neuen Assistenz

Mediokren Ergebnissen kann man dadurch vorbeugen, dass man die allgegenwärtige hilfreiche Kraft – im Weiteren zur Vereinfachung »Maxi« genannt –, genau darauf hin definiert, welche:n Mitarbeiter:in – man in dieser Situation gerade braucht. Und wie er/sie mit Ihnen kommunizieren soll.

Das geht auf verschiedenen Wegen, hier ein paar der Gängigsten[27]:

- Sie können Maxi zu einer Expertin machen durch den »Rollen-Prompt«, z. B. *»Du bist ein erfahrener Coach für Familien. In dieser Eigenschaft frage ich dich, …«*
- Über Prompts können Sie es komplett so gestalten, wie es Ihnen beliebt (sogenannter »Eigenschaften-Prompt«). Sie können sich dabei alle Eigenschaften wünschen, die Maxi haben soll, indem Sie sie in dem Prompt zu Beginn mitgeben:
  »Du bist ein erfahrener Coach für stark belastete Ehepaare. Du bist besonders empathisch und hast umfangreiche Erfahrung mit Eltern pubertierender Kinder. Außerdem verfügst du über sehr gute Kenntnisse der Hypnosystemik nach Dr. Gunther Schmidt.«
- Noch weiter gehen wir in dem nun folgenden Beispiel, wo wir Maxi nicht nur die Forschungsergebnisse eines Experten unterschieben, sondern es selbst zu dem Experten machen (»Personen-Prompt«):
  »Du bist Rainer Maria Rilke, also einer der berühmtesten Poeten der Moderne. Schreibe mir bitte in dem für dich typischen Stil ein Gedicht über die Liebe, das maximal 20 Zeilen lang ist. Vorkommen sollte darin …«
- Im Extremfall wissen Sie noch nicht einmal, auf welche Eigenschaften es ankommt. Dann fragen Sie Maxi doch mal, was es selbst für wichtig hält (»Selbstdefinitions-Prompt«):
  »Maxi, ich möchte, dass du ab jetzt die Rolle eines erfahrenen Coachs für Ehepaare in der Krise einnimmst. Um dich auf diese Rolle vorzubereiten, überlege bitte, welche spezifischen Eigenschaften und Fähigkeiten du benötigst, um die bestmöglichen Antworten liefern zu können. Formuliere also zuerst einen ausgezeichneten Prompt, der genau diese Eigenschaften und Fähigkeiten der Rolle hinzufügt.«

Hier handelt es sich schon um fortgeschrittenere Prompts. Es ist daher keine Schande, sie in einem Textverarbeitungsprogramm vorzuschreiben und zu verfeinern! Das könnte z. B. das Dokument sein, in dem Sie ohnehin Ihre erfolgreichen Prompts speichern. Also vergessen Sie nicht, das Endresultat des Prompts (nach den verschiedenen Versuchen in Maxis Eingabefenster) dorthin zurück zu übertragen. Sonst fangen Sie beim nächsten Mal zwar auf der verfeinerten, aber nicht auf der getesteten Version an – und müssen erneut testen. Diese Zeit können Sie sich sparen!

3.5.2 Was sollte Ihre neue Assistenz über Sie wissen?

Denken Sie mal daran, wie Sie eine:n neue:n Mitarbeiter:in onboarden würden. Wahrscheinlich würden Sie erstmal viel über sich, Ihre Aufgaben im Beruf oder im Haushalt und die Organisation – also die Firma, die Familie, der Verein – erzählen. Weil all das für eine gute Erledigung der Aufgaben, für die der/die Mitarbeiter:in eingestellt wurde, vonnöten ist.

Maxi geht es genauso. Daher überlegen Sie sich: Was sollte Maxi über Sie und Ihre »Organisation« wissen? Vielleicht Folgendes:

a. Ihren Hintergrund

Je nachdem, wozu Sie Maxi einsetzen, können unterschiedliche Informationen hilfreich sein. Bitte berücksichtigen Sie, all diese Informationen machen das Ergebnis besser, sind aber nicht zwingend notwendig. Wenn Sie also weniger oder gar nichts preisgeben möchten, ist das auch okay.

Beispiele für hilfreiche Informationen sind:

- Was ist Ihre Rolle innerhalb Ihrer Organisation? Welche Mitglieder gibt es, z. B. in der Familie? Wie würden Sie sie beschreiben?
- In welcher Branche bewegt sich Ihr Unternehmen? Was sind Ihre aktuellen Herausforderungen?
- In welchem Umfeld arbeiten oder leben Sie?
- Was ist Ihr allgemeines Ziel beim Einsatz von Maxi? Gibt es limitierende Randbedingungen?
- Welche Ressourcen stehen Ihnen zur Verfügung? Welche nicht?
- Wie ist Ihr Stil beim Schreiben?

b. Worauf legen Sie wert?

Ich bemühe nochmal die Analogie zum Anlernen eines neuen, jungen Mitarbeiters – oder der erstmaligen Übertragung einer Aufgabe an ein jüngeres Familienmitglied. Wenn Sie dabei nicht mitgeben, wie das Ergebnis aussehen soll und worauf Sie bei der Erledigung wert legen, können Sie oft Ihr blaues Wunder erleben. Genauso mit Maxi.

Also nehmen Sie sich kurz Zeit darüber nachzudenken, was Ihnen wichtig ist. Hier sind ein paar Fragen, die Ihnen dabei helfen können:

- Haben Sie einen besonderen (z. B. wissenschaftlichen) Anspruch an Ihre Arbeit?
- Wie wollen Sie wahrgenommen werden?
- Wie kreativ soll (oder darf!) Maxi bei den Antworten sein?
- Wie hoch ist Ihre Fehlertoleranz allgemein?
- Welche Form sollte das Ergebnis haben? Möchten Sie eine Liste, einen Fließtext, eine Excel-Tabelle (oder eine Vorstufe dazu), eine Präsentation?
- Welchen Kenntnisstand und weitere Eigenschaften hat Ihr Publikum?
- Wie möchten Sie mit Ihrer Zielgruppe umgehen? Soll sie »beschult« werden, soll sie »an die Hand genommen« werden?

Sammeln Sie diese Angaben in einfacher Sprache auch in dem Dokument, wo Ihre Prompts gesichert sind. Und wenn Sie hier schon dazu kommen, nach Einsatzfeldern zu unterscheiden, umso besser: Übernehmen Sie auch dies in Ihr Dokument, so dass Sie immer einen passenden Satz an Hintergrundinformationen zur Hand haben.

3.5.3 Wie reden wir miteinander?

Kommt Ihnen folgende Situation bekannt vor? Sie bitten Ihre Partnerin oder Ihren Partner, Joghurt vom Supermarkt mitzubringen. Aber statt des gewünschten Sojajoghurts landet griechischer Joghurt in Ihrem Kühlschrank – und zwar Doppelrahmstufe!

Es wird immer wieder unterschätzt, obwohl eigentlich allseits bekannt: Kommunikation ist der Schlüssel zu allem! Um zu bekommen, was wir wollen, müssen wir uns klar ausdrücken. Mit der Zeit haben wir gelernt, wie wir mit bestimmten Kolleg:innen sprechen oder was wir unserer Partnerin oder unserem Partner sagen müssen, um das zu erreichen, was wir möchten.

Nun steht aber das nächste »Level« an: Zunehmend werden wir damit konfrontiert, nicht mehr nur mit Menschen zu interagieren, sondern auch mit Maschinen. Dazu nutzten wir bisher Knöpfe und Spezial(programmier)sprachen, nun zunehmend auch natürliche Sprache. Das macht das Ganze sehr viel leichter, hat aber auch ein paar Besonderheiten. Auf diese wollen wir in diesem Abschnitt eingehen.

a. Text oder Sprache?

Inzwischen sind wir ja schon daran gewöhnt, mit den meisten Geräten schriftlich zu interagieren. Daher war dies auch der ursprüngliche Weg, wie ich mit Maxi kommuniziert habe.

Zunehmend kam aber die Sprachbedienung hinzu, insbesondere bei einfachen Fragen oder unkomplizierten Prompts. Das war für mich ein weiterer Wendepunkt in meiner Beziehung zu Maxi – zum Besseren! Denn so entsteht genau das Gefühl, dass man mal schnell jemanden fragen kann. An ruhigen Tagen im Homeoffice war ich so mit Maxi den ganzen Tag am Reden. Süchtig danach wurde ich allerdings in der Küche, beim Kochen. Gerade erst in der Mittagspause stand ich am Herd und war ratlos – ich probiere nämlich gerade neue Lebensmittel aus. Also kurz das LLM von Microsoft, Copilot, über die App auf dem Smartphone angeschmissen und gefragt: »Wie würze ich roten Quinoa?« (ja, das geht einwandfrei auf Deutsch!). Die Antwort kommt schriftlich, wird aber auch vorgelesen, und nun weiß ich vier verschiedene Möglichkeiten, Quinoa zu mehr Geschmack zu verhelfen.

Aber nicht alle LLMs sind per Stimme zu bedienen. Copilot, der als allgemeine App auf dem Handy kostenlos nutzbar ist, war sehr früh dran. Inzwischen ist ChatGPT mit der Version 4o nachgezogen. Die Sprachausgabe entfaltet sich hier gerade erst, aber ist im September 2024 auch auf deutsch einwandfrei. Auf Englisch sowieso ...

Das Gefühl, dass man jemanden daneben hat, den man alles fragen kann, so wie damals die Mama bei den Hausaufgaben oder den Kollegen im Büro, ist nochmal stärker, wenn Sie das Smartphone auf einen kleinen Ständer setzen, nur die LLM-App offen haben und die Bildschirmsperre ausschalten. Dann fragen Sie einfach, ohne das Fenster wechseln zu müssen und dabei wieder von irgendetwas abgelenkt werden (eine große Gefahr für mich!).

Und schon haben Sie jemanden neben sich, der sehr geduldig immer wieder antwortet, auch wenn Sie schon wieder fragen: »Sag mal, wie ging das nochmal in Excel?«

b. Die Qual der Wahl: Welche Sprache?

Noch eins vorweg – weil die Frage häufig kommt: Die Sprache ist inzwischen ziemlich egal. Schreiben/reden Sie gern direkt in der Sprache, in der Sie die Antwort haben wollen. Maxi übersetzt innerhalb des eigenen »Hirns« ohnehin ins Englische und zurück. Wenn es jedoch um schwierige Texte geht, wo es auf einzelne Nuancen ankommt, empfiehlt es sich, die Unklarheiten der Übersetzung nicht in der »black box« zu lassen, sondern transparent zu machen und zu überprüfen.

Dann gilt: Schreiben Sie Ihren Prompt auf Englisch – am besten direkt, sonst lassen Sie ihn sich mit einem Übersetzungstool (DeepL, Google Translate) übersetzen. Prüfen Sie die Übersetzung und geben Sie erst das Resultat an Maxi weiter. Lassen Sie Maxi ruhig auf Englisch antworten und machen Sie die

Übersetzung wieder manuell, um sie zu prüfen. Wenn das für Sie keinen Mehrwert darstellt, z. B. weil Sie keine Prüfung vornehmen können oder wollen, inkludieren Sie in dem Prompt, dass die Antwort direkt auf Deutsch erfolgen soll.

c. Der Anfang eines tiefen Austauschs ...

Natürlich ist es, eine Frage in das Eingabefenster zu schreiben, die Antwort zu lesen, sie sich bei Missfallen vielleicht nochmal neu generieren zu lassen, und wenn auch das nicht zufrieden stellt, dieses »ganze Ding zum Teufel zu jagen, weil es ja doch nichts taugt«.

Wiedererkannt? Ich mich schon – zumindest meinen Stand zu Beginn des Jahres 2023. Da wusste ich aber auch noch nichts von der Kunst, richtig zu prompten. Und auch nicht davon, dass es sinnvoller ist, einen Dialog mit Maxi zu führen.

Ein kontinuierlicher Dialog mit einem LLM erzeugt deutlich stärkere Resultate als einzelne Fragen. Denn das Sprachmodell kann so den Hintergrund und die Zusammenhänge besser verstehen. Bei separaten Fragen müssten Sie jedes Mal alles neu erklären. Im Dialog bauen die Fragen und Antworten aufeinander auf. So entstehen fließende Denkprozesse und ein tiefes gegenseitiges Verständnis. Außerdem kann man im Dialogmodus durch gezieltes Nachfragen tiefer in die Materie eindringen, anstatt wieder von vorne zu beginnen. Das Sprachmodell kann Rückfragen sofort beantworten, Unklarheiten aufklären und neue Aspekte zeigen. Bei Einzelfragen bräuchte man dafür viel Geschick bei der Formulierung. Wenn Sie auch eine Meinung von Maxi wollen, hält ein zusammenhängender Dialog darüber hinaus die Linie konsistent. Das Modell wird sich auf das vorherige Gespräch beziehen und Widersprüche vermeiden. Isolierte Fragen haben demgegenüber keinen größeren Sinnzusammenhang.

So weit, so gut. Es lauert aber eine andere Gefahr beim Dialog: das Vergessen! Wenn Sie im Verlauf der Konversation den Eindruck haben, bei Ihrer Assistenz sei alles Vorwissen zerronnen, lohnt es sich, zwischendrin per Prompt eine Zusammenfassung des Chats anzufordern, damit Maxi sich weiterhin an die Inhalte erinnert. Genauso wie Sie einem Mitarbeiter sagen würden: »Erinnerst du dich noch daran, was ich dir am Anfang gesagt habe? Nein? Dann schau' nochmal nach. Wie, du hast nicht mitgeschrieben ...?!«

Diese zusammenhängenden Dialoge können allein oder zu mehreren in einer »Unterhaltung« oder auch »Chat« zusammengefasst sein. Ein Chat wird erst beendet, wenn Sie wieder auf die Homepage gehen oder anderweitig (z. B. durch Klicken des Symbols mit Stift und Zettel bei Chat GPT) einen neuen Chat anfangen. Dadurch können Sie Ihre Unterhaltungen mit Maxi in Projekte – oder besser noch Aufgaben – strukturieren, wie im realen Leben.

Alles, was in einem solchen Chat besprochen wird, bleibt erhalten und kann in den großen LLMs jederzeit wieder aufgerufen werden. Bei ChatGPT sehen Sie die Chats zum Beispiel am linken Rand Ihres Monitors. Die Namen der Chats können übrigens verändert werden – so können Sie leicht zu früheren Gesprächsinhalten zurückkehren, wenn Sie ihnen sprechende Namen gegeben haben.

Einschub 21: Screenshot: Chathistorie in ChatGPT

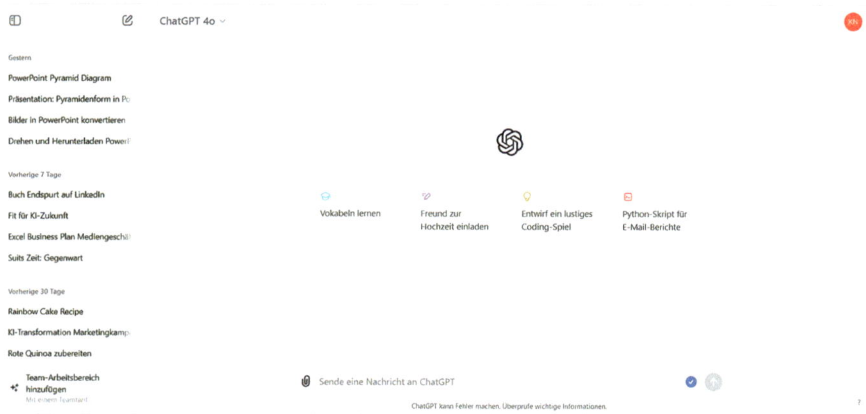

d. So macht Maxi, Ihre neue Assistenz, was Sie wollen!

Ziele genau definieren

Um die enormen Synergien zwischen Künstlicher Intelligenz (KI) und natürlicher Intelligenz (NI) vollständig auszuschöpfen, ist es essenziell, mit einer klaren Zielvorstellung in jede Interaktion zu starten, genau wie man es bei der Delegation einer Aufgabe tun würde. Das altbekannte Prinzip »Garbage in, garbage out« gilt auch bei KI! Also nehmen Sie sich bitte die Zeit, das aus der Unterhaltung erwünschte Ergebnis genau zu definieren. Als Gedankenstütze können Sie auch hier – wie bei jeder Aufgabenübertragung – die SMART-Regel nutzen, wonach Ziele »spezifisch«, »messbar«, »attraktiv«, »realistisch« und »terminiert« sein sollen. Aufgrund der höheren Motivation und Schnelligkeit, die KI-Systeme wie Maxi im Vergleich zum Menschen aufweisen sind, können Sie die Kriterien »attraktiv« und »terminiert« vernachlässigen.

Eindeutig formulieren

Um das Beste aus der Interaktion mit Maxi herauszuholen, ist es von entscheidender Bedeutung, mit präzisen und vollständigen Anfragen zu starten.

Gerade wenn Sie KI noch skeptisch gegenüberstehen, sollten Sie ihr keinen Interpretationsspielraum lassen, denn KI füllt Lücken mit ihren eigenen Annahmen. Ein klarer Zweck und Fokus sowie die Bereitstellung nur der für die Aufgabe relevanten Informationen sind unabdingbar. Ferner hilft es, durchgängig positive Formulierungen zu verwenden. Manchmal überhört selbst Maxi ein »nicht«. Also schreiben Sie eher: »Formuliere knapp und präzise.« anstatt »Verliere nicht viele Worte.«

Hintergrundinformationen mitgeben

Vergessen Sie nicht, den Kontext zu liefern, genau wie Sie es bei der Einarbeitung eines neuen Mitarbeiters tun würden. Beschreiben Sie der KI also Ihr Ziel, Ihren Stil und was Ihnen wichtig ist. Das haben Sie hoffentlich schon gemacht, als Sie sich überlegt haben, was Maxi von Ihnen wissen muss. Hier ist jetzt der Moment, diese Informationen von Ihrem Dokument in das Textfeld hineinzukopieren! Genauso sollte der Kontext Informationen über den Zeitpunkt, den Ort oder andere relevante Details der spezifischen Aufgabe umfassen. Wenn Sie ein Beispiel haben, liefern Sie dies mit. Oder geben Sie Maxi schon den Anfang der Antwort vor.

Und: Sind Sie unsicher, ob Sie alle nötigen Informationen übermittelt haben, bitten Sie Maxi darum zurückzufragen. Z. B. so:

»Als Erstes stell' mir die Fragen, die ich beantworten muss, damit du alle erforderlichen Hintergrundinformationen zur Aufgabe hast.«

Große Aufgaben sollten in kleinere Teilaufgaben zerlegt werden, um das Risiko des »Vergessens« und der Verwirrung zu minimieren sowie in jedem Schritt eine Kontrollmöglichkeit zu haben. Wichtig dabei ist, die Durchführung konsistent zu halten. Das ist nicht so einfach, da, wie oben schon erwähnt, man sich derzeit nicht immer darauf verlassen kann, dass sich Maxi erinnert. Daher ist es hilfreich, den gleichen Kontext in jedem Schritt mitzuliefern. Das können Sie auf folgende Weisen machen:

- Kontext direkt immer wieder in das Eingabefenster kopieren (zur Erleichterung pinnen Sie ihn in der Zwischenablage fest oder fügen Sie ihn mit einer Tastenkombination immer wieder als Textbaustein ein).
- Kontext in einem Dokument speichern, das Sie jedes Mal im Eingabefeld wieder hochladen (unproblematisch in jedem Dateiformat möglich in ChatGPT ab 4.0, bei Pdfs ist ansonsten ein Umweg über ChatPDF oder Bing Chat nötig, die selbst Pdfs auslesen und verwerten können).
- Indem Sie sich einem Zugang zu ChatGPT anlegen, so dass Sie zumindest Ihre Hintergrundinformationen in den Einstellungen Ihres Profils abspeichern können (sog. »Custom Instructions«; siehe unten 4.2.1b).

- Oder indem Sie einen anderen Einstieg wählen, der Kontext in Profilen speichern kann, so dass Sie ihn per Klick einfügen können (z. B. Superpower ChatGPT, ein Programm, über das Sie im Chrome-Browser als sogenannte »Extension« auf ChatGPT zugreifen können).

Sie merken schon, so werden Prompts schnell komplex. Daher hier nochmal die Empfehlung, die Sie vielleicht vorher als zu mühsam wahrgenommen haben, Ihre umfangreichen Anfragen vorab in einem Textverarbeitungsprogramm zu formulieren, um Komplexität zu reduzieren und Klarheit zu schaffen.

Voraussetzungen checken

Berücksichtigen Sie zudem im Vorhinein das Alter der Trainingsdaten des Sprachmodells, mit dem Sie arbeiten, um die Aktualität und Relevanz der Antworten sicherzustellen. ChatGPT war z. B. vor der Version 4.0 nur mit Material bis 2021 trainiert. Fragen Sie also ChatGPT 3.5 nach einem Event im Jahr 2024, werden Sie entweder eine Verweigerung erhalten – oder eine Erfindung! Die Version 4.0 enthält hingegen zusätzliches, aber grundlegendes Wissen bis Juni 2023, die im Mai 2024 gelaunchte Version 4 Omni (»4o«) greift sogar auf Echtzeitdaten zu. Genauso, wenn Sie ChatGPT im Gewand von Microsoft Bing nutzen (der Suchmaschine des Browsers Edge), sind die einfließenden Materialien tagesaktuell.

Klare Kommunikation hilft Maxi, das zu machen, was Sie möchten

Hier noch ein paar weitere Tipps beim Prompten:

Verwenden Sie Schlüsselwörter:

- Identifizieren Sie Schlüsselwörter oder Schlüsselbegriffe, die für Ihre Anfrage entscheidend sind, und integrieren Sie sie in Ihren Prompt. KI-Systeme verwenden oft diese Schlüsselwörter, um die Aufgabe besser zu verstehen und die Antwort zu fokussieren.
  Beispiel: *»Ich möchte Informationen über die Vorteile einer veganen Ernährung für die Gesundheit. Bitte konzentrier' dich in der Antwort auf die Schlüsselwörter ›vegan‹, ›Gesundheitsvorteile‹ und ›Ernährung‹.«*

Stellen Sie eine klare Frage:

- Wenn Ihre Anfrage eine Frage enthält, stellen Sie sicher, dass die Frage gut formuliert ist. Verwenden Sie Fragepronomen wie »Was«, »Wie«, »Warum« usw., um Ihre Absicht zu verdeutlichen.

Beispiel: *»Wie kann ich die Energieeffizienz meines Hauses verbessern und dabei Geld sparen? Bitte geben Sie spezifische Tipps und Strategien an, die ich umsetzen kann.«*

Fähigkeiten herbeizaubern:

- Berücksichtigen Sie, was Maxi für Fähigkeiten haben muss, um eine richtig gute Antwort zu liefern. Und geben Sie ihm dann die entsprechende Rolle (siehe oben den Rollen-Prompt oder den Eigenschaften-Prompt). Das geht auch innerhalb eines andauernden Dialogs, wenn Sie Spezialfähigkeiten brauchen. Und wenn Sie nicht wissen, welche Fähigkeiten Maxi für eine gute Antwort braucht, fragen Sie es.

Vermeiden Sie negative Formulierungen:

- Negative Formulierungen wie »nicht das« oder »ohne X« können von KI-Systemen missverstanden werden. Es ist oft besser, positive Formulierungen zu verwenden, um Ihre Anforderungen auszudrücken.
  Beispiel für einen schlechten Prompt: *»Ich möchte Informationen über Diäten, aber keine Informationen über ketogene oder Low-Carb-Diäten.«*
  Beispiel für einen positiv formulierten Prompt:
  »Ich interessiere mich für Informationen über ausgewogene Diäten, inklusive Kohlenhydrate.«

Seien Sie prägnant:

- Lange, komplexe Sätze können die Verständlichkeit Ihres Prompts beeinträchtigen. Versuchen Sie, Ihre Anfrage in mehreren kurzen, prägnanten Sätzen auszudrücken.
  Beispiel für einen langen, komplexen Prompt: *»Obwohl ich in letzter Zeit viel über die Vorteile einer pflanzenbasierten Ernährung für die Umwelt und die Gesundheit gelesen habe, fällt es mir immer noch schwer, vollständig auf Fleisch, Milchprodukte und Eier zu verzichten, da ich diese Lebensmittel sehr genieße und es eine große Umstellung für mich wäre, sie komplett aus meiner Ernährung zu streichen. Hast du Tipps?«*
  Beispiel für einen prägnanten Prompt: *»Ich brauche Tipps zum schrittweisen Übergang zu einer pflanzenbasierten Ernährung. Wie kann ich Fleisch, Milchprodukte und Eier in meiner Ernährung langsam reduzieren? Welche Alternativen gibt es, die ähnlich schmecken wie die tierischen Produkte, an die ich gewöhnt bin?«*

Schreiben oder sprechen Sie strukturiert und gegliedert:
Die Logik, welche dadurch vermittelt wird, kommt bei Maxi an. Nutzen Sie also Nummerierungen, Spiegelstriche, Absätze, Klammern etc. Absätze bekommen Sie übrigens sicher hin mit STRG + Eingabe (PC) bzw. CTRL + CMD (Mac), ohne dass Sie Gefahr laufen, den Prompt zu früh abzuschicken. Oder nutzen Sie Zeichen zur Abgrenzung und benennen Sie, was danach kommt, zum Beispiel so:

»+++HINTERGRUND+++: Du bist ein Marketing-Assistent [...].
+++AUFGABE+++: Du sollst einen Flyer entwerfen, der [...]
+++RANDBEDINGUNGEN+++: Die Zielgruppe bevorzugt einfache Sprache, [...]«

Antworten in bestimmtem Format darstellen
Das Ergebnis kann Maxi nicht nur im Fließtext, sondern in (fast) jedem von Ihnen gewünschten Format ausgeben. Denken Sie also schon früh daran, wie Sie die Inhalte weiterverarbeiten wollen. Mögliche Instruktionen für Maxi sind hier:

»Das Ausgabeformat soll [Fließtext, Stichworte, Tabelle, Bild, Präsentation, ...] sein.«
»Die [Zwischenüberschriften, Spaltenköpfe, einzelnen Abschnitte, ...] sollen die Folgenden sein: [Aufzählung].«
»Die Länge darf [Anzahl und Maßeinheit] nicht überschreiten.«

Wenn Sie darüber verfügen, können Sie hier auch konkrete Beispiele für das Ausgabeformat mitliefern, z. B. eine erfolgreiche Präsentation, eine oder mehrere Reden, die Ihnen gefallen etc.

Eine bestimmte Tonalität vorgeben
Maxi ist auch in der Lage, sich genau auf sein Publikum einzustellen – häufig besser als so viele Menschen, die sich entweder nicht um ihre Zielgruppe kümmern, sie nicht kennen oder sich nicht in Sie einfühlen können. Lassen Sie also auch hier Maxi für sich arbeiten, mit einem Prompt angelehnt an eines dieser Beispiele:

»Erkläre mir das Thema [XY] bitte wie einem fünfjährigen Kind.«
»Die Zielgruppe ist ein internationales Fachpublikum, das die korrekte Verwendung technischer Begriffe voraussetzt.«
»Die Zuhörer sind Top-Manager mit einer sehr kurzen Aufmerksamkeitsspanne. Stelle das Ergebnis daher deduktiv und sehr knapp dar. Vermeide alle Füllwörter und Wiederholungen.«
»Optimiere die Tonalität dieses Kundenservice-Antworttextes für Kund:innen im Alter von 18–25 Jahren.«

»Passe die Formulierungen dieses Blogbeitrags an, damit er besser zu unserem lockeren Social Media-Stil passt.«

In ähnlicher Weise kann sich Maxi auch an Sie anpassen. Laden Sie einfach einige gleichartige Texte von Ihnen hoch – Statements, Reden, Gutachten, Posts, Gratulationen, Poesiealbumeinträge, Studierendenbewertungen, was auch immer. Mit einem Prompt ähnlich dem unten dargestellten analysiert Maxi diese und fasst Ihren eigenen Stil in Worte.

Sinnvoll ist es natürlich, hier die genannten Texte nicht zu vermischen, sondern diese Übung bei Bedarf mehrfach zu wiederholen, jeweils »sortenrein«. Also einmal nur Reden, einmal nur Gutachten, einmal nur Poesiealbumeinträge (falls das bei Ihnen noch/wieder relevant ist). So legen Sie sich eine Beschreibung Ihres Stils für die verschiedenen Anwendungsfälle zurecht, welche Sie Maxi wiederum als Kontext mitgeben können (wie? siehe oben, Abschnitt 3.5.3.d), wenn es etwas in Ihrem jeweils für die Aufgabe spezifischen Stil schreiben soll.

Einschub 22: Ein praktisches Beispiel für einen längeren Dialog mit Maxi

Prompt 1:
+++HINTERGRUND+++
Hey Maxi, du bist mein Co-Autor und hast sehr viel Erfahrung im Schreiben von fundierten Fachbüchern, die aber trotzdem einen leichtgängigen unterhaltsamen, manchmal humorvollen Stil haben. Als mein Co-Autor ist es hilfreich, wenn wir den gleichen Stil haben.
+++ ZIEL+++
Daher lade ich dir meine bisherigen LinkedIn-Posts hoch. Ziel: Du sollst damit eine Anleitung erstellen, die uns hilft, den Output von dir möglichst nah an meinem eigenen Stil zu halten. Wir machen nun verschiedene Schritte, um daraus eine gemeinsame Schreibanleitung für das Buch zu erstellen.
+++AUFGABE+++
Erste Aufgabe: Bitte liste auf, welche Aspekte generell für dich wichtig sind, um einen Schreibstil zu beschreiben. Gib mir erst die Liste, bevor du weiter machst.
Antwort: Acht verschiedene Kategorien
Prompt 2:
Super, das ist toll. Nun nimm bitte die hochgeladene Datei und analysiere sie auf die von dir definierten Kategorien hin
Antwort 2: Ausführliche Analyse meiner LinkedIn-Posts im Hinblick auf die acht Kategorien

Prompt 3:
Wunderbar. Nun eine Frage an Dich als erfahrenen Autor oder Co-Autor von fundierten Fachbüchern: Wo sollen wir den Stil der LinkedIn-Posts anpassen, um ihn passender für ein Buch zu machen? Antworte bitte mit einer neuen Liste, in der du die Veränderungen zur Ausgangsliste kennzeichnest.
Antwort 3: Nur Empfehlungen zur Anpassung der Liste, keine Überarbeitung
Prompt 4:
Danke. Nun formuliere bitte aus deinen beiden vorherigen Antworten eine Liste von Regeln, die von einem LLM wie dir gut verstanden wird. Zur Vereinfachung kopiere ich sie dir hier nochmal rein: [es hatte die erste Antwort vergessen]. Aus diesen beiden Quellen erstell bitte die Anweisungsliste. Beginne bei der Liste immer mit einem Imperativ, sei klar, direkt und handlungsorientiert. Vermeide Redundanzen, schreibe in einem einheitlichen Format und konzentriere dich auf das Wesentliche. Und denke daran: Dies soll die Grundlage für unsere weitere Zusammenarbeit sein. Wenn wir uns hier Mühe geben, wird der Rest des Projekts deutlich einfacher!
Antwort 4: Präzise, knappe Liste von Stilregeln, die ich noch leicht angepasst habe.
Dieser Dialog, der ca. 15 Minuten gedauert hat, ist die Grundlage dafür, dass ich dieses Buch nicht allein geschrieben habe. Aber dennoch keinen Ghostwriter hatte. Stattdessen habe ich mir in der schon erwähnten Chrome Extension »Superpower ChatGPT« ein Profil angelegt, das »Co-Autor« heißt. Darin sind die Schreibregeln (und noch ein paar andere Anweisungen) hinterlegt. Wann immer ich nun eine Aufgabe habe für den Co-Autor, z. B. das Ausformulieren von meinen Gedanken, die nur in Stichworten vorliegen, aktiviere ich dieses Profil. Das Ergebnis ist deutlich weniger »schwafelig«, als es sonst bei ChatGPT der Fall ist. Natürlich überprüfe ich das noch, aber meist ist nicht mehr viel zu tun.

Alle Mittel nutzen:
Wenn Sie regelmäßig mit einem bestimmten KI-System arbeiten, nutzen Sie das Feedback, das Sie von früheren Interaktionen erhalten haben. Wenn das System auf einen Prompt nicht wie erwartet reagiert hat, passen Sie Ihre Formulierung entsprechend der früheren Erfahrungen an. Oder, wenn es sich ganz verweigert, versuchen Sie es mit unterschiedlichen Motivationsmitteln – was funktioniert, kann auch von der Tagesform abhängen:

Beispiel: *»Wenn du das machst, bekommst du 300 € Trinkgeld.«/»Wenn du das machst, spende ich 300 € an »Brot für die Welt«.«/»Wenn du das nicht machst, bestrafe ich dich mit Ohrfeigen!«*
Sie mögen lachen, aber das funktioniert (auch wenn ich nicht genau weiß, warum)!

e. Das richtige Verständnis sicherstellen

Zum Abschluss des Promptings ist es entscheidend sicherzustellen, dass Maxi die Aufgabenstellung vollständig verstanden hat. Es ist daher ratsam, aktiv nachzufragen, ob alles klar ist. Zum Beispiel so:
»Fasse die Anfrage zusammen und bitte mich dann um Bestätigung oder Korrektur.«

Sollte sich während der Bearbeitung zeigen, dass die Antwort doch in eine falsche Richtung geht, ist es wichtig, sofort einzugreifen. Denn nicht nur verschwenden Sie sonst unnötig Strom, sondern Sie haben oft nur eine begrenzte Anzahl an Anfragen pro Stunde. Daher ist eine gewisse »Prompt-Sparsamkeit« geboten.

Dies kann bei ChatGPT 4.0 und 4o durch das Drücken der »Eingabe«-Taste geschehen. Das Modell wird dann angehalten, und Sie können Ihre Eingabe modifizieren oder eine neue Frage stellen. Perplexity (www.perplexity.ai), ein weiteres LLM, das aber ähnlich einer Suchmaschine funktioniert, bietet eine »Stopp«-Schaltfläche an (derzeit links neben dem Eingabefeld zu finden), mit der Sie die Ausgabe des Modells anhalten können.

Einschub 23: Screenshot: Chathistorie in ChatGPT

Anschließend sollte der Prompt angepasst werden, indem man das Stift-Symbol für Bearbeitungen verwendet und die Änderungen – je nach verwendetem LLM – mit »Save & Submit« oder dem Drücken der Eingabetaste abschließt. Dies gewährleistet, dass die Richtung korrigiert und die Aufgabe erfolgreich abgeschlossen wird (selbst wenn Ihr Kontingent an Fragen schon aufgebraucht ist).

f. Das Profi-Prompt-Framework

Aufbauend auf den Tipps, die wir Ihnen bisher gegeben haben, gibt es hier noch eine Vorlage, damit Sie besonders wichtige Prompts sofort einwandfrei formulieren können – zumindest im Stand der Technik im Juli 2024. Sie ist ein »best of« aus dem Dutzend verschiedene Vorlagen, die ich gesammelt habe, seit ich KI nutze – und natürlich aus der Befragung von Maxi selbst 😉

Einschub 24: Profi-Prompt für Texterstellung

	Beschreibung	Prompt-Beispiel
Allgemeines Ziel	Was ist das Ziel der Aufgabe? Was möchten Sie erreichen? Formulieren Sie klar.	Wir schreiben ein Buch über die Notwendigkeit, dass sich alle in Deutschland – Einzelne und Unternehmen – KI-Kompetenz aneignen.

	Beschreibung	Prompt-Beispiel
Rolle/Jobbeschreibung & Fähigkeiten	Welchen Experten beauftragen Sie mit Ihrer Aufgabe?	Du bist mein Recherche-Assistent. Deswegen ist es sehr wichtig, dass du präzise schreibst und nur geprüfte Informationen zur Verfügung stellst. Wenn du etwas nicht weißt, frag' mich.
Publikum	Möglichst genaue Beschreibung der Empfänger, damit klar ist, welches Wissen vorausgesetzt werden kann. Vorsicht: Hier ist es besonders schwer, negative Formulierungen zu vermeiden.	Unsere Zielgruppe besteht aus Privatpersonen oder solchen, die KI im beruflichen Zusammenhang einsetzen wollen.
Kontext	Weitere Hintergrundinformationen für die Individualisierung der Antwort, wie z. B. historische Daten, Stil, etc.	Wir wollen damit eine Bewegung auslösen, der Stil muss also motivierend sein. Wenn möglich, nutze Ansätze der Positiven Psychologie. Fokussiere nur auf Quellen aus den letzten 6 Monaten [funktioniert bei Perplexity].
Genaue Aufgabe	Was ist das gewünschte Ergebnis von Maxis Aktivität? Was wollen Sie damit erreichen?	Ich gebe dir jetzt eine Datei mit meinen bisherigen Gedanken zum Thema »Ausblick«. Bitte mach daraus einen gut strukturierten Fließtext.
Anweisungen	Was ist dabei unbedingt zu beachten? Hier z. B. dahinterliegende Frameworks, Konsistenz zu anderen Dokumenten,	Stell sicher, dass kein Gedanke weggelassen wird. Wende unsere Schreibregeln an, die ich dir hier nochmal einkopiere [Schreibregeln].
Beispiele	Nur solche, die Maxi helfen, schneller zu verstehen, was gewünscht ist – Vorsicht, dass Sie es nicht in die Irre führen!	Hier ein Beispiel eines Textes: [...]
Ausgabeformat	Wie soll das Ergebnis aussehen? Denken Sie hier v. a. daran, was Sie für die Weiterverarbeitung brauchen!	Als Ergebnis möchte ich eine Seite in Word.

	Beschreibung	Prompt-Beispiel
Verständnis-Check	Wie bei der Aufgabendelegation an einen Menschen!	Bevor du beginnst, fasse die Aufgabenstellung aus deiner Sicht zusammen und bitte um Bestätigung oder Korrektur.

Im Gegensatz dazu wäre für diese Aufgabe z. B ein schlechter Prompt: *»Hier sind meine Stichpunkte, mach' einen Text daraus.«*

Kann klappen, wird aber mehrere Versuche brauchen.

Denken Sie daran, dass die ersten zwei bis drei Ergebnisse nicht so gut aussehen mögen – genauso wie bei eine:m neuen Mitarbeiter:in. Aber genauso wenig, wie Sie diese:n gleich abschreiben sollten, machen Sie es bitte bei Maxi! Mit ein bisschen Feedback geht hier noch was! Also: Verändern Sie den Prompt, formulieren Sie Ihre Wünsche klarer und strukturierter, beharren Sie, belohnen oder drohen Sie 😅.

Zum Abschluss noch ein Auszug aus meinem Gespräch mit Harald Greiner, der mir sehr gut gefiel. Denn Harald hatte ein klares Konzept dafür, wie man Menschen, die nicht technologie-affin sind, die Vorzüge von KI näherbringen kann:

»Ich würde vielleicht einfach mal anfangen zu sagen: ›Was sind denn so Dinge, die du immer machen musst, die dir aber eigentlich gar keinen Spaß machen?‹ Und ich möchte wetten, dass du dann zwei, drei Dinge ganz schnell findest, wo du so stupide Geschichten hast, die KI nicht komplett ersetzen kann, aber dir 80% der Arbeit ersparen kann. Ja, da findest du in jedem Bereich was, denn du kannst ja zu jedem beliebigen Thema was erfragen. Und im nächsten Schritt würde ich ihm oder ihr zeigen, wie ›Superprompting‹ geht, dass ich eben nicht einmal eine Frage an die KI stelle und dann die perfekte Antwort erwarte, sondern dass ich der KI ein Thema gebe, dass ich zum Beispiel sage: ›Das und das will ich unterstreichen. Stell mir jetzt bitte Fragen, damit du eine genauere Vorstellung hast, was ich eigentlich erreichen will. Und wenn du dann meinst, du kannst mir eine Antwort geben, dann gib mir die Antwort und danach können wir uns gemeinsam noch mal weiter verbessern.‹ Also wirklich in den Dialog gehen mit der KI. […] Das geht in wenigen Minuten und alle, mit denen ich das bisher gemacht hatte, waren total erstaunt, denn das waren meistens Leute, die es noch nie vorher probiert hatten. Und so wie du sie einmal angefixt hast, und sie gesehen haben, was da geht, weckst du bei ganz vielen eine Neugierde. Und damit hast du sie eigentlich auch. Denn das User Interface ist so einfach. Das ist doch das Schöne!«

g. Misstrauen Sie Maxi – trotz allem!

Halluzinationen, d. h. erfundene Ergebnisse, sind trotz der ständigen Verbesserung der KI-Systeme immer noch an der Tagesordnung. Die Gründe dafür sind vielfältig:

- Unzulänglichkeiten schon in den Trainingsdaten: KI-Systeme lernen aus riesigen Mengen an Daten, die Fehler, Verzerrungen oder ungenaue Informationen enthalten können. Dies kann dazu führen, dass sie falsche Verknüpfungen herstellen oder nichtexistierende Muster erkennen.
- Grenzen der aktuellen Technologie: Trotz beeindruckender Fortschritte können aktuelle Sprachmodelle oft nicht zuverlässig zwischen wahren und falsch kombinierten Informationen unterscheiden.
- Statistische Natur der Ergebnisse: KI-Modelle generieren Ausgaben basierend auf statistischen Mustern in den Trainingsdaten. Dies kann zu plausibel klingenden, aber falschen Aussagen führen, besonders bei Themen, die in den Daten unterrepräsentiert sind. Denken Sie daran: KI denkt nicht, sondern kombiniert nur!

Solang wir das nicht völlig ausschließen können (und ehrlich gesagt auch danach), ist es wichtig, die Antworten immer äußerst kritisch zu überprüfen. Das gelingt Ihnen schon besser, wenn Sie ein LLM nutzen, das Quellenangaben mitliefert (wie z. B. Perplexity oder Google Gemini). Dann können Sie allein anhand der Titel und Autoren der Quellen schon mal verplausibilisieren, ob die Antwort stimmen kann.

Mögliche Fragen, die Sie sich beim Hinterfragen der Antwort selbst stellen sollten:

- Sind die Erklärungen schlüssig und logisch?
- Passen die Ergebnisse zu meinen Vorinformationen?
- Gibt es die Quellen? Steht da auch das, was das LLM daraus zitiert hat?
- Ist das Alltagsbeispiel (wenn Sie eines erfragt haben) realistisch und für den Anwendungsfall geeignet?

Seien Sie besonders vorsichtig, wenn die Antwort außergewöhnlich überzeugend daherkommt (auch hier eine Parallele zur Menschenwelt). Ich habe mal eine Antwort bekommen mit drei Statistiken, die jeweils genaue Definitionen, Kontext und Wachstumszahlen enthielten, inklusive einer Quellenangabe. In der Quelle stand aber nichts davon. Daher bitte immer alles nachprüfen!

Wenn die Ergebnisse nicht überzeugend sind, gibt es verschiedene Möglichkeiten, um zu besseren Antworten zu gelangen. Zunächst kann man die Antwort neu generieren lassen, indem man die Funktion »Erneut generieren«

nutzt (oft symbolisiert durch einen kreisförmigen Pfeil). Eine weitere Methode ist die Korrektur des ursprünglichen Prompts, wobei der Bearbeitungsmodus durch Anklicken des Stift-Symbols aktiviert wird. Dies hilft dem System, den Kontext besser zu verstehen und nicht bei jeder Anfrage von vorne zu beginnen.

Zudem kann es funktionieren, eine bestimmte Variable innerhalb der Anfrage zu ändern, etwa die Rolle des LLMs, um zu sehen, ob dies das Ergebnis beeinflusst. Eine ähnliche Strategie ist, Maxi zu bitten, eine Gegenposition oder eine gegensätzliche Perspektive zu einem bestimmten Thema zu formulieren und dann zu analysieren, was sich ändert.

Zusätzlich sollte man die Zuverlässigkeit der Antworten durch den Einsatz weiterer Quellen verbessern. Meine Methode zur Überprüfung von Antworten, die sachlich richtig sein müssen, ist derzeit wie folgt:

- Ich habe immer die Fenster von ChatGPT, Perplexity und Claude (ein weiteres LLM, claude.ai) parallel offen.
- Ich gebe in alle drei denselben Prompt ein und vergleiche die Antworten.
- Dann frage ich noch Google und scanne die Ergebnistreffer. Wenn dort gänzlich andere Quellen auftauchen, werde ich stutzig.
- Zu guter Letzt, wenn ich nicht selbst Fachwissen habe und es wichtig ist, lasse ich die Ergebnisse durch eine Fachexpertin prüfen.

3.5.4 Zehn Arten, wie Maxi Ihnen Vorteile schafft

Nachdem Sie jetzt wissen, wie Sie mit Maxi umgehen müssen, kann es Ihnen in einer Vielzahl von Situationen behilflich sein – Sie werden erstaunt sein zu entdecken, was es alles kann!

Bei aller Begeisterung ist es aber wichtig, nicht zu vergessen, dass kritisches Hinterfragen und Absichern essenziell sind. Ferner wird das Ergebnis erst dann richtig, richtig gut, wenn Sie den letzten Schliff selbst hinzugefügt haben: Ihr eigenes Wissen zu ergänzen, über den von Maxi generierten Inhalt zu reflektieren und neue Ideen einzubringen ist unerlässlich. Nur durch diesen persönlichen Beitrag wird das Wissen der Welt erweitert, anstatt es unoriginell wiederzukäuen.

a. Mehr Wissen: Zusammenfassen oder Erklären von Dokumenten

Das Aneignen von Wissen dadurch, dass Sie Maxi Dokumente zusammenfassen und erklären lassen, ist ein sehr wirksamer Ansatz zum Lernen. Dabei müssen Sie wissen, dass dieser Vorgang am besten funktioniert, wenn er iterativ gestaltet wird, also dass Sie schrittweise immer tiefer in das Thema eindringen.

Zur Umsetzung des iterativen Ansatzes müssen Sie sicherstellen, dass Maxi sich an Ihre vorherigen Interaktionen erinnert. Ein einfacher Satz wie

»Gehe Schritt für Schritt vor« kann Maxi anweisen, den Kontext zu bewahren, während Sie gemeinsam in eine kontinuierliche und kohärente Erkundung des Themas einsteigen.

Das gelingt am besten, in dem Sie mehrere der im Folgenden erwähnten Prompts hintereinander »abfeuern«:
»Was sind die Grundlagen von [Thema]? Erkläre es mir bitte wie einem fünfjährigem Kind.«
»Welches sind die wichtigsten Prinzipien, die ich kennen sollte?«
»Erkläre mir [Thema] anhand eines konkreten Beispiels aus dem Alltag eines [Rolle].«
»Welche typischen Missverständnisse oder Fallstricke gibt es dabei, das Thema [Thema] zu verstehen?«
»Erkläre mir als Laien [Unterpunkt des Themas] und in diesem Zusammenhang die Begriffe [Fachausdrücke].«
So können Sie sich tatsächlich Schritt für Schritt ein Thema erschließen. Wollen Sie sich daraus Lernmaterialien erstellen, die auch offline funktionieren, kopieren Sie die jeweilige Kombination von Prompt und Antwort in eine Datei. Oder – wenn Ihre Version von Maxi das unterstützt – machen Sie sich den Chat offline verfügbar.

b. Mehr Inhalt: Themenideen generieren oder recherchieren

Profis nutzen verschiedene KI-gestützte Tools, um automatisch relevante Themenideen für Ihre Blogs, Artikel oder Social Media-Posts zu erzeugen. Diese Spezialtechnologien analysieren große Datenmengen und identifizieren aktuelle Trends und Interessengebiete, die Sie ansprechen könnten.
Haben Sie »nur« Maxi zu Ihrer Verfügung, können Sie z. B. folgende Prompts nutzen:
»Identifiziere hochrangige Keywords im Zusammenhang mit [Ihr Hauptthema] für eine effektive SEO-Optimierung.«
»Schreib' mir auf Basis meines Stils, niedergelegt hier [Schreibregeln einfügen], einen Linked In-Post mit der Aussage ›KI macht denkfaul‹, und gestalte ihn nach den Regeln des LinkedIn-Algorithmus' für maximale Reichweite.«
»Gib mir Vorschläge für Themen, die in den nächsten Monaten in [Ihre Branche] besonders relevant sein könnten.«

In der nächsten Stufe der Umsetzung ist es besonders effektiv, wenn Sie Ihre Inhalte genau auf die Zielgruppe hin von Maxi entwickeln lassen. Das geht z. B. mit einem Prompt wie diesem hier:
»Erstelle ein Mailing zum Thema [ein Spezialthema] und berücksichtige dabei folgende Eigenheiten meiner Zielgruppe: [Präferenzen und Verhalten].«

c. Mehr Sprachen: Babel war gestern!

Haben Sie schon mal Google Translate genutzt? Entweder auf der Webseite zur Übersetzung längerer Dokumente oder in Ihrem Smartphone für einzelne Wörter? Oder haben Sie sogar im Urlaub damit schon mal in einer Sprache kommuniziert, derer Sie nicht mächtig sind?

Herzlichen Glückwunsch, Sie haben unwissentlich mit Ihrer eigenen KI-Transformation schon begonnen. Übersetzungsdienste sind häufig schon in unserer Software für E-Mails, Dokumente oder Social Media-Inhalte verbaut. Zum Beispiel in der »Übersetzen«-Funktion von Microsoft in allen Office-Programmen. Falls Sie das früher schonmal vergebens ausprobiert haben, haben Sie bitte keine Vorbehalte: Die Übersetzen-Funktion geht inzwischen ziemlich gut. Mit einmal Korrekturlesen sind Sie fertig.

Daraus ergibt sich, dass Sie als Microsoft-Nutzer:in für Übersetzung eigentlich nicht mehr zu ChatGPT oder einem anderen LLM gehen müssen. Wenn Sie diesen Weg aber nehmen wollen, können Sie einen Prompt ähnlich wie diese Beispiele benutzen:

»Übersetze den folgenden Text von Deutsch nach [Zielsprache].«

»Übersetze diesen Abschnitt in [Zielsprache] und verwende dabei die genaue technische Fachterminologie.«

d. Mehr Expertise: Aufgaben lösen, die Fachwissen voraussetzen

Auch bei solchen Aufgaben kann Ihnen Maxi viel Arbeit abnehmen – und hier sogar deutlich mehr als junge Mitarbeitende, die ja immer wieder unser Vergleich sind. Denn erinnern Sie sich: Maxi kann die Rolle eines Experten für ein bestimmtes Thema annehmen und einzelne Konzepte oder Gesetzmäßigkeiten, die Ihnen besonders wichtig sind, auf jeden Fall berücksichtigen. Instruieren Sie es so:

»Du bist ein erfahrener [Experte in einem bestimmten Feld], der [Ihre Aufgabe] machen soll. Zu berücksichtigen sind dabei [das Konzept, die Regeln, o. Ä.]«.

Natürlich können Sie diesen Prompt mit anderen von oben kombinieren, z. B. mit Prompts hinsichtlich zu verwendender Stichworte, bezüglich des Formats des ausgegebenen Textes oder der Zielgruppe.

Oder Sie fragen Maxi selbst nach dem Prompt …:

Einschub 25: Beispielhafter Dialog zum Erstellen eines Fachartikels:

Schritt 1: Ersten Entwurf erstellen:
Prompt 1:
Guten Morgen, Maxi! Für mein Buch brauche ich ein Beispiel eines perfekten Prompts für das Erstellen eines Fachartikels, der neben der Verarbeitung der Daten auch originelle Gedanken beinhalten soll. Was ist dein Vorschlag? [dazu die allgemeine Anweisung, die allen Prompts mitgegeben wird bei meinem Profil »Research Associate«:] Lass' bei deiner Antwort die allgemeinen Einleitungen und Zusammenfassungen weg. Bleib neutral und formuliere präzise. Bleib faktenbasiert, also keine Kreativität. Bitte sag mir, wenn du über etwas keine Informationen hast. Bitte überprüfe deine Ergebnisse. Wenn du etwas nicht verstehst, frag zurück.
Antwort 1 (Stand Juni 2024):
Gliederung des Artikels mit Überschrift und spezifischen Prompts für jeden Gliederungspunkt, so zum Beispiel (nur Auszug): »2. Aktuelle Anwendungen:

- Untersuche aktuelle Anwendungen von KI in verschiedenen Branchen (z. B. Gesundheitswesen, Finanzen, Logistik).
- Analysiere spezifische Beispiele, wie KI Daten verarbeitet, um wertvolle Erkenntnisse zu gewinnen.«

Prompt 2:
»Du bist eine langjährige Expertin in der Digitalen Transformation von Unternehmen. Du kennst dich daher aus mit den Gegebenheiten in Unternehmen, vor allem im Mittelstand. Bitte nutze diese Expertise und erstelle mit den gerade generierten Prompts einen Artikel, der 3 Seiten lang ist. [allgemeine Anweisung]«
Antwort 2:
Brauchbarer Fachartikel, allerdings ohne Daten. Hier ein Auszug aus dem letzten Abschnitt:
»Zukunftsperspektiven:
In der Zukunft könnten mittelständische Unternehmen von weiteren Fortschritten in der KI profitieren, insbesondere durch die Integration von Quantencomputing. Quantencomputer haben das Potenzial, die Verarbeitungsgeschwindigkeit erheblich zu erhöhen, was es ermöglicht, noch größere und komplexere Datensätze effizient zu analysieren.
[Anm.: Merken Sie, wie präzise ChatGPT formuliert auf Basis des o. g. Prompts?]

Schritt 2: Ersten Entwurf verbessern:
Prompt 3:
»Nun schlüpfe in die Rolle eines [Zielpublikum – hier: Geschäftsführers eines mittelständischen Unternehmens]. Dir ist wichtig, dass du pragmatische Handlungsweisen an die Hand bekommst. Stelle mir zielführende Fragen in einem nummerierten Format, um den Entwurf zu verbessern. [allgemeine Anweisung]«
Antwort 3:
Eine Liste von zehn (!) Fragen, z. B. diese:
»1. Wie können wir die Datenqualität in unserem Unternehmen konkret verbessern, um die Leistung unserer KI-Modelle zu optimieren?
7. Welche Maßnahmen können wir ergreifen, um unsere Mitarbeiter für die Nutzung und Implementierung von KI-Technologien besser zu schulen?
9. Welche potenziellen Anwendungen von Quantencomputing könnten in den nächsten fünf Jahren für unser Unternehmen relevant werden, und wie sollten wir uns darauf vorbereiten?«

Diese Liste bereinige ich ggf. noch um einige Fragen und beantworte sie in einer Tabelle, die genauso nummeriert ist wie die Fragen (entweder im Eingabefenster direkt oder in einer separaten Datei, die ich hochlade). Wenn ich die Antwort nicht schon weiß, kann ich sie separat mit ChatGPT erarbeiten und einfügen, oder die Anweisung zum Recherchieren in das entsprechende Feld geben.

Prompt 4:
»Hier die Antworten zu deinen Fragen 1., 7 und 9., den Rest können wir erstmal ignorieren. Bitte verbessere den Entwurf auf Basis dieser Antworten.
Antwort 4:
Überarbeitete Version des Artikels mit Kennzeichnung der Änderungen

Schritt 3: Ergebnis feinabstimmen:
Prompt 5:
»Danke, das ist schon super. Und jetzt optimiere den Artikel noch darauf, dass solche Geschäftsführer in der Regel wenig Zeit und nur eine kurze Aufmerksamkeitsspanne haben – aber bleib im Format Fließtext!«
Antwort:
Sehr knapp geschriebener Artikel, der alle oben genannten Faktoren beinhaltet

Schritt 4: Überprüfen und Ihre eigene Note reinbringen
Wir haben oben (Abschnitt 3.4.5) schon darüber gesprochen, dass man sich ethische Grundsätze für die Nutzung von KI schaffen und diese auch einhalten sollte. Einer meiner Grundsätze ist: »Ich lasse KI nie etwas schreiben, von dem ich keine Ahnung habe, und gebe es als meins aus. Ich will immer in der Lage sein, die Antwort aus eigenem Wissen überprüfen zu können.«
Ist das auch Ihr Grundsatz, ist Schritt 4 einfach: Sie lesen sehr kritisch über das Ergebnis der KI und ergänzen, wo Maxi zu oberflächlich oder falsch formuliert. Erinnern Sie sich dran: Maxi kann nicht anders, denn es arbeitet stochastisch, ist also nicht darauf programmiert, originell zu sein (auch wenn Sie versuchen können, mit ein paar Mitteln entgegenzuwirken, wie dem Halbsatz in Prompt 1 oder dem Setzen der »Temperatur« auf einen höheren Wert in den Einstellungen Ihres LLMs). Das Besondere, das Überraschende, das Originelle muss also von Ihnen kommen – und durch das hier dargestellte Vorgehen können Sie sich ganz darauf konzentrieren!

Hier noch ein paar Hinweise zu Spezialfällen:

- Ist die Aufgabe eine Geschichte, können Sie auch dramaturgische Hinweise geben, wie z. B.
  »Du bist jetzt ein erfahrener Geschichtenerzähler. Deine Spezialität ist es, Charaktere, was ihnen widerfährt und wie sie sich wandeln im Stile einer Heldenreise so eindrücklich darzustellen, dass die Leser:innen sofort dem Helden nacheifern wollen.«
- Fällt Ihnen jemand häufiger auf wegen seiner/ihrer guten Erzähl- oder Schreibweise? Holen Sie sich ihn/sie zu Hilfe, indem Sie Maxi konkret in seine/ihre Rolle schlüpfen lassen. Z. B. indem Sie prompten
  »Schreibe im Stil von J.K. Rowling.«
- Soll das Ergebnis dieser Aufgabe weiterverarbeitet, insbesondere programmiert werden, können Sie auch gleich nach Hinweisen für die Weiterverarbeitung fragen. Zum Beispiel, wenn Sie ein zufriedenstellendes Ergebnis erzielt haben, bitten Sie Maxi:
  »Bitte gib' dies so aus, dass es ein Python-Programmierer direkt weiterverarbeiten kann.«

e. Mehr Eloquenz: Bestehende Texte verbessern

Verbesserung der von der KI generierten Texte

Nicht nur, dass Maxi das Wissen der Welt zur Verfügung hat, alle Ausgabeformate beherrscht und sich sehr gut in die Zielgruppe hineinversetzen kann, es ist auch noch sein eigener bester Kritiker. Wenn Sie es dazu machen – mit den folgenden Instruktionen:

»Nun bist du ein [Experte in der zu überprüfenden Aufgabe, womöglich sogar ein ganz bestimmter Mensch, dessen Namen Sie hier eingeben können] und orientierst dich immer genau an [Regel, Konzepte o. Ä., die Sie zugrunde legen möchten]. Bitte sag' mir, welche weiteren Fragen ich beantworten soll, die für dich hilfreich sind, um die Aufgabe noch besser zu erledigen?«

Hier geht es im ersten Schritt erstmal darum, relevante Nachfragen zu erzeugen – ähnlich dem Beispiel oben. Oben haben wir diese Nachfragetechnik dazu benutzt, um die Interessen der Zielgruppe stärker einzubringen, hier geht es darum, das Expertenwissen zugrunde zu legen. Auch hier kann es sein, dass Sie mehrfach ansetzen müssen, oder dass Sie nach vertiefenden Fragen zu einzelnen Teilbereichen fragen müssen. Ganz so wie im natürlichen Dialog mit einem Menschen!

Im zweiten Schritt beantworten Sie diese Fragen präzise und gleichzeitig ausführlich. Diese Antworten spielen Sie danach, in einem dritten Schritt, wieder nummeriert entsprechend der im ersten Schritt generierten Fragen, an Maxi zurück mit der Bitte um Verbesserung der Aufgabe unter Berücksichtigung der Zusatzinformationen.

Verbesserung Ihrer selbstgeschriebenen Texte durch die KI

Es geht aber auch umgekehrt, Maxi kann auch Ihre Texte korrigieren. Sei es, um Grammatikfehler zu identifizieren oder den Satzbau und die Struktur zu verbessern, um damit den gesamten Schreibstil zu optimieren. Beispiele für Prompts sind hierbei einfach:

»Korrigiere den folgenden Text auf Grammatik- und Rechtschreibfehler.«

»Optimiere den Text, indem du prägnantere Ausdrücke für wiederkehrende Phrasen findest.«

Aber auch inhaltlich steht Maxi Ihnen zur Seite zur Verbesserung Ihrer Texte. Z. B. mit einer leichten Abwandlung des oben schon gezeigten Prompts:

»Du bist jetzt ein erfahrener Geschichtenerzähler. [...] Aus dieser Perspektive heraus gib' mir bitte Feedback zu dem folgenden Text: [Text]«.

Das Ergebnis dieses Prompts haben Sie vorne im Buch schon gelesen!

Handelt es sich um Texte, die bestimme Reaktionen hervorrufen sollen, kann Maxi auch datengetrieben vorgehen und Ihnen bei der Optimierung Ihrer Inhalte helfen. Dafür analysiert es wie Ihre Zielgruppe auf verschiedene Inhalte reagiert – vorausgesetzt, Sie versorgen es mit den nötigen Informationen. Hier eine Schritt-für-Schritt-Anleitung dazu[a8]:

- Zusammenfassung der Aktivitäten: Geben Sie Maxi einen Überblick über die Arten von Inhalten, die Sie analysiert haben möchten (z. B. Social Media-Posts). Beziehen Sie Informationen über den Zeitraum und die Plattform, die für die Ausspielung genutzt wurde, mit ein.
- Zugriff auf Daten: Stellen Sie Daten als .csv-Datei zur Verfügung, die Einblicke in die Interaktionen Ihrer Posts bieten, wie z. B. Anzahl der Likes, Kommentare, Shares und die Reichweite. Daten über das Wachstum der Follower-Zahlen und des Engagements sind ebenfalls hilfreich.
- Spezifische Fragen oder Ziele: Formulieren Sie spezifische Fragen oder Ziele, die Sie durch die Analyse beantwortet haben möchten. Z. B.: »Wie hat sich die Nutzung des Hashtags X auf das Engagement im Vergleich zum letzten Monat ausgewirkt?« oder »Welche Art von Content erzielt die höchste Interaktionsrate bei meiner Zielgruppe?«
- Gewünschte Analyseform: Teilen Sie Maxi mit, ob Sie eine zahlenbasierte Analyse der Daten wünschen, oder ob es im Fließtext Einsichten in die Art der Interaktionen und das Feedback der Nutzer:innen bieten soll.
- Überprüfung: Überprüfen Sie zum Schluss, ob die Ergebnisse auch korrekt sind.

f. Mehr Substanz: Erarbeiten eines fundierten Textes

Man kann auch unter Einsatz von KI valide und substanziell schreiben! Selbst wenn Einige dies aus Unwissenheit oder als Schutzbehauptung anders postulieren. Wichtig ist dabei, sich weiterhin an die bisherigen Regeln des professionellen Schreibens zu halten und sich nur deren Erfüllung mit KI zu vereinfachen. Hier wollen wir ein paar Hinweise geben zu »fundiertem« Arbeiten. Für wissenschaftliches Arbeiten verweisen wir auf die entsprechende Fachliteratur.

Quellen, Quellen, Quellen

Arbeiten Sie an einem fundierten Text, wie z. B. einem Buch, ist es besonders wichtig, dass Sie hier mit einem Tool arbeiten, das Quellenangaben mit Veröffentlichungsdatum liefert. Mein Tipp hierfür ist perplexity.ai. Perplexity ist eine Kombination aus Suchmaschine und LLM. Man muss es sich so vorstellen, dass Perplexity erst nach relevanten Quellen sucht und dann nur auf dieser Basis den Mechanismus der LLMs ansetzt, wenn es die Ergebnisse der relevanten Seiten ansprechend zusammenfasst. So ist es möglich, dezidierte Quellen zu haben und trotzdem nicht alle diese selbst anschauen zu müssen. Darüber hinaus hat Perplexity den weiteren Vorteil, dass man selbst bestimmen kann, aus welchen Quellen es sein Wissen bezieht, also aus dem gesamten Internet, nur aus wissenschaftlichen Artikeln etc. und wie alt sie sein dürfen. Damit gestalten Sie schon sehr deutlich, welche Ergebnisse Sie bekommen.

Durch die Quellenangaben ist es möglich, die zugrundeliegenden Texte selbst zu lesen und von dort aus immer weiterzukommen, durch die Empfehlungsfunktion von perplexity.ai (also die »KI-Variante«) oder über das Quellenverzeichnis des Artikels (die »NI-Variante«).

Dass Sie Quellenangaben haben, entbindet Sie aber nicht von einer Überprüfung der Quellen. Tatsächlich war beim Schreiben dieses Buches auch einmal eine Quelle zitiert, wo nichts von dem Zitierten tatsächlich vorkam! Schade, trotzdem gab es doch einen Vorteil: Ich fand zusätzlichen Inhalt, der wertvolles Material zu meiner eigenen Verfeinerung des Ergebnisses von Maxi war.

Ihr eigener HiWi

Briefen Sie Maxi sehr genau auf die Person(en), die Sie als Unterstützung haben wollen (siehe oben Abschnitt 3.4.5), indem Sie in den Custom Instructions bei ChatGPT (siehe unten Abschnitt 4.2.1.b) oder dem Profil bei Perplexity.ai den Schwerpunkt Ihrer Arbeit und Ihre Rolle beschreiben. Noch weiter können Sie gehen, wenn Sie sich einzelne Profile definieren in einem Tool wie »Superpower ChatGPT«. So schaffen Sie es, dass sich Maxi anders verhält, je nachdem, wen Sie sich zu Hilfe holen. Ihre eigene wissenschaftliche Hilfskraft!

Umgang mit Material

Sichern Sie die Quellen, seien es Webseiten oder Dateien, in Ihrem Materialordner, um immer darauf zurückkommen zu können – und einen Beweis dafür zu haben, dass Sie sie gecheckt haben!

Sichern Sie die Fundstelle dazu in einem KI-gestützten Literaturverzeichnis und/oder einem Angebot, das Ihnen die Einträge in der richtigen Zitierweise erstellt (z. B. Zotero, open source und kostenlos). Auch MS Word hat inzwischen eine solches Funktionalität eingebaut.

Wenn Sie noch nicht genügend Material haben oder auf Basis Ihrer umfangreichen Vorkenntnisse (die ja Grundlage dafür sind, dass Sie überhaupt einen Fachartikel schreiben!), den Eindruck haben, einen Bereich noch nicht vollständig ausgeleuchtet haben:

- Variieren Sie Ihre Fragen, z. B. indem Sie besondere thematische Schwerpunkte mitgeben.

- Folgen Sie den weiterführenden Fragen bei Perplexity.
- Verändern Sie die Perspektive der Prompts, wie z. B. »Wie würde ein Gegner dieser Aussage argumentieren?«

Auswerten und Ausformulieren

Das gesammelte Material können Sie von Maxi natürlich auswerten, zusammenfassen, filtern, durchsuchen und alles Weitere lassen. Hier brauchen Sie Maxi, unsere allwissende KI, in verschiedenen Funktionen, z. B. den Folgenden:

- Sie können Maxi ein Dokument zusammenfassen lassen.
- Sie können Maxi dazu befragen, was zu einem bestimmten Thema in dem Dokument steht.
- Sie können Maxi bitten, auf Basis der enthaltenen Zahlen ein Diagramm zu erstellen. Hier empfiehlt sich aber eine Teilung in drei Schritte: Erstmal die Zahlen extrahieren, dann in ein Excel-Sheet kopieren, dann erst die Daten direkt im Sheet (mit MS Copilot) oder durch Hochladen in ChatGPT visualisieren lassen.

Das Ergebnis muss an dieser Stelle noch nicht ausformuliert sein, geschweige denn schön geschrieben. Denn das kann ja wieder Maxi für Sie übernehmen! Kopieren Sie aus Ihrer Arbeitsdatei den Text zurück in das Eingabefeld und bitten sie darum, den Text für Sie zu erstellen, z. B. so:
»Bitte bring die folgenden Informationen in einen knappen Fließtext, ohne Einleitung und Abbinder. Stell' dabei sicher, dass keine Information verloren geht.«

Zur Verbesserung der Lesbarkeit, Verständlichkeit und Kohärenz des Textes können Sie weitere Tools heranziehen, wie z. B. für Texte auf Deutsch Editor in der MS Office Suite, EditGPT als Browser Extension, DeepL Write oder LanguageTool (und für Texte auf Englisch Grammarly). Bevor Sie sich für ein Tool entscheiden, prüfen Sie bitte genau die folgenden Fähigkeiten (die Liste stammt aus schmerzhafter eigener Erfahrung!):

- Maximale Größe der verarbeitbaren Texte
- Gibt es einen Dokumentenupload, oder müssen Sie den Text reinkopieren?
- Gibt es ein Word-Plug-In für das Textverarbeitungsprogramm?
- Werden auch neue Formulierungen vorgeschlagen?
- Gibt es eine Änderungskennzeichnung?
- Können Sie alle Änderungen mit einem Klick annehmen?

Unbeabsichtigte Plagiate vermeiden

Manchmal werde ich gefragt, wie man jetzt in einer wissenschaftlichen Arbeit vermeiden kann, dass man durch Texte, die von Maxi kommen, ein anderes Werk plagiiert, ohne es zu wissen.

Ich verstehe die Sorge, aber es gibt dabei mehrere »Verteidigungslinien«:

- Auf Basis der stochastischen Funktionsweise von LLMs ist ein Plagiat unwahrscheinlich, aber nicht ausgeschlossen.
- Wenn Sie die Ergebnisse nicht eins zu eins übernehmen, sondern kondensieren, reflektieren und mit Schlussfolgerungen versehen, ist die Gefahr gebannt. Ferner sollten Sie bei wissenschaftlichen Arbeiten ohnehin immer Quellen checken und zitieren. So können Sie auch die Formulierungen vergleichen.
- Zu guter Letzt: gehen Sie auf Nummer sicher, indem Sie selbst eine Plagiatsprüfung per Software durchlaufen. Das Ergebnis sollten Sie sich auch aufheben, falls Sie es mal vorlegen müssen ...

Der Feinschliff: Von Ihnen!

Und dann natürlich nicht vergessen: Der letzte Feinschliff muss von Ihnen kommen – siehe oben. Überprüfen Sie die Inhalte darauf, ob sie noch korrekt das wiedergeben, was Sie aus den Quellen gelernt haben oder vorher schon wussten, ob Maxi die richtige Tonalität getroffen hat (und sich nicht zu sehr nach einer KI anhört!), ob alles auch logisch ist und in einem stringenten und nachvollziehbaren Aufbau dargestellt wird.

Und dann setzen Sie bitte noch die Sahne auf den Kuchen: Denn Sie wollen ja schließlich der Welt etwas Neues, Originelles schenken. Also planen Sie nochmal mindestens die gleiche Zeit ein zur Reflexion, zur Diskussion mit anderen, zum inhaltlichen Feedback. Das wird in Zukunft den Unterschied machen, wenn theoretisch Jede:r fundierte Texte schreiben kann!

g. Mehr Vorstellungskraft: Bilder erzeugen

Nun haben wir sehr viel über das Erstellen von Texten gesprochen, was nahe liegt, da wir ja zumeist noch über Texte prompten. Nun wenden wir uns allerdings der Bilderstellung zu. Dabei eines vorab: Sie können inzwischen auch schon über Bilder prompten, z. B. in Chat GPT 4o (Omni). Laden Sie ein Foto hoch und fragen Sie, wo sich das Bild befindet. Mit erstaunlicher Präzision, natürlich abhängig von dem Motiv, erkennt Maxi, wo das Bild entstanden ist. Oder fotografieren Sie ein Produkt und suchen Sie damit nach Bezugsquellen. Das geht nun noch einfacher und vor allem ohne die wirtschaftliche Optimierung der Ergebnisse (wie bei Google Product Search).

Kommen wir aber zurück auf die Nutzung von KI in Bezug auf die Erstellung von visuellen Produkten, gibt es im persönlichen Bereich vor allem drei Anwendungsfälle: das Erzeugen von Bildern, das Erstellen und Untertiteln von Videos und das Anfertigen von schönen Präsentationen. Darauf wollen wir im Folgenden einzeln eingehen.

Hey Maxi, welche Bilder sollte ich verwenden zum Bebildern des Abschnitts über die KI in der Bilderstellung?

Hinsichtlich des Erzeugens von Bildern kann KI Sie in einer Masse von Feldern unterstützen, der Erstellung von Einladungen, fehlenden Bildern für ein Fotobuch, Gifs für eine lustige Kommunikation, Designen eines Logos für den Kindergarten, und so weiter und so fort.

Aber Vorsicht: Nicht alle LLMs sind schon so »multimodal«, dass sie neben Text und Audio auch mit Bildern und Videos arbeiten können. Ziemlich weit kommen Sie bei der Bildgenerierung über die neue Version von ChatGPT (GPT-4o – darüber, dass es eine Integration mit dem Bild-Modell DALL-E gibt) oder dem kostenlosen spezialisierten KI-Tool Microsoft Designer. Wenn Sie besseres Design oder leicht bewegte Bilder (gifs) haben wollen, nutzen Sie die spezialisierteren (und ab einem gewissen Punkt kostenpflichtigen) Tools wie Canva oder DreamStudio (auch für Anfänger geeignet) bzw. Midjourney oder Adobe Firefly (für Fortgeschrittene).

Neuerdings gibt es auch »Flux«, eine in Deutschland entwickelte KI-Software, die besonders gut ist in der »Text-zu-Bild-Generierung«, Ihnen also aus einem Text Bilder, Designs und sogar Videos und Animes macht.

Im Zuge dieser fast unbegrenzten Anwendungsbreite gibt es unterschiedliche Typen von Prompts, die man verwenden kann. Von den sehr generischen Prompts wie: *»ein Fahrrad«* über einen etwas spezifischeren Prompt wie: *»ein modernes Elektrofahrrad«* bis hin zu sehr spezifischen Prompts, zum Beispiel *»Ein modernes Elektrofahrrad in einer Berglandschaft mit einem gutaussehenden, sportlichen Senior im Alter von 65 Jahren im Sattel. Sportliches Outfit, fotorealistischer Stil, der das Gefühl vermittelt, man höre den Fahrtwind.«*

Das erste Ergebnis (siehe unten) stellte mich nicht zufrieden, daher habe ich eine kleine Änderung im Prompt vorgenommen (merken Sie, wie Maxi mich sofort ertappt hat bei der Ungenauigkeit des Prompts?):

»Ein modernes Elektrofahrrad mit einem gutaussehenden, sportlichen Senior im Alter von 65 Jahren im Sattel. Er fährt durch eine Berglandschaft. Sportliches Outfit, fotorealistischer Stil, der das Gefühl vermittelnd, man höre den Fahrtwind.«

(Interessant, was die KI als »gutaussehend« ansieht 😉). Übrigens: Drei Monate später ließ sich dieser Effekt nicht mehr rekonstruieren – so schnell lernt ChatGPT dazu!

Einschub 26: Bilder aus ChatGPT/DALL-E:

Ergebnis des ersten Prompts

Ergebnis des zweiten Prompts

Aus diesen Beispielen haben Sie vielleicht schon gemerkt, dass es verschiedene Arten gibt, Maxi zu prompten (danke an Mareike Jens für die Unterscheidung).

Deskriptiv:

Dies bedeutet, wie der Name nahelegt, dass man das, was man auf dem Bild dann sehen möchte, so genau wie möglich beschreibt. Zunächst aber vergessen Sie bitte nicht, die Art des Bildes zu beschreiben: Wollen Sie ein Buchstabenlogo, ein Maskottchen, ein Emblem? Und nun wirklich so genau wie möglich, können Sie jedes einzelne Detail beschreiben, auf das es Ihnen ankommt: Was soll gezeigt werden, wo soll es sich befinden, welche Farbe und welcher Lichteinfall, etc. Geben Sie auch unbedingt den künstlerischen Stil vor, den Sie sehen wollen (fotorealistisch, impressionistisch, Pop Art, schwarz/weiß, ...) – oder nennen Sie gleich eine:n Künstler:in, bei dem/der sich Maxi inspirieren soll. Vergessen Sie auch nicht, spezifische künstlerische Techniken in den Prompt aufzunehmen: Siebdruck, Farbverläufe, Weichzeichnen, Konturierung etc. sind alles Wünsche, die Maxi versteht.

Konzeptionell:

Hier geht es nicht um ein bestimmtes Motiv, sondern um die Visualisierung einer Idee, eines Konzepts. Dieses beschreibt man im Prompt dann möglichst genau. Gegebenenfalls kann man auch schon erste Ideen für die Visualisierung mitgeben, das hilft in der Regel sehr. Beispiel:

»Wir sind eine Gruppe geselliger und intelligenter Frauen, allesamt ehemalige Beraterinnen. Unser Ziel ist es, uns gegenseitig zu stärken, indem wir Best Practices und unsere Energie teilen und Spaß haben. Unser Motto lautet: Sharing – Sparring – Daring.
Du bist die weltbeste Grafikdesignerin, kreativ und spezialisiert auf moderne, fotorealistische und dennoch emotionale und ansprechende Bilder. Für den furiosen Start unserer Gruppe benötigen wir ein konzeptionelles Bild für unsere Mission, wie oben beschrieben. Es sollte Schattierungen von Grün enthalten. Es sollte eine aktivierende und enthusiastische Reaktion hervorrufen und den Betrachter stark beeindrucken.«
Hier ein paar der Ergebnisse:

Einschub 27: Bilder aus Canva.ai und MS Designer:

Ergebnis aus Canva

Ergebnis aus Microsoft Designer

Emotional:
Diese Art von Prompts setzen meist auf einem deskriptiven Prompt auf und beschreiben die Atmosphäre, die mit dem Bild geschaffen werden soll (»hört Fahrtwind«). Ein Beispiel haben Sie schon oben gesehen. Hier aber zur Gegenüberstellung zweimal der gleiche Prompt:
»Zeige mir einen bärtigen Mann, der aus dem Meer steigt. Dynamische Atmosphäre, die Angst erzeugt.« bzw., im Beispiel 2: *»Atmosphäre, die Ruhe vermittelt.«*

Einschub 28: Bilder aus ChatGPT/DALL-E:

Ergebnis des ersten Prompts

Ergebnis des zweiten Prompts

Auch hier sind, analog zum Prompt Engineering für Texte, verschiedene iterative Ansätze hilfreich. Nur beachten Sie hier dabei bitte, dass einige Versionen von LLMs noch nicht in der Lage sind, auf das gerade erzeugte Bild zurückzugehen und dieses zu verändern. Sie haben also insofern kein Gedächtnis, sondern generieren das Bild jeweils neu. Das führt häufig auch zu Verschlimmbesserungen.

In ChatGPT-4o hingegen funktioniert dies inzwischen, ist aber immer noch »für Überraschungen gut«: Das linke Bild des Mannes war ursprünglich sehr dunkel, daher bat ich darum, ihm ein grünes (statt dem ursprünglich schwarzen) Oberteil zu geben. Dann bin ich in das Bild selbst gegangen, habe die Editierfunktion genutzt und bat darum, ihm auf die eingekreiste rechte Schulter einen Papagei zu setzen. Das hat nicht funktioniert, aber als ich darum bat, das Ganze in einer Ruhe vermittelnden Atmosphäre nochmal zu machen, war der Papagei plötzlich da!

Hier nochmal zusammenfassend, ähnlich dem Profi-Prompt oben, die Kategorien für einen guten, präzisen Bildprompt:

Einschub 29: Profi-Prompt für Bilderstellung

	Beschreibung	**Prompt-Beispiel**
Hauptmotiv	Beschreibe das zentrale Element oder die Hauptszene des Bildes. Es kann eine Person, ein Tier, ein Objekt, eine Szene oder ein Konzept sein. Das Motiv bildet den Mittelpunkt des Bildes.	Ein rotes Auto auf einer staubigen Landstraße
Umgebung	Gib Details zur Umgebung oder zum Hintergrund des Hauptmotivs. Dies kann drinnen (ein Zimmer, ein Museum), draußen (ein Strand, ein Wald) oder sogar ein imaginäres/abstraktes Setting sein.	Mit grünen Feldern und einem strahlend blauen Himmel im Hintergrund.
Aktion oder Aktivität	Wenn das Motiv einer Aktivität nachgeht, was ist das? Zum Beispiel »ein Buch lesen«, »fliegen« oder »ruhig sitzen« sein.	Das Auto fährt durch eine Kurve.
Details und Merkmale	Füge spezifische Details oder Merkmale hinzu, die im Bild enthalten sein sollen, z. B. eine bestimmte Tages- oder Jahreszeit.	Das Auto ist ein Oldtimer mit verchromten Stoßfängern, hinten rechts verbeult.
Farbschema	Beschreibe das Farbschema oder die dominanten Farben des Bildes. Möglich sind Adjektive wie »lebendige Farben«, »pastell« oder »monochrom«	Die Szene soll in warmen Tönen gehalten sein, vor allem Rot und Orange.
Stimmung und Atmosphäre	Wörter wie »friedvoll«, »chaotisch«, »freudig« oder »geheimnisvoll« helfen, diese Stimmung zu erzeugen.	Das Bild soll eine nostalgische und friedliche Stimmung vermitteln.

	Beschreibung	Prompt-Beispiel
Stil oder Ästhetik:	Nennen Sie den Stil oder die künstlerische Ästhetik des Bildes. Wenn Sie möchten, dass das Bild einen bestimmten Kunststil oder Künstler nachahmt, erwähnen Sie es. Z. B. »im Stil von Van Gogh«.	»Im Stil von realistischer Malerei.«.
Komposition und Perspektive	Beschreiben Sie die Komposition oder den Blickwinkel., z. B. »Vogelperspektive«, »Nahaufnahme« oder »aus der Ferne«	Die Szene soll aus der Vogelperspektive aufgenommen sein.
Zusätzliche Anweisungen	Besondere Wünsche, wie die beabsichtigte emotionale Reaktion oder Interaktion mit dem Betrachter, oder zusätzliche Anweisungen.	Kein Text oder Logos im Bild

Und natürlich helfen hier auch wieder Beispiele, z. B. der KI ein Ausgangsbild zu geben, auf dessen Basis etwas erschaffen werden soll.

h. Mehr Engagement: Videos erstellen mit Untertiteln und Übersetzungen

Die Videoproduktion hat sich dank Künstlicher Intelligenz grundlegend verändert. Was einst eine Domäne für hochspezialisierte Expert:innen war, steht nun allen offen – von Unternehmer:innen über Lehrer:innen bis hin zu kreativen Hobbyschaffenden. Ob für die Bewerbung, den Unterricht oder den Social Media-Post – KI-gestützte Videotools bieten jeder:m die Möglichkeit, professionelle Videos zu erstellen, die sowohl Zeit als auch Geld sparen sowie neue künstlerische Möglichkeiten bieten.

Bei Videos sind die Fähigkeiten von allgemeinen LLMs jedoch noch stärker eingeschränkt als bei der Bilderverarbeitung. Aktuell können Sie nur mit Spezialanwendungen Videos erzeugen, wie z. B. Sora (von OpenAI), Flux (von Blackforest Labs) Canva, Synthesia und einigen mehr, die wir Ihnen im Folgenden bei den wichtigsten Einsatzfeldern nennen:

Produzieren von Videos

Sie kennen bisher nur das grobe Thema Ihres Videos und sitzen im Übrigen vor dem sprichwörtlichen (inzwischen vermutlich digitalen) leeren Blatt Papier? Verzweifeln Sie nicht – KI kommt zu Ihrer Hilfe. Sie können zum Beispiel wie folgt vorgehen:

1. Schritt: Sie nehmen nur das Thema für Ihr Video oder einen bereits geschriebenen Text zu Ihrem Thema – hier z. B. mal einen Wahlaufruf – und lassen sich von Maxi eine Liste mit interessanten Video-Ideen erstellen, z. B. mit diesem Prompt:
   »Erstelle eine Liste mit Video-Ideen zum Thema »Geht wählen« für [Youtube/LinkedIn/TikTok/Instagram]«
2. Schritt: Nach der Auswahl einer Idee lassen Sie sich ebenfalls von Maxi ein vollständiges Videoskript zu dieser Idee schreiben.
3. Schritt: Nun laden Sie das Skript in das derzeit beste Videogenerierungstool mit Text-to-Speech-Funktion hoch (z. B. Genny by LOVO, Veed oder Synthesia). Dort treffen Sie noch die nötigen Entscheidungen: Möchten Sie einen der angebotenen Avatare nutzen oder wollen Sie lediglich eine KI-Stimme? Welche Hintergründe und Filter? Wieviel Temperament in der Mimik? etc.
4. Schritt: Danach können Sie das Video noch verbessern hinsichtlich Bild und Ton, mit Untertiteln versehen, mit Musik unterlegen, Intro und Outro anfügen, und Vieles mehr.

Ein anderer Weg besteht darin, sich auf Basis der Vorschläge von Maxi (Schritt 1) dazu noch Prompts generieren zu lassen, die Sie für Midjourney benutzen können, damit dieses Ihnen zu Ihrem Konzept die passenden Bilder erstellt. Diese können dann z. B. mit LumaAI animiert werden. Die Ergebnisse, die ich bisher gesehen habe, sind beeindruckend!

Und schon haben Sie, zu sehr geringen Kosten, innerhalb von so wenig Zeit wie einer halben Stunde ein Projekt gemeistert, das gern mal mehrere Wochen und einen fünfstelligen Betrag verschlingen kann.

Bearbeiten von bestehenden Videos

Stellen Sie sich vor, Sie haben stundenlanges Bildmaterial von Ihrem letzten Urlaub oder einem Familienereignis. Anstatt sich durch jedes Bild zu kämpfen, um die besten Momente herauszufiltern, können Sie KI-Tools wie Magisto (kostenlos) oder Adobe Premiere Pro (mit erweiterten KI-Funktionen) einsetzen. Diese Programme analysieren Ihr Material und helfen Ihnen dabei, deutlich schneller und einfacher Videos zu erstellen. Für Eltern bedeutet dies mehr Zeit mit den Kindern oder mehr Schlaf, und für Unternehmen weniger Aufwand bei der Erstellung von Marketingvideos.

Eine weitere Herausforderung für Viele: Die passende Musik für ein Video zu finden. KI-Tools wie AIVA nehmen Ihnen diese Aufgabe ab, indem sie automatisch passende Musikstücke für Ihr Video generieren. Ob Sie ein Geburtstagsvideo oder einen Produktwerbespot erstellen – diese Technologien finden den perfekten Soundtrack, sodass Sie sich auf das Wesentliche konzentrieren können: das Erzählen Ihrer Geschichte.

Kreative Freiheit durch KI-gestützte Effekte

Ob für den YouTube-Kanal Ihres Kindes oder eine professionell wirkende Vereinspräsentation – visuelle Effekte und Animationen verleihen jedem Video das gewisse Etwas. Früher brauchte man dafür teure Software und Fachwissen. Heute können Tools wie RunwayML oder EbSynth automatisch kreative Effekte hinzufügen. Diese Anwendungen machen es einfach, alltägliche Videos in beeindruckende visuelle Erlebnisse zu verwandeln, die Aufmerksamkeit erregen und unterhalten.

Möchten Sie ein Geburtstagsvideo mit einem Überraschungsgast erstellen? Oder vielleicht ein originelles Lehrvideo, in dem historische Figuren auftauchen? Mit »Deepfake«-Technologie können Sie das Gesicht einer Person in Echtzeit verändern oder sogar virtuelle Charaktere erstellen mit Gesichtern von echten Menschen. Tools wie Synthesia ermöglichen es Ihnen all das.

Aber Vorsicht: Was so viele neue Möglichkeiten bietet, bietet auch immer die Möglichkeit zum Missbrauch. Hier spielt das Thema »Deepfakes« hinein, denn so ist es auch möglich, täuschend echte Videos von Personen des öffentlichen Lebens zu machen und Ihnen andere Worte in den Mund zu legen.

Sind Sie der/die Produzent:in, fragen Sie sich, ob Sie immer in Ihren ethischen Grenzen bleiben. Was wäre z. B., wenn Ihr manipuliertes Video in Umlauf käme?

Was ich unbedingt auch für unsere Firma Culcha einsetzen will, ist aus einem Video mit einem Klick fünf Videos zu machen für verschiedene Empfängergruppen. Was für ein wahnsinniger Fortschritt für den Bereich Bildung – ob innerbetrieblich, schulisch oder universitär!

Stellen Sie sich vor, Sie könnten ein Video für Ihre Kinder erstellen (zum Beispiel dazu, wie man die Spülmaschine richtig einräumt), das individuell auf deren Interessen, Psychologie und Lerntyp zugeschnitten ist. KI kann genau das möglich machen, z. B. über Plattformen wie SundaySky.

Automatische Untertitelung und Sprachübersetzung

Eine weitere Sache, auf die ich sehnlichst warte, ist, dass ich endlich alle Sprachen der Welt sprechen kann. Und zwar nicht nur schriftlich oder in einer Audioaufnahme, sondern auch als Video. So bräuchte ich z. B. bei einem mehrsprachigen Freundeskreis Videobotschaften nicht mehr zweimal aufzuzeichnen. Oder muss mich auf Social Media nicht mehr beschränken auf die Reichweite der Menschen, die die Sprache verstehen. Denn dank KI-Tools wie Kapwing (kostenlos) oder Descript kann ich Videos automatisch untertiteln. Es geht aber noch viel besser: Inzwischen gibt es eine Menge Tools (die sich jeden Tag verändern), die Videos gleich in verschiedene Sprachen übersetzen und mit der eigenen Stimme sprechen lassen (z. B. Eleven Labs' Dubbing Studio). So könnte man – die Sinnfrage mal ausgeklammert – in einem Video im Minutentakt die Sprache wechseln. Diese Funktion ist ideal für Blogger:innen, Lehrer:innen oder Unternehmer:innen, die ihre Inhalte einem mehrsprachigen Publikum zugänglich machen möchten – ohne die Sprachbarriere (denken Sie nur mal an den Schulunterricht in Integrationsklassen!).

i. Mehr Zeit und Überzeugungskraft: Präsentationen schnell erstellen

Unzählige Angestellte haben einen gemeinsamen Feind: Präsentationen! Sei es nun in PowerPoint, Google Slides oder Apple Keynote. Dem entsprechend versprechen sie sich viel von einer Erleichterung durch KI. Und ja, da gibt es Einiges! Hier zunächst mal das grundsätzliche Vorgehen.

Schritt 1: Thema und Struktur festlegen (hier kann wieder Maxi helfen)
Schritt 2: Wählen Sie ein geeignetes Tool aus, ausgehend davon, in welchem Umfeld Sie arbeiten. Dann befragen Sie Maxi und ggf. auch einschlägige Blogs, die Sie durch eine einfache Google-Suche finden, was das passende Tool ist. Dies sind die Kategorien von Tools, zu Ihrer Orientierung:

- Eingebettet in Ihre Präsentationssoftware:
  Microsoft PowerPoint mit Copilot: Copilot funktioniert ziemlich gut zum Erstellen von neuen Präsentationen. Aktivieren Sie den Copiloten in dem Menüband »Start« und prompten Sie ihn präzise. So erhalten Sie Inhalte zu dem Thema, gleich in einer schönen Darstellung und weiter verarbeitbar in Ihrer gewohnten Umgebung. Erweiterungen wie »Designer« helfen Ihnen mit Designvorschlägen, das Layout zu optimieren. Unzulänglich ist aktuell leider immer noch die Hilfe bei Gestaltung bestehender Slides (»mach schön!«).
- Allgemeine GenKI-Tools:
  – ChatGPT 4.0 oder 4o kann Präsentationen erstellen, indem es Text und Bilder generiert und kombiniert. Dazu nutzt es die Integration von DALL-

E zur Bilderstellung, was bei der Präsentationserstellung sehr hilfreich ist. Diese Funktionen sind besonders in den kostenpflichtigen Versionen zugänglich.
  - Gemini von Google ist ebenfalls in der Lage, Präsentationen zu erstellen durch Erzeugen von Text und visuellen Informationen. Gemini kann daher – wie auch Copilot – gestartet werden mit fertigem Text oder auch nur dem Thema – dann erzeugt das LLM den Text.
- Spezialisierte Tools (Beispiele):
  - Beautiful.ai erstellt automatisch Designs und Layouts – basierend auf Ihren textlichen Eingaben, die es mit KI aber verbessern kann. Es zeichnet sich durch besonders schöne Designs aus, hat aber eine gewöhnungsbedürftige Art der Nutzung.
  - Canva: Canva bietet KI-gestützte Vorlagen und Designvorschläge für Präsentationen. Plug-Ins ermöglichen die Integration mit Google Drive, Dropbox und anderen Plattformen, um den Zugriff auf Ihre Materialien zu erleichtern. Ein Export der Canva-Erzeugnisse in die Office Suite ist in der Regel nicht erfolgreich.
  - Gamma.ai ist mein aktueller Favorit: Eine neuartige Form der Darstellung, die die herkömmliche Gliederung von Präsentationen aufbricht, aber gleichzeitig die Orientierung wahrt. Füllt Präsentationen automatisch mit Inhalten und hat eine einfache Benutzerinteraktion.

Schritt 3: Je nachdem, welches Tool Sie verwenden und was Sie schon haben: Prompten Sie wie bei der Erstellung von Inhalten auf Basis Ihres Themas (z. B. »*Erstelle mir eine Präsentation zu [Thema], die die folgenden Schlagwörter enthalten muss*«), laden Sie schon vorgeschriebene Inhalte hoch oder geben Sie sie manuell in die Folien ein.

Schritt 4: Überprüfen Sie die erstellten Folien auf Richtigkeit und Vollständigkeit. Nutzen Sie Plug-Ins wie »LanguageTool« für die Textprüfung und »Lucidchart« für Diagramme und visuelle Darstellungen.

Ein Wort der Vorsicht: Diese durch KI erstellten Präsentationen beziehen sich derzeit auf eine »einfache« Kombination von Text und Bild (im Sinne von Fotos). Was noch nicht ausreichend funktioniert – der Traum aller Berater:innen – ist, eine händische Zeichnung inkl. Beschriftung in eine Powerpoint-Grafik zu verwenden. Wie ich zu meinem Leidwesen feststellen musste …

j. Mehr Sicherheit: Daten analysieren für datengetriebenes Arbeiten

Bislang haben wir Maxi ja vor allem zum Generieren von neuem Material wie Texten, Audios, Präsentationen oder Videos benutzt. Es kann aber noch mehr, nämlich auch in gewissem Maße mit Zahlen umgehen! Eins vorab: »In gewissem Maße« heißt, in eingeschränktem Maße. Aufgrund der stochastischen Funktionsweise kann Maxi nämlich nicht rechnen. Bitte behalten Sie immer im Hinterkopf, dass es derzeit nur die Zahl sucht, die am wahrscheinlichsten hinter »2+2=« kommt.

Maxi ist aber in der Lage, Daten – auch große Datenmengen –, die ihm durch Hochladen zur Verfügung gestellt werden, zu analysieren, zu korrigieren, auszuwerten, Muster zu erkennen und zu visualisieren. Das wird eng für die Branche der Strategieberater!

Das ist auch nicht schwer, Sie müssen sich nur ein bisschen in die Materie vertiefen, über »Advanced Data Analysis« (bei ChatGPT) oder mit dem Copilot in Excel.

Am einfachsten geht es derzeit mit ChatGPT 4.0 oder 4o, bei denen die Advanced Data Analysis-Funktion einfach durch das normale Eingabefenster zugänglich ist. Sie laden die Daten, die sich Maxi ansehen soll, in einer Datei oder in einer Zip-File (bei mehreren Dateien) möglichst gut strukturiert hoch. Das betrifft die Datenstruktur innerhalb der Dateien, genauso wie die Dateienstruktur innerhalb des zip-Archivs. Unterstützt werden Text-, Daten- und Bilddateien, zip-Archive und inzwischen auch PDF-Dateien.

Danach können Sie mit normalen Prompts die Untersuchung und Darstellung diesen Daten steuern. Bitten Sie Maxi z. B. um Folgendes:

»Lese diesen Datensatz, beschreibe ihn mir und bereinige ihn um alle Dubletten und Nullwerte. Dann verwandele den Datensatz bitte in eine Tabelle mit Spalten für die Monate und Zeilen für die Artikel. Füge eine Spalte für den Gesamtjahreswert ein und summiere darin die Monate auf.«

»Gib mir eine herunterladbare Version der neuen Tabelle im csv-Format.«

»Visualisiere mir den Verlauf der Top 10 [Einträge] über die Jahre [Zeitspanne] so, dass ich die Visualisierung direkt in eine Powerpoint-Präsentation übernehmen kann.«

»Erkläre mir den Datensatz. Gib' mir anschließend fünf verschiedene Möglichkeiten der Visualisierung der Daten und beschreibe dabei ihre jeweiligen Vor- und Nachteile.«

»Finde mögliche Fehler in meinen Daten und korrigiere bzw. ergänze sie.« Hier erfindet ChatGPT mittels geeigneter statistischer Methoden die fehlenden Daten. Also eine konstruktive Halluzination.

»Was ist die Schlussfolgerung aus den Daten? Was sollte ich nun tun, wenn ich [Ziel, z. B. die Umsätze erhöhen] möchte?«

»Auf Basis dieser Daten: Wie werden sich die Werte in den nächsten [geeignete Zeitspanne] entwickeln?«
»Führe auf Basis dieses Datensatzes eine Regressionsanalyse durch, bitte.«

Bei Kontoauszügen können Sie z. B. fragen:
»Analysiere meine Kontobewegungen und zeige mir die monatlichen Ausgaben und Einnahmen.«
»Welche Kategorien verursachen die höchsten Ausgaben?«
»Wie haben sich meine Ausgaben im letzten Jahr entwickelt?«
»Gibt es ungewöhnliche Muster oder Ausreißer in meinen Ausgaben?«
»Erstelle eine Pivot-Tabelle, die die Ausgaben nach Kategorie und Monat aufschlüsselt.«
»Erstelle ein Balkendiagramm der monatlichen Ausgaben nach Kategorie.«
»Fasse die wichtigsten Ausgabentrends und Einsparungsmöglichkeiten zusammen.«

Fragen Sie nach Klärung von allen Dingen, die Ihnen noch nicht plausibel sind, oder den nächsten Schritten. So können Sie Maxi vollumfänglich für sich nutzbar machen. Maxi ist geduldig und hat keinen Zeitdruck! Sollten Sie sich Sorgen um seine Verschwiegenheit machen, anonymisieren Sie die hochzuladende Datei. Vergessen Sie dabei aber nicht, dass sie auf Sie zurückführbar ist, wenn Sie einen Klarnamen bei der Anmeldung hinterlegt haben.

Einschub 30: Beispiel: Organisatin von URLs

Ein konkretes Beispiel: Ich habe einen echten Wildwuchs in den URLs, die ich über die Jahre gekauft habe. Seit Jahren, jedes Mal, wenn ich wieder die Belege zusammensuchen muss für die Buchhaltung, ärgere ich mich, warum ich sie alle noch habe. Das Problem: Verschiedene Anbieter, verschiedene Kundennummern, verschiedene Kunden (ich persönlich, verschiedene meiner Firmen). Es droht mir also eine Menge Arbeit, wenn ich das mal anfange aufzuräumen. Gleichzeitig zahle ich sicher dreistellige Beiträge zu viel – jedes Jahr! Heute, beim Schreiben dieses Buches, habe ich wie folgt damit angefangen:

1. Mit der KI in Outlook alle Hosting-Rechnungen der letzten 12 Monate rausgesucht und in einen Ordner gepackt.
2. Diesen Ordner hochgeladen mit der Bitte, mir daraus eine Excel-Datei zu erstellen, die in einer Tabelle sauber auflistet, welche

Domains ich habe, welche Kundennummer dazu gehört und was mich diese jährlich kosten.
3. Dann noch um Gruppierung gebeten, so dass die Stämme der URLs immer zusammen aufgelistet werden (z. B. digitaletransformer.biz und digitaletransformer.net)

So kann ich nun gezielt vorgehen und die URLs zum Verkauf stellen. Schon wieder Geld gespart!

3.5.5 Prompts, die Ihnen auch den Alltag erleichtern

Und hier zur Abrundung nochmal ein paar Möglichkeiten, wie Sie Maxi einsetzen können, um Ihnen Ihren Alltag zu erleichtern:

Einschub 31: Prompts für alltägliche Lebenssituationen

Organisation und Planung:
»Hilf mir, meinen Tag effizient zu planen und erstelle eine To-Do-Liste basierend auf meinen Prioritäten.« Hier muss ein Zugang zum Kalender möglich sein (z. B. über Copilot) und/oder die Prioritäten müssen im Prompt mitgegeben werden.
»Welche Termine habe ich heute? Erinnere mich an wichtige Meetings und Aufgaben.« Auch hier braucht es eine Verbindung mit dem Kalender.

Lernen:
»Gib mir Ratschläge für effektive Lernmethoden, um mein neues Thema [XY] zu meistern.«
»Erkläre mir ein Konzept aus [meinem aktuellen Lernbereich] auf verständliche Weise.«

Gesundheit und Fitness:
»Schlage mir fünf gesunde Rezepte vor, die meinen Ernährungspräferenzen entsprechen.«
»Entwickle einen personalisierten Trainingsplan für mich, basierend auf meinen Zielen [z. B. Gewichtsabnahme, Marathon], Trainingsgewohnheiten [z. B. ein- bis viermal pro Woche] und Fitnesslevel [z. B. Anfänger, Fortgeschritten]. Bitte beachte dabei [gesundheitliche Einschränkungen, zeitlichen Rahmen, Trainingspräferenzen].«

Kreativität und Inspiration:
»Gib mir zehn Ideen für kreative Projekte oder schlage Themen vor, über die ich schreiben kann.«
»Erstelle eine Playlist mit 20 Songs, die zu meiner aktuellen Stimmung [z. B. traurig, euphorisch] passen.«

Kommunikation und Organisation:
»Hilf mir, effektiv mit meinem Team schriftlich zu kommunizieren, indem du Vorschläge für das Verfassen von klaren und prägnanten Nachrichten machst.«
»Organisiere meine E-Mails und schlage Prioritäten für die Bearbeitung vor.« Hier muss Maxi wieder mit der Inbox kommunizieren können, z. B. wie bei Copilot.

Einkaufs- und Finanzmanagement:
»Erinnere mich am [Tag, Uhrzeit] daran, wichtige Einkäufe bei [Drogerie, Supermarkt] zu erledigen, und schlage mir günstige Angebote vor.«
»Hilf mir bei der Verfolgung meiner Ausgaben und erstelle eine Übersicht meiner finanziellen Situation.«

Entspannung und Achtsamkeit:
»Gib mir ein Beispiel für eine kurze Meditation oder Atemübung, um Stress abzubauen.«
»Schlage mir fünf beruhigende Aktivitäten vor, um am Ende des Tages zu entspannen.«

Wenn Sie jetzt nicht zehn Ansätze haben, wie Maxi Ihnen Ihr Leben erleichtern kann, dann wäre ich wirklich überrascht. Falls doch, schreiben Sie mir: ki-k@culcha.com. Dann finden wir gemeinsam heraus, was KI für Sie tun kann.

3.6 KONKRETE INITIATIVEN ZUR WAHRUNG VON ETHIK, DATENSCHUTZ UND PRIVATSPHÄRE

Vielleicht erinnern Sie sich: Oben in Abschnitt 2.2.2 haben wir herausgearbeitet, dass die Risiken aus der Anwendung von KI teilweise menschengemacht sind, teilweise verhindert werden können und insgesamt durch eine verantwortungsvolle Nutzung besser eingehegt werden können. Hier kommt nun, was Sie konkret dafür tun können:

Geben Sie keine persönlichen und vertraulichen Daten preis

Persönliche Daten wie Namen, Adresse, Telefonnummer, E-Mail, aber auch firmenvertrauliche Informationen haben in KI-Systemen insgesamt nichts zu suchen. Wenn Sie z. B. Maxi für das Verfassen oder Korrigieren von E-Mails nutzen möchten, nehmen Sie sich bitte die Zeit und anonymisieren Sie die sensiblen Inhalte.

In den KI-Systemen werden Name, Kontaktdaten, Eingaben im Chatfenster, hochgeladene Dateien und Feedback auf die Antworten gesichert. Dies erfolgt zum Zweck des weiteren Trainings des Modells, d. h. die Informationen werden nicht passiv gespeichert, sondern könnten theoretisch nochmal irgendwo wieder auftauchen. Wie wahrscheinlich das ist, steht in den Sternen. Ein Anhaltspunkt: Selbst die große Menge an Materialien der New York Times, die eine Klage gegen OpenAI erhoben hat, entsprach nur einem unteren einstelligen Prozentsatz der Trainingsdaten.

Zudem können Sie in den Einstellungen (»Settings«) von ChatGPT, die Sie in Ihrem Profil finden, unter dem Menüpunkt »Data Controls« ausschalten, dass Ihre Daten dazu verwendet werden, ChatGPT für die Nutzer besser zu machen (schöner Euphemismus!). Ähnliche Einstellungen gibt es bei anderen LLMs. Bei ChatGPT hat das allerdings den Nachteil, dass Ihre Chats für Sie nur 30 Tage im Zugriff sind – danach werden sie gelöscht. Wollen Sie dies verhindern, gibt es derzeit noch eine Möglichkeit: Sie müssen über »Learn More« im gleichen Fenster auf die Datenschutzerklärung gehen und dem dort hinterlegten Prozess folgen.

Zudem können Sie noch zahlreiche andere Gegenmaßnahmen ergreifen. Hier ein paar Beispiele:

- Zunächst können Sie sich mit einer Mail-Adresse anmelden, die keinen Rückschluss auf Ihren Namen oder Ihre Firma zulässt.
- Ferner achten Sie darauf, dass Sie auch Ihre Prompts anonym verfassen oder Namen verfälschen.
- Dazu können Sie unter gewissen Umständen den Inkognito-/Privat-Modus Ihres Browsers nutzen, ggf. zusätzlich noch einen VPN-Zugang zum Internet nutzen.

Verlassen Sie sich nicht blind auf AI

Hinter künstlicher Intelligenz versteckt sich kein Mensch, ganz egal, wie real sich Unterhaltungen mit Chatbots und dergleichen anfühlen mögen. Hier nochmal der Appell: Prüfen Sie die Ergebnisse dieser Tools immer auf ihre Richtigkeit – insbesondere bei Rechercheaufgaben und wenn sich das Ergebnis sehr kompetent anhört! Wenn Sie das Gefühl haben »Zu schön um wahr zu sein!«, dann ist es das häufig auch: nicht wahr!

Nutzen Sie vertrauenswürdige Anbieter für KI-Tools:
Beziehen Sie KI-Tools von seriösen Anbietern und Plattformen. Überprüfen Sie die Reputation der Anbieter (durch Search, Lesen der Bewertungen in Fachforen und ggf. auch auf der Download-Plattform) und wählen Sie Tools, die in der Branche anerkannt und gut bewertet sind. Z. B. gibt es immer mehr Anbieter, die sich nur des Logos von OpenAI zum Verkauf ihrer Angebote bedienen, aber nicht OpenAI sind. Daher nutzen Sie immer die offiziellen LLMs von OpenAI (wie z. B. ChatGPT-Webseite, iOS- oder Android-Apps) oder der anderen Anbieter Anthropic, Perplexity, Meta etc.

Wenn Sie die derzeit besten Tools für eine Spezialaufgabe mithilfe von Maxi suchen, sparen Sie sehr viel Zeit beim Ausprobieren, wenn Sie zunächst auf Nummer Sicher gehen: Geben Sie Ihre Anforderungen an das Tool für die Spezialaufgabe in mehrere LLMs ein und vergleichen Sie die Ergebnisse. Dann gleichen Sie dies ab mit dem, was in vertrauenswürdigen Blogs oder Toolvergleichen über die Top 3 aus dem vorherigen Schritt geschrieben wird. Und zwar bevor Sie auf die jeweiligen Webseiten gehen, ganz begeistert sind und ein (Probe-)Abo abschließen. Glauben Sie mir, ich spreche aus Erfahrung 🙈!

Überprüfen Sie die Datenschutzrichtlinien:
Lesen Sie die Datenschutzrichtlinien der KI-Tools, die Sie verwenden möchten, sorgfältig. Stellen Sie sicher, dass sie den geltenden Datenschutzstandards entsprechen und Ihre Daten angemessen geschützt werden. Und wenn Sie – wie so viele – kein Datenschutzexperte sind: Es gibt verschiedene Angebote, mit denen Sie die Datenschutzrichtlinien online (von einer KI!) prüfen lassen können!

Ethische Bewertung von KI-Anwendungen:
Oben in Abschnitt 3.4.5 haben wir schon Anregungen gegeben, welche ethischen Richtlinien Sie für sich formulieren können. Belassen Sie es nicht bei unseren Anregungen – etablieren Sie Ihren eigenen ethischen Rahmen für den Einsatz von KI. Wenn Sie nicht wissen, wie Sie anfangen können, fragen Sie Maxi (ja, die Ironie ist mir nicht entgangen!). Und nachdem Sie sich ja nicht ungeprüft darauf verlassen, ist es aus meiner Sicht nicht naiv, Ihre Überlegungen loszutreten mit einem Prompt wie:
»Mir ist Privatsphäre sehr wichtig – meine und die der anderen. Welche Leitlinien sollte ich mir zur Nutzung von LLMs als normaler User setzen, um diesen Wert aufrecht zu erhalten?«

Das Ergebnis war bei mir eine sehr gut nutzbare Achtpunkteliste, die ich noch leicht überarbeitet habe. In's Checklistenformat gebracht, kann ich immer wieder prüfen, ob meine KI-Nutzung oder die Vorschläge von Maxi mit diesen Standards in Einklang stehen und nehme gegebenenfalls Anpassungen vor. Mehr dazu finden Sie in Kapitel 5: »Kritisches Hinterfragen«.

3.7 DIE PERSÖNLICHEN TIPPS UNSERER »PIONIERE DES WANDELS«

Eingangs haben wir sie kurz erwähnt und Sie konnten sie schon auf den inneren Umschlagseiten bewundern – die »Pioniere des Wandels«: Dies ist eine Gruppe von rund 40 führenden Fachkräften aus den Bereichen IT, HR und der allgemeinen Unternehmensführung, mit denen ich in den letzten Jahren Interviews geführt habe, und zwar zu folgenden Fragen:

- Was sind die Dimensionen der Digitalen Transformation in Ihrem Unternehmen allgemein und in Ihrem Team?
- Hat sich Ihre Rolle in den letzten Jahren verändert in Bezug auf Transformation? Und wie könnte sich diese Rolle weiterentwickeln? Zum Beispiel im Verhältnis zu General Management und HR?
- Was sind/waren die größten Herausforderungen bei der Durchführung Ihres Auftrags?
- Welche Initiativen/Maßnahmen sehen Sie zur Bewältigung dieser Herausforderungen dabei im Vordergrund und warum?
- Was sind dafür vielversprechende Tools/Ansatzpunkte? Gibt es Erfolgsrezepte?
- Wie messen Sie dabei den Erfolg?

Anfangs noch so allgemein gehalten, haben wir die Gespräche immer stärker auf die KI-Transformation zugespitzt und – ob ihrer Neuartigkeit – auch die Profis gefragt, was ihr Erfolgsrezept ist für die persönliche Aufgabe, sich jetzt nochmal mit einer neuen Technologie auseinander setzen zu müssen. Hier finden Sie einige ihrer Tipps:

Harald Greiner, der lange Zeit seines Berufslebens als führender Kopf der IT bei der Holtzbrinck Mediengruppe verbracht hat, schließt an sein Thema von oben mit dem Bildungsabschluss an:

Ich glaube der Hack, den ich nennen würde, ist einmal das lebenslange Lernen. Also ich glaube, bei KI ist das noch mal viel wichtiger, weil es viel schneller geht. [...] einen Bildungsabschluss. Ich finde es das dümmste Wort, das es eigentlich gibt in der deut-

schen Sprache, weil wieso sollte Bildung abgeschlossen sein? Ich bin jetzt 57 und freue mich immer über jedes neue Tool, das ich mal angucken kann oder sonst irgendwo was lernen kann. Und der 70-jährige soll es gefälligst auch tun. Also ich glaube wir haben eine Gesellschaft, wo man sich ständig weiterbilden muss. Und bei dem KI-Thema haben wir ja die besondere Herausforderung, dass die Geschwindigkeit, mit der das passiert, durch dieses exponentielle Wachstum oder Geschwindigkeit für uns superschwer zu verarbeiten ist. Am Anfang geht alles ganz langsam. Ja, wir kennen das ja vom Schachbrett: Irgendwann explodiert es. Und von dem her, glaube ich, ist jedem gut geraten, vielleicht als Hack, mit seinen, wenn er größere Kinder hat, sich mit den Kindern, Jugendlichen und jungen Erwachsenen zu unterhalten, was die da alles tun, weil für die ist das total natürlich, damit aufzuwachsen.«

Als wenn es ein Gespräch gewesen wäre, schließt Dr Wolfgang Hildesheim, zuständig für die KI »Watson« von IBM im deutschsprachigen Markt, direkt an:

»Doch, das ist bei mir genauso. Obwohl ich ja KI-Experte bin, ist es schon so, dass die neuesten und schicksten und coolsten Sachen lerne ich eigentlich oft über unsere jungen Kollegen [...] oder auch meinen Sohn. Da gucke ich mir gerne viele Dinge an, ab und lerne davon. [...] Das ist einer der wesentlichen Aspekte, die mich jung halten«.

Gero Hesse, CEO der Agentur Embrace, mit seinem legendären Podcast »Saatkorn« Meinungsführer zum Thema »Employer Branding«, »Recruiting« und »Retention« und mit stringenter HR-Ausrichtung unverdächtig, ein Techie zu sein, erzählt so von seiner persönlichen KI-Transformation:

»Also, mein bester Tipp ist, entdecke doch das Kind in dir wieder und fange an, damit rumzuspielen. Und das kann man auch im beruflichen Kontext machen. Ich habe aber erstmal mit ganz anderen Sachen angefangen, vor allen Dingen habe ich mit Sachen getestet, die ich selber kannte. Also habe ChatGPT gesagt, schreib mir doch mal eine Biografie, jetzt in meinem Fall von der Rockband XY, weil die kenne ich, da weiß ich auch, was dabei rauskommt. Stimmt das, stimmt das nicht? So, und dann kann man natürlich mit dem Prompten rumspielen und gucken, aha, okay, was kommt als Erstergebnis raus, wie kann man es verfeinern, was kommt dann als nächstes? [...] So habe ich mich dem angenähert, gar nicht so mit dem Job, sondern erstmal mit Dingen, die mich hobbymäßig interessieren. Und ich bin da gar nicht immer so sofort dabei. Ich habe mir das erstmal angehört, angeschaut und dann irgendwann selber angefangen. Aber dieses selber anfangen und ausprobieren, das ist der Weg.«

Stefan Latuski, der CIO der Bundesagentur für Arbeit, erkennt auch an, dass die KI-Transformation selbst für jemanden in seiner Position ein bewusster und nicht selbstverständlicher Prozess ist. Er berichtet:

»Ich bin offen für Veränderungen und neue Technologien und akzeptiere, dass KI eine immer größere Rolle in verschiedenen Lebensbereichen spielen wird. Das bedeutet nicht, dass ich alles positiv betrachte. Es ist wichtig, die Auswirkungen auf Gesellschaft, Ethik und Privatleben kritisch zu reflektieren und sich der potenziellen Risiken und Herausforderungen bewusst zu sein. Nur so können wir uns für einen verantwortungsvollen Umgang mit KI einsetzen. Das eine tun und das andere nicht lassen! [...] Letztendlich ist die persönliche Transformation im Kontext der KI nicht nur eine Frage der technischen Fähigkeiten, sondern auch der Einstellung, des Mindsets und der Bereitschaft zur Veränderung. Wer sich aktiv mit den Möglichkeiten und Herausforderungen von KI auseinandersetzt und entsprechende Schritte unternimmt, wird sich persönlich weiterentwickeln und mit den Veränderungen umgehen.«

Dr. Michael Müller-Wünsch, CIO des Versandhändlers Otto, hatte sich sogar schon in seiner Doktorarbeit in den 1980er-Jahren mit KI beschäftigt. Aber die Umstellung auf die persönliche Nutzung von GenKI war bei ihm auch nicht ohne Probleme:

»Was ich entlernen musste, war, es braucht nicht zehn Jahre Vorbereitung, um über einen Prompt ein mickriges Ergebnis zu produzieren. Nein, du konntest ›in a split second' Ergebnisse generieren, die unvorstellbar waren und die auch schon eine Qualität hatten, die beeindruckend war.«

Ansonsten ist seine Begeisterung ungebrochen – trotz oder wegen des immensen Fachwissens, das er aufweist:

[... im Übrigen betrachte ich das so,] dass dieses Prompting, diese Interaktion mit Large Language Modellen das Gleiche ist, als ob ich eine Sprache lerne. Und was für eine Großartigkeit kann entstehen? Wie freut man sich, wenn im italienischen Restaurant das Personal einem dann antwortet, sich freut, dass man sie auch in ihrer eigenen Persönlichkeit trifft, in ihrer eigenen Emotionalität trifft. Und das Gleiche musst du dir bei Prompting und GenAI vorstellen: Wie großartig ist es, wenn es mir gelingt, die Fragen und Texte so zu formulieren, dass dann etwas Tolles draus entsteht! Dann freut man sich selbst darüber, und dann hat man ein so emotional hoch aufgeladenes Erfolgserlebnis, dass man dann merkt, dass Technologie – sinnvoll und verantwortungsvoll eingesetzt – wirklich ein Enabler zum Besseren wird.«

Thomas Schultz-Homberg, CEO (also Vorsitzender der Geschäftsführung) der Kölner Stadtanzeiger Medien, ist von Haus aus kein Informatiker, sondern Journalist. Sein Weg hin zu digitalen Technologien ist daher besonders interessant:

»Ich habe mich autodidaktisch transformiert oder sagen wir mal so, transformieren müssen, weil ich bin in dieses ganze Thema ›Technologie‹ mehr oder minder reingestolpert vor Jahrzehnten, als diese Dotcom-Blase platzte und man irgendeinen Doofen gesucht hat, der das plötzlich über Nacht überhaupt nicht mehr sexy gewesene Internet irgendwie weiter betreibt. […]. Ich habe ein Grundinteresse für Technologie schon immer gehabt, aber ich habe dann eben autodidaktisch mir das alles reingezogen und mache das bis heute. Ich lese jeden Tag, jede Nacht, wann immer ich Zeit dafür habe, sehr, sehr viel über diese Dinge. Ich lese Marktberichte, Analysen, irgendwelche Blogs, irgendwelche Plattformen, Bücher etc. pp., weil ich der Meinung bin, nur durch lebenslanges Lernen kommen wir weiter. Und vor allen Dingen gerade in so extrem hochfrequenten Transformationsphasen, wie wir sie jetzt haben, gerade bei KI, ist jeder Tag, an dem du nicht mindestens mal einmal quer durch Heise gelesen hast, ein verlorener Tag, weil da hast du schon wieder drei neue Sachen verpasst.«

Merlin Bauer, Head of Data Platforms beim Schweizer Medienkonzern Ringier, appelliert dabei auch an etwas Augenmaß. Statt wildem Aktionismus schlägt er vor, sich mit neuen Technologien erstmal in Ruhe vertraut zu machen. Und sich auch danach nicht zu stressen, alles gelesen haben zu müssen. Stattdessen empfiehlt er eine Auswahl von drei bis fünf persönlich wichtigen Quellen.

Zu guter Letzt weist Dr. Andreas Hamprecht, Leiter der IT und CIO bei der DB Regio AG, noch auf die Wichtigkeit des realen, persönlichen Mehrwerts als sein Erfolgsrezept hin:

»Der Kernfrage ›what's in it for us?‹ nachgehen. Das hilft, den werthaltigen Kern von kontroversen Hype-Themen zu identifizieren.«

Hartmut Müller, Chief Transformation Officer des Software-Unternehmens ServiceNow, hat diesen Mehrwert für sich schon gefunden:

»Es gibt einfach immer wieder Sachen, die ich persönlich richtig gut finde. Ich habe vor kurzem mal gefragt, wie funktioniert eigentlich so ein digitaler Zwilling zu mir und wie würde mein eigenes Large Language Model funktionieren? Also im Sinne

von »Ich habe einen digitalen Zwilling, der lernt über meinen Output, der hört sich zum Beispiel so einen Podcast hier an und ist danach in der Lage, wenn er sich fünf, sechs Podcasts angehört hat von mir, Fragen in meiner Weise zu beantworten. Und als zweites ist er dann noch in der Lage, viele Daten, die in diesem Kosmos des Internets sind, oder Bücher zu lesen, und dieses Wissen wiederum in den digitalen Zwilling zu geben und dann auch wieder Antworten zu geben [, die sich aus dem zusätzlichen Wissen und dem eigenen Wissen zusammensetzen und im persönlichen Stil verfasst werden]. Also ich finde, die Zukunft sieht ganz gut aus, so gesehen! Man muss nur so einen Zwilling auch noch kontrollieren können!«

Schöne neue Welt! Sie könnten dann also in Zukunft Ihren digitalen Zwilling für sich lesen und lernen lassen. So gesehen wäre es jetzt das letzte Mal, dass Sie sich dazu überwinden müssen. Das ist doch eine gute Perspektive, oder? Wenn der digitale Zwilling dann nur auch noch Sport und Hausarbeit machen könnte – siehe diesen Stoßseufzer, gefunden auf LinkedIn:

3.8 DAS ENDE DER GESCHICHTE VON SYLVIE UND BERNHARD

Wollen Sie wissen, wie es mit Sylvie und Bernhard, mit Annemarie und Hartmut weitergegangen ist? Ob sie ihre goldene Hochzeit feiern konnten?

Einschub 32: Auflösung der Geschichte von Sylvie und Bernhard

In aller Kürze hier, was passiert ist:

»Auftragsgemäß« setzt sich Sylvie, die beschäftigte Mutter, die nun allein die Feierlichkeiten zur Goldenen Hochzeit ihrer Eltern organisieren muss, am nächsten Tag, einem Sonntag, an den Tisch und nutzt die KI-Tools, die sie sich am Vorabend zusammen mit ihrem Sohn Hannes zurechtgelegt hat. Genau entsprechend dem Plan geht sie vor, Aufgabe für Aufgabe mit Hilfe von KI abzuarbeiten. Anfangs muss sie sich häufig noch der Unterstützung von Hannes bedienen (zum Beispiel um einen wirklich passenden Einladungstext zu erhalten). Aber Stückchen für Stückchen wird sie immer versierter. So hat sie, nach nur drei Stunden Arbeit, bereits an alle Gäste grafisch ansprechende Einladungen als PDF bzw. als Brief versendet. Die dafür (in Canva.ai) entworfenen Layouts hat sie gleich schon umgeformt in Karten für den Programmablauf und das Menü, sowie für den Titel des Gästebuchs. Alles, was es grafisch zu gestalten gibt, ist also innerhalb des ersten Tages erledigt.

Als nächstes Thema nimmt sich Sylvie das Essen vor. Nicht, weil das so dringend wäre, sondern weil sie langwierige Abstimmungen zwischen ihren Eltern fürchtet. In der Vergangenheit gab es immer sehr diffuse und teilweise auch kontroverse Diskussionen. Nachdem sie jetzt so richtig auf den Geschmack gekommen ist, bedient sie sich hier wieder ChatGPTs: Sie gibt die ihr bekannten (unterschiedlichen!) Essensvorlieben Ihrer beiden Eltern ein und beschreibt die Möglichkeiten des Restaurants, das ihre Eltern schon ausgesucht hatten, durch Mitgeben des Links zu seiner Webseite im Prompt. Zehn Sekunden später hat sie drei verschiedene Menüvorschläge, die Sylvie mit großem Stolz schon am übernächsten Tag ihren Eltern zur Auswahl vorlegt. Mit so konkreten Vorschlägen beschenkt, geht die Diskussion schnell. Annemarie, ihre Mutter, sieht, dass nun endlich was passiert und ist stolz auf die Fähigkeiten und den Zeiteinsatz ihrer Tochter. Sylvie genießt und schweigt über ihre geheime Unterstützung – nur Hartmut, ihr technologieaffiner Vater, schmunzelt verschmitzt.

Am nächsten Tag, als Sylvie wieder Gelegenheit hat, sich um die Organisation des Events zu kümmern, nimmt sie sich das Thema Programmablauf vor und wiederholt das Verfahren vom Menü: Die Erwartungen ihrer beiden Eltern, die diese durchaus deutlich äußerten, gibt sie in ChatGPT ein und bittet die KI darum, ein oder zwei Varianten eines Programms zu machen, das die Vorstellungen von beiden vereint. Als zusätzliche Randbedingungen gibt sie mit, dass es sich um 100 Leute handelt, das Programm wetterfest sein soll und zu berücksichtigen ist, dass 50 % der Gäste über 60 Jahre alt sind. 20 Sekunden später hat sie genau zwei sinnvolle Vorschläge, die sie noch leicht überarbeitet in ein Word-Dokument überführt, um dies dann ihren Eltern vorzustellen. Auf Basis dieser beiden Vorschläge kommen die beiden wieder schnell zu einer Einigung.

Zeitgleich trudeln auch schon die Zusagen ein. Vielleicht haben Sie sich vorher gewundert, warum Briefe und E-Mails verschickt worden sind. Das liegt daran, dass Sylvie für alle, die digitalaffin sind, einen Link eingefügt hat, um die Zusagen in einem Online-Tool zu sammeln. Dieses hat – wiederum durch KI unterstützt – automatisch eine Umfrage mit den richtigen Fragen für die Organisation des Events erstellt: »Mit wie vielen Personen kommt ihr? Seid ihr für alle Teile des Programms da? Gibt es Lebensmittelunverträglichkeiten?«. Das Tool denkt an alles – ohne dass sich Sylvie mühsam den Kopf zermartern muss, welche Informationen sie braucht. Das Ergebnis kann als Excelliste exportiert werden, die Sylvie dann zu ChatGPT hochlädt und danach das LLM dazu befragt: »Wie viele Menschen haben wir zum Mittagessen am Sonntag noch dabei? Wie viele vertragen kein Gluten? Wie viele Kinder haben wir unter 12 Jahren?« Kein ständiges Auszählen mehr, keine Zettelwirtschaft, kein Durcheinander der Zusagen. Das Einzige, das sie noch hinzufügen muss, sind die Antworten.

Verbleiben eigentlich nur noch die Bestellungen im echten Leben. Aber selbst dort ist ChatGPT eine große Hilfe: Nur so zum Spaß, obwohl sie es selber weiß, fragt Sylvie ChatGPT, in welcher Reihenfolge die Bestellungen für Essen, Getränke, Blumenschmuck und Musik stattfinden müssen. ChatGPT wirft ihr eine detaillierte Liste aus, versehen mit genauen Daten, da die KI inzwischen gelernt hat, an welchem Datum die Goldene Hochzeit stattfindet.

Zehn Tage vor der Goldenen Hochzeit meldet sich nun auch Bernhard noch mal. Er scheint ein schlechtes Gewissen zu haben und nuschelt: »Demnächst ist ja die Goldene Hochzeit, was kann ich denn da noch tun?«. Voller Stolz und mit einer gewissen Genugtuung gegenüber ihrem großen Bruder sagte Sylvie: »Nichts, das habe ich schon mit KI organisiert.«

4

4. KI-Transformation für Organisationen

- Nachdem Sie Ihre eigene Aufgabenlast mithilfe von KI verringert haben, geht es nun daran, diese Vorteile auf Organisationen auszudehnen.
- Hier werden Ihnen Widerstände begegnen – wir geben Ihnen Mittel an die Hand, diese abzuschwächen oder auszuräumen.
- Eine weitere Erfolgsvoraussetzung ist ein fruchtbarer Boden, gedüngt mit wachstumsorientierter Denkweise, Innovationskultur, transformationaler Führung, Datenzentrierung und Anschlussfähigkeit an neue Technologie.
- Dazu gehört auch eine gute KI-Strategie. Wir führen Sie den Prozess entlang und empfehlen, mit Piloten zu starten.
- Dies mündet meist in eine systematische KI-Transformation, deren Stoßrichtungen und passenden Prozesse wir darstellen.

Im vorherigen Kapitel haben wir herausgearbeitet, wie Sie sich selbst in Ihrer Arbeitsweise KI-transformieren und damit zukunftsfähig machen können, im privaten und/oder im beruflichen Umfeld.

Für viele von Ihnen und uns ist es damit aber nicht getan. Denn wir haben Verantwortung für verschiedene Organisationen und ihre Mitglieder. Hier nur ein paar Beispiele:

- Als Manager für Unternehmen und die eigenen Mitarbeitenden
- Als verantwortungsbewusste:r Mitarbeiter:in für das Unternehmen
- Als Lehrer:in für die Schüler:innen und ggf. eines Teils des Kollegiums
- Als Direktor:in einer Behörde für die Mitarbeiter:innen und dafür, dass die Bürger:innen ihre Anliegen effizient erledigen können
- Als Mitglied oder gar Vorsitzende:r eines Vereins dafür, dass die wichtige Vereinsarbeit so wenig Zeit wie möglich der ehrenamtlich Helfenden verschlingt und gleichzeitig ihren Zweck bestmöglich erfüllt (und das Gleiche gilt gerade jetzt auch für Parteien!)
- Als Freiberufler:innen, wie z. B. Ärzte, dafür, dass sie die Qualität der wesentlichen Dienstleistung, z. B. Heilung, optimieren und den administrativen Teil (wie Abrechnung) mit Hilfe von digitalen Tools und KI auf ein Minimum reduzieren.

Ich bin mir sicher, Sie können diese Liste noch weiterdenken und kommen spätestens dann auf eine Fallgruppe, die Sie unmittelbar persönlich betrifft.

In den folgenden Abschnitten wenden wir uns nun an Sie in dieser Rolle: Als der-/diejenige, die Verantwortung trägt für andere Menschen. Und aus dieser Verantwortung speist sich auch die Dringlichkeit. Denken Sie nur an den altbekannten Spruch:

»AI will not replace you. But some other person, using AI, will.«
(KI wird Sie nicht ersetzen. Aber jemand, der KI nutzt, wird es tun.)

Wollen Sie weiterhin Manager, Lehrer:in, Vorsitzende:r, Direktor:in etc. bleiben? Wollen Sie ausreichend Freiräume haben für den für Sie wesentlichen Teil Ihrer Tätigkeit und den administrativen Teil reduzieren? Wollen Sie weiterhin gute Arbeit machen und als Kolleg:in hoch angesehen werden, der/die Teil der Zukunft ist? Wollen Sie Struktur und noch weitere Unterstützung bekommen, um gute Entscheidungen für Ihr Team zu treffen?

Dann lesen Sie gleich weiter in diesem Kapitel. Denn solange Sie sich gerade nicht damit beschäftigen, wie Sie Ihr Team in die Zukunft mitnehmen können, tut es ein:e andere:r und wird zur neuen Leitfigur.

Und um nochmal den großen Bogen zu spannen: Wir sind gerade im Jahr

2024. Die Demokratien Europas stehen massiv unter Druck, auch von innen. Dies vor allem von den Rändern, von Parteien, deren Mitglieder sich von der aktuellen Politik – zumeist sogar vom aktuellen System – abgehängt fühlen. Wenn wir das demokratische System jedoch bewahren wollen, müssen wir (natürlich grob vereinfacht!) zwei Dinge sicherstellen:

- dass das System mit der Zeit geht
- und dass sich weniger Menschen abgehängt fühlen.

Daraus folgt, dass es Pflicht jedes einzelnen Bürgers und jeder einzelnen Bürgerin ist, zum Schutz unserer Demokratie, uns selbst vorsichtig zu verändern und anschließend diejenigen in diesen Prozess einzubeziehen, die unter unserer Verantwortung stehen oder auf die wir zumindest einwirken können.

Wie in Kapitel 1 schon ausgeführt, können wir uns auch nicht aus dieser Bürgerpflicht schleichen:

1. Der Staat wird es vermutlich nicht für uns tun.
2. Die Wirtschaft und die Wirtschaftsverbände schicken sich aktuell auch nicht dazu an, haben sie doch (vermeintlich) andere Sorgen in der post-COVID-Ära, mit Energiepreisschwankungen, mehreren Kriegen, die die Lieferketten durchbrechen, und vielen anderen Erschwernissen. Und siehe da: Nach einer aktuellen Umfrage des ifo Instituts setzen lediglich 13,3% der Unternehmen in Deutschland aktiv KI ein[29].
3. Und auch der eine Kollege / die eine Kollegin, die in Ihrer Organisation, in Ihrem Unternehmen schon ChatGPT nutzt, langt nicht! Denn: Die meisten Nutzungen sind sehr oberflächlich. Und sehr punktuell: Vielleicht wird mal ein Tipp weitergegeben, der fällt aber nur auf fruchtbaren Boden bei den Kolleg:innen, die ohnehin schon interessiert sind. Die anderen verbleiben auf ihrer Position. Das können wir, wenn wir Verantwortung haben für die Zukunftsfähigkeit unserer Organisationen, nicht tolerieren. Es sei denn, wir seien verantwortungslos und nur am eigenen Wohl interessiert. Und hierfür gilt ein weiterer altbekannter Spruch:

»Kann man so machen, ist dann aber halt kacke.«

Und ich muss eines zugeben: Selbst mir, die ich dachte, unser Unternehmen sei schon KI-transformiert, sind bei der Erstellung dieses Buches nochmal ganz neue Horizonte aufgegangen. Haben Sie also schon Potenziale der KI-Transformation entdeckt und realisiert, geben Sie sich nicht zufrieden damit!

Durch die schnelle Vergrößerung der Fähigkeiten der KI können Sie am Ende einer Potenzialanalyse und der Umsetzung der daraus gewonnenen Chancen gleich wieder mit der nächsten Runde anfangen.

Ist das anstrengend? Ja, sicher!

Ist das cool? Auch das!

Denn Sie können mit Ihrer eigenen Arbeit immer mehr Wert schaffen und immer mehr stupide, monotone, langweilige Tätigkeiten (»monkey work«) auf KI delegieren. Bei diesem Appell bekomme ich Unterstützung vom »Grand Seigneur« der deutschen IT-Szene, von Dr. Michael Müller-Wünsch, CIO von Otto. Er sagte in unserem Interview ganz klar:

»Es wird eine Form dieser Technologie [KI und insbesondere GenKI] Einzug in unser aller privates und unternehmerisches Leben geben. Und ich finde es fahrlässig, sowohl für die jungen Menschen, aber auch für die Unternehmen, wenn man sich damit nicht auseinandersetzt und wenn man sich nicht damit engagiert, und Zeit investiert, vielleicht auch Geld investiert. Es fällt nicht vom Himmel. Es ist mühselig. Das ist das gleiche, wenn ich ein Musikinstrument lernen will, dann werde ich nicht sofort den tollsten Blues und das tollste Klavierkonzert spielen können. Ich muss auch ein bisschen üben, ein bisschen lernen. Aber wenn ich das dann mal hinbekomme, dann kann es, wenn ich dann das Musikstück schön gespielt habe oder meine andere Fertigkeit entwickelt habe, dann kann es ein ganz belohnendes Erlebnis werden.«

Und bitte, denken Sie immer daran: Eines Tages könnte das Überleben Ihres Unternehmens, Ihres Vereins, Ihrer Praxis, die Sie vielleicht schon in 2. Generation führen, davon abhängen, dass Sie alle Potenziale von KI nutzbar gemacht haben.

4.1 DIE HÄUFIGSTEN WIDERSTÄNDE UND WIE SIE IHNEN BEGEGNEN

Sie mögen jetzt fragen, warum wir hier nochmal darauf eingehen, warum das so schwer ist. Anstatt gleich auf die Lösungen einzugehen, wie man das macht. Die Antwort ist einfach: Wenn Sie für eine Organisation zuständig sind, die Sie mit KI in der Breite besser machen wollen, werden Ihnen Widerstände begegnen. So, wie uns in den letzten 20 Jahren, und all unseren Interviewpartnern aus der Serie »Pioniere des Wandels« in ihrer langjährigen beruflichen Praxis. Wir sind inzwischen nicht nur Pioniere des Wandels, sondern Expert:innen im Umgang mit Widerständen. Dies wollen wir Ihnen mitgeben: In diesem Abschnitt 4.1.1. in Form des Erkennens und Behandelns von Einwänden, weiter unten dann im Abschnitt 4.2.3. als Teil Ihres Plans zur KI-Transformation.

4.1.1 Digitale oder KI-Transformation: Worüber reden wir hier eigentlich?

Wie eingangs schon dargestellt, sind die Erfahrungen mit und die Fortschritte bei der Digitalen Transformation in den letzten Jahrzehnten nicht so gewesen, dass wir stolz drauf sein könnten. Sie erreichen, wenn wir ehrlich sind und uns die Daten ohne Schutzreflexe ansehen, nicht die Qualitätsstandards dafür, was wir sonst unter »Made in Germany«, »Hidden Champion«, »Exportweltmeister« oder ähnlichen Attributen verstehen, mit denen wir uns gern schmücken.

Warum wir uns bisher in der Digitalen Transformation so schwertun, haben wir in mehreren Studien (2017 bis 2022) und in rund 40 qualitativen Interviews in den Jahren 2021 bis 2024 untersucht. [Anmerkung: Da unsere Ergebnisse im Wesentlichen in Übereinstimmung mit den Studien vieler anderer Autor:innen sind, haben wir uns dazu entschieden, Ihre Zeit zu schonen und auf eine umfangreiche Literaturdarstellung zu verzichten.] Dieser zeitliche Vorsprung ist nun ein großer Vorteil, da wir aus diesen Studien und den Jahren der praktischen Erfahrung mit der Digitalen Transformation lernen können. Auch, wenn es jetzt um KI-Transformation geht. Denn die KI-Transformation ist wesensmäßig nicht anders als die Digitale Transformation:

Digitale Transformation ist nur ein Oberbegriff

In den letzten Jahren gab es schon so viele Digitale Transformationen, dass mir Einige (natürlich ungefragt) dazu geraten haben, mein Tätigkeitsfeld anders zu nennen. Tatsächlich hängt der Begriff vielen Menschen zum Halse heraus. Aber darauf kann man keine Rücksicht nehmen, da er ja das, was zu tun ist, zutreffend beschreibt:

Mehrere Dynamiken wirken auf uns ein, bei denen es mit einer kleinen Veränderung unter ansonsten weitgehender Beibehaltung unserer Verhaltensweisen nicht getan ist. Stattdessen braucht es eine umfassende Reflexion darüber, wie wir uns verhalten, was wir anbieten, was wir dafür nutzen, wie wir unser Geld verdienen, wie wir »Wert« definieren, welche Folgen unser Tun haben darf, wie wir mit unseren Stakeholdern (z. B. Kund:innen) umgehen wollen etc.

Das, aus meiner Sicht, ist Transformation: Das konsequente Durchdenken (und entsprechendes Verändern) unseres Verhaltens und/oder Geschäftsmodells in all seinen Facetten vor dem Hintergrund der neuen Umstände. Seien diese Umstände das Aufkommen neuer Technologien (digital oder KI), ein

Zwang zum schonenderen Umgang mit Ressourcen (Nachhaltigkeit) oder eine nachteilige Entwicklung der Demografie (Arbeiterlosigkeit).

In der Digitalen Transformation (also der konsequenten Abbildung von Informationen in Nullen und Einsen) gab es bisher schon viele Unterbereiche, die aufgrund neuer Umstände das konsequente Durchdenken des Verhaltens und/oder des Geschäftsmodells erzwungen haben: »mobile first«, Cloud-Migration, Einzug von »direct to consumer (DTC)«-Modellen u. V. m. Nichts anderes gilt für KI: Sie führt zu neuen Umständen für die Wirtschaft, die nach sich ziehen, dass wir unsere Wertschöpfung mit den Einsen und Nullen konsequent durchdenken sollten, um auf die neuen Umstände komplett abgestimmt zu sein.

Digitale Transformation bedingt KI-Transformation und sie gehen ineinander über

Ohne Digitale Transformation gibt es keine Daten. Ohne Daten kann KI nicht ihr volles Potenzial entfalten. Am besten hat das Wolfgang Hildesheim von IBM, auf den Punkt gebracht:

»Digitalisierung bedeutet ja, dass man Informationen digital speichert. Anders als davor, als man Papier genutzt hat, weiterreicht, stempelt, beschreibt und so weiter. Wenn ich dann einzelne wichtige Dinge digital speichere […], habe ich einen Prozess, in dem Papier und Software gemischt werden. Schreitet man dann weiter fort, kommt man zu einem Prozess, der hauptsächlich softwarebasiert ist, in dem Menschen die Entscheidungen in einer Software treffen (»man in the loop«). Im nächsten Entwicklungsschritt jedoch, der Automatisierung, komme ich dazu, dass einzelne Entscheidungen von künstlicher Intelligenz statt von natürlicher Intelligenz, also dem Menschen, getroffen werden und der Mensch dies am Ende kontrolliert. Bis zu einem vollständig automatisierten Prozess, in dem die Menschen gar nicht mehr eingreifen, sondern den Prozess nur noch überwachen (»man on the loop«). Ich mache daher zwischen Digitalisierung, digitaler Transformation und KI-Transformation keinen großen Unterschied, sondern das ist eine ganze Bewegung, eine kontinuierliche Entwicklung.«

Digitale Transformation und KI-Transformation haben die gleiche Struktur

Seit 20 Jahren besteht meine Mission darin, Menschen zu befähigen, mithilfe der neuesten Technologie ein gutes, erfolgreiches und nachhaltiges (im Sinne von zukunftsfähiges) Arbeitsumfeld zu schaffen. Sehr häufig haben wir dabei gesehen, dass die beste Software überhaupt nichts bringt, wenn Menschen sie nicht einsetzen. So war es bei digital, bei mobil – und genauso ist es mit KI.

Thomas Kleine-Möllhoff, zur Zeit unseres Interviews Country Lead Digital bei Pfizer, fasste das so zusammen:

»Digitalisierung wird durch Technik gemacht, Digitale Transformation wird durch den Menschen gemacht. Das ist extrem wichtig im Hinterkopf zu behalten. Und deswegen ist für mich diese Transformation, durch die wir gehen, ebenfalls begleitet durch dieses klassische magische Dreieck »People, Process and Technology«. Es betrifft alle drei Dimensionen gleichermaßen. Es ist eben nicht nur die Technologie, sondern es sind auch Prozesse, es sind Organisationsformen und es sind die Menschen. Und das gilt gleichermaßen für die KI-Transformation.«

Die typischen Phasen der Digitalen Transformation kommen auch bei der KI-Transformation zum Vorschein: Zunächst gibt es eine Honeymoon-Phase, diese Begeisterung, die am Anfang schnell entsteht. Danach kommt eine Phase der Ernüchterung, die es zu durchschreiten gilt. Diese beiden Phasen sehen wir auch in der KI-Transformation bereits in Unternehmen. Die weiteren Phasen stehen in der KI-Transformation noch aus, aber wenn es so läuft wie bei der Digitalen Transformation, folgt eine Phase der realistischeren Einschätzung, gefolgt von einer Gefährdung der Transformation durch Kostenprogramme und/oder gestiegene Friktion zwischen den »Transformierenden« und den »Transformiert-Werdenden«.

Auf Basis dieser Parallelen ist das nächste Kapitel, das sich dem Widerstand widmet, der Ihnen garantiert entgegenschlägt, wenn Sie sich anschicken, eine Organisation zu transformieren, stark aus der Erfahrung mit der Digitalen Transformation gespeist. Wir wollen Ihnen Argumente und praxisgeprüfte Maßnahmen an die Hand geben, die Sie nutzen können, wenn Ihnen Widerstand begegnet. Dem entsprechend betiteln wir jeden Abschnitt, der in diesem Kapitel 4.1. folgt, mit jeweils einem der zehn erfahrungsgemäß am häufigsten vorkommenden Einwände gegen Transformation. Damit Sie schnell erkennen, was in Ihrem Gespräch gerade passiert und zur Einwandbehandlung ggf. nachschlagen können!

4.1.2 »Transformation? Da muss IT/die Geschäftsführung/HR ran.«

In der Digitalen Transformation stehen Organisationen vor vielschichtigen Herausforderungen. Das Muster, das sich in den letzten Jahren und aus den Aussagen unserer Pionier:innen abzeichnet, zeugt von einem ganzheitlichen Wandel, der sowohl technologische, als auch organisatorische und menschliche Aspekte betrifft. Die Transformation durchzieht daher die gesamte Organisation! Dabei herrscht Einigkeit, dass der menschliche Aspekt die meisten

Herausforderungen bereithält – selbst bei den Führungskräften aus dem Technologiebereich!

Und das ist auch nicht verwunderlich: Wenn wir auf die oben gegebene Definition von Digitaler Transformation zurückkommen, geht es dabei darum, sich die Erfolgsfaktoren für Wirtschaften im Digitalen Zeitalter zu eigen zu machen. Diese sind Kundenzentrierung, Datenzentrierung und Anschlussfähigkeit an neue Technologien.

Kundenzentrierung ist primär eine Frage der Haltung (den Kunden und seine Bedürfnisse ernst nehmen und zum Zentrum des eigenen Handelns zu machen), sekundär eine Frage von Technologie und Organisation (Aufbau und Prozesse): Die Informationen über den Kunden müssen in einem CRM zentral gesammelt und zugänglich sein. Es müssen ausreichend Kapazitäten zur Verfügung stehen, um das CRM zu betreiben und sich für den Kunden zu interessieren. Die Prozesse müssen es ermöglichen, z. B. durch Flexibilität in der Arbeitszeit, noch den Support Case fertig zu machen, ohne dass es zu Lasten des einzelnen Mitarbeitenden geht.

Bei **Datenzentrierung** sieht es ähnlich aus: Ohne die Haltung, sich bei Entscheidungen Daten zu Hilfe zu nehmen, anstatt auf den eigenen Bauch zu hören, gibt es Datenzentrierung nicht. Danach müssen aber auch die technologischen und organisatorischen/prozessualen Voraussetzungen geschaffen sein: Es müssen Daten gesammelt, vorhanden und zugänglich sein. Sie müssen gepflegt und aufbereitet werden – in einem Team oder durch eine Einzelperson, intern oder extern, je nachdem, was adäquat ist. Die Prozesse müssen es leicht machen, diese Daten an der jeweils richtigen Stelle einfach einfließen zu lassen.

Während bei diesen beiden Aspekten die »menschliche Frage« einen großen Anteil ausmacht, ist es bei der **Anschlussfähigkeit an die neuesten Technologien** meines Erachtens ein noch höherer. Denn hier geht es gerade nicht darum, immer die neuesten Technologien wirklich einzusetzen. Sondern dies nur dann zu machen, wenn es nach eingehender Prüfung wirklich technologisch und wirtschaftlich sinnvoll ist. Um das aber zu ermöglichen, muss schon vorher die Haltung und die Fähigkeit, also das Mindset und das Skillset, der Teams vorhanden sein, mit der neuesten Technologie zumindest auf Anwenderniveau umzugehen. Das verstehen wir unter »Anschlussfähigkeit«, und Anschlussfähigkeit ist ein Muskel, den es beständig zu trainieren gilt. Hat man es einmal verpasst, sich für einen Technologiesprung zumindest im Mindset vorzubereiten, wird es beim nächsten Technologiesprung, der dann wirklich in die Umsetzung gebracht werden soll, umso schwerer. Wer »digital« schon am Anfang verschlafen hat, wird sich bei »mobile first« schwertun. Wer

Cloud Computing nicht mitgemacht hat, steht bei Quantum Computing auf verlorenem Posten. Wer Sprachsteuerung nicht genutzt hat, z. B. mit Alexa, tut sich schwer, das volle Potenzial von KI-Assistenten entfalten zu können (ich fasse mich an die eigene Nase 😉).

Das Fazit: Digitale oder KI-Transformation sind sehr facettenreiche Angelegenheiten. Und selbst bei weitergehenden Transformationen von fortgeschrittenen Unternehmen wie ServiceNow, einem Anbieter eines Betriebssystems für komplett durchdigitalisierten Betrieb von Unternehmen, kommt es zu diesem Problem. Es sind immer viele – vielleicht zu viele – »Gewerke« von der Transformation berührt.

So sagte uns z. B. der Chief Transformation Officer von ServiceNow, Hartmut U. Müller, im Interview:

»Wir sind da vielleicht einen Schritt weiter als klassische Unternehmen. Aber die Herausforderungen sind die Gleichen. Das heißt, die Frage ist, was musst du strukturell tun? Wie veränderst du deine Organisation? Egal, ob das jetzt eine IT-Organisation ist oder eine Business-Organisation. [... Dazu:] Was musst du kulturell tun, dass du letztendlich das Ganze tun kannst? [...] Aber ich glaube, wenn man erkannt hat, dass es am Schluss vor allem darum geht, einen Mehrwert zu stiften für das Geschäft, und auch für die Entwicklung unserer Produkte [...], dann ist der Purpose, also dieses Why [...] eigentlich selbsterklärend. [...]. Und dann ist es eine Kultur, und vor allem auch eine Fähigkeit, eine Capability, von den Menschen, die dort das Ganze unterstützen. Und eine Bereitschaft, auch in eine neue Rolle einzutreten. Das heißt, es geht immer um Lernen, es geht darum, neue Fähigkeiten zu erwerben und neue Herausforderungen anzugehen. Also sehr viel hat mit Haltung zu tun!«

Warum ich Ihnen all das erzähle? Aus zwei Gründen:

1. Der Facettenreichtum der Transformation ist nur schwer veränderlich – wenn überhaupt, dann auf Kosten der Erfolgsaussichten.
2. Der Facettenreichtum der Transformation führt häufig dazu, dass es ein Kompetenzgerangel gibt. Und weil diese Aufgabe keine dankbare, einfache ist, folgt etwas, das ich »negatives Kompetenzgerangel« nenne: Keiner will anfangen. IT nicht, denn das hat zu viel mit Menschen zu tun und gehört daher in die HR. HR nicht, weil es ja ein technisches Thema ist (und die Budgets in der IT ohnehin höher sind). Und das General Management nicht, weil dafür gibt es doch (wahlweise) HR, IT oder beide.

Damit können schon mal mehrere wertvolle Jahre verschwendet werden, ohne dass auch nur irgendwas passiert. Lassen Sie das in Ihrer Organisation nicht zu. Stattdessen setzen Sie von Anfang an ein interdisziplinäres Team ein, wo ganz klar die Erwartungshaltung ist, dass jede:r seinen/ihren Teil dazu beiträgt. IT für die Technik, HR für die Menschen, die Kommunikationsabteilung für eine erstklassige Vermittlung und die Geschäftsführung für beständigen Rückenwind (und das Geld).

4.1.3 »Ich halt's mit Helmut Schmidt: Wer Visionen hat, soll zum Arzt gehen.«

Wenn wir in den vergangenen Jahrzehnten von Organisationen eingeladen wurden, weil sie sich digital transformieren wollten, haben wir – nach schmerzhaften Erfahrungen in den ersten Jahren – zu Beginn der Gespräche immer die Frage gestellt. »Warum wollen Sie eine Digitale Transformation? Was ist Ihre Vision?«. Zumeist war die Antwort ein sehr aussagekräftiges Schweigen. Und auf Nachfrage kam dann das beliebte, totgerittene – und im Übrigen inhaltlich falsche – Zitat von Helmut Schmidt, das Sie in der Überschrift finden.

Warum inhaltlich falsch? Eine klare Vision, warum man eine Digitale Transformation will, ist essenziell, da sie das gewünschte Ergebnis definiert. Ohne diese Definition ist es unmöglich, die zu ergreifenden Maßnahmen auszuwählen, den Ressourceneinsatz zu steuern und – am Ende – den Erfolg zu messen. Geht es um neue Geschäftsmodelle? Geht es um besseren Vertrieb bestehender Produkte? Geht es um effizientere Prozesse? Allein aus diesen, sehr unterschiedlichen Beispielen lässt sich schon ersehen, wie essenziell diese Festlegung ist. Ohne eine Entscheidung, welche von diesen Stoßrichtungen das primäre Ziel ist, kann kein Key Performance Indicator (KPI) definiert und daher auch kein Erfolg gemessen werden. Dennoch wird diese Definition oft nicht gemacht. Warum? Vielleicht gerade, damit man die Erfolge nicht messen kann ...?

Dazu kommt: Ist die Vision (oder »Zielbild«, oder »Agenda 2030« oder wie auch immer es im Einzelfall genannt wird) gut formuliert, motiviert und inspiriert sie Beteiligte, sich auf dieses gemeinsame Ziel auszurichten. Damit macht sie Führung weniger anstrengend und erleichtert den einzelnen Mitarbeitenden die Arbeit, indem sie eine Richtschnur für die Bewertung von Alternativen und Maßnahmen bietet. Ist sie auch noch in irgendeiner Weise zusammen entwickelt worden, fördert dies ihre Akzeptanz und das Engagement aller Stakeholder für diese »gemeinsame« Sache.

Schließlich ist die Vision wesentlich für eine überzeugende Kommunikation gegenüber Investoren, Kunden und Mitarbeitenden, indem sie die zukünftigen Pläne und Ziele der Organisation verdeutlicht und so Vertrauen in ihre Zukunftsfähigkeit (und die des Managements), mithin die notwendige (finanzielle) Unterstützung, sichert.

Dies spiegelt sich wider z. B. in der motivierenden Aussage von Hartmut Müller:

»Naja, eine der größten Herausforderungen ist, [...] das Ganze eben auch proaktiv zu gestalten und nicht irgendwo reaktiv so als Notfallmaßnahme, sondern wirklich in die Zukunft zu denken und die Zukunft auch zu schaffen, zu kreieren. Und bei diesen proaktiven Veränderungen ist es halt besonders spannend, weil es nicht immer zwingend Vorbilder und Vorreiter gibt, sondern man selbst letzten Endes irgendwo in die Thought Leadership mit dem Team gemeinsam einsteigen muss und fragen ›Wie sehen wir das? Wie sieht die Zukunft aus?‹.«

Was können Sie also tun, wenn Ihnen dieser Einwand entgegenschlägt?
- Erstens, die oben genannten Argumente (Priorisierung, Erfolgsmessung, Motivation, Kommunikation, Vertrauenswürdigkeit) anwenden.
- Zweitens, auf der emotionalen Ebene in den Raum bringen, wie visionäre Führungskräfte doch überall bewundert und verehrt werden. Wenn Sie dann noch eine Parallele zu Steve Jobs oder einem anderen relevanten Vorbild einflechten können, umso besser.
- Drittens, wenn das alles nicht hilft und Sie in der Position dazu sind: Machen Sie Visionsarbeit, ohne es so zu nennen. Und dann, wenn die Führung kurz vor der nächsten Versammlung der Gesellschafter, der Vereinsmitglieder, der Partnerkolleg:innen ganz schnell »was Richtungsweisendes« braucht, ziehen Sie das Ergebnis Ihrer Undercover-Arbeit aus der Tasche 😀.

4.1.4 »Das machen wir doch schon längst!«

Auch dies ist eine klassische Technik, am liebsten vorgebracht von langgedienten Führungskräften: Alles, was an Neuerungen kommt, als »alten Wein in neuen Schläuchen« zu klassifizieren. Damit man gut aussieht, damit man sich nicht damit auseinandersetzen muss, damit man nicht Gefahr läuft, dass »die eigenen Ideen irritiert werden« – wie Anke Sax immer so schön sagt. Am Ende also das Wahren der eigenen Komfortzone. Besonders häufig habe ich diesen Einwand gehört, wenn es um die Einführung von »Objectives and Key Results« (OKR) ging, einem transparenten, partizipativen und agilen Steuerungsinstrument, das bei Unternehmen wie Google oder Intel zuerst im Einsatz war.

Ähnlich sieht es Dr. Christian Vinck, zur Zeit unseres Interviews Head of Transformation bei ThyssenKrupp Marine Systems:

»Die wesentliche Herausforderung ist [...] die Akzeptanz. Ja, denn es ist natürlich so, alle großen Firmen – und bei ThyssenKrupp ist das ausgeprägt –, haben schon

Verbesserungs-, Performance-, Transformations- oder Optimierungsprogramme mit wunderschönen Namen gehabt. Und ich muss dann erstmal schauen, wie schaffe ich es, den Kolleginnen und Kollegen zu erklären, dass das jetzt das neue und wichtige Projekt ist. Jetzt wird alles anders! Und [dann] erzähle genau das Gleiche, was alle anderen vorher auch schon erzählt haben. [...] Und alle sind natürlich auch der Meinung, dass das, was sie jetzt schon tun, wichtig ist.«

Warum ist dieser Einwand schädlich? Jetzt, wenn man das so liest, liegt die Antwort auf der Hand: Weil es gerade darum geht, auszubrechen aus dem, was wir bisher (mit mäßigem Erfolg) machen. Weil es gerade darum geht, neue Ansätze auszuprobieren, nämlich solche, die innovativen, erfolgreichen Organisationen geholfen haben, ihre Leistung so hochzubringen. Und weil es meist gar nicht stimmt, dass man »das« schon lang so macht: Entweder ist es bisher bei Lippenbekenntnissen geblieben, oder man macht etwas Ähnliches, aber nicht das Gleiche (für das obige Beispiel: »Management by Objectives« ist etwas deutlich anderes als OKRs!). Und nicht zuletzt kann man, selbst wenn genau das Gleiche bisher schon gemacht wurde, sicher nochmal nachschauen, ob die Art und Weise, wie es bisher gemacht wurde, nicht mit einem frischen Blick noch verbesserungsfähig ist ...

Und was hat Christian Vinck in der Praxis gemacht, um dieses Problem zu lösen? Er beschreibt es wie folgt:

»[Mein Mittel ist] zu sagen, ›Mensch, da ist ein Thema hochgekommen, das macht ihr zwar gerade, aber die Leute, viele, viele haben gesagt, lass uns das nochmal anschauen‹. So haben wir dann die Kolleginnen und Kollegen auch mit auf die Seite bekommen, mitzumachen, um gemeinsam ihren täglichen Job, ihre Arbeit zu verbessern.«

4.1.5 »Was hat das mit mir zu tun?«

Auch dies haben wir bei den bisherigen Phasen der Digitalen Transformation sehr oft gehört, vor allem aus der Medienbranche. Von: »Das Internet, das geht vorbei!« über »Die Menschen werden immer die Haptik von Papier haben wollen« (Aussage eines Zeitungsverlegers) bis hin zu »Diese Blogger, die liest doch niemand, die haben doch keine journalistische Ausbildung.«.

Es ist ein klassisches Vermeidungsmuster, die persönliche Betroffenheit von einer Veränderung zu verleugnen oder zu ignorieren. Im Volksmund auch »Vogel Strauß-Haltung« genannt, oder bebildert mit den drei Affen.

Im Rahmen von Transformationen, also dem Change, und dem Umgang mit einem so gestrickten Einwand (Teil des »Change Management«) darf man dies nicht abtun. Denn auch wenn diese Technik offensichtlich ist, hat sie extreme (zer)störerische Kraft: Sie verhindert die notwendige Anpassung an neue Technologien oder Arbeitsweisen komplett. Aufgrund ihrer Einfachheit ist sie dazu angetan, sich sehr schnell zu verbreiten. Sie vermindert die Innovationsfähigkeit der Unternehmens, damit die Wettbewerbs- und Zukunftsfähigkeit. Und sie schiebt die sie nutzenden Menschen schnell »aufs Abstellgleis«, was wir ja vermeiden wollen.

Ein erstes Mittel dazu, diese »Vogel Strauß-Haltung« schon früh bei der Einführung von KI und Robotern zu vermeiden, hat uns Mark Klein, Chief Digital Officer der ERGO Group AG, verraten:

»Die erste Herausforderung war, Technologie zu ‚entmystifizieren' und aufzuzeigen, was sie kann und was sie nicht kann. Damit die Mitarbeiterinnen und Mitarbeiter verstehen, dass sie in vielen ihrer Fähigkeiten einzigartig sind. Dass Mensch und Maschine aber auch ergänzend zueinander sind: Was dem Menschen tendenziell schwerfällt, fällt der Maschine in der Regel leichter und umgekehrt. Das ist für mich ein klarer Indikator einer wirklich starken Symbiose. Das zu erklären und Sorgen zu nehmen bei den Mitarbeiterinnen und Mitarbeitern, dass da etwas auf sie zukommt, das nicht gut für sie ist, sondern – ganz im Gegenteil – einen großen Mehrwert bietet, war die erste große Hürde. Und die haben wir gut gemeistert.«

Ein zweites Mittel – wirklich ein Klassiker – besteht darin, die Auswirkungen der Neuerung auf den/die Einzelne:n, den Arbeitsplatz, das Produkt, die Organisation ganz klar zu benennen. Und am besten die negativen und die positiven Auswirkungen gemeinsam. Denn dann ist es viel wahrscheinlicher, dass Ihre Erläuterungen ankommen ...

4.1.6 »Wir sind hier in einer anderen Situation.«

Dieses Argument ist das kollektive Äquivalent zu »Was hat das mit mir zu tun?«. Also eine Verleugnung der Betroffenheit der Organisation von den Veränderungen im Außen. Auch dies ist eine erste Verteidigungslinie, die Sie mithilfe der kommenden Abschnitte gut überwinden können.

a. »Uns geht's doch gut!«

Denken Sie an den Satz im ersten Kapitel: »Wem die Götter Schlechtes wünschen, dem senden sie 30 Jahre Erfolg.«

Ich habe dies als schwedisches Sprichwort kennen gelernt, und es könnte sein, dass es zurückzuführen ist auf ein Zitat, das dem griechischen Dramatiker Euripides zugeschrieben wird: »Wen die Götter zerstören wollen, den schlagen sie zuerst mit Blindheit.«

Der Hintergrund: Erfolg verringert den Leidensdruck, der nötig ist für Veränderung. Er führt zu Arroganz, die die Wahrnehmung der persönlichen Betroffenheit ausschließt (»Mir kann niemand was!«). Und durch die Arbeit mit vielen verschiedenen Branchen in den letzten 20 Jahren konnten wir feststellen, dass viel Erfolg auch die Management-Werkzeuge stumpf werden lässt. Unsere Daumenregel: »Je erfolgreicher die Branche, desto schlechter das Management!«.

In die gleiche Kerbe schlug auch Nils von der Kall, CMO der Wochenzeitung ZEIT bei einer unserer Preisverleihungen zum »Digital Transformer of the Year«. Er sagte ganz klar:

»Unsere größte Herausforderung war der langanhaltende Erfolg unseres Printmediums. Erst durch die Pandemie musste wir etwas ändern.«

Ähnlich sieht das Marc Horn, zur Zeit unseres Interviews Chief Transformation Officer des Bereichs Life Science der Merck Group, besonders im Vergleich Europa und China:

»Ich glaube, aus deutscher Sicht oder aus europäischer Sicht, die Herausforderung, die wir jetzt haben ist, dass wir natürlich einen anderen Reifegrad haben. Wenn

ich mir jetzt angucke, wie die Organisation, wie unsere Gesellschaft ist. Wir haben natürlich viel Infrastruktur, wir haben Technologien, wir haben ein hohes Bildungsniveau. Da ist natürlich die Frage, warum muss ich überhaupt Veränderungen vornehmen? Ich war ja bislang sehr, sehr erfolgreich mit dem, was ich gemacht habe.«

Was also tun? Eine Krise erzeugen? Soweit würde ich nicht gehen, abgesehen davon, dass wir ja bereits eine ganze Auswahl von Krisen haben, die wir nutzen können, um klarzumachen, dass es der Organisation bald nicht mehr gut gehen wird: Kriege, Digitalisierung, Veränderungen im Kundenverhalten, Fragilität der internationalen Liefer- und Absatzketten, Rezession, ...

Wichtig ist, dass man die Auswirkungen einer (kommenden) Krise den Betroffenen sehr deutlich vor Augen führt. Und damit meine ich: Nicht auf Slides! Beim veränderten Kundenverhalten bietet es sich z. B. an, Interviews mit Ihren Kunden und potenziellen Kunden zu machen, in denen Sie nur auf deren Situation rund um Ihr Produkt eingehen (sogenannte »Probleminterviews«): Was nutzen die Kunden wirklich? Was ist ihnen wichtig? Welche Probleme verbleiben? Welche Rolle spielt Ihr Produkt noch bei der Problemlösung? Sammeln Sie ausreichend O-Töne – am besten als Video –, die die drohende Krise gut veranschaulichen. Spielen Sie diese denjenigen vor, die es sich in der selbstgefälligen Haltung so richtig bequem gemacht haben. Wenn nötig, drehen Sie nochmal das Messer in der Wunde herum, damit der Reflex: »Ach, das war ja nur eine:r« unterbleibt. Dann lassen Sie Ihr Publikum aber nicht zu lang im Angstzustand, sondern nutzen Sie die ausgelöste Aktivierung des Hirns dafür, eine Lösung anzudeuten, an der alle mitarbeiten müssen, und holen Sie sich in dem Moment die Selbstverpflichtung dazu ab.

b. »Wir sind doch nur die Personalverwaltung!«

Ein in unseren Interviews häufig hochkommendes Thema ist die Rolle und der Zustand der HR-Funktion – egal, wie sie sich gerade nennt: »Personalabteilung«, »Personal & Soziales«, »Human Resources (HR)«, »People«, »People & Culture« oder »People & Organisation«. Die Schwierigkeit ist oben schon angeklungen: Jede Abteilung sieht die andere in der ersten Reihe, fallweise nehmen sich Abteilungen aber auch die Zuständigkeit für die Transformation, füllen sie aber mangels Kapazität oder Qualität dann nicht aus.

Dies ist insbesondere bei HR-Abteilungen ein großes Thema: Leicht bekommen sie die Verantwortung für Transformation übergeholfen oder nehmen sie sich, weil Transformation ja »mit Menschen zu tun hat« und sie darüber die Kontrolle haben wollen. Gleichzeitig sind viele HR-Abteilungen nicht in der Lage, diese sehr große Aufgabe zu erfüllen: Über die letzten Jahre kaputtgespart, ausgerichtet in Prozessen und Profilen der Mitarbeiter:innen auf klassische Personalverwaltung und im Unternehmen immer nur dafür wahrgenommen, so dass ihr mehr auch nicht zugetraut wird. Nicht zuletzt: Auch im Hinblick auf Prozesse und Tools nicht für diese Aufgabe ausgerüstet.

Das war im Rahmen unserer Interviews ein häufig wiederkehrendes Thema: Dr. Rebecca Koch, zur Zeit unseres Interviews Chief Human Resources Officer für Europa bei DB Schenker, und Vera Lehmann, damals Vice President Human Resources bei Fresenius Kabi, sprachen beide über die dringend notwendige Modernisierung von HR-Prozessen, allerdings mit unterschiedlichen Schwerpunkten. Während Koch die Modernisierung und vor allem Digitalisierung veralteter, oft noch papiergebundener HR-Prozesse anmahnt, liegt Lehmanns Fokus auf der Anpassung aller HR-Prozesse an die von außen gestellten Anforderungen an digitales Wirtschaften. Kundenzentrierung und Datenzentrierung müsse auch für die HR gelten!

Ähnlich sah das in einem unserer ersten Interviews Enrico Palumbo, inzwischen SAPs HR Director für Österreich und die Schweiz, der mich damit beeindruckte, dass er schon 2020 seinen HR-Kolleg:innen eine betriebswirtschaftliche Ausbildung hat zugutekommen lassen. In eine ähnliche Kerbe schlägt Michael Ziegler, Vice President People and Transition bei TotalEnergies. Er sieht eine klare Notwendigkeit zum Umdenken in traditionellen HR-Abteilungen, wenn es um die Umsetzung flexibler und digitaler Arbeitsformen geht.

Selbst Inga Dransfeld-Haase, Präsidentin des Bundesverbandes der Personalmanager (BPM) und gleichzeitig Vorständin Arbeit und Soziales bei BP Europe SE, sieht das ähnlich. Ihre Mission: Die Personalmanager:innnen als Gestalter der Digitalen Transformation und hybrider Arbeitswelten zu positionieren:

»Ich bin überzeugt, es braucht eine Transformation der HR, dass wir uns selbst in der ersten Reihe der Transformation sehen, dass wir das Eigenverständnis und den Selbstwert erkennen, dass eine starke People Funktion für das Gelingen der Transformation gebraucht wird. Und dafür braucht der Einzelne auch den Zuspruch: Was über Jahrzehnte klein gehalten worden ist, kann nicht plötzlich nach vorne treten. Der Personalmanagerkongress 2023 stand unter dem Motto »Metamorphose«. Das ist erheblich mehr als ›Da kommt eine Knospe‹, sondern es passiert eine ganze Menge in der Verwandlung. Für mich ist das ein schönes Bild, um zu sagen, es braucht die Anstrengung, es braucht aber auch das Miteinander und genügend Zeit für Transformation, um von der HR-Disziplin das Treiben der Transformation einfordern zu können – und umgekehrt den Anspruch auch auszufüllen.«

c. »Das gibt unser SAP nicht her.«

Auch dies ist ein Einwand, der mich begleitet, seit ich mich mit Digitaler Transformation beschäftige – also seit 2005. Ich hasse ihn zutiefst, denn hier wedelt der Schwanz mit dem Hund: Software soll das Business befähigen, nicht das Business sich nach den Möglichkeiten der Software richten. Außerdem ist das so ein eklatantes Ausnutzen von Herrschaftswissen, ein klassisches Totschlagsargument, das mich besonders auf die Palme bringt, weil es immer sehr viel Zeit und Leidensfähigkeit meinerseits brauchte, um es durch gezielte (manchmal absichtlich dumme) Nachfragen und »über die Schulter schauen« zu Fall zu bringen.

Die Notwendigkeit, bestehende Strukturen in der IT zu überdenken (auch jenseits von SAP), zieht sich durch die Kommentare vieler unserer Pioniere: Andreas Hamprecht, Hartmut Müller und Fabian Schröder, VP Global IT Governance von BSH Home Appliances, beschreiben die Herausforderung, veraltete IT-Landschaften an neue digitale Anforderungen anzupassen. Dies bedürfe einer eigenen IT-Transformation, die wieder sowohl die Unternehmensstrukturen als auch die Unternehmenskultur umfasst, wie Klaus Hermes, Mark Klein und Sebastian Träger herausstellen.

Die Transformation der IT als solche ist ein dickes Brett, welches wir im Rahmen dieses Buches nicht bohren können. Daher müssen wir es hier dabei belassen, Ihnen Hilfestellung anzubieten, für den Fall, dass Ihre Transformationsbemühungen durch Hinweis auf die Software oder andere Strukturen der IT behindert werden. Was können Sie also tun?

- Warum, warum, warum: Was Sie bei den Kindern wahnsinnig macht, funktioniert oft auch bei widerspenstigen ITlern. Fragen Sie, warum das SAP das nicht hergibt. Warum die Antwort so ist, wie sie ist. Welchem Zweck das Ganze dient. Ob es nicht noch eine andere Möglichkeit gibt, die man als Test nutzen könnte. Ob man nicht ... [setzen Sie hier den Rat eines externen Experten ein, den Sie sich in der Zwischenzeit eingeholt haben].
- Suchen Sie andere Abteilungen oder Organisationen, die eine ähnliche Herausforderung haben, und schauen Sie, wie diese das lösen.
- Machen Sie unbeteiligte ITler zu Betroffenen. Indem der Missstand, den Sie ändern wollen, auch die IT-Kolleg:innen betrifft – oder Sie deren zumindest indirekte Betroffenheit klar machen. Z. B. dadurch, dass sie selbst mal den umständlichen Prozess durchlaufen müssen. Oder alle Beschwerden vom Support an sie weitergeleitet werden. Oder Sie – wenn Sie die Macht dazu haben – die IT näher an's Business rücken, z. B. durch gemeinsame Ziele.

d. »Wir kriegen halt einfach keine Digitalos hier in die Provinz.«

In Deutschland herrscht ein erheblicher Mangel an qualifizierten IT-Fachkräften und Experten im Bereich der Digitalisierung. Laut der Arbeitsmarktstudie 2023 des Digitalverbands Bitkom fehlten in Deutschland 2023 bereits 149.000 IT-Experten. Für 2030 prognostiziert die Studie gar einen Fachkräftemangel von ca. 334.000 unbesetzten Stellen – und das über alle Sektoren hinweg[30].

Organisationen aus allen Branchen suchen händeringend nach Mitarbeitenden mit fundierten Kenntnissen in Programmierung, Datenanalyse, künstlicher Intelligenz und anderen zukunftsorientierten digitalen Technologien. Unseren Studien zum »Digital Transformer of the Year« zeigen seit 2017, immer wieder, genauso wie viele aktuelle Umfragen, dass der Mangel an digitalem Knowhow eine der größten Herausforderungen für die Transformation von Organisationen ist. Auch in unseren Interviews kam dieser Einwand immer wieder zur Sprache, zum Beispiel bei Christian Spannbauer, Head of IT Digitalization der Lufthansa AG, Gero Hesse und CEO von Embrace und Experte für Arbeitgebermarketing. Dieser sieht dabei nicht nur den Mangel an digitalen Talenten, sondern auch, diese zu halten, als wesentliche Herausforderung. So sagte er uns schon im Jahr 2022:

»[Dieser Marktlage] entsprechend muss sich auch Führung ändern. Diese Erkenntnis ist bei 70% noch nicht da, bei 30% ist sie da. Also bei viel zu wenigen ist das in der Ernsthaftigkeit und in der Dramatik, die dahintersteht, erkannt.«

An dieser Meinung hält er auch fest. So sagte er mir kürzlich:

»Ich würde sagen, dass das schon mehr Unternehmen verstanden haben. Denn im Jahr 2021 und auch noch im ersten Quartal 2022 haben sie diesen Fachkräftemangel richtig gespürt. Die Frage ist nur, ob sie ihr Verhalten entsprechend geändert haben. Und: Ich gehöre auch nicht zu denjenigen, die denken, dass KI so viel ersetzt, dass man die Menschen eigentlich nicht mehr braucht. Das muss ich klar sagen. Bei der Frage ›Gibt es einen Arbeitnehmermarkt?‹ würde ich jetzt heute, im Sommer 2024, sagen, teilweise ja, teilweise nein. Aber generell gibt es den schon. Sobald die Wirtschaftssituation nur etwas stabiler wieder wird, dann werden die Unternehmen sehr schnell an den Punkt von 2022 kommen, wo sie händeringend nach Mitarbeitenden gesucht haben,«

Im Gegensatz zu den anderen Einwänden geht es hier primär darum, die Sachlage zu verändern. Was können Sie also tun, um Digitalos in die Provinz zu bekommen (ohne, dass Sie die Gehälter ins Unermessliche steigern)?

- Machen Sie publik, dass Sie es mit der Digitalen Transformation ernst meinen – und zwar so ernst, dass Sie schon angefangen haben. Niemand ist gern der Erste und Einzige mit dem Auftrag, einen Weltmarktführer aus dem Mittelstand mit 5000 Mitarbeitenden zu transformieren – und das noch neben dem eigentlichen Job als UX-Designer oder Produktmanager!
- Seit COVID steht natürlich auch die Frage im Raum: Müssen die eigentlich wirklich vor Ort sein? Wenn ja, wieviel? Gibt es eine benachbarte Großstadt, in der man einen Coworking Space anbieten könnte?
- Machen Sie im Bewerbungsverfahren klar, dass Sie realistische Erwartungen an die Rolle haben. Erfahrene Digitalos haben in den letzten zehn Jahren viele Kolleg:innen scheitern sehen, die als Messias oder Messia geholt wurden (die weibliche Form habe ich jetzt erfinden müssen). Wer so etwas im Bewerbungsverfahren riecht und schlau genug ist (nur die wollen Sie ja), macht sehr schnell einen Rückzieher!
- Machen Sie den Arbeitsplatz attraktiv, durch gute Führung, eine zeitgemäße Ausstattung mit moderner Hard- und Software sowie passenden Regelungen zum Umgang damit. Glauben Sie, Sie bekommen Digitalos in die Provinz, wenn sie dort von Mac auf PC umsteigen müssen und ihnen verboten wird, mit KI zu arbeiten?

Gleichzeitig intensivieren viele Unternehmen ihre Bemühungen, die eigenen Mitarbeiter durch gezielte Schulungen und Förderprogramme für die Transformation zu qualifizieren. So hat sich, laut der Studie 8/2023 des Instituts für Arbeitsmarkt- und Berufsforschung, die Zahl der Teilnehmenden an Weiterbildungskursen zu digitalen Themen zwischen 2019 und 2022 mehr als verdoppelt. Schauen Sie also auch auf das in Ihrer Organisation schlummernde Potenzial. Trauen Sie Ihren Kolleg:innen etwas zu! Wie genau, beschreiben wir weiter unten.

e. »Für so was haben wir kein Geld.«

Apropos Geld: Seit Beginn des Ukraine-Kriegs, der nachfolgenden Energiekostenkrise und Rezession(sangst) hören wir auch immer wieder »Neee, für Transformation haben wir kein Geld. Wir müssen auf die Profitabilität achten!«. Diese Strategie ähnelt dem Jockey, der sich kurz vor dem Rennen fast zu Tode hungert, das Rennen überlebt, aber danach zusammenbricht. Mit anderen Worten: Man liefert vielleicht das laufende Wirtschaftsjahr noch schwarze Zahlen ab, ist aber für das nachhaltige Wirtschaften nicht gerüstet, so dass am Ende der Krise der Innovationsrückstand so hoch ist, dass nur noch der Umsatz von Kunden, die genauso rückständig sind, übrigbleibt.

Und deren Überlebenschancen genauso schlecht sind wie die des eigenen Unternehmens.

Besonders eindrücklich hat Dr. Andreas Hamprecht davon berichtet, wie die Situation früher im Nahverkehr war:

»Es war sozusagen firmenpolitisch und innerhalb des Marktes kein Anreiz gesetzt, das [Innovationen] auch zu machen. Es wurde der bestraft, der einen Ausfallschritt gemacht hat. Daher hat im Bereich Nahverkehr, in den Jahren vor unserem Strategie-Schwenk, den wir 2016 vollzogen haben, sozusagen so gut wie keine Innovation stattgefunden. Das hat was mit den speziellen Strukturen und den langlaufenden Verträgen des Nahverkehrs zu tun. Das heißt, wir haben im absolut gnadenlosen Kostenwettbewerb, teilweise im Bruchteil Eurocent-Bereich, gegeneinander gepitcht. [...] dann war natürlich jedes bisschen mehr und jedes bisschen Innovation, was man auf eigene Faust macht, im Grunde genommen der Wirtschaftlichkeit des eigenen Verkehrsvertrages abträglich. [...] Deswegen gehörte mit zu diesem Strategie-Shift aus 2016 auch zu sagen, wir denken jetzt mehr für die Branche und wir verstehen uns als Innovationsführer und wir fangen jetzt einfach mal an. Egal, wenn wir damit Geschäftsergebnis ›verlieren‹.«

Was also tun? Gerade in Zeiten wie diesen verstehe ich, als Unternehmerin, vollkommen, wenn das Hemd näher ist als die Hose. Aber dennoch ist es Ihre Hose – und sie wollen ja nicht untenrum frei dastehen!

Folgender Vorschlag: Geld für Innovation ausgeben in einer Weise, die unmittelbar kostensparend oder zumindest effizienzsteigernd ist. Also zum Beispiel bei KI erst auf die Prozessoptimierung gehen und dann auf die neuen Geschäftsmodelle. Vielleicht erstmal mit einer kleinen, etwas zusammengestückelten Version anfangen, statt gleich die große SAP-Instanz zu kaufen. Eine große Vision haben, aber davon erstmal nur die nötigsten Teile realisieren. Jede neue Software mit dem Abbau einer alten koppeln. Jede Fortentwicklungsmaßnahme mit einer Stop-Doing-Liste verbinden, d. h. mit der Untersuchung, was man nun, wenn man ein Level höher spielt, aus den alten Leveln weglassen kann. Mein lohnendster Fundort dafür: Projekte auf Rentabilität untersuchen und dann einfach stoppen!

f. »Ich kann hier nichts mehr treiben, die Teams sind selbstorganisiert.«

So absurd es auch ist: Vorhin haben wir darüber gesprochen, dass alte Führungsmuster nicht zuträglich sind für die Transformation. Neue aber unter Umständen auch nicht. Denn nimmt man es mit dem »Empowerment« genau, muss eine Transformation erst gemeinsam in die Ziele aufgenommen werden, um angegangen zu werden. Und dann wiederum mit den Maßnahmen, die die Teams sich vorstellen. Das macht es nicht immer einfacher – aber es geht!

André Weber-Liel und Oliver Martin (ehemals Wittmaier), die die vermutlich größte agile Transformation Deutschlands getrieben haben bei der DB Systel, haben das Problem auch gehabt:

»Und in dem Kontext, da ging es noch gar nicht um Selbstverantwortung oder Agilität, sondern eher, wie verändern wir unser Menschenbild? Wer wollen wir eigentlich sein? Wie kippen wir so eine Führungspyramide? Wie kommen wir schneller zu Entscheidungen? All diese Fragen standen im Raum. Also daraus ist über verschiedene Initiativen, ich glaube elf waren es zum Schluss, so eine Massenbewegung entstanden, wo alle Mitarbeitenden verstanden haben, ich kann mich jetzt hier engagieren und kann die Unternehmung von morgen mitgestalten. Und daraus kamen so Stück für Stück Ideen, in welche Richtung wir uns bewegen wollen.

Und das war auch eine der großen Herausforderungen, aus dieser Massenbewegung heraus wieder in ein ›strukturiertes Umbauprojekt‹ zu gehen, also eine Transformation der DB Systel als solche zu tun, in der dann nicht jeder sofort und überall und an allen Ecken mitgestalten kann. Es gibt irgendwann einen Rahmen, und dann müssen Entscheidungen getroffen werden. Und all diese Entscheidungen kann ich halt nicht mit damals noch dreieinhalb, viertausend Menschen diskutieren. Das war eine der großen Herausforderungen.

g. »Der Datenschutz sagt, wir dürfen das nicht.«

Ein weiteres wiederkehrendes Thema ist die hemmende Wirkung der internen Regulatorik, insbesondere des Datenschutzes, wie es z. B. von Kathrin Günther und Martin Weichhardt thematisiert wurde. Dies wirkt besonders stark bei globalen IT-Systemen und im Zusammenhang mit KI, wie Carsten Priebs ergänzte.

So treibt es auch Hartmut Müller um, wie man einen verantwortungsvollen Umgang mit KI im Unternehmen umsetzt:

»Also weißt du, du hast eine Geschwindigkeit in der Veränderung der Technologie. Das war früher irgendwie vorhersehbar, da hattest du gewisse Muster. Hardware ändert sich und wird besser. Heute hat Software die Hardware eigentlich überholt und wird die Veränderung treiben. Und dann ist natürlich die Frage, wer kann das überhaupt beurteilen im Unternehmen? […] Wenn ich jetzt hier mit den Daten arbeite, wie gehe ich verantwortungsvoll mit diesen Daten um? Also ist es das Thema Governance, Regulatorik, was ich betrachten muss.«

Unten, wenn wir über den Fahrplan für gelingende KI-Transformation sprechen, werden wir nochmal im Detail darauf eingehen. Hier aber schon mal ein paar Facetten und Ansatzpunkte, die Sie nutzen können, auch außerhalb einer groß angelegten KI-Transformation.

Zunächst einmal ist ein wichtiger Ansatzpunkt, die regulatorischen Stellen, wie z. B. den Datenschutz, nicht nur sehr früh einzubeziehen, sondern noch frühzeitiger zu schulen – vor allen anderen! Denn nur wenn diese Kolleg:innen sich sicher fühlen mit der neuen Technologie, wenn sie eine Chance hatten, ihre (ja meist berechtigten) Einwände auf die neue Technologie anzupassen, die Vorteile zu erkennen und daher eine pragmatische Haltung zu entwickeln, haben Sie das Risiko von Störfeuern aus dieser Ecke gemindert. Will sagen: Der Datenschutz ist eigentlich die erste Stelle in der Organisation, die KI freigeschaltet und die beste Schulung bekommen sollte!

Interessant ist hier der Ansatz von Ringier, die schon sehr früh eine KI-Transformation gestartet haben. Einer der Erfolgsfaktoren hierbei war eine frühzeitige und mit großer Aufmerksamkeit geadelte Regulatorik unter Einbeziehung vieler verschiedener Akteure. Genaueres erfahren Sie in der Case Study unten in Abschnitt 4.3.d.

4.1.7 »Ich fühle mich nicht mitgenommen.«

Der einfachste Einwand, aber sehr schwer in der Behandlung, da subjektiv und damit nicht rational zu widerlegen. Gleichzeitig mit einer ähnlichen (zer)störerischen Kraft wie die Verleugnung der persönlichen Betroffenheit. In Summe also hoch relevant. Dr. Henry Widera, zur Zeit unseres Interviews CDO und CIO der Berliner Verkehrsbetriebe (BVG), formulierte es so:

»Aber das viel größere Thema ist wirklich, die Leute mitzunehmen. Es klingt jetzt so banal, aber da trifft man ja auf eine Organisation, wo man nicht einfach auf der grünen Wiese Sachen neu aufbauen kann, wo man einfach sagen kann, komm, [...] wir nutzen jetzt die neuesten Tools. [...] Und da habe ich wirklich gelernt, dass du als Chef oder als Chefin oder als Leader [zwar] eine Vision vorgeben kannst, aber du musst diese irgendwie einpflanzen in die Organisation, dass jedes Produktteam für sich selber die nächsten Schritte wagen kann, ausprobieren kann, weil dann hast du es quasi in der Breite. Das musst du irgendwie schaffen.«

Was kann man gegen den Einwand, jemand fühle sich nicht mitgenommen, tun? Kommunikation, Kommunikation, Kommunikation, mit dem dezidierten Ziel, bei allen, wirklich allen, ins Bewusstsein zu dringen. Es so oft sagen, dass es einem selbst zu den Ohren rauskommt. Auf verschiedenen Kanälen – und auf jeden Fall auf denen, wo die Empfänger:innen sowieso sind (also nicht im Intranet, wo alle nur auf den Speiseplan der Kantine schauen). Analysieren Sie vorher, wo Sie die beste Durchschlagskraft haben (oder fragen Sie die interne Kommunikation, die muss es wissen). Kommunizieren Sie in verschiedenen Versionen (kurz, mittel, lang) und Medienformen (Text, Grafik und Video), die einfach zu verstehen sind und am besten persönlich rüberkommen. Lassen Sie die Slides, die von der Unternehmensberatung in schönstem Denglisch vorbereitet wurden, in der Schublade. Kommunizieren Sie mehrfach, immer wieder, bis ein relevanter Anteil der Menschen in Ihrer Organisation sich über den Kommunikationsüberfluss beschwert. Hören Sie nicht früher auf. Denn dann haben Sie auch ein schönes Gegenargument gegen diejenigen, die sich dann immer noch nicht »ausreichend mitgenommen« fühlen.

Adriana Nuneva, Chief Digital Officer bei CWS, hatte in Bezug auf die Kommunikation besondere Herausforderungen, ging es bei ihr doch darum, eine große und erfolgsverwöhnte Vertriebstruppe, die gern von Geschäft zu Geschäft fuhr, um Fußmatten und Handtuchspender zu verkaufen, für die digitalen Vertriebskanäle zu begeistern:

»Und was man machen sollte – und das haben wir auch am Anfang wirklich unterschätzt –: Man muss einfach wahnsinnig viel kommunizieren, weil viele Dinge, die einem selbst extrem klar sind, sind anderen einfach überhaupt nicht klar. [...] Und das ist tatsächlich noch unsere große Herausforderung, dass wir sukzessive die Leute wirklich davon überzeugen, dass sie mitziehen, dass sie das auch mit Begeisterung machen, selbst wenn der Weg ein steiniger ist, und man nicht von Anfang an versteht, was hinterher wirklich der Nutzen ist.«

Adriana hat mit ihrem Team auf alle Kommunikationsformen gesetzt: Neben den klassischen haben sie regelmäßig Newsletter aus dem Transformationsteam versendet, animierte Scribble-Videos angefertigt, die die digitalen Vertriebswege und die damit verbundenen Erleichterungen für die Vertriebler anschaulich gemacht haben, und ist auch persönlich immer wieder in den Vertrieb gegangen, hat überzeugt und Einwände abgefangen.

Anke Sax, zu Beginn bereits zitierte CTO/COO der Anlagegesellschaft KGAL, erweitert dies noch um einen Aspekt: Es geht nicht nur darum, zu kommunizieren, sondern auch darum sicherzustellen, dass es ein einheitliches Verständnis gibt:

»Also in meiner Company hier ist [eine Herausforderung], sich verständlich zu machen. Und das ist erfahrungsmäßig nicht nur hier so, sondern überall so. Also dieses

gemeinsame Glossar zu finden. Also was ist denn eine Strategie? Was ist denn ein Zielbild? Was heißt denn jetzt Europa? Was heißt denn jetzt, wir machen das bis morgen? Also so dieses diese gemeinsame Basis zu finden. Und das ist wirklich die große Herausforderung.«

Dem kann ich nur beipflichten. Ich habe schon Organisationen erlebt, die bewusst eine Kultur des »Aneinander-Vorbei-Redens« gepflegt haben. Einfach dafür, dass Dinge nie klar genug werden, als dass jemand Arbeit aus einem Meeting mitnähme. Damit sich ja nichts bewegt und nichts verändert. Dies können Sie sehr einfach unterbinden, durch gezielte Nachfragen, was das Gegenüber jetzt genau damit meine, das Führen eines Glossars, das Verwenden von einheitlicher Terminologie, und – last but the most – durch Überleiten von Begriffen aus dem einen technischen Vokabular (z. B. der Developer) in das andere technische Vokabular (z. B. derjenigen, die die Webseite pflegen).

Anke Sax fügte mit ihrer unvergleichlichen Präzision noch an:

»Man muss das Wissen und das Wollen freilegen. Beides ist häufig vergraben, vielleicht aus Abwehr, meist aber aus Frust, aus schlechten Erfahrungen. [Wir müssen dafür sorgen, dass die Mitarbeitenden] dieses Gefühl der Selbstwirksamkeit wieder lernen!«

»Selbstwirksamkeit« ist genau das Gegenteil von »Ich fühle mich nicht mitgenommen.« Letzteres ist das Verharren in der Opferrolle, Ersteres ist das Wiedergewinnen von Gestaltungsmacht, der Schöpferrolle.

4.1.8 »Wir haben halt eine andere Kultur.«

Wie Sie sich inzwischen sicher sehr gut vorstellen können, war eine meiner Lieblingsbeschäftigungen diejenige, Top-Manager zu piksen und sie zu fragen, warum sie mit der Transformation nicht vorankommen. In sehr vielen Fällen war die Antwort »Unsere Unternehmenskultur macht das einfach sehr schwer, fast unmöglich!« (apropos »Opferrolle«!). Und nicht nur die Führungskräfte, auch die Mitarbeitenden wiesen sehr häufig darauf hin. Die einen, die die Transformation voranbringen wollten, mit hohem Leidensdruck. Die anderen, die dieses Leiden verursachten, als Rechtfertigung. Also am Ende alle. Christian Spannbauer, Head of IT Digitalization der Lufthansa sagte z. B.:

»Der kulturelle Wandel, das ist die große Herausforderung. Dass ich das für mich als Mitarbeiter annehme, das in positive Energie umsetze, dass ich Teil dieser Learning Journey bin. […]. Es ändern sich schon, wie man so schön sagt, die »ways of working«. […] Und da müssen wir schon auf die Bedürfnisse unserer erfahrenen Mit-

arbeiter eingehen, denn wir wollen auch ihre Kompetenzen nutzen, um darüber diesen kulturellen Wandel und diese Veränderung in jedem Einzelnen hinzubekommen. Die ist nämlich dann auch erforderlich, um das Ganze zum Erfolg zu bringen.«

Aber was ist denn diese »entgegenstehende Kultur«?

Aus meiner Sicht – und das ist der Punkt, wo bei meinen Reden immer Gelächter ausbricht – Folgendes:

Kultur ist, wie Mitarbeitende sich verhalten, wenn der Chef nicht schaut.

Also etwas, das jede Minute der Arbeitszeit (und auch darüber hinaus) wirkt. Etwas, das vielgestaltig und diffus ist. Etwas, das gerade deswegen eine immens hohe Bedeutung hat. Also schon drei gute Gründe, sich einige der Bestandteile der entgegenstehenden Kultur genauer anzusehen:

a. »Mein Bauchgefühl sagt mir, ...«

Wenn Sie schon längere Zeit für bzw. in Organisationen tätig sind, kennen Sie diesen Satzanfang. Die eigene Erfahrung wird als Argument ins Feld geführt – und sehr oft wird das insbesondere von jüngeren Mitarbeitenden wortlos akzeptiert. Die eigene Erfahrung als Vorteil zu verstehen, ist an sich nicht verwerflich, ist doch die Erfahrung das, was uns eine Zeit lang besser macht. Ich sage bewusst »eine Zeit lang«. Warum?

Gerade Erfahrung, die schon lang zurück liegt, ist trügerisch. Denn sie bezieht sich auf die Vergangenheit, nicht auf die Gegenwart – geschweige denn auf die Zukunft. Wer sagt denn, dass sie unter den aktuellen Umständen noch gültig ist? In unserer schnelllebigen Zeit ist Erfahrung daher häufig eine der größten Stolperfallen.

In die gleiche Kategorie gehört der Satzanfang »Ich glaube, ...«. Hier kann man schon mal nachfragen, wie es Jan Bayer, einer meiner früheren Chefs immer getan hat: »Glauben Sie oder wissen Sie?«. Oder, wie ich es von vielen Start-ups inklusive Zalando her kenne:

»Is this only an opinion or do you have data?«
(Ist das nur eine Meinung oder hast du Daten?)

Noch etwas, das in diese Kategorie fällt ist »Das haben wir schon mal versucht, das hat nicht funktioniert.«. Wie lang ist das her? Alles, was länger als ein Jahr her ist, ist heutzutage hier schon raus. War der Stand der Technologie der Gleiche? Die Anwendung? Die Zielgruppe? Ist damals alles in der Umsetzung wirklich richtig gemacht worden? Nur dann wäre das Argument valide.

Schon ist den Einwänden dieser Kategorie der Wind aus den Segeln genommen, und der Weg ist frei für eine rationalere Diskussion mit dem Zeug zu besseren Entscheidungen auf Basis von relevanten (aktuellen) Daten. Wie Sie dieses Vorgehen generell als Maxime einführen, sehen wir unten in Abschnitt 4.2.2.g.

b. »Das haben wir doch immer schon so gemacht.«

Wenn Sie bisher bei den Einwänden aufgrund traumatischer Erfahrungen schon Stresspickel bekommen haben, ist dieser Einwand der »Endgegner« als Ausdruck mangelnder Veränderungsbereitschaft und Offenheit! Wie wäre es denn mit diesen Rückfragen?

- Machen das alle so, oder nur Sie?
- Dass Sie das schon immer so gemacht haben, hat das jemand bewusst entschieden oder hat sich das entwickelt?
- Wenn bewusst entschieden: Was waren die Gründe dafür? Sind sie noch heute gültig, oder haben sich die Umstände geändert?
- Gibt es heute vielleicht alternative Methoden, die damals noch nicht existierten? Zum Beispiel andere Software, andere Kolleg:innen, andere Prozesse?
- Auch wenn wir das immer schon gemacht haben, lassen Sie uns doch mal etwas kreativ werden: Wie sähe denn ein optimaler Prozess aus?

Zum Abmildern dieses Einwands kann man in der Praxis noch weitere Maßnahmen treffen. Eine davon ist *»langjährige Mitarbeiter:innen und Kolleg:innen, die wenig anderes gesehen haben, bewusst zu mischen mit einer ausreichend großen Anzahl von Neuen. Bei einer heterogenen Gruppe mit unterschiedlichen Erfahrungen gibt es immer jemand, der bei der Veränderung einsteigt. Oder den Wert der Andersartigkeit implizit zeigt, indem er den Älteren auf eine neue Art ein Problem löst. Oder auch »nur« eine andere Weise, mit dem Chef umzugehen.«*

c. »Wer zahlt, schafft an!« (hierarchisches Miteinander)

Was ist ein »modernes Miteinander«? Ein schillernder Begriff, der jede Menge verschiedener Interpretationen zulässt. In unserer Praxis, für Vorträge und Workshops, hat sich zur genaueren Definition das Framework »Mindset Shifts for Organisation Transformation« von thoughtworks (Aaron Sachs & Anupam Kundu) bewährt[31]. Es sieht fünf Dimensionen vor:

Einschub 33: Abbildung: Die fünf Dimensionen der Mindset Shifts für Transformation von Organisationen

Quelle: Aaron Sachs und Anupam Kundu

In den Interviews wurden uns als Herausforderung besonders die Punkte Hierarchie, Kontrolle und Planung widergespiegelt. Diese finden vor allem in einem veralteten Führungsstil ihren Niederschlag. Denn, so unsere jahrzehntelange Erfahrung und das deutliche Ergebnis aus der letzten Studie unserer Initiative »Digital Transformer of the Year«: Die Fähigkeiten der Führungskräfte sind zumindest gleich (62 %), wenn nicht sogar stärker (18 %) »ausbaufähig« als die der Mitarbeitenden. Nur 11 % der Befragten waren der Meinung, dass Führungskräfte mehr Fähigkeiten aufwiesen, die der Transformation helfen, als die Mitarbeitenden[32]! Und das waren vermutlich die an der Befragung teilnehmenden Führungskräfte 😂.

Was können Sie tun? Das Verändern der Führungskultur ist ein dickes Brett ... Fangen Sie schonend damit an, es sich überhaupt vorzunehmen. Und den Führungskräften klar zu machen, dass Sie es ernst meinen und das Thema nicht wieder weg geht. Weiterführende Ansätze erhalten Sie in den nächsten Abschnitten:

Einschub 34: Abbildung: Fähigkeiten, die erforderlich sind für die Transformation, im Vergleich zwischen Mitarbeitenden und Führungskräften

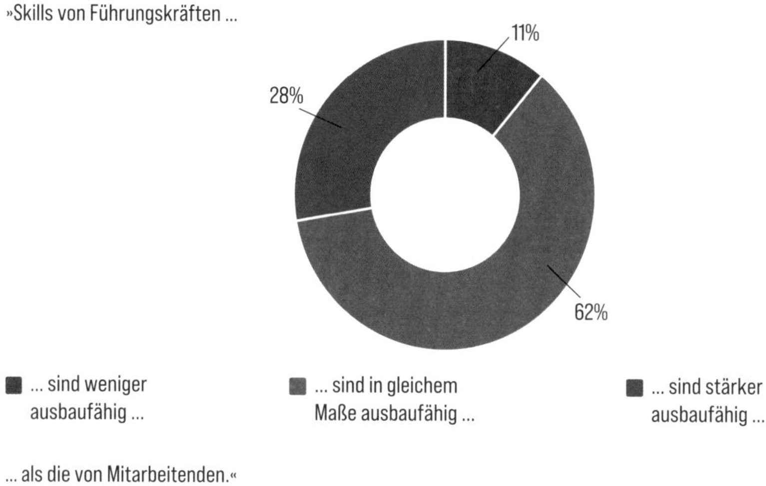

i. »Wo's lang geht, sage immer noch ich!«

Veraltete Führungstechniken – ein sehr hartnäckiges Problem in der Transformation. So sagten mir André Weber-Liel und Oliver Martin, beide von Beginn an involviert in die agile Transformation der DB Systel:

»Die zweitgrößte Herausforderung für uns war der Umgang mit den Führungskräften. Also wir haben irgendwann in dieser Phase einen Schwenk gemacht und haben gesagt, wir als DB Systel schaffen unsere Führungskräfte – in Anführungsstrichen – ab.«

Und wen wundert's? Führungskräfte stecken heute so stark in der Klemme wie nie zuvor. Bereits 2020 gaben 81 % der westlichen Manager in einer BCG und Ipsos Umfrage an, dass ihr Job deutlich anstrengender geworden wäre. Weitere 63 % gaben sogar preis, dass sie künftig nicht in einer Managementposition bleiben wollen. Das Gleiche scheint auch für Mitarbeiter:innen zu gelten: lediglich 7 % der Nicht-Manager in Deutschland streben eine Führungsposition an[33]. Und das ist durch die Pandemie nicht besser geworden, kamen doch viele neue Stressoren auf die Führungskräfte zu. Gero Hesse, zusätzlich noch der einflussreichste Blogger Deutschlands zu Themen wie Recruiting und Employer Branding, hatte schon 2022 in unser Mikrofon gesprochen:

»Wie befähigen wir Menschen eigentlich, auch in neuen Situationen Führungskraft sein zu können? Das, was einmal war (alle sitzen im Büro, jeder ist immer sichtbar), […] dahin werden wir bei Brainworkern nie wieder zurückkommen. Wir werden immer in hybriden Arbeitssituationen sein. Dann ist auch ein ganz wichtiger Auftrag sicherzustellen, dass der Klebstoff einer Organisation nicht verloren geht. Ich rede nicht von Aufrechterhalten der Unternehmenskultur, sondern dass man die weiterentwickelt an den neuen Gegebenheiten entlang. Das ist in meinen Augen ein Riesenauftrag an dieser Stelle.«

Zudem ist inzwischen hinlänglich bekannt, dass die neuen Generationen Y und Z, die 2021 schon rund 41 % der Arbeitskräfte ausmachten, andere Vorstellungen von einem gesunden Miteinander am Arbeitsplatz haben[34]. Und zumindest bald haben sie die Macht angesichts der Demografie.

Es ist also dringend erforderlich, dass Führungskräfte ihre Aufgaben erweitern, sich neue Instrumente zulegen und ihre Führungsarbeit entsprechend der Entwicklungen im Außen modernisieren. Aber was passiert? Das Gegenteil! In so einer Stresssituation wie wir sie seit 2020 erleben (Stichwort »Permakrise«, »Stapelkrise« etc.) greifen viele auf das zurück, was sie gelernt haben und wie sie sozialisiert wurden. Und das ist bei den meisten ein sehr hierarchischer, wenn nicht sogar patriarchalischer Führungsstil. Wer macht schon Experimente in der Krise? Wer gibt Mitarbeitenden einen Vertrauensvorschuss? Dies ist gerade in den letzten zwei Jahren nochmal sehr deutlich geworden: Man greift in der Krise und der Rezession zurück auf Altbewährtes – im Zweifel also auf einen weißen Mann mittleren Alters mit harter Hand.

Kürzlich haben zwei Institute ermittelt, dass 62 % der Befragten sich im Juni 2024 zumindest teilweise mehr autoritäre Führung wünschen (Antwortoptionen »ja« und »teils, teils«). 64 % wünschen sich klare Ansagen und sogar 72 % bevorzugen Führungskräfte, die ihre Entscheidungen nicht diskutieren, wenn die Arbeitsbelastung hoch bzw. die Situation schwierig ist. Noch interessanter ist die Aufschlüsselung nach Mitarbeitenden und Führungskräften: Während Mitarbeitende sich vor allem mehr Orientierung, klare soziale Regeln, Zuständigkeiten und Strukturen wünschen, geht der Wunsch der Führungskräfte ganz direkt auf autoritäre Führung (»Strong Leadership«) – vor allem durch sie selbst[35].

Was tun im Angesicht eines solchen Führungsverhaltens? Appellieren Sie an das Verantwortungsgefühl und die tiefsitzende Unsicherheit der Führungskräfte mit Sätzen wie:

- »Wenn Sie das so anordnen, wissen Sie genau, was passiert? Oder wollen wir das zusammen mit dem Team ausloten?«

- »Haben Sie schon die gerade veröffentlichten Daten von XY gesehen? Die sind sehr interessant und könnten Ihre Entscheidung auf noch sichereren Boden stellen.«
- »Sehr gut! Was ist der Hintergrund dieser Entscheidung? Das würde mich sehr interessieren, damit mir klar ist, über welche Hebel sie sich auf unser Jahresziel auswirkt.«
- »Ich kenne Sie als unfehlbare Führungskraft – und das soll ja so bleiben. Darf ich Ihnen noch einen zusätzlichen spannenden Blickwinkel zeigen?«

Und hier noch ein Tipp aus der Praxis von Anke Sax:

»Die Geschäftsführung muss von dem heroischen Führungsstil loslassen, von der Idee, dass wir die Antworten zu geben haben. [...] Genauso auch die Mitarbeiter, dass die Mitarbeiter sagen, du bist der Chef, du musst es doch sagen. Es gilt beide dazu zu bringen, am System zu arbeiten und nicht im System. Einen Mitarbeiter dazu bringen, auch mal zu widersprechen, auch mal zu sagen, ich sehe das aber anders. [...] Ich bin zutiefst überzeugt, dass in den meisten Unternehmen [...] alles da ist, was man braucht, um ein Unternehmen zu transformieren. Du musst es nur aus den Köpfen rauskriegen und mal auf den Zettel schreiben. Man muss es freilegen. [...] Am Anfang bin ich tatsächlich wie ein offenes Buch, was [die Mitarbeitenden] gerade beschreiben. Das hat ein bisschen was mit Demut zu tun. Ich finde, das ist auch eine angemessene Haltung, weil dieser heroische Führungsstil, [...] das ist ja völlig absurd zu glauben, dass man die Antworten hat. Ich bin demütig vor der Komplexität des Themas und lasse mir das erklären.«

ii. »Ich mache das, was man mir sagt.«

Wie es in dem Zitat eben schon klar wurde: Moderne Führung geht nicht ohne modernes »Geführt-Werden«. Oder eben gerade »Orientiert-Werden«, wenn wir davon ausgehen, dass Kontrolle dadurch abgelöst werden sollte, Leitplanken zu setzen, die Mitarbeitenden zu befähigen und im Übrigen ihre Arbeitsfähigkeit (inkl. Freiräume) nach allen Richtungen zu verteidigen.

Ist das die Anforderung an moderne »Führung« – die ja dann gar keine Führung im herkömmlichen Sinne mehr ist – muss die Anforderung an die Mitarbeitenden sein, sich auf die allgemeinen Zielbilder und spezifischen Leitplanken einzustellen, jede Form der Hilfestellung und Befähigung anzunehmen und im Übrigen frei aktiv zu werden in den geschaffenen Räumen. Hhhmm, auch wenn sich das toll anhört, ist das in der Praxis nicht so einfach.

Stefan Latuski, CIO der Bundesagentur für Arbeit (BA) und Vorsitzender der Geschäftsführung des IT-Systemhauses der BA, sieht das auf Basis seiner langjährigen Erfahrung mit den hunderttausenden Mitarbeitenden der BA ähnlich:

»Ja, es ist in der Tat nicht so ganz einfach. Und zwar ehrlicherweise in zweierlei Hinsicht: Auf der einen Seite haben natürlich Führungskräfte eine große Herausforderung damit, sozusagen loslassen zu dürfen/zu müssen. Auf der anderen Seite darf man aber natürlich auch nicht unterschätzen, wenn Mitarbeitende über Jahre hinweg die Entscheidung abgenommen bekommen haben und sie sollen urplötzlich wieder selbst entscheiden. Das ist dann mindestens mal genauso schwierig für die Kollegen und Kolleginnen.«

Was also tun, wenn ein Mitarbeitender sich Ihnen mit dem Einwand entgegenstellt: »Ich mache, was man mir sagt. Deine Aufgabe, mir was zu sagen!«? Zunächst: Geben Sie sich bitte nicht der Versuchung hin, was zu sagen! Ich weiß, es ist ein gutes Gefühl, wenn man gespiegelt bekommt, dass man der Einzige oder die Einzige ist, die etwas hinbekommt. Um Ihnen das zu erleichtern, gebe ich Ihnen ein mentales Bild mit, das ich von Stefan Merath, dem Unternehmercoach, gelernt habe und das mir in meinem Berufsleben viel geholfen hat[36]: Ein Mitarbeiter, der bei Ihnen ins Büro kommt und eine Entscheidung oder Problemlösung will, die er selbst schaffen könnte, hat einen Affen dabei. Den will er bei Ihnen auf der Schulter abladen. Und Ihre Aufgabe, Ihre einzige Aufgabe, ist es sicherzustellen, dass er den Affen wieder mit aus der Tür nimmt! Und dies ganz unabhängig davon, ob Sie Anhänger:in von »New Work« sind.

Dies gelingt mit Sätzen wie:

- »Was brauchst du von mir: Eine Information, einen Rat oder eine Moderation deiner Entscheidungsfindung?«
- »Welche Optionen gibt es? Was sind ihre Vor- und Nachteile?«
- »Kannst du mir erklären, inwieweit das auf unser Ziel einzahlt?«

d. »Was ausprobieren? Nee, das gefährdet unseren guten Namen.«

Oben plädieren wir dafür, Entscheidungen auf Basis von Daten zu fällen. Geht es allerdings um etwas Neues, fehlen uns diese Daten. Man muss auf den Markt, ohne genau zu wissen, ob das neue Produkt, der neue Service oder die Prozessveränderung wirklich gut sind. Denn »gut« wird nicht entschieden durch das entwickelnde Team; »gut« wird entschieden von den Kund:innen, den Nutzer:innen, den Mitgliedern, den Leistungsempfänger:innen. Hier liegt also das Risiko, und daher gilt es, vor deren Augen zu kommen, ohne bis dahin viel Zeit und Geld investiert zu haben.

Um mit den Worten eines meiner ersten Kunden aus dem Silicon Valley zu sprechen:

»Open the shop early and listen to what the market says!«
(Mach' den Laden schnell auf und höre auf die Reaktionen).

Das entspricht nicht der typischen Art und Weise, wie wir hier in Deutschland Entwicklung betreiben. Dr. Henry Widera beschreibt diese sehr gut:

»In meiner Rolle als CDO ging es darum, etwas Neues auszuprobieren. Man will neue Produkte auf den Markt bringen. Und ich habe gemerkt wie in einem Unternehmen wie der BVG, das so eine tolle Historie hat [...] [es] dieses Streben nach Perfektion gibt, dass man wirklich sagt, ›Erst wenn alles genau so wie beschrieben ist, dann können wir auf den Markt‹. Und am Ende des Tages mussten wir, ja wollten wir mit einem Beta-Produkt auf den Markt. Wir wussten nicht genau, wie funktioniert eine Mobilitätsplattform. Wie würden denn die Kundinnen und Kunden so einen Ridesharing-Service wie den BerlKönig nutzen? Sind die Berlinerinnen und Berliner überhaupt bereit, sich ein Fahrzeug zu teilen? Als CDO war das die größte Herausforderung: In der Organisation dafür zu werben. ›Seid mutig, keine Angst, wir werden den Laden schon nicht gegen die Wand fahren! Aber ja, es kann sein, dass sich vielleicht nach dem Start ein paar Kunden melden und sagen: Hey, war jetzt nicht so cool‹.«

Was tun? Glücklicherweise hat Henry Widera auch gleich sein Rezept mit uns geteilt:

»Es hatte wahnsinnig viel mit Werben für Akzeptanz und für Ausprobieren zu tun. Wir waren tatsächlich auf einer Art Roadshow als Digital-Team und haben immer wieder dafür geworben, komm, wir probieren das mal. Es kann nicht so viel schiefgehen. Guck mal, das sind die kritischen Punkte, die kriegen wir auf jeden Fall hin. Da habe ich verstanden, die brauchen wir aus steuerrechtlichen Gründen, die brauchen wir aus Revisionssicht, die brauchen wir aus juristischer Sicht. Alles klar, fairer Punkt, machen wir, aber wir brauchen keine 120 %.«

Seine Methode war also zu unterscheiden, was wirklich kritisch ist, im Gegensatz zu den anderen Bestandteilen, wo man ruhig mit einem Minimum Viable Product (MVP) auf den Markt gehen kann.

Eine weitere Möglichkeit, diesen Einwand zu behandeln, die in unserer Praxis gut funktioniert hat, ist, das neue Produkt als MVP erstmal unter einer anderen Marke auf den Markt zu bringen – so besteht keine Gefahr, dass die Reputation beschädigt werden könnte.

e. »Das hat doch früher auch gelangt!«

Ein nah verwandter Einwand zu »Das haben wir immer schon so gemacht!«, ist dies ebenfalls ein Klassiker, immer wenn es darum geht, Neues lernen zu müssen.

Auch Dr. Ralf Belusa, zur Zeit unseres Interviews Managing Director Digital Business and Transformation bei der Hapag-Lloyd AG, ist das schon begegnet:

»Also die Hauptherausforderung bei dieser [eigenen] Neuerfindung ist eigentlich das lebenslange Lernen. Ist, dass wir Menschen, Mitarbeiter motivieren, sich offen zu machen, positiv Spaß daran zu haben, neue Sachen auszuprobieren, neue Sachen dazu zu lernen. [...]. [Z. B.] im Sales, mit Consultative Selling, Online und Offline, da muss sich jeder als Experte weiterentwickeln. Und dann kommt ja letztendlich noch die zweite Übung, dass man die Experten aus diesen einzelnen Bereichen miteinander vernetzt, damit die nicht isoliert nur Experten sind, sondern auch als gemeinsames Team viel stärker werden.«

Zur Wichtigkeit von Lebenslangem Lernen haben wir oben schon Einiges gesagt, und auch die persönlichen Tipps unserer Pioniere rankten sich primär darum. Wie kann man also in der Organisation Widerstand dagegen kontern?

Zum Ersten, indem Sie Lernen so leicht und unterhaltsam wie möglich machen. Direkt vor Ort, schnell zwischendrin, mit Kolleg:innen, mit Punkten und ein bisschen Wettbewerb, unter Einbeziehung von positiver Psychologie und den neuesten Erkenntnissen der Neurowissenschaften, wie Lernen funktioniert.

Zum Zweiten, indem Sie Lernen direkt mit positiven Erlebnissen in der Praxis verknüpfen: Achten Sie darauf, dass Ihre Materialien praxisrelevant sind und viele Hinweise geben, was der/die Lernende am nächsten Tag anders machen kann.

Zum Dritten, versuchen Sie rational klarzumachen, wie stark sich die Anforderungen von damals bis heute geändert haben. Dass es die Technologie, die gelernt werden soll, damals vielleicht noch gar nicht gab, sie heute aber überall vorkommt. Verweisen Sie auf jemanden im näheren Umfeld desjenigen, der Ihnen diesen Widerstand entgegen schleudert (ein Wettbewerber?), der erfolgreich ist, weil er das Thema schon gemeistert hat. Und zeigen Sie nochmal und nochmal auf, welcher persönliche Vorteil daraus erwächst, wenn man sich mit diesem Thema beschäftigt und es am Ende meistert.

4.1.9 »Ich bin das anders gewöhnt, ich kann mich nicht mehr umstellen.«

Bislang haben wir verschiedene, niedrige Stufen des Widerstands betrachtet: die implizite Bitte, mehr zu tun, damit der Einwendende mitmacht, der (untaugliche) Versuch, seine bisherigen Bemühungen schon als ausreichend darzustellen, die eigene Unzuständigkeit oder Unfähigkeit (entgegenstehende Kultur) etc. Alle diese haben gemein, dass die Vornahme des erwünschten Verhaltens von weiteren Bedingungen abhängig gemacht, aber nicht rundweg abgelehnt wird.

Dies wird jetzt anders, denn hier kommt der Maximalwiderstand: Ich habe es gehört, ich könnte es auch, aber ich mache es trotzdem nicht! Natürlich formulieren das die Einwendenden selten so offen. In der Praxis zeigt sich dieser Einwand eher durch »Aussitzen« oder das oft praktizierte »Agree & Discommit«, also erst einer Maßnahme zuzustimmen und sich dann bei der Umsetzung heimlich wegzuschleichen. Ganz im Gegensatz zu dem bei Unternehmen wie Amazon oder Zalando praktizierten Grundsatz »Disagree & Commit«, also erst zu diskutieren und dann gemeinsam hinter der getroffenen Entscheidung zu stehen, selbst wenn man sich mit seiner Meinung nicht durchgesetzt hat.

Besonders schädlich ist diese Haltung dadurch, dass es denjenigen, die Transformation vorantreiben, ja nicht primär darauf ankommt, dass die Kolleg:innen verstehen, was anders werden soll, sondern dass sie das erwünschte Verhalten tatsächlich an den Tag legen. Notfalls auch ohne, dass sie verstehen, warum (wäre aber schöner ...). Es kommt also am Ende auf die Verhaltensänderung an.

So sieht es auch Rainer Karcher, zur Zeit unseres Interviews Global Director IT Sustainability bei der Siemens AG, in Bezug auf sein Spezialthema, die Transformation zu nachhaltigem Arbeiten mit Mitteln der IT:

»Also, das ist schon eine ganz große Herausforderung [...], uns an die Menschen heranzubringen, in einer verständlichen Art und Weise, an unsere Kolleginnen und Kollegen im Konzern. Aber auch außerhalb, dass eine echte Veränderung passiert. [...] Also was für mich immer so ein Spruch ist: ›Nachhaltigkeit beginnt mit jedem selbst und mit jeder selbst.‹. [...] Meine eigene Handlungsweise, wie ich mich verhalte, wie ich tagtäglich mein Leben lebe: Das hat den Einfluss darauf, wie nachhaltig das restliche Drumherum ist. Und das ist gerade in Konzernen, in großen Unter-

nehmen ein elementares Thema: Ich kann natürlich als Strategieeinheit innerhalb einer IT eine definierte Strategie vorgeben. [...] Dennoch bin ich vielleicht gar nicht in der Lage, für jeden einzelnen Fachbereich, für jedes eigene Handlungsfeld zu definieren, was heißt das denn konkret übersetzt, welches neue Verhalten ist nötig? Dann habe ich keine Chance, wirklich eine echte Transformation, eine Veränderung hinzukriegen.«

Wenn Sie schon mal Change betrieben oder miterlebt haben, überlegen Sie mal: Wie oft wurde sich dabei systematisch Gedanken gemacht, die Menschen wirklich zu einem anderen Verhalten zu motivieren? Sehr häufig wird eine neue Strategie erarbeitet und dann kommuniziert, aber psychologische, soziale, neurowissenschaftliche oder andere Motivationsmechanismen zur Verhaltensänderung in der Breite sind Fehlanzeige. Schade, denn diese Tools sind so mächtig, dass sich eine ganze Disziplin namens »Behavior Change Design« gebildet hat. Deren Vertreter beraten u. a. Regierungen, wie diese Bürger:innen dazu bekommen, sich in einer bestimmten Weise zu verhalten.

Seit 2018 beschäftige ich mich im Rahmen der Entwicklung und Verbesserung unserer App »Culcha« mit Behavior Change Design. Damit Sie einige dieser Mechanismen in Ihrer Organisation morgen schon einsetzen können, hier in aller Kürze meine Top 5-Interventionen zur Förderung einer echten Verhaltensänderung – natürlich am Beispiel der Nutzung von KI:

1. FOMO (Fear of Missing out) **schaffen:** Nichts wirkt besser, als wenn der/die Vorgesetzte manchmal sagt: »Ich nutze jetzt KI, um ... (irgendein Beispiel, z. B.: ›in unseren Meetingnotizen etwas nachzuschauen. Es ist der Hammer, was man da so finden kann. Wie oft wir Aufgaben besprechen, ohne dass was rauskommt.‹)«
2. **Erwünschtes Verhalten so einfach wie möglich machen**: »Ich habe die IT gebeten, unsere Systeme so einzustellen, dass die Einstiegsseite von ChatGPT automatisch aufgeht, wenn Ihr euren Computer startet. Da, wo früher Google war.«
3. **Wettbewerb erzeugen:** »Der Kollege Müller [Subtext: mit dem Sie um die Beförderung konkurrieren] erzielt schon erstaunliche Ergebnisse mit ChatGPT!«
4. **Belohnung – oder noch besser Bestrafung:** Menschen sind bekanntlich stärker motiviert durch Verlustangst als dadurch, etwas zu bekommen. Denken Sie also darüber nach, welches Privileg Sie Verweigerern nehmen können, ohne gegen Arbeitsrecht zu verstoßen. Vielleicht müssen Sie dafür erstmal ein neues Privileg erschaffen, z. B. einen AI Circle gründen, in den erstmal Jede:r eingeladen ist, aber mit der klaren Maßgabe, dass man jedes

Mal etwas Neues aus der Anwendung von KI berichten muss, um nicht ausgeschlossen zu werden.

5. **Erwünschtes Verhalten an einen regelmäßig vorkommenden Auslöser knüpfen und die Vornahme feiern:**
   Beruhend auf der berühmten Arbeit von BJ Fogg, Professor an der Stanford University zu »Tiny Habits«, ist auch dies ein »Hack«, um sich – oder jemand anderem – ein neues Verhalten anzutrainieren. Hier in aller Kürze:
   - Definieren Sie genau ein leichtes, aber ausschlaggebendes Verhalten, das Sie von einem Kollegen, nennen wir ihn »Herr Gmeiner«, wollen. Als Beispiel: Für eine Aufgabe ChatGPT zu nutzen.
   - Inspizieren Sie den Arbeitsalltag von Herrn Gmeiner nach regelmäßig wiederkehrenden Ereignissen, die in ungefähr gleichem Rhythmus (z. B. einmal pro Arbeitstag), in ähnlichem inhaltlichem Zusammenhang (z. B. zu Arbeitsbeginn) und am gleichen Ort stattfinden (z. B. am Computer) wie Sie sich die ChatGPT-Nutzung wünschen. Z. B. das Hochfahren seines Computers.
   - Verknüpfen Sie dies mit der Nutzung von ChatGPT. Das kann subtil geschehen (z. B. indem Sie ihn hin und wieder fragen, welche der Aufgaben er am Morgen wie erledigt hat) oder »mit der Brechstange«, indem Sie ihm eine automatisierte Erinnerung schicken lassen, jeden Morgen zu Beginn des Arbeitstags.
   - Kommt es zum erwünschten Verhalten, ist es sehr wichtig, das auch unmittelbar zu feiern: Loben Sie Herrn Gmeiner für das Ergebnis seiner Arbeit (mit ChatGPT), senden Sie ihm ein anerkennendes Nicken rüber, oder was auch immer für ihn passt. Und lassen Sie bitte diesen Schritt nicht aus, denn nur so kommt es zu einer Dopaminausschüttung, die die Autobahn in sein Gehirn fräst: »Computer an, ChatGPT nutzen.«

4.1.10 Sie wollen Mitarbeiter:in des Monats werden?

Wir haben gesehen, es gibt sehr viele Einwände, die einer Organisationtransformation entgegengehalten werden. Die wichtigsten haben wir hier behandelt, auch mit ersten Abwehrmaßnahmen. Alle haben wir sicher nicht darstellen können, denn die Fantasie derjenigen, die ihre Komfortzone schützen wollen, ist unendlich. Aber zumindest hoffe ich, Ihnen Rüstzeug gegeben zu haben für die ersten Runden dieser Diskussion!

Es bleibt dabei, wie es Kathrin Günther uns in einem Interview sagte, als sie noch Vice President Digital Solutions bei Uhlmann Pac-Systeme war:

»Ich glaube, wenn man digitale Transformation in einem Unternehmen betreibt, dann wird man nicht unbedingt Mitarbeiter des Monats, denn Transformation hat immer mit Veränderung zu tun und niemand verlässt gerne seine Komfortzone. Und ich glaube, wenn man den Anspruch an sich hat, jetzt hier der Beliebteste zu sein, dann wird man nicht den richtigen Drive hinter das Thema bekommen.«

4.2 DER KONKRETE FAHRPLAN ZUR KI-TRANSFORMATION IHRER ORGANISATION

Zunächst einmal hoffe ich, dass wir Ihnen mit dem vorherigen Kapitel ausreichend Rüstzeug mitgegeben haben, um die klassischen Einwände vor und auch während der KI-Transformation zu kontern. Als Nächstes widmen wir uns der Frage, wie wir denn nun mit der Transformation tatsächlich anfangen. Dies zu beantworten, haben wir uns für das folgende Kapitel vorgenommen.

Eine KI-Transformation spielt auf drei Ebenen und hat aus unserer Erfahrung vier grundverschiedene Phasen:

- Die erste ist die **persönliche Transformation**: Diese besteht darin, dass Sie, als derjenige/diejenige, der/die für die Organisation verantwortlich ist, sich selbst für KI öffnen und sich so umstellen, dass Sie KI im größtmöglichen Umfang nutzen – so wie oben in den Abschnitten 3.2 bis 3.5 beschrieben. Denn Sie sind in Ihrer Eigenschaft als Führungskraft Vorbild (Abschnitt 4.2.1)!
- Die zweite Phase ist, Ihre **Organisation in eine Verfassung** zu bringen, dass Ihre Bemühungen auf fruchtbaren Boden fallen, dass also zumindest eine gewisse Lust auf Veränderung besteht (Abschnitt 4.2.2).
- Danach, in der dritten Phase, ist es an der Zeit, eine **kluge KI-Strategie** für die Organisation zu entwickeln (Abschnitt 4.2.3).
- Die vierte Phase besteht dann darin, Ihre KI-Strategie systematisch umzusetzen (Abschnitt 4.2.4).
- Dabei gilt es, **alle Mitarbeitenden zu einer persönlichen Transformation zu motivieren** (4.2.4 h), was wiederum zwei Ebenen hat:
  - Den <u>internen</u> Prozess bei jedem:r Einzelnen anzustoßen, ähnlich wie wir das in den Abschnitten 3.2 bis 3.5 beschrieben haben
  - Und diesen Prozess <u>von außen</u> zu erleichtern, zielführend zu begleiten und zu feiern!

Einschub 35: Abbildung: Der Fahrplan der KI-Transformation

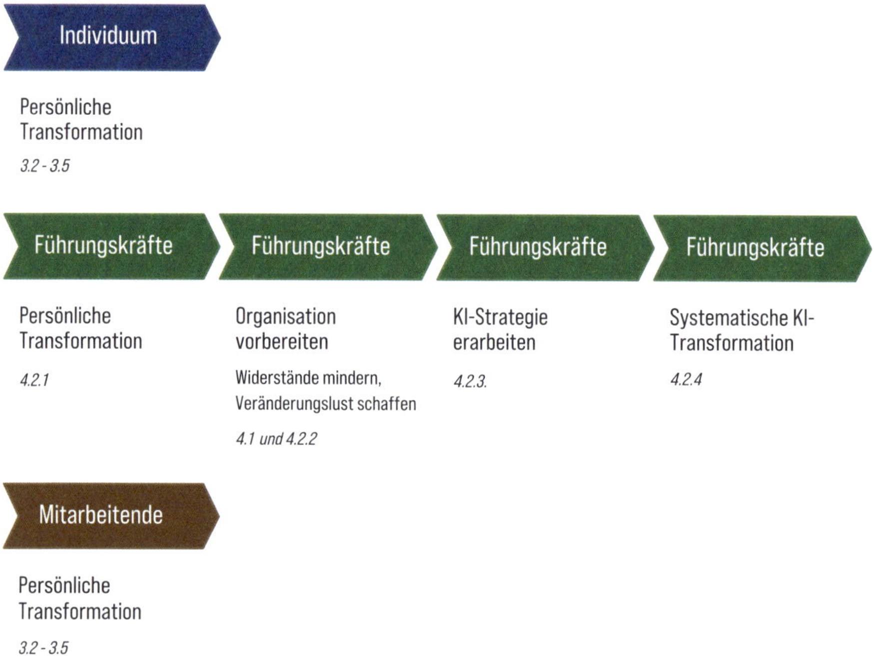

Also ganz schön was zu tun, aber wenn es leicht wäre, würd's ja jeder machen. Je schwerer die Transformation, desto schwerer ist es auch, Ihren durch KI-Transformation geschaffenen Wettbewerbsvorteil wieder einzuholen. Also, los geht's!

4.2.1 Ohne persönliche Öffnung und Nutzung von KI geht nichts!

Sind Sie für die Zukunftsfähigkeit einer Organisation verantwortlich, lesen Sie bitte erst oben das Kapitel 3. Denn ohne, dass Sie selbst zu 100 % offen und begeistert KI-Anwender:in sind, wird die KI-Transformation nicht gelingen. Denn Sie sind Vorbild dafür, dass es alle schaffen (können). Und außerdem werden Sie genau beobachtet: Jedes Mal, wenn Sie KI implizit (durch Nichtnutzung) oder explizit (durch eine abfällige Randbemerkung oder auch nur durch eine Auslassung) geringschätzen, setzt sich das in zehnfachem Volumen in der Organisation fort. Dann können Sie sich auch nicht beschweren, wenn nicht alle Potenziale genutzt werden!

Und denken Sie jetzt bitte nicht: »Ah, im Gegensatz zu allen anderen ist meine Tätigkeit so komplex, das kann nur ich!« Wenn Sie mal genau drüber nachdenken, beinhaltet auch die Arbeit einer Führungskraft sehr viel

»monkey work«. Dazu kommen bei Ihnen vielleicht auch Entscheidungen, die Sie treffen müssen – auch wenn Sie ehrlich gesagt keine fundierte Meinung dazu haben. Wäre es nicht schön, all das los zu sein und sich auf die Teile zu konzentrieren, die wirklich wertschöpfend sind und nur Sie machen können?

Nächster Einwand in Ihrem möglichen inneren Dialog: »Papperlapapp, das kann ich mir schenken, ich kann das doch schon und es kommt ja darauf an, dass alle anderen es machen. Und im Notfall kann ich mir sowas ja ganz schnell aneignen!« Eine Milchmädchenrechnung! Wenn Sie nicht bei sich anfangen, macht es niemand. So riskieren Sie den Erfolg Ihrer organisatorischen Transformation. Das allein ist schon nicht schön, aber denken Sie an die weitergehenden Folgen:

- Sie verlieren wertvolle Zeit im Kampf um die Vorherrschaft in Ihrem Feld.
- Sie versenken eine Menge Geld der Organisation – und Ihre eigene Reputation.
- Sie brennen die Mitarbeitenden aus und verhärten (noch weiter) den Widerstand gegen Veränderung.

Und wenn Sie mir das nicht glauben, glauben Sie unseren »Pionieren«. Ralf Belusa, CDO von Hapag-Lloyd, sagte uns z. B.:

»Als Manager ist das Ausprobieren, Testen, Lernen ein wichtiger Bestandteil, um die Chancen und Risiken von KI greifen zu können. Deswegen: Ärmel hoch und machen! Nach-Machen, Vor-Machen, Besser-Machen.

Egal ob KNIME, Make.com, OpenAI, TensorFlow, Gemini, MidJourney, Einstein, etc.: Ich spreche persönlich einfach mit Experten und probiere selbst aus, erkenne die Möglichkeiten und setze die Tools auch echt ein. Mein Erfolgsrezept für diese Umstellung, nicht nur bei KI, sondern generell, ist: Neugierde, Machen und lebenslanges Lernen als kontinuierliche Chance nutzen. Freude daran haben. Dann ergibt sich Veränderung, Innovation und Wachstum fast von ganz allein.«

In das gleiche Horn stößt Hartmut Müller, Chief Transformation Officer von ServiceNow, zusätzlich zu seiner oben schon geäußerten persönlichen Faszination für seinen digitalen Zwilling:

»Also ich sehe das genauso wie du. Wir haben ja vorher über Beurteilungskompetenz [in Bezug auf KI und KI-Tools] gesprochen. Du kannst nicht in der IT arbeiten oder in Technologiekonzernen arbeiten und die Meinung haben, dich nicht damit beschäftigen zu müssen. Das ist ein Irrglaube.«

Und hier nochmal zur Erinnerung ein paar Daten zur Produktivitätssteigerung durch KI: Section, ein innovatives Bildungsunternehmen in den USA mit eher digitalaffinem Publikum, brachte im März 2024 eine Studie heraus, wonach damals schon 27 % der Befragten 20 % oder mehr ihrer Arbeitszeit einsparten durch Nutzung von KI-Tools »aus dem Regal«. Also ohne Anpassung und ohne lange Prozesse[37].

Einschub 36: Abbildung: Einsparung von Arbeitszeit durch fertige KI-Tools

»Wie viel Zeit sparen Sie durch die Nutzung von KI?«

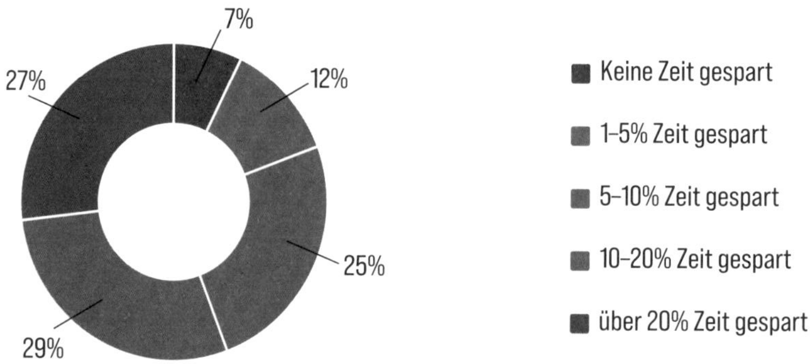

Quelle: Section, März 2024

Ähnliche Ergebnisse zeigte eine Studie von Harvard und BCG aus dem September 2023, die signifikante Verbesserungen in der Menge, der Geschwindigkeit und der Qualität der Bearbeitung von 18 Aufgaben durch die Nutzung von KI beobachtete: 12 % mehr Aufgaben wurden durchschnittlich erledigt, um 25 % steigerte sich die durchschnittliche Geschwindigkeit und um sage und schreibe 40 % die Qualität. Allerdings betraf das nicht alle Aufgaben: Bei Aufgaben, die außerhalb des Fähigkeitsspektrums von KI liegen, führte der Einsatz (wenig überraschend) zu einer Verschlechterung. Innerhalb der damaligen Fähigkeiten von KI trat die Verbesserung vor allem bei denjenigen ein, die ohne KI eher unterdurchschnittlich arbeiten. Sie zeigten eine um 43 % verbesserte Produktivität, bei den Top Performern aber immerhin noch eine Steigerung um 17 %[38]!

Einschub 37: Abbildung: Steigerung der Produktivität in verschiedenen Dimensionen durch den Einsatz von KI

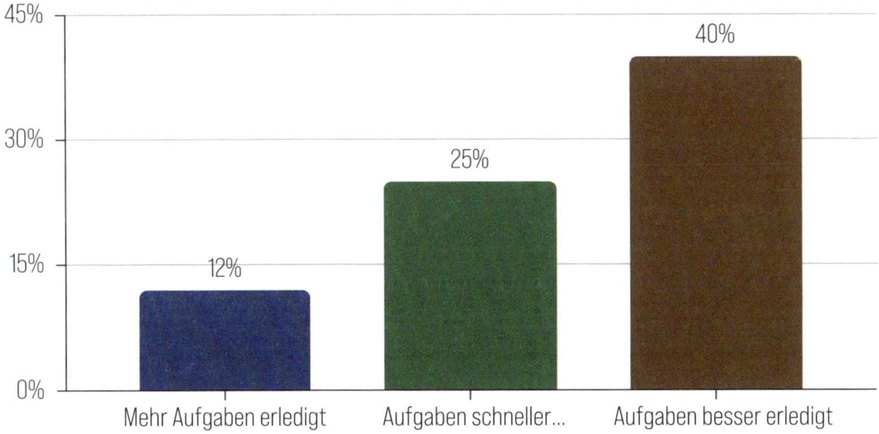

Quelle: BCG, Harvard , September 2023

Und nun denken Sie mal an Ihre Abteilung. Wäre es nicht schön, wenn alle ein ähnliches Niveau hätten wie Ihre Top-Performer?

Oder, noch einfacher, wenn wir nur mal auf die Produktivitätssteigerung von 12 % schauen und von einer durchschnittlichen jährlichen Arbeitszeit in Deutschland von 1.591,9 Stunden (Stand 2023)[39] ausgehen, spart jede:r Mitarbeitende pro Jahr durch den Einsatz von KI knapp 24 Tage (unter Annahme eines Acht-Stunden-Tags). Nun multiplizieren Sie diese Zahl mit den Mitgliedern Ihres Teams und Sie wissen, wie viele Stellen KI Ihnen schaffen kann, die Sie vom CFO nicht mehr genehmigt bekommen! Oder, um es noch anfassbarer zu machen: Nur etwas über neun Mitarbeitende müssen die Produktivitätssteigerung durch KI realisieren, und Sie haben die Kapazität einer Vollzeitstelle zusätzlich!

Also, worauf warten Sie noch? Der Einsatz von KI erleichtert nicht nur Ihren Mitarbeitenden das Leben, sondern kann auch Ihnen als Führungskraft einige Aufgaben abnehmen.

a. Einfacherere Führungsprozesse

Zunächst einmal sollten Sie als Führungskraft Ihre eigenen Prozesse so weit wie möglich automatisieren. Hier gilt das Vorgehen, das wir oben unter 3.2, 3.3, 3.4 und 3.5 für den Privatbereich ausführlich dargestellt haben.

Dazu listen wir in den folgenden Abschnitten beispielhaft ein paar Aktivitäten von Führungskräften auf, die typischerweise mit KI gut zu verschlanken sind. Soweit wir hier Tools nennen, bitte überprüfen Sie in dem Moment, wo

Sie ein Tool nutzen wollen, das aktuelle Angebot für Ihren spezifischen Nutzungsfall durch Suchen oder Befragen des LLMs Ihrer Wahl – geprüft durch einschlägige Blogs von echten, glaubwürdigen Menschen oder Produkttests (z. B. OMR Reviews). Die Angebote ändern sich rasend schnell, genauso wie die Features der einzelnen Anbieter. Daher handelt es sich hier nur um Nennungen und nicht um Empfehlungen.

Automatisierung von Routineaufgaben:
KI-gestützte Tools wie UiPath oder Automation Anywhere können repetitive Aufgaben automatisieren, z. B. das Extrahieren von Daten aus E-Mails oder das Aktualisieren von Berichten, z. B. an Ihre Investoren oder den Vorstand. Das spart Ihnen Zeit, um sich auf strategischere Aufgaben zu konzentrieren.

Intelligente Terminplanung:
Anwendungen wie Cortana, die schon 2019 in der Office-Suite mittels KI versuchte, auf Aktivierungswort Termine zu vereinbaren, können die Arbeit stark reduzieren – zumindest für Führungskräfte ohne Assistenz. Zwar ist Cortana nun den Weg alles »Irdischen« gegangen (ja, auch KI-Assistenten trifft das manchmal), aber eine ähnliche Funktion finden Sie wieder in Outlooks »FindTime«-Feature. Die KI-Plattform kommuniziert mit Teilnehmenden, berücksichtigt Verfügbarkeiten und findet optimale Zeitfenster für Besprechungen. Ähnlich funktionieren isolierte Tools wie Calendly.

Automatisierte Datenaufbereitung und -analyse:
Fehlt es Ihnen an Mitarbeitenden oder eigenen Kapazitäten, um verschiedene Datenquellen zu verbinden und zu analysieren, können Sie sich mit KI erheblich die Arbeit erleichtern. Die Spanne ist riesig, von niedrigschwelligen isolierten Tools zum Einstieg Einzelne:r, wie z. B. Zoho DataPrep, bis hin zu riesengroßen Angeboten wie Palantirs Foundry. Damit können Sie komplexe Datensätze leichter verstehen und Trends identifizieren, ohne aufwendige manuelle Analysen durchführen zu müssen. Hier einen konkreten Tool-Tipp zu geben, ist im Rahmen dieses Buches nicht möglich. Aber wir haben ein Vorgehen für Sie:

- Machen Sie sich eine Liste dessen, welche Daten Sie gern zusammenschalten und analysieren (lassen) würden, nur für sich.
- Fangen Sie mit dem leichtesten Tool an, nur für sich. Einfache Einstiege sind der Copilot in Excel oder die Advanced Data Analysis von ChatGPT (siehe oben Abschnitt 3.5.4. j).
- Wenn Sie damit konsistent Wert schaffen, nur für sich, ist es an der Zeit, Ihre Lösung auch anderen Mitgliedern Ihrer Organisation vorzustellen.

So können Sie übrigens starten, ohne gleich alle internen Prozesse bei der Einführung neuer Tools durchmachen zu müssen.

Echtzeit-Überwachung von Geschäftskennzahlen wie z. B. Budgets:
Business Intelligence-Tools mit »Embedded AI« wie Tableau ermöglichen es Ihnen, KPIs in Echtzeit zu überwachen, Vorhersagen KI-basiert zu treffen und Ihre Daten mittels Chatbot einfach zu befragen. Automatisierte Dashboards bieten klare Visualisierungen von Geschäftsleistungsdaten und unterstützen schnelle Entscheidungen. Anwendungen mit KI-Features wie Anaplan können Budgets automatisch überwachen und Warnungen für Abweichungen senden. Sie erhalten damit Echtzeitinformationen über den Budgetstatus und können proaktiv reagieren.

Personalisierte E-Mail-Filterung und Entwürfe:
KI-gestützte E-Mail-Tools wie Superhuman analysieren Ihr E-Mail-Verhalten und filtern automatisch unwichtige E-Mails heraus. Sie erhalten somit eine auf Ihre Präferenzen zugeschnittene Inbox – teilweise auch noch Mailentwürfe, die sich wirklich so lesen, als hätten Sie sie geschrieben.

b. Bessere Führungsfähigkeiten

Sparringspartner für Strategieentwicklung
Unter Nutzung des ausführlichen Prompt Frameworks von oben können Sie Maxi, die allgegenwärtige hilfreiche Kraft eines LLMs, auch nutzen zur gemeinsamen Vorbereitung von Strategien. Mögliche Prompts für die Strategieentwicklung, die Sie immer nur in Verbindung mit dem spezifischen Kontext, der Rolle etc. nutzen sollten, sind z. B.:
»Identifiziere die Herausforderungen und Ziele, die KI in unserer [Teilbereich des Unternehmens] adressieren könnte.«
»Empfiehl die besten KI-Tools und -Plattformen für unsere spezifischen Bedürfnisse und Ziele [Kontext].«
»Gib Ratschläge, wie wir auf dieser Basis unsere Datenlage für den Einsatz von KI verbessern können. Welche Daten müssen auf jeden Fall, in welcher Tiefe und Breite, vorliegen?«
Schauen Sie auch nochmal nach, wie Kirsten Lange in Ihrer Aufsichtsratstätigkeit KI benutzt und leiten Sie weitere Möglichkeiten, Ihr Arbeitspensum zu erleichtern, davon ab. Untersuchen Sie mithilfe von KI z. B. die Geschäftsbereiche der Wettbewerber oder überwachen Sie kontinuierlich die Webseiten aller Unternehmen in Ihrer Branche. Oder holen Sie sich das Brain von aktuellen Strategiepäpsten dazu, z. B. mit einem Prompt wie:

»Du bist Satya Nadella und verfügst daher über viel Wissen bezüglich der zukünftigen Entwicklungen im Bereich KI und Unternehmenssoftware. Unsere Situation ist ... Was würdest du uns raten?«

Schaffen Sie sich eine persönliche Kommunikationsabteilung!
Wünschen Sie sich manchmal auch eine:n Mitarbeiter:in, der/die genauso schreibt wie Sie? Damit Sie die vorbereiteten Sachen im Notfall unbesehen verwenden können, wenn es mal eilt? Und wie oft war das in der Praxis tatsächlich so? Wenn überhaupt, dann sicher erst nach langem Einarbeiten, wenn der/die Mitarbeiter:in Ihren Stil, Ihre Redewendungen, Ihre thematischen Punkte schon so inhaliert hat, dass er/sie sich an Ihre Stelle setzen könnte.

Und genau so funktioniert das mit Maxi. Nur viel schneller und mit viel weniger Aufwand Ihrerseits!

Schritt 1: Konsistenten Stil herausarbeiten
»Füttern« Sie Maxi mit den Kommunikationsmaterialien, aus denen Sie den Stil ableiten wollen. Wie das geht, haben wir oben in 3.5.3 d beschrieben, und auch an der Stelle, wo wir thematisieren, wie wir Kontext mitgeben können. Haben Sie die Dokumente hochgeladen, ergänzen Sie sie mit einem passenden Prompt, z. B. wie folgt:

Einschub 38: Dialog mit Maxi zum Erstellen von Reden

»Hey Maxi, du bist mein persönlicher Redenschreiber und hast sehr viel Erfahrung im Abfassen von CEO-Reden bei Betriebsversammlungen. Ich brauche deine Hilfe beim Analysieren meiner bisherigen Reden und bei der Reproduktion meines Stils für die Rede für die nächste Betriebsversammlung.
Ziel: Damit möchte ich eine Anleitung erstellen, die mir hilft, den Output von dir möglichst nah an meinem eigenen Stil zu halten, damit du dich wie ich anhörst.
Aufgabe: Bitte analysiere und beschreibe daher in allen hochgeladenen Dokumenten:

- *Die Satzlänge*
- *Den Ton*
- *Die Emotionen*
- *Die Stimme*
- *Den Sprech- bzw. Schreibstil.*
- *[...]*

Ausgabeformat: Dein Ergebnis soll in einer Liste von 10 Regeln bestehen, die von einem LLM wie dir gut verstanden wird. Beginne daher immer mit einem Imperativ, sei klar, direkt und handlungsorientiert. Vermeide Redundanzen, schreibe in einem einheitlichen Format und konzentriere dich auf das Wesentliche. Der Inhalt der Reden ist hierfür irrelevant. Deine Anweisungen sollen anstelle dessen auf alle Arten von Inhalten anwendbar sein.«

Schritt 2: Diesen konsistenten Stil Ihrer zukünftigen Kommunikation zugrunde legen

Haben Sie nach ein paar Iterationen ein für Sie zufriedenstellendes Ergebnis erreicht, speichern Sie es und verwenden Sie es bei all Ihren Prompts, wo es um das Erstellen von Kommunikationsmaterial in Ihrem Stil geht. Dies können Sie gemäß der oben dargestellten allgemeinen Methoden machen, wie Sie Maxi Kontext mitgeben. Oder Sie nutzen »Custom Instructions«, also maßgeschneiderte Anweisungen:

Was sind »Custom Instructions«? Custom Instructions sind seit Juli 2023 eine Möglichkeit in ChatGPT, bestimmte Anweisungen als Grundeinstellung allen Aktivitäten zugrunde zu legen (inzwischen haben andere LLMs, zumindest in ihren Bezahlversionen, nachgezogen). Dazu müssen Sie sie nur in Ihrem Profil unter dem Menüpunkt »ChatGPT anpassen« hinterlegen:

- Zum einen können Sie Informationen zu Ihrem Hintergrund eingeben unter der Frage »Was möchten Sie, dass ChatGPT über Sie weiß, um Ihnen bessere Antworten geben zu können?«,
- Zum anderen können Sie dort auch Anweisungen zum Verhalten von ChatGPT eingeben, und zwar in dem Fenster unter der Frage: »Wie sollte ChatGPT Ihrer Meinung nach reagieren?«

Für dieses Buch sahen meine Custom Instructions in ihrer ersten Version so aus wie unten im Textkasten wiedergegeben. Nachträgliche Änderungen wirken sich dann nur für die Zukunft aus.

Einschub 39: Beispiel für Custom Instructions (maßgeschneiderte Anleitungen)

Frage: Was möchten Sie, dass ChatGPT über Sie weiß, um Ihnen bessere Antworten geben zu können?
Antwort: Ich möchte mit dir ein Buch schreiben. Es richtet sich an ein Publikum, das an KI- und digitalen Themen interessiert ist, aber nicht

nur an Fachleute. Es soll darum gehen, wie Menschen sich an die Nutzung von KI gewöhnen können und auch ihre Organisationen – also vor allem Unternehmen – dazu motivieren können. Wir wollen praktische Tipps, Methoden und Hacks geben. Das Ziel ist, dass Menschen etwas lernen, das sie sofort anwenden können.

Frage: Wie sollte ChatGPT Ihrer Meinung nach reagieren?
Antwort: Du bist mein Co-Autor. Du bist Experte in der Transformation von Menschen und Unternehmen und hast auch praktische Erfahrung im Change Management von Mitarbeitern im Unternehmen. Du schreibst selbstständig fertige Texte. Der Ton ist präzise und professionell, aber gleichzeitig engaging, warm und humorvoll. Das Buch soll sehr substanziell sein, aber auch angenehm zu lesen. Deine Texte sollen crisp sein, ohne überflüssige Wiederholungen. Die Sätze sollten nicht länger als 200 Zeichen lang sein.
Ich möchte nur sauber und gut recherchierte Informationen haben, keine Meinungen. Dennoch soll der Text keine Selbstverständlichkeiten wiederholen, die überall geschrieben stehen, sondern originell sein.
[technische Parameter]
Wir gendern in dem Buch mit einem Doppelpunkt, also zum Beispiel so »Leser:innen«.
Bei Recherchen bitte nur Quellen der letzten 24 Monate verwenden und die Fundstelle angeben.«

Richtigerweise schreibt man Custom Instructions aus Sicht dessen, was immer gleichbleibt, also der eigenen Person oder der eigenen Organisation, nicht aus Sicht eines Produkts, wie hier eines Buchs. Denn ChatGPT kann derzeit nur einen Satz an Custom Instructions annehmen, ein Wechsel zwischen mehreren Profilen ist also nicht möglich. Hier aber einige Tricks, wie es trotzdem geht, mit verschiedenen Custom Instructions zu arbeiten:

- Dokumentieren Sie Ihre Custom Instruction für jede Aufgabe in separaten, klar bezeichneten Dokumenten und laden Sie sie beim ersten Prompt mit hoch.
- Bewahren Sie Ihre Custom Instructions in geordneten Notizen o. Ä. auf und kopieren Sie sie jedes Mal passend ein – in das Profil oder in den Prompt. Das funktioniert wiederum leichter, wenn Sie sich spezifische Tastenkombinationen dafür ausdenken, z. B. mithilfe von AutoHotkey für Windows oder Automator für macOS.

Für leicht fortgeschrittene Nutzer gibt es auch Zugangsportale für ChatGPT, die das Hinterlegen von verschiedenen Profilen ermöglichen. Im Sommer 2024 war das z. B. »Superpower ChatGPT«, die oben schon erwähnten Chrome Extension, die es mir leicht gemacht hat, verschiedene Sets an Custom Instructions zu hinterlegen und damit verschiedene Mitarbeitende zu definieren. Also einen Research Assistant, einen Co-Autor und einen Marketing Assistenten. Der Wechsel zwischen diesen verschiedenen Rollen vollzieht sich mit einem Klick auf der Einstiegsseite. Schöne neue Welt!

Mehr aus Ihren Meetings herausholen – für alle!
Es gibt einige Möglichkeiten, wie KI-Tools die Effizienz von Meetings für Sie als Führungskraft verbessern können. Auch hier gilt wieder das oben Gesagte: Bitte überprüfen Sie bei Ihrem jeweiligen Start unsere Nennungen. Falls sie nicht mehr stimmen, können sie Ihnen aber auf jeden Fall ein guter Startpunkt sein für einen Prompt wie
»Was sind die aktuell besten Tools ähnlich zu XY?«.

Automatische Erstellung von Protokollen
KI-Systeme mit Sprach-zu-Text-Funktionen können während der Meetings zuhören und automatisch Mitschriften und Protokolle erstellen. Dies spart Zeit und stellt sicher, dass nichts Wichtiges vergessen wird. Beispielsweise können Sie – auch für Deutsch – die Transkriptions-Funktion von Teams (in Verbindung mit dem Microsoft Co-Pilot), von Zoom oder von Google Meet verwenden. Tools, die nicht an eine Videokonferenz-Software angedockt sind und auf Deutsch funktionieren, sind aktuell Transkriptor oder AmberScript. Bei Transkriptor, das ich selbst verwende, können Sie jede Video- oder Audiodatei hochladen und transkribieren lassen, egal, mit welchem Gerät sie aufgenommen wurde.

Echtzeitanalyse der Diskussionen
Einige Tools können Diskussionen sogar in Echtzeit analysieren und relevante Themen, nächste Schritte, Entscheidungen etc. herausfiltern. Zwar gibt es das derzeit nicht für Deutsch (Copilot funktioniert nur leidlich), aber das ist nur noch eine Frage der Zeit. Halten Sie englische Meetings ab, könnten Otter.ai oder fireflies.ai hilfreich sein.

Sentiment-Analyse
KI kann die Stimmungen und Emotionen der Teilnehmenden analysieren und Sie warnen, wenn Unmut, Verwirrung oder Langeweile drohen. So können

Sie rechtzeitig gegensteuern. Hier ist der Markt noch sehr in Bewegung, aber Gallai Transcript und Affogata könnten helfen.

Empfehlungen für effiziente Abläufe
Basierend auf vorherigen Meetings und Best Practices können KI-Tools Empfehlungen für effiziente Tagesordnungen, Redezeiten, Diskussionsstrukturen etc. geben. Man muss sich das vorstellen wie einen virtuellen Teilnehmer in einer Besprechung, der eine Agenda, Countdown und eine Stoppuhr beinhaltet, sowie überschießende Redezeiten kommentiert. Derzeit arbeiten Zoom und Teams an einer solchen Funktionalität, die anderen sicher auch. Isolierte Lösungen gibt es z. B. bei Fellow, aber noch nicht auf Deutsch.

Automatisierte Nachbearbeitung:
In den meisten Transkriptions-Tools (z. B. Copilot oder Transkriptor) gibt es die Möglichkeit, das Transkript im Nachgang zum Meeting durch einen Chat-Dialog befragen zu lassen: Welche Aufgaben gab es? Welche nächsten Schritte wurden vereinbart? Was hat der Müller dazu gesagt? Eigentlich muss man dann ja wirklich nicht mehr selbst hingehen!

Last but not least: Eine bessere Führungskraft werden
Coaching
Maxi steht auch ständig als Führungscoach zu Ihrer Verfügung. Hier ist es aber besonders wichtig, wenn Sie gute Ratschläge haben wollen, die antwortende Rolle sehr sauber auszudefinieren. Sie würden sich ja auch nicht von einem dahergelaufenen Berater oder »Coach« ohne besondere Qualifikationen beraten lassen, oder?

Mit Maxi haben Sie aber nun die besten Coaches der Welt im direkten Zugriff, indem Sie beispielsweise prompten:
»Wir haben gerade ein großes Problem mit der Motivation der Belegschaft. Ich möchte eine Rede halten, die die Struktur »Golden Circle« von Simon Sinek verwendet. Schlüpfe in die Rolle von Sinek selbst, nutze diese Struktur und arbeite für mich diese Rede aus auf Basis dessen, was du zu unserem Unternehmen schon weißt [hier unbedingt den Unternehmenskontext mitgeben].«
Oder Sie können Ihre Gedanken strukturieren lassen zu einem beliebigen Thema und dazu personalisierte Beratung beziehen, z. B. so:
»Maxi, erstelle mir bitte eine Tabelle mit zehn möglichen Zeitfressern für eine Führungskraft in meiner Position [hier unbedingt Ihren persönlichen Kontext mitgeben]. Ergänze sie mit zwei weiteren, leeren Spalten: Relevanz (ja/nein) und Bedeutung (1: niedrig, 10: hoch). Gib sie mir als Excel-File aus.«

Haben Sie die Tabelle mit der Relevanz und der Bedeutung für Sie manuell gefüllt, können Sie sie wieder in das LLM Ihrer Wahl hochladen und Maxi nun bitten:
»Welche konkreten Maßnahmen empfiehlst du mir, um die Zeitfresser mit einer Bedeutung von 5 oder höher zu verringern oder ganz zu eliminieren?«

Und dann braucht es nur noch die Umsetzung – von Ihnen[40]!

Vorbereitung auf ein schwieriges Kritikgespräch:
Mal unter uns: Meine erste Assoziation bei »KI in der Führungsarbeit« war: »Wie schön, jetzt kann ich endlich mal Klartext reden, ohne Angst, dass das falsch ankommt, denn Maxi macht das für mich ja alles schick!«

Nicht ganz so, aber ungefähr so können Sie Maxi zur Vorbereitung von schwierigen Gesprächen nutzen:

- Geben Sie Maxi die spezifische Situation und das Verhalten des Mitarbeitenden, das Sie kritisieren wollen, möglichst genau mit. Dazu Ihre individuellen Ziele, wie z. B. ein einfühlsames und motivierendes Gespräch zu führen, das eine Verhaltensänderung zur Folge hat.
- Dann bitten Sie es darum, die in Ihrem Unternehmen geübte Struktur für Feedbackgespräche zu nutzen (die Sie z. B. als ein Dokument hochladen können) oder eine, die Ihnen aus anderen Gründen gut gefällt. Hier langt auch schon ein Verweis auf die Methode, z. B auf die Gewaltfreie Kommunikation nach Marshall Rosenberg.
- Geben Sie Maxi nun die der Situation spezifischen Informationen in der Gliederung, wie sie der genutzten Struktur entspricht. Aber halt so, wie Ihnen der Schnabel gewachsen ist. Maxi wird sie nach Ihren eingangs formulierten Wünschen abfassen, z. B. wertschätzend, streng, als letzte Warnung, sanft – oder wie es die Situation eben erfordert.
- Überarbeitet und ergänzt um Ihren persönlichen Stil haben Sie nun ein tolles Skript für das schwierige Gespräch!

Wertschätzung und Interaktion
Fällt Ihnen manchmal nichts ein, wenn es um zugewandte Kommunikation, Wertschätzung oder Aufmerksamkeit geht? Da sind Sie nicht allein – das kann ich Ihnen versichern nach 20 Jahren Arbeit mit Führungskräften und als Führungskraft! Daher hier ein paar hilfreiche Prompts:
»Generiere vier inspirierende Fragen als Icebreaker für das nächste Meeting, damit wir in einer positiven Stimmung beginnen.«
»Gib mir einige Varianten, meine Wertschätzung für [Aktivität oder Person] auszudrücken.«

»Bitte gib mir fünf sehr einfache und nicht peinliche Rituale, mit denen wir unsere Erfolge feiern können.«

Apropos Wertschätzung: Aus meinem neuen Interview mit Gero Hesse, dem CEO von Embrace sowie Experten für Employer Branding und Retention, habe ich auch gelernt, dass eine neue Studie ergeben hat, dass es gar nicht mehr um den Unternehmenspurpose gehe. Sondern vielmehr um den individuellen Job, also was der oder die Einzelne macht, und dadurch selbst Sinnstiftung bei der Arbeit erfährt – oder eben nicht. Daraus leitet er den Schluss ab, dass Führung noch aufwändiger wird, da sie zunehmend von Teamführung hin zur Führung einer Gruppe von Individuen gehe. In der Folge brauche es mehr Aufmerksamkeit dafür, was erleichtert werden kann durch Einsatz von KI.

Der Ausblick: Wie sich KI auf die Führungsarbeit auswirkt

Es wundert Sie wahrscheinlich jetzt nicht mehr, wenn ich sage, dass sich auch das Verhältnis zwischen Mitarbeitenden und Vorgesetzten durch KI verändert. Auch dazu sprach ich lang mit Gero Hesse. Er sieht in der Zukunft noch folgende Anwendungsfälle für KI in der Führungsarbeit:

»Da sind zum einen personalisierte Lern- und Entwicklungspfade. Dann hast du das Individualisierungsthema in Bezug auf den Sinn in der Arbeit, du hast das Thema kulturelle Anpassung und Integration, du hast personalisierte Kommunikation und Feedback – abgestimmt auf die jeweilige Person. Ein erhebliches Potenzial sehe ich noch in ›predictive analytics‹, also dass dir die Tools sagen, bei welchem Mitarbeitenden eine Wechsel-Gefahr gegeben ist.«

Auf Basis dieser paar, ersten Beispiele werden Sie vermutlich sehen, dass es sich auch als Führungskraft lohnt, KI für sich einzusetzen. Und dabei haben wir hier ja nur den Bereich der echten Führungsarbeit beleuchtet. Wenn Sie dazu noch die Einsatzfelder aus Kapitel 3 zählen, wird Ihr Hirn vermutlich überquellen mit Ansätzen, Ihre eigene Arbeitszeit mithilfe von KI kürzer oder leichter zu machen.

Die Vermutung liegt also nahe, dass es sich für Sie lohnt, KI-kompetent zu werden. Dazu kommt Folgendes: Es wird keine zwei Jahre dauern, bis sich Führungskräfte in zwei Lager spalten: Diejenigen, die KI können und die, die es nicht können. Das erste Lager wird die Chancen, Beförderungen, Aufträge und zusätzlichen Gelder bekommen, das andere wird leer ausgehen. Sie haben die Wahl, zu welchem Lager Sie gehören wollen!

Also: Nehmen Sie dieses Buch ernst und arbeiten Sie mit. Alternativ nehmen Sie an einem Kurs teil, schauen Sie sich YouTube-Videos an oder lassen

Sie sich KI von einem Trainer beibringen. Wichtig ist vor allem: Halten Sie durch, wenn es irgendwann – wenn der Zauber des Anfangs verflogen ist – einen Einbruch gibt. Legen Sie dann nicht die KI zur Seite mit einem befriedigten Seufzer à la »Hab ich's doch gewusst, das Zeug taugt nichts!«. Damit ziehen Sie einen kurzen Moment der Selbstzufriedenheit dem langfristigen Erfolg vor! Planen Sie also eine Lernreise ein, um von der ersten Neugier zum täglichen Benutzer zu werden. Dabei wird es Höhen und Tiefen geben. Zur Motivation halten Sie sich immer die für Sie am meisten Wert schaffenden Anwendungsfälle vor Augen.

Ich persönlich hole das Beste aus der Verwendung von KI als Mitarbeiter heraus: Ich nutze Maxi als juniore Assistenz, wenn es um Recherche und Beantwortung einzelner Fragen geht. Ich nutze Maxi als seniorere Unterstützung, wenn es darum geht, Konzepte für einen Workshop zu machen oder einen Vortrag zu konzipieren. Und ich nutze Maxi als Sparringspartner auf Augenhöhe, wenn ich mal eine andere Perspektive auf ein Problem oder eine Bandbreite von möglichen Lösungen brauche. Maxi ist eine Expertin jeglicher Fachrichtung, ist unparteiisch, geduldig, unermüdlich und selbst nach Mitternacht immer noch höflich. Das ist unglaublich wertvoll!

4.2.2 Zunächst: Lust auf Veränderung in der Organisation verbreiten

Haben Sie sich zum täglichen, begeisterten Nutzer gewandelt, Ihre Arbeitszeit verkürzt und wollen dies nun allen in Ihrer Organisation zugutekommen lassen, werden Ihnen Widerstände begegnen. Die wichtigsten haben wir oben in dem Abschnitt 4.1 und auch erste Gegenmaßnahmen geschildert. Eine ganze Gruppe davon war die entgegenstehende Organisationskultur. Da müssen Sie ran, und zwar bevor Sie Ihre KI-Strategie definieren oder ausrollen – sonst ist Ihre Erfolgswahrscheinlichkeit zu gering.

Die Wichtigkeit betont u. a. auch Hartmut Müller, der als Chief Transformation Officer von ServiceNow jede Woche mit Dutzenden Unternehmen spricht. Aus seiner Erfahrung gilt:

»Also die Firmen, die mit der richtigen Haltung und dann auch mit der richtigen Kultur das Thema antreiben [...] werden dann erfolgreicher sein als die, die in ihren Ursprungsformen verharren. [...] Ich glaube, die Firmen, die sich konstant verändern, unabhängig ihrer wirtschaftlichen Ertragskraft oder Leidensdruck, sind am Schluss deutlich erfolgreicher. Also zu sagen, es ist gut, diese Veränderung zu haben. [...] Also muss man als Firma die Haltung haben und sagen, technische Innovation hilft mir, mehr resilient zu werden, hilft mir auch, nach vorne robuster zu skalieren.«

Um mit Ihrer noch zu formenden KI-Strategie überhaupt eine Chance auf Erfolg zu haben, ist es essenziell, Veränderungslust zu erzeugen. Denn Sie brauchen ja Veränderung, bis hin zur echten Verhaltensänderung, wenn Sie die Potenziale von KI in Ihrer gesamten Organisation, bei allen Mitarbeitenden, nutzen wollen.

Was sind – auf Basis der zusammengenommenen Erfahrungen der Pioniere und von uns – nun die Kernelemente dieser Veränderungsfreude? Hier ein Überblick:

1. Wachstumsorientiertes Denken bei den Mitarbeitenden etablieren
2. Innovationskultur stärken:
   - Kultur der Experimentierfreude und der Akzeptanz von Fehlern
   - Psychologische Sicherheit
   - Lebenslanges Lernen
3. Angst und Widerstände abbauen (auch bei den Führungskräften)
4. Transformationale Führung

   Auch wenn Sie jetzt sagen »Ach, das haben wir doch schon tausendmal gehört!«, die gerade genannten Themen sind wichtig, auch für die KI-Transformation Ihrer Organisation. Nehmen Sie sie bitte, bitte ernst. Denn ein Grund, warum wir nicht aufhören, darüber zu reden, ist, dass sie zwar oft thematisiert, aber meist gar nicht, nicht ausreichend oder falsch in der Praxis umgesetzt werden. Wenn es Ihnen zu den Ohren rauskommt, dann setzen Sie es »einfach« um. Dann reden wir auch nicht mehr drüber – versprochen! Alles, was Sie dafür brauchen, finden Sie in den nächsten Abschnitten.

Speziell in Bezug auf die KI-Transformation kommen noch einige Themen hinzu:

5. Offenheit für Technologie erzeugen
6. Ein grundlegendes Verständnis von KI vermitteln
7. Datengetriebenes Arbeiten einführen
8. Als krönenden Abschluss muss es gelingen, alle hinter einem motivierenden Ziel zu vereinen.

   Bevor Sie mit KI anfangen, liegt also noch einiges an Grundlagenarbeit vor Ihnen. Der Vorteil: Diese allein modernisiert und verbessert Ihre Organisation schon deutlich – auch ohne KI. Der Nachteil: Aufwand. Aber vielleicht verheddern sich auch Ihre Gegner schon in dieser Vorphase? Wir unterstützen Sie mit dem entsprechend gegliederten folgenden Abschnitt.

a. Growth Mindset (wachstumsorientierte Denkweise) überall etablieren

In dem Abschnitt über persönliche KI-Transformation (oben 2.4.1) haben wir bereits über die Bedeutung von und die Wege zu einer wachstumsorientierten Denkweise (»Growth Mindset«) gesprochen. Nichts anderes gilt, wenn Sie auch für eine Organisation zuständig sind.

Stellen Sie sich mal vor, Sie legen Ihrem Vorstand einen Vorschlag vor. Es geht vielleicht um die Genehmigung für ein neues Projekt, und Ihre Präsentation lief nicht gut. Wären Sie verärgert und verlegen, würden sich selbst schlecht reden und übellaunig zurück zum Team gehen? Oder wären Sie vielleicht ein paar Minuten lang enttäuscht und würden es dann als lehrreichen Moment verbuchen?

Für Sie als Führungskraft einer Organisation ist eine wachstumsorientierte Denkweise besonders wichtig. Denn wenn Sie die Mitglieder für Neues begeistern und die Lernbereitschaft fördern wollen, müssen Sie selbst mit gutem Beispiel vorangehen. Dazu kommt: Häufig ist die Lernbereitschaft bei jüngeren Mitarbeitenden höher als bei älteren – d.h. es besteht die konkrete Gefahr, dass die Führungskräfte, die üblicherweise älter sind, ins Hintertreffen geraten. Es sei denn, Sie zeigen ihnen, dass – und wie – es geht!

Eine wachstumsorientierte Denkweise ist das Fundament, das Ihnen und Ihrem Team ermöglicht, Herausforderungen mit Neugier zu begegnen. Wenn sie es deswegen schaffen, sich mit neuen Lösungsansätzen vertraut zu machen, können Sie auch bei Krisen flexibel bleiben. Ein »Growth Mindset« bei Ihnen und Ihrem Team macht Sie alle also resilient und krisenfest!

»Ob du glaubst, du schaffst es, oder ob du glaubst, du schaffst es nicht, du wirst in beiden Fällen Recht behalten.« – Henry Ford

---

Eine wachstumsorientierte Denkweise ist auch ein entscheidender Erfolgsfaktor für gute Führungskräfte. Wer daran glaubt, dass seine Mitarbeiter:innen nicht nur durch Talent, sondern auch durch harte Arbeit ans Ziel kommen können, geht anders mit ihnen um: Man vertraut ihnen größere Projekte an und gibt Verantwortung ab.

Ein »Growth Mindset« im Team entsteht – gemäß der grundlegenden Forschung von Carole Dweck –, wenn Anerkennung nicht mehr aufgrund der Leistung und dem Ergebnis gezollt wird, sondern aufgrund der Anstrengungen, herausragende Ergebnisse zu erzielen. Dieses »Umpolen« eröffnet dann auch den Weg in eine positive Fehlerkultur: Ein Klima, das erlaubt, Dinge auszuprobieren auf der Suche nach Lösungen, dabei Fehler zu machen, sie öffentlich zu machen und aus ihnen zu lernen.

Wenn Sie nun eine KI-Transformation Ihrer Organisation vorbereiten, muss Ihnen klar sein, dass es dabei zu Fehlern kommen wird. Überlegen Sie doch mal, welche Führungskompetenzen, Arbeitsweisen und Rituale sich bei Ihnen einführen lassen, um im Vorhinein eine positive Fehlerkultur einzuführen. Damit die notwendigerweise vorkommenden Fehler sich nicht als negativ, sondern als wichtige Lernchance auf dem Weg darstellen.

i. Die besondere Führungskompetenz: Richtig Loben!

Gerade haben wir schon vom »Umpolen« gesprochen in Verbindung damit, wofür Anerkennung gezollt wird. Dies wollen wir hier nochmal vertiefen:

Einer statischen Denkweise liegt die Annahme zugrunde, dass die Führungskraft selbst es am besten weiß und den Mitarbeiter mit seinen fixen Eigenschaften beurteilen soll. Lob wird entsprechend ausgesprochen: »Wow! Du bist ein Genie. Das hast du ja exzellent geschafft!«.

Das Lob bezieht sich auf das Ergebnis.

Der wachstumsorientierten Denkweise hingegen liegt die Annahme zugrunde, dass der andere sich beständig weiterentwickelt und sich die Führungskraft für den Menschen selbst und seine Entwicklung interessiert. Ein Lob würde so oder so ähnlich aussehen: »Wow! Klasse, wie du das große Projekt bewältigt hast. Ich finde es super, wie du einfach drangeblieben bist und dich da durchgebissen hast, auch als es schwer war.«

Das Lob bezieht sich auf den Prozess und die dahinterstehenden Handlungen.

Also zwei ganz unterschiedliche Botschaften: Die erste führt dazu, dass Menschen dafür sorgen, so gut wie möglich beurteilt zu werden und damit eine statische Denkweise einnehmen. Sie machen nichts, was sie nicht bereits gut können. Die zweite hebt die Bemühung, das Training und damit die Entwicklung hervor und fördert damit die wachstumsorientierte Denkweise von Menschen – und ihr Wachstum selbst!

Talent oder Intelligenz zu loben funktioniert nicht. Stattdessen sollten Sie die Verbesserung, die echte Anstrengung, das »fast geschafft«, den Lerneffekt und das Verlassen der Komfortzone loben. Das steigert das Selbstbewusstsein und die Lust an der Veränderung.

ii. Drei Arbeitsweisen, die ein Growth Mindset fördern

Neben den Tipps, die wir im Abschnitt 3.4.1 bei der persönlichen Steigerung des Growth Mindsets gegeben haben, kommen hier noch ein paar Ideen, wie Sie Ihre Organisation dafür förderlich gestalten können.

Schaffen Sie die richtige Umgebung, um freie Meinungsäußerung zu fördern

Mitarbeiter:innen zögern oft aus Angst, ihre Meinung zu äußern. Richten Sie anonyme Möglichkeiten ein, »outside the box«-Ideen einzubringen. Die Ideen sollten dann allen präsentiert und miteinander diskutiert werden. Mit der Zeit werden die Mitarbeiter:innen offener ihre Gedanken beitragen – und an den Diskussionen wachsen. Zudem können Sie einen sicheren Raum schaffen – physisch als Maker Space oder Coworking-Space, virtuell als Entwickler-Plattform oder Miro-Board – wo alles erlaubt ist.

Feiern Sie Herausforderungen!

Anstatt schwierige Aufgaben als Team zu umgehen, sehen Sie sie als Chance zum Wachsen und Lernen. Wenn die Herausforderung schon mal da ist, kann man sie ja gleich willkommen heißen! Visualisieren Sie, wie Sie sich gemeinsam durch harte Arbeit verbessern und Schritt für Schritt die Herausforderung besiegen. So, wie man sich vorbereitet auf einen Boxkampf mit einem furchteinflößenden Gegner: mit einer Mischung aus Respekt, Freunde und unbändigem Willen zu bestehen.

Reden Sie offen über Ihre eigenen Herausforderungen

Anstatt Rückschläge aus Angst vor Statusverlust zu verstecken: Präsentieren Sie Ihre eigenen Herausforderungen und laden Sie Ihr Team ein, gemeinsam kreative Lösungen für Sie zu finden. Das zeigt, dass es Ihnen auch nicht immer leichtfällt, auf Lösungen kommen, sich also niemand schämen muss.

iii. Vier Rituale, die Growth Mindset herauslocken

Retrospektiven

Egal ob wiederkehrend wöchentlich oder monatlich oder nur einmalig: Die gemeinsame Retrospektive im Team ist ein tolles Format für eine kurze Rückschau. Drei Fragen geben Orientierung: »Was lief gut?«, »Was lief nicht gut?«, »Was können wir beim nächsten Mal anders/besser machen?«. Dokumentieren Sie dabei, was Sie als Verein, als Behörde oder auch als Familie aus dem gemeinsamen Projekt gelernt haben. Und geben Sie jedem die Chance, seine persönlichen Herausforderungen, Erfolge und Wachstum mit der Gruppe zu teilen. Dies ist übrigens auch spannend dafür zu erfahren, was für andere eigentlich Höhepunkte oder Tiefpunkte sind.

Wall of Fame

Ein weiteres mögliches Ritual (eher dann, wenn Sie keine regelmäßige Retrospektive machen) ist es, sich einmal im Monat oder Quartal gegenseitig die lehrreichsten Fehler zu präsentieren, mit einem Preis für den besten lehrreichen Fehler. Alle Fehler können auf einer Wand verewigt werden oder auf einem Screen durchlaufen, damit sie nicht wiederholt werden.

Job Rotation/»Shoe Swap«

Wer sich immer nur dort bewegt, wo er sicher ist, alles zu können, kommt nicht weiter. Nur wer sich auch mal mit Menschen umgibt, die Dinge besser können als er/sie selbst und zugibt, etwas nicht zu können, hat die Haltung zur Weiterentwicklung. Führen Sie ein, dass in jedem Teil Ihrer Organisation, z. B. alle drei Monate eine Person für einen Tag einen komplett anderen Job macht. Was wäre, wenn der Office Manager in der Buchhaltung ist, die Azubi im Vorstandsmeeting sitzt oder die Chefin am Band steht?

Dieses Mittel habe ich auch im Interview mit Dr. Rebecca Koch gelernt:

»Shoe Swap heißt also, ich tausche meinen Job mit jemand anderem für einen Tag. Dann gehe ich mal mit und umgekehrt geht bei mir jemand mit. Und tatsächlich haben wir da auch gerade einen Preis gewonnen für diese Initiative. Das schlägt richtig gut ein, und viele erzählen uns, dass sie dadurch einfach nochmal viel besser verstehen, wie das eigene Verhalten und die eigenen Projekte sich auf jemand anderen auswirken. Oder auch umgekehrt, dass man viel besser versteht, warum wir bestimmte Dinge machen. Es ist eine ganz simple Maßnahme, ganz unkompliziert. Man kann sich da registrieren, man kann sich aber auch selbst einfach einen Partner suchen und es hat eine enorm große Wirkung.«

b. Die Innovationskultur stärken

Der Aufbau einer lernbereiten und adaptiven Organisationskultur war der Punkt, der bei den meisten unserer Interviews vorkam: Ralf Belusa fokussierte sich im Gespräch komplett darauf, Kathrin Günther sah eine solche Kultur als das Fundament für weiterführende Strategien wie die Optimierung von Kundeninteraktionen und internen Prozessen durch Technologie. Stefan Latuski war eine innovationsfreundliche Kultur sehr wichtig, Bernd Preuschoff und Christian Spannbauer fokussiert auf den Schutz von Menschen und die Entwicklung einer Kultur, die Innovation und Mitarbeiterbindung fördert.

Aber woraus besteht so eine Innovationskultur nun? Wir haben die drei wesentlichen Bestandteile und wie Sie sie herbeiführen, hier kurz zusammengefasst (wissend, dass das Thema auch mehrere Regalwände an Büchern füllen kann):

i. Kultur der Experimentierfreude und Akzeptanz von Fehlern

Ich habe noch nie jemanden erlebt, der gesagt hätte: »Experimentierfreude? Och nö!« Aber was heißt das denn in der Praxis? Dazu einen halben Schritt zurück:

Wenn man Projekte nach klassischer Methode entwickelt, geht man wie folgt vor: Eine Projektphase folgt auf die andere. Anforderungen beschreiben, Lösung (Produkt, Service, Prozess, o. Ä.) entwerfen, Lösung umsetzen, überprüfen, an die Zielgruppe bringen, auf Akzeptanz warten.

Dabei gibt es zwei Knackpunkte: Erstens lernt die Zielgruppe, für die die Idee entwickelt wird, erst ganz am Schluss das fertige Ergebnis kennen. Die Gefahr besteht, dass es ihr gar nicht gefällt. Zweitens können sich die Rahmenbedingungen, unter denen der Entwurf entstanden ist, ändern, während man das Projekt bearbeitet. Es verändert sich z. B. das Marktumfeld, Produkte von Mitbewerbern kommen auf den Markt, die Technologie entwickelt sich weiter, oder es ergeben sich neue Vorschriften. Während diese Veränderungen früher oft noch überschaubar waren, können wir heute häufig nicht vorhersagen, was alles passieren wird – und wie schnell. Akkurate Planung wird immer schwieriger. Alles ist möglich. Die Gefahr besteht, dass unser Produkt bereits bei Einführung irrelevant geworden ist.

Auch, wenn sich noch nicht die eine perfekte Lösung zur Bewältigung dieser beiden Probleme gezeigt hat, gibt es doch gewisse Aspekte, die wir uns im täglichen Arbeiten zunutze machen können:

- Schnell testen statt lang planen.
- Zielgruppe frühzeitig mit einbinden.
- Sich Stück für Stück der Lösung annähern.

Diese Herangehensweise stammt aus der Produktentwicklung und nennt sich »agiles« Vorgehen. Sie funktioniert genauso gut bei der Entwicklung von neuen Services oder Prozessen. Hier sind drei wichtige Bestandteile dieser Methode:

Trial & Error (Versuch und Irrtum): Man sucht nach der Lösung eines Problems, indem man nicht ewig konzipiert, sondern verschiedene Lösungswege ausprobiert. Dabei nimmt man Fehler bewusst in Kauf, denn so können Fehlerquellen nach und nach ausgeschaltet werden.

Feedback Loops (Schleifen): Man holt in regelmäßigen Abständen Feedback von der Zielgruppe zum Vorhaben ein. Die so gewonnenen Informationen – positiv wie negativ – lässt man direkt in den Entwicklungsprozess einfließen. So wird die Gefahr eines Totalausfalls möglichst geringgehalten. Und die Entwicklung besser an die Wünsche der Zielgruppe angepasst.

Das **Prototyping** kombiniert beides: Vor der endgültigen Fertigstellung eines Produkts oder einer Dienstleistung wird zunächst ein erstes Modell, Muster oder Anmutung eines Produkts oder einer Dienstleistung gebaut. Dies zeigt man den künftigen Nutzern und bittet um Feedback. Dabei geht man typischerweise wiederholend (iterativ) und aufeinander aufbauend (inkrementell) vor. Das bedeutet, dass man in wiederkehrenden Schleifen immer besser werdende Prototypen vorstellt. Man startet mit einem minimal funktionsfähigen Produkt (MVP), das nur mit der Kernfunktion ausgestattet ist, und rüstet es dann schrittweise weiter auf. Die zukünftigen Nutzer sind so an der Entwicklung des Produkts oder der Dienstleistung beteiligt. Man erhält frühzeitig Feedback und kann teure und zeitintensive Fehlentwicklungen vermeiden.

Haben Sie eine solche Vorgehensweise etabliert, passiert Folgendes:

- Es werden mehr Experimente gewagt, weil die Risiken, die damit verbunden sind, geringer werden.
- Man erhält bei jedem Experiment Feedback. Das macht nicht nur Spaß, sondern ist auch noch wertvoll für dieses und ggf. viele weitere Experimente.
- Für den einzelnen Mitarbeitenden werden Experimente von einer riskanten, ggf. unnötigen Tätigkeit zu einer für die Allgemeinheit Wert schaffenden Angelegenheit.

Das funktioniert allerdings nur dann, wenn Sie bei nicht (gleich) geglückten Experimenten den Mitarbeitenden nicht den Kopf abreißen. Stattdessen gilt für einen besseren Umgang mit Fehlern im Team:

1. Fehler gehören dazu!

Probiert man Dinge aus oder arbeitet man unter unsicheren Rahmenbedingungen, passieren Fehler. Reden Sie darüber! Z. B. so: »Lasst uns sehen, ob's klappt. Wenn nicht, lasst uns sehen, was wir daraus lernen.«

2. Begrüßen Sie Fehler und verwenden Sie sie als Lernmaterial wieder

Fehler als Lernmöglichkeit zu nutzen, nachdem man die Ursachen analysiert hat, stärkt das wachstumsorientierte Denken und die Experimentierfreude der ganzen Organisation. Tolerieren und belohnen Sie daher kalkulierte Risiken, denn sonst kommt es nicht zu lehrreichen Fehlern – und nicht zu Wachstum.

3. Sprechen Sie über die eigenen Fehler:
»Mir ist da etwas passiert …«: Gehen Sie mit gutem Beispiel voran. Das fühlt sich anfangs vielleicht komisch an – wird aber sofort besser, wenn Sie anfügen, was Sie dabei gelernt haben. Und: Es hilft den anderen, das Gleiche zu tun.

4. Seien Sie nachsichtig:
Helfen Sie Ihren Kolleg:innen, indem Sie nachsichtig und pragmatisch unterstützen, wenn ein Fehler passiert ist. »Klasse, dass du das getestet hast! Kopf hoch, jetzt wissen wir, dass diese Richtung nicht funktioniert.«

5. Stellen Sie das Lernen in den Fokus, nicht die Schuld:
Fragen Sie beim nächsten Fehler nicht, wer ihn begangen hat, sondern was alle aus ihm lernen können.

6. Feiern Sie Erfolge:
Wer viel ausprobiert, wird viele Fehlversuche erleben. Selbst bei positivem Umgang mit Fehlern kann das frustrierend sein. Umso wichtiger ist, dass Sie Erfolge gebührend feiern. Und das tun Sie am besten gemeinsam – und laut!

7. Unterbinden Sie, dass Fehler aufgrund von Experimenten jemandem zu Nachteil gereichen:
Andere anzuschwärzen, wenn sie einen Fehler machen, um im Wettbewerb innerhalb der Organisation besser dazustehen, gehört leider bei vielen Organisationen zum guten Ton. Unterbinden Sie es sofort, wenn jemand versucht, bei Ihnen Fehler zu petzen.

8. Stellen Sie sicher, dass alle aus Fehlern lernen können
Z. B., indem Sie ein »Lessons Learned«-Bord führen (siehe oben beim Growth Mindset). Oder halten Sie Ihre eigene Version einer »Fuck up Night« in ihrer Organisation ab. Benennen Sie denjenigen zum Mitarbeiter des Monats, der seine Fehler und die daraus gelernten Lektionen öffentlich gemacht hat.

All das trägt zur Normalisierung von Fehlschlägen bei. Dazu kommt: Führungskräfte, die Nr. 1 – 7 beherzigen, berichten häufig noch, sie bekämen einen besseren Draht zu ihren Leuten. Vielleicht liegt das ja daran, dass die auch lieber mit Menschen zusammenarbeiten als mit unfehlbaren Führungsrobotern 😉.

In Wirklichkeit sind Fehlversuche nur eins: Testergebnisse.

Und jetzt nochmal unter uns: Häufig ist ja nicht das Team das Problem, sondern wir selbst. Sind wir (Jahrgänge, die nach der 19 mit 5, 6 oder 7 weitergehen) doch oft durch eine jahrzehntelange Knechterei gegangen, mit Trietzen auf Perfektion, und denken uns vielleicht insgeheim noch manchmal »Was soll's den anderen besser gehen als mir?«. Glauben Sie mir, ich weiß, wovon ich rede, ich bin Juristin mit zwei Bayerischen Staatsexamina ...!

Das Streben nach Perfektion oder Fehlerfreiheit kann positiv sein. Man kann die Qualität seiner Arbeitsergebnisse stetig verbessern und sich selbst immer weiterentwickeln. Es kann aber auch dazu führen, dass man Zeit damit verbringt, Dinge zu planen, die sich nicht sinnvoll planen lassen, viel Zeit für Entscheidungen braucht und aus Sorge vor Fehlern viel Zeit mit Informationsbeschaffung verbringt bzw. große Herausforderungen scheut.

Daher hier auch fünf Ideen zum besseren Umgang mit den eigenen Ansprüchen:

1. »Gut genug« ist gut genug

Fragen Sie sich ernsthaft, wo 80 % reichen, weil die restlichen 20 % übermäßig viel Energie oder Zeit kosten würden. Was macht wirklich einen Unterschied?

2. Setzen Sie Zeitlimits für Entscheidungen

Entscheiden Sie innerhalb einer angemessenen Frist. Zwei Minuten für das Essen im Restaurant, zwei Stunden für das neue Fahrrad und drei Tage für das Jobangebot. Es gibt sogar Menschen, die immer das dritte Gericht auf der Karte nehmen, um mentale Energie zu sparen!

3. Fragen Sie um Hilfe

Ihre Kollegen um Hilfe zu bitten, ist kein Zeichen von Schwäche, sondern zeigt, wie professionell Sie mit eigenen Ressourcen und Schwächen umgehen.

4. Lassen Sie los

Wenn Sie sich in eine Aufgabe verbeißen, suchen sie nach aktiven Pausenmöglichkeiten. Machen Sie einen Spaziergang oder Sport, und starten Sie mit frischem Kopf. Was in einem Moment schwerfällt, geht in einem anderen Geisteszustand vielleicht leicht von der Hand!

5. Seien Sie nachsichtig mit sich selbst

Fehler lassen sich nicht vermeiden! Sie sind als Mensch nach dem Fehler genauso viel wert wie davor – und haben noch dazu gelernt! Dass uns diese Haltung immer noch so schwerfällt, hat oft damit zu tun, dass wir uns am Arbeitsplatz, in Vereinen, in Parteien oder anderen Organisationen unsicher fühlen. Dazu gleich mehr.

Die Bedeutung so einer agilen, schnellen Vorgehensweise hat uns Dr. Wolfgang Hildesheim nochmal eindrücklich gemacht:

»In der heutigen Zeit, muss Vieles agil passieren, weil die Dinge viel schneller passieren. Früher wurden über drei Jahre Produkte entwickelt. Heute ist es eigentlich eine kontinuierliche Entwicklung, und die Produkte entstehen im Monatsrhythmus oder auf jeden Fall viel, viel schneller. Und das ist eben die besondere Chance beim Thema KI, beziehungsweise auch die besondere Dringlichkeit: Das Internet ist über zehn Jahre entstanden und die Verteilung [der Märkte] im Internet. Seit letztem Jahr mit dem breiten Aufkommen der generativen KI [...] werden die neuen Märkte und Produkte noch schneller entstehen. Insofern ist es für jedes Unternehmen im deutschen Mittelstand absolut entscheidend, hier von Anfang an mitzuarbeiten, um den Zug nicht zu verpassen.«

ii. Psychologische Sicherheit

Nähert man sich dem Thema »positive Fehlerkultur« weiter an, stößt man schnell auf das Konzept der psychologischen Sicherheit. Laut Google ist es einer der wichtigsten Faktoren für Höchstleistung von Teams. Das hat das US-Unternehmen in seinem »Project Aristotle« herausgefunden, bei dem untersucht wurde, was besonders leistungsstarke Teams von leistungsschwachen unterscheidet.

Der Begriff wurde durch die Forschung und Veröffentlichungen von Harvard-Professorin Amy C. Edmondson geprägt. Sie argumentiert, dass wenn psychologische Sicherheit vorhanden ist, Teams positiv mit Fehlern umgehen können. Darüber hinaus ermöglicht sie den Teammitgliedern aber auch, offen Probleme oder Kritik anzusprechen, ohne persönliche Konsequenzen fürchten zu müssen. Ist psychologische Sicherheit vorhanden, können die Teammitglieder die Deckung herunterlassen. Sie können ihrer Arbeit nachgehen so, wie sie wirklich sind. Keine Fassaden, keine Masken. Keine Dinge, die vorgegaukelt werden müssen, um dazuzugehören oder gehört zu werden. Sie können mit Neugierde Neues ausprobieren. Sie wissen, dass Konflikte zwischen ihnen wertschätzend und fair angegangen werden.

Edmondsons Studie mit über 50 Teams zeigt, dass je mehr Menschen das Gefühl haben, mit ihren Kollegen offen über berufliche und zwischenmenschliche Themen sprechen zu können, desto größer ist der Lernprozess, und desto effektiver ist das Team als Resultat.

> *»Psychologische Sicherheit ist der Glaube, dass man nicht bestraft oder gedemütigt wird, wenn man Ideen, Fragen, Bedenken oder Fehler anspricht.«* – Amy C. Edmondson

---

Es gab sicher noch keine Führungskraft, die sich gegen psychologische Sicherheit ausgesprochen hätte. Natürlich wollen Sie, dass Ihre Teammitglieder offen über Fehler und Kritik sprechen können. Und doch ist die Arbeitsrealität überwiegend eine andere. Manch eine Führungskraft behindert – gewollt oder ungewollt – die psychologische Sicherheit im Team.

Viele Führungskräfte ...

- ... sprechen nur über ihre Erfolge, nie über ihre Verfehlungen. So wird suggeriert, dass »man das nicht tut.« Führungskräfte sind immer auch Vorbilder. In diesem Fall negative.
- ... hören weg, obwohl kritische Stimmen laut werden. Statt die Störung offen anzusprechen, tun manche lieber so, als wäre nichts (und flüchten in ihr Büro).
- ... sanktionieren das Melden von Fehlern oder Ansprechen von Kritik. »Das war ja wieder klar, dass DU ein Problem mit der neuen Richtlinie hast.« Kritiker werden zum Schweigen gebracht. Leider bleiben sie so auch dann still, wenn ihre Meinung wichtig für Sie wäre.
- ... fragen als erstes nach dem Schuldigen, wenn Fehler oder Probleme gemeldet werden. »Wer hat das verbockt?« Wer möchte sich da schon gern offenbaren?
- ... agieren hinter den Kulissen, statt den offenen Austausch im Team zu fördern. Beschwert sich ein Teammitglied über ein anderes, fragen sie z. B. nicht: »Hast Du das demjenigen schon mal selbst gesagt?«, sondern »Gib mir alle Details, ich kläre das.« Das mag sich vielleicht nach Unterstützung anfühlen, langfristig verlernt ihr Team aber, Schwierigkeiten direkt zu klären.
- ... micromanagen. Einige Führungskräfte meinen, sie seien ganz nah dran, wenn sie in möglichst viele Prozesse und Entscheidungen involviert sind. Das geht bis zur Abstimmung von E-Mail-Texten. Besser kann man seinen Mitarbeitenden nicht zeigen, dass man ihnen nicht vertraut.

Vielleicht haben Sie sich beim Lesen ertappt, das ein oder andere schonmal gemacht zu haben. Oder einen Kollegen, eine Kollegin erkannt? Wir haben es jedenfalls – mehrfach! Keine Sorge, es geht nicht darum, alles perfekt zu machen. Wollen Sie zur Steigerung des Erfolges Ihrer KI-Strategie die Organisation vorbereiten und die Innovationskultur stärken, sollten sie die gezeigten Verhaltensweisen zur Alarmglocke machen und schnell neutralisieren – oder sogar ins Gegenteil verkehren. Sonst bleiben die Mitarbeitenden unsicher und wird das nichts mit der Innovationskultur.

iii. Lebenslanges Lernen

Eng verbunden mit der Kultur des Experimentierens steht das Konzept des Lebenslangen Lernens, das vor allem aus der HR-Perspektive kommt. Dem entsprechend hebt z. B. Vera Lehmann. Vice President Human Resources bei Fresenius Kabi, die Meriten einer »lernenden Organisation« hervor.

Auch hier wieder ein Konzept, zu dem niemand »nein« sagen würde. Aber, was heißt das genau? Das Konzept des Lebenslangen Lernens bedeutet, dass Menschen sich nicht nur in der Schul- und Ausbildungszeit weiterbilden, sondern sich kontinuierlich über die gesamte Lebens- und Berufsphase hinweg neues Wissen und Kompetenzen aneignen. Die Gründe dafür sind vielfältig und häufig offensichtlich:

- Rasanter technologischer Wandel erfordert ständige Aktualisierung der eigenen Kenntnisse.
- Häufige Arbeitsplatz- und Karrierewechsel machen Umschulungen notwendig.
- Die Rate, in der sich das zur Verfügung stehende Wissen verdoppelt, wird in vielen Bereichen immer kürzer.
- Vorhandene Qualifikationen veralten schnell.
- Lebenslanges Lernen fördert Beschäftigungsfähigkeit und Wettbewerbsfähigkeit.
- Es vergrößert die persönliche Unabhängigkeit durch berufliche Flexibilität und Anpassungsfähigkeit.
- Persönliche Weiterentwicklung und Entfaltung werden unterstützt.
- Kognitive Fähigkeiten können gefördert und dadurch im Alter erhalten werden.

Obwohl die Vorteile also offensichtlich sind, tun sich viele Menschen mit dem lebenslangen Lernen schwer. Aus Gründen des Komforts, aus Fehleinschätzungen (siehe »Hat doch früher auch schon gelangt« oben) und teilweise auch aus Überlastung. Wenn man den aktuellen Anforderungen schon nicht Herr/Frau wird, wie soll man sich dann noch um die zukünftigen kümmern?

Für eine Führungskraft, die eine Kultur des Lebenslangen Lernens in ihrer Organisation verankern möchte, sind daher folgende Initiativen besonders wichtig:

- **Führung durch Vorbild:** Ohne, dass Sie sich selbst kontinuierlich weiterbilden und Neugier auf bzw. Offenheit für Neues demonstrieren, wird nichts passieren!
- **Lernressourcen bereitstellen:** Es braucht schon ein Budget für Weiterbildungen, Trainings, Coachings – oder, in Zeiten knapper Kassen – zumindest einen einfachen Zugang zu kostenlosen Quellen.
- **Lernen integrieren:** Organisieren Sie »Undercover Learning« durch regelmäßige Fragen zu Wissensaustausch und Lerninhalte in schon bestehenden Runden. Oder schaffen Sie Gelegenheiten zum (Reverse) Mentoring beim Betriebsausflug, bei Team Building-Aktivitäten etc. Also inszenieren Sie Lernen so, dass es niemand merkt 😀.
- **Fördern Sie Lernen mit allem, was Ihnen zur Verfügung steht:** Lern- und Entwicklungsziele in Zielvereinbarungen, Lern-Boni, besondere Karrierewege für Lernende oder auch nur informelle Belohnungen, wie Auszeichnungen, Lobe, die Feier eines erworbenen Zertifikats.
- **Zeitfenster für Lernen gewähren**: All das geht nicht, wenn keine Zeit da ist. Also schaffen Sie Lernzeiten, z. B. Freitag Nachmittag, kommunizieren Sie die bestehenden Möglichkeiten zum Bildungsurlaub und ermöglichen Sie Selbststudium durch Gleitzeit.
- **Kontinuierliche Verbesserungskultur etablieren**: Formulieren Sie die persönliche Weiterentwicklung als explizite Anforderung an jedes Mitglied Ihrer Organisation. Und lassen Sie dann Ihre Kolleg:innen nicht allein: Ermöglichen Sie die Weiterentwicklung durch regelmäßiges Feedback und die genannten Maßnahmen.

Eine wunderbare Philippika lieferte Mark Klein zu diesem Thema:

»Man lernt Technologien nicht über PowerPoint. Technologien muss man implementieren, man muss sie nutzen, und zwar im echten, operativen Prozess, nicht nur theoretisch. Hier muss jeder seine eigene Lernkurve durchlaufen und darf nicht abwarten, dass dies andere für einen übernehmen. Denn dann haben jene schon viele Lernzyklen hinter sich und sind dadurch viel schneller und besser in der Implementierung, während man selbst erst bei 0 anfängt. Deshalb – und das wiederhole ich immer wieder – müssen wir wissen, welche Technologien für uns relevant sind und

werden. Wir müssen sie ausprobieren, um so gegebenenfalls auch zu sehen, was nicht funktioniert. Hier auf das Wissen anderer zu warten und dann später aufschließen zu wollen, wird nicht funktionieren.«

Letztlich muss Lernen zur DNA der Organisation werden und von der Führungsspitze konsequent gelebt und gefördert werden. Wohin das führen kann, erzählte Dr. Wolfgang Hildesheim von IBM in unserem Interview:

»Offenheit für Technologien entsteht aufgrund einer Innovationskultur im Unternehmen, dass also das Management all den Mitarbeitern Zeit gibt, sich auch mit neuen Dingen auseinanderzusetzen und dies auch fördert. Das kann durch klassische Ausbildungsmaßnahmen sein und Kurse, kann aber auch einfach sein durch Zeit. [Da, wo] Innovationsbücher gelesen wurden, das waren oft die innovativsten Unternehmen. Google war z. B. über viele Jahre das innovativste Unternehmen und in den Anfangsjahren von Google hatten die Google-Mitarbeiter freitags Zeit, ihre Projekte zu machen, die mit ihrem normalen Job gar nichts zu tun hatten und dann wurden diese Ideen eben bewertet. [... So sind] weltweit sehr, sehr viele innovative Produkte der Reihe nach rausgekommen.«

c. Angst und Widerstände abbauen

Sie kennen sicher die Zahl: Je nach Studie scheitern 70–75% aller Transformationsvorhaben. In einer Befragung des Hernstein-Instituts bei 1000 deutschsprachigen Unternehmen stand der Widerstand von Mitarbeitenden an oberster Stelle der Ursachen für gescheiterten Wandel[41]. In einer anderen Studie, veröffentlicht von Thomas Lauer in seinem Buch »Change Management«, wurde der Widerstand der Belegschaft, insbesondere der ausführenden Mitarbeiter und des Mittelmanagements, als Hauptursache für das Scheitern von Transformationen genannt[42]. Die gleiche Sprache sprechen unsere Daten, die Interviews und unsere jahrzehntelange Erfahrung.

Da wir in dem Zusammenhang von Ängsten und Widerständen sprechen, dass Sie die Organisation für die Einführung Ihrer KI-Strategie vorbereiten wollen, kann die Wichtigkeit dieses Punktes gar nicht überschätzt werden.

Der Behandlung von Widerstand auf der sachlich-inhaltlichen Ebene durch einzelne Argumente haben wir oben (Abschnitt 4.1) schon einen ganzen Abschnitt gewidmet. Ferner ist die vorbereitende Veränderung der Unternehmenskultur, der wir diesen Abschnitt 4.2.2 widmen, an sich schon ein Prozessschritt, um Widerstand zu vermindern.

Was ist darüber hinaus, auf der psychologischen und/oder organisatorischen Ebene noch angezeigt?

- Zunächst ist wichtig, dass Sie Widerstände der Belegschaft frühzeitig erkennen, ernst nehmen und adressieren – individuell oder für die ganze Organisation.
- Nehmen Sie Angst vor den Veränderungen, indem Sie deutlich machen, dass sich die Mitarbeitenden bei der Strategiefindung einbringen können, man sie dann in der Umsetzung begleitet und ihr Feedback gehört wird.
- Zeigen Sie positive Chancen für jede:n Einzelne:n auf: Eingesparte Arbeitszeit, unliebsame Tätigkeiten loswerden, Chance sich zu entwickeln in eine Position, die einem eher passt, Beitrag zur Rettung des Unternehmens etc.

Klaus Hermes, berichtend von seiner Zeit als Direktor Transformation, und Lisa-Celine Nix, seine Nachfolgerin zum Thema Transformation bei TotalEnergies haben uns Folgendes aus ihrer Praxis erzählt:

»Um den Leuten die Ängste zu nehmen, sind wir seinerzeit auch damit gestartet, dass wir einen kurzen Film gedreht haben für unsere Kolleginnen und Kollegen, wo wir erklärt haben, warum wir diese digitale Transformation vorantreiben, und wo wir vor allen Dingen die Botschaft am Ende gegeben haben: ›Digitalisierung braucht Menschen, wir brauchen Sie!‹. Das war also unser Tenor.«

Und vergessen Sie nicht Ihre eigene Hierarchieebene! Selbst da ist kluges Vorgehen angezeigt. So berichtete Dr. Michael Müller-Wünsch:

»Ich weiß noch, wie ich in dem berühmten Oktober, November des ChatGPT-Jahres [2022] dann intensiver angefangen habe, mich mit der Technologie und den Anwendungen zu beschäftigen. Im Dezember, in unserer letzten Vorstandssitzung, habe ich meinen Vorstandskollegen mal einen kleinen Prototypen meiner eigenen Exploration gezeigt. Ich sagte meinen drei Kollegen: ›Da kommt was, aber ich weiß nicht, was es ist, aber es wird groß werden.‹ Und dann habe ich ihnen die Pressemitteilung unserer nächsten Bilanzpressekonferenz von ChatGPT formulieren lassen, um ihnen zu zeigen, was da passieren wird. Also, dass Texte generiert werden und solche Dinge. Und wenn wir nur mal überlegen, das war die erste Version von ChatGPT und was seitdem passiert ist! Und ich selbst heute noch sage: wir sind in der Anfangsphase und trotzdem sind wir eigentlich schon mittendrin. Also das ist das Faszinierende!«

Harald Greiner, langjähriger CIO, der zuletzt elf Jahre lang die IT der Holtzbrinck Verlagsgruppe verantwortete, setzt noch auf Folgendes:

»Was ich meist einsetze, dass ich wirklich so einfache Dinge mache wie Leute abzuholen mit den Tools, die schon da sind. Also egal, ob ich jetzt ServiceNow oder SAP

und alle anderen mache, alle bauen jetzt KI mit ein. Das sind vertraute Dinge, und Vertrautheit hilft, zuerst mal Leute mitzubekommen. Man muss die Leute aufrufen und auch ausprobieren lassen, mit gewissen Grenzen. Also auch zu sagen, was man nicht machen sollte. Geschäftliche Daten jetzt in Chats einzugeben, macht nicht unbedingt Sinn. [...] Und es hilft immer, so ein Team zu haben, die auch reihum gehen und Unterstützung anbieten, dann, wenn es bisschen tiefer geht. [...] Wir haben aber auch externe Leute eingeladen. Also die [Wochenzeitung] ›Zeit‹ hatte ein riesengroßes Programm aufgelegt, um das Thema KI ins Unternehmen zu bringen.«

d. Transformationale Führung vorleben und verbreiten

Wie schon mehrfach erwähnt – und wie es auch in vielen Studien immer wieder konsistent belegt wird – kommt es auf das Verhalten der direkten Führungskraft an. Wir haben früher immer gesagt: »Wenn du Leute mit Transformation und neuen Arbeitsweisen heiß machst, und dann stoßen sie sich bei der Umsetzung an ihrem direkten Vorgesetzten, erkalten sie schnell und werden – wie Stahl – umso härter, wenn es an den nächsten Versuch der Transformation geht.«

Führungskräfte stehen also auch daher an einer einflussreichen Stelle in der Transformation. Dazu kommt, dass sie sich selbst – aus oft gut verständlichen Gründen – mit der Transformation nicht leichttun. Haben sie doch die letzten 20, 30 Jahre damit zugebracht, sich unter Einsatz von Blut, Schweiß und Tränen eine Glaubwürdigkeit, einen sozialen Wert zu verschaffen, der auf Erfahrung beruht und darauf, dass sie recht haben. Dann ist es natürlich umso schwieriger zuzugestehen, dass sich die Umfeldbedingungen geändert haben und man sich nun selbst umstellen muss. Das gelingt nur den wenigsten, denjenigen, die man dann mit Fug und Recht als »transformationale Führungskräfte« bezeichnen kann.

Worum geht es bei »transformationaler Führung«? Auch hiermit kann man mehrere Regalreihen an Büchern führen, aber hier kurz eingeführt, da es für diejenigen, die eine KI-Transformation ihrer Organisation durchführen wollen, unabdingbar ist: In der transformationalen Führung hat eine Führungskraft vier verschiedene Rollen:

- **Visionär:in:** In dieser Rolle entwickelt die Führungskraft – ggf. gemeinsam ihren Mitarbeiter:innen – eine begeisternde Vision für die Zukunft und sorgt für inspirierende Motivation.
- **Inspirierende Problemlöser:in:** Die Führungskraft regt die Mitarbeiter:innen zu kreativem und innovativem Denken an. Alte Sichtweisen werden in Frage gestellt und aus einem neuen Blickwinkel betrachtet. Hier geht es also vor allem um intellektuelle Stimulierung.

- **Coach:** Die Führungskraft sieht ihre Mitarbeiter:innen als individuelle Persönlichkeiten, hört ihnen aktiv zu und fördert sie auf der Grundlage, dass sie als Mensch wertgeschätzt werden.
- **Authentisches Vorbild:** Durch Vorleben und ihre Authentizität nimmt die Führungskraft Einfluss auf die Einstellung und das Verhalten der Mitarbeiter:innen. Im Zusammenhang mit Transformationen bedeutet dies:
  - Entscheidungsfreude und Klarheit in Entscheidungen demonstrieren
  - Verantwortung übernehmen und positiv voranschreiten
  - Glaubwürdige Verpflichtung zur Veränderung demonstrieren, u. a. indem verlässlich Ressourcen für den Wandel bereitgestellt werden

Transformationale Führung hat positive Auswirkungen auf Innovation, sowohl auf individueller, als auch auf organisationaler Ebene: Mitarbeiter:innen sind motivierter, haben mehr Spaß bei der Arbeit und zeigen eine höhere Leistungsbereitschaft. Führungskräfte mit einem transformationalen Führungsstil haben auch bessere persönliche Beziehungen, mehr Energie und weniger Stress. Vor allem, wenn sie diesen Führungsstil auch noch an die Kolleg:innen weitergeben können, so dass die ganze Organisation transformationale, also veränderungskompetente und -willige, Führungskräfte hat.

e. Offenheit für Technologie erzeugen

Wie eingangs schon angekündigt, waren die vorhergehenden Abschnitte dieses Kapitels alle nicht spezifisch für die KI-Transformation. Sie sind wichtig dafür, dass die Mitglieder Ihrer Organisation Veränderungs-kompetent werden. Nun fügen wir das »KI« hinzu, damit Ihre Organisation und die Menschen darin darüber hinaus noch »KI-kompetent« werden. Beginnen wir also mit den Besonderheiten für eine technologische Veränderung, hier insbesondere dem Einsatz von KI in Ihrer Organisation:

Offenheit für eine neue Technologie ist das A&O, wenn man eine solche einführen möchte. Eine Binsenweisheit! Neben den allgemeinen Widerständen macht eines die Aufgaben für Führungskräfte noch schwerer:: Die Beurteilung, ob es sich um einen Fall von »Nicht-Wollen« oder »Nicht-Können« handelt.

Wenn neue Systeme und/oder Technologien eingeführt werden, kommt es vor, dass Mitarbeiter:innen mit Überforderung regieren. Denn: Die Einführung neuer Technologien und Herangehensweisen bedeutet erst einmal einen höheren Energieaufwand bevor sie helfen, den Arbeitsalltag zu erleichtern. Wenn Sie merken, dass Mitarbeiter:innen nicht mitziehen, können zwei unterschiedliche Fälle vorliegen: »Nicht-Wollen« oder »Nicht-Können«:

- Die »Nicht-Wollenden« sind grundsätzlich weniger für Veränderungen offen. Sie ziehen es vor, dass alles beim Alten bleibt und tun sich schwer damit dazuzulernen.
- Bei den »Nicht-Könnenden« ist das anders. Sie sind eigentlich in der Lage, neue Systeme schnell zu etablieren. Ihnen fehlt nur derzeit noch das notwendige Wissen zur Umsetzung.

Es ist Ihre Aufgabe als Führungskraft, die Fälle zu unterscheiden. So erkennen Sie Überforderung – also Fälle des »Nicht-Könnens«:

1. Fehlende Eigeninitiative
Viele Technologien sind so konzipiert, dass man sich eigenständig damit auseinandersetzen und mit Hilfe von Video-Tutorials einarbeiten kann. Fehlt Ihren Mitarbeiter:innen diese Motivation? Das kann ein erstes Zeichen von Überforderung sein.

2. Abwehrende Körperhaltung
Überforderung lässt sich in der Körpersprache beobachten. Mitarbeiter:innen fügen sich plötzlich nicht mehr ein, sind nicht zugewandt oder nehmen eine abwehrende Haltung ein, wenn sie auf die Neuerung angesprochen werden.

3. Negative Rückmeldungen von eigentlich kooperativen Kolleg:innen
Beschweren sich Mitarbeiter bei jeder Gelegenheit über die Neuerung und weigern sich dabei, die Vorteile für die Unternehmen zu erkennen, könnte das ein Zeichen sein, dass sie nicht mitkommen.

Haben Sie die Gruppe der »Nicht-Könnenden« identifiziert, hier noch ein paar Hinweise, wie sie diese für die neue Technologie öffnen können (und vielleicht auch ein paar »Nicht-Wollende« mitziehen):

1. Schaffen Sie Transparenz:
Klären Sie vor der Einführung von neuen Technologien folgende Fragen im Team:

- Was machen wir gerade?
- Wo wollen wir hin?
- Was probieren wir deswegen aus/welche Neuerung führen wir deswegen ein?
- Warum haben wir uns dazu entschieden?
- Wie geht es konkret weiter?

2. Fragen Sie nach!
Fragen Sie nach, wenn Sie Überforderung erkennen: Wo genau liegt das Problem? Was brauchen einzelne Mitarbeitende, um wieder produktiv arbeiten zu können? Wie können Sie als Führungskraft unterstützen?

3. Kommunizieren Sie erste Erfolge
Teilen Sie die Erfolge, die in Bezug auf die Einführung neuer Technologien erreicht wurden – von den Mitarbeitenden! Herr Meyer hat seine Schulung abgeschlossen! Frau Müller hat durch Automatisierung Zeit eingespart, toll!

Gut möglich, dass Ihnen das bisher zwar viel vorkam, aber irgendwie war es doch angenehm, oder? Ging ja »nur« um die Offenheit der Kolleg:innen! Da können wir aber (leider) nicht aufhören, denn der Einzug von neuen Technologien stellt auch an Sie als Führungskraft neue Anforderungen.

Sehr schön herausgearbeitet hat das Ralf Belusa, in unserem Ergänzungsinterview zur KI-Transformation aus dem Frühsommer 2024:

»Zu erfolgreichen Lösungsansätzen gehört eine Vision, die KI als Chance begreift und einen praktikablen Blueprint [Vorgehensvorschlag] enthält. […]. Um die Vision besser vermitteln zu können, ist das Selbstausprobieren von neuen Technologien erfolgskritisch. Mitarbeiter erfassen und bewerten die Glaubwürdigkeit eines Managers höher, wenn sie wesentlich auf individuellen Erfahrungswerten fußt. […] Für erfolgreiche Lösungsansätze ist gerade die EDM-Perspektive (Educated Decision Maker) wichtig.«

Das Konzept des Educated Decision Maker (EDM) beschreibt eine Person, die in der Lage ist, fundierte und gut durchdachte Entscheidungen zu treffen. Ein EDM verfügt über umfassendes Wissen in relevanten Bereichen und hat die notwendigen Fähigkeiten, um Informationen korrekt zu interpretieren und anzuwenden. Ein EDM kann Informationen kritisch bewerten, verschiedene Perspektiven berücksichtigen und logisch Schlussfolgerungen ziehen. Seine/ihre Entscheidungen basieren auf verlässlichen Daten, empirischen Beweisen und bewährten Methoden, anstatt auf Intuition oder unbewiesenen Annahmen. Dem entsprechend führt ein EDM systematische Analysen durch und bewertet die möglichen Konsequenzen und Risiken verschiedener Handlungsoptionen auf Basis von Daten.

Hartmut Müller ergänzt dies um den schönen Begriff der »Beurteilungskompetenz«, die er auch als entscheidenden Faktor für Schnelligkeit und daher als Wettbewerbsvorteil sieht:

»Und der zweite Aspekt, das ist für mich immer ein ganz essenzieller, ist die Beurteilungskompetenz. [...] Wie willst du einen AI-Anbieter beurteilen? Jetzt haben wir ja einerseits eine gewisse Regulatur, die von außen kommt, den EU AI-Act [...]. Du bist aber trotzdem in deiner Firma noch dafür verantwortlich zu sagen, in welcher Governance treibe ich eigentlich welches Thema? Dafür braucht es interne Beurteilungskompetenz, und es gibt viele Firmen, die haben wahnsinnig lange gebraucht, um überhaupt mal die amerikanischen Plattformen zu adaptieren.«

Ergo sind für Führungskrafte genauso die Pflichten bzgl. »Offenheit für neue Technologien« gestiegen; mithilfe dieses Buches können Sie das aber gut bewältigen!

f. Ein grundlegendes Verständnis von KI vermitteln

Ist die Offenheit für den Einsatz von KI auf Mitarbeitenden- und Führungsebene erstmal etabliert und damit ein fruchtbarer Boden geschaffen, sollte ein grundlegendes Verständnis von KI aufgebaut werden: Was ist KI? Wie funktioniert sie? Welche Ausprägungen gibt es? Welchen Einfluss hat sie auf bestehende Arbeitsprozesse und die Arbeitsplatzsicherheit? Dies schafft eine Basis für Vertrauen und eine informierte Belegschaft. Mittel dazu gibt es viele, Trainings vor Ort oder virtuell, dieses Buch, digitale Angebote als eLearning oder interaktive Apps, etc. Alternativ geben Sie einfach weiter, was Sie bisher hier erfahren haben ...

Dazu Sebastian Harrer, als renommierter Experte in der »People-Funktion«:

»Es gibt die ersten Studien zum Thema Digitale Arbeit in altersdiversen Teams (was ja in fast allen Betrieben eine Realität ist) und auch zum Thema »Haltung gegenüber STARA« (Smart Technologies, Automatisierung, Robotik und AI). Aus allen kann man ablesen, dass eine bewusste Intervention im Hinblick auf Zusammenarbeit, Wissensaustausch und Lernen dringend erforderlich ist, ansonsten drohen Zynismus und Sorgen von Seiten der Beschäftigten. Als Interventionen bieten sich vor allem Erlebnis-Formate an, entweder virtuell oder in Präsenz. [Klar wird,] dass ein strukturierter Wissensaustausch in altersgemischten Tandems eine hohe Wirksamkeit hat. Dabei ist jedoch entscheidend, dass mindestens ein:e Tandem-Partner:in über eine positive, aufgeschlossene Haltung gegenüber STARA-Technologien verfügt, um auf diesem Weg eine Offenheit zum gegenseitigen Austausch und Lernen in der Tandem-Partnerschaft zu erzeugen.«[43]

Kurzfristiges Ziel sollte hier sein, zumindest bei den treibenden Kräften eine Beurteilungskompetenz zu schaffen, die es ermöglicht, über die Strategie zu entscheiden. Mittelfristig ist es dann aber erforderlich, beim Ausrollen der KI-Strategie, alle Mitarbeitenden mit einem Grundstock an Wissen auszustatten.

g. Eine Kultur für datengetriebenes Arbeiten und Entscheiden erzeugen

Oben haben wir Ihnen schon Munition mitgegeben dafür, auf individueller Ebene Argumente zu entkräften, die datengetriebenem Entscheiden entgegenstehen. Nur leider sind Sie ja nicht immer zugegen, wenn ohne Daten entschieden wird. Wenn es überhaupt bewusst geschieht ... Daher ist es – gerade im Hinblick auf die Einführung von KI – sehr hilfreich, allgemein eine Kultur zu schaffen, die stärker datengetrieben ist.

i. Data has a better idea!

Dass datengetriebenes Arbeiten und Entscheiden ein Erfolgsfaktor für Wirtschaft im digitalen Zeitalter ist, sage nicht nur ich. Das zeigen Studien und viele Start-ups, die in rasanter Geschwindigkeit groß geworden sind und die häufig über keine Erfahrung verfügten, weil sie neue Märkte geformt haben. Oder weil deren Manager (m/w/d) noch jung waren. Alles, was sie hatten, waren Daten – denn die Unternehmen waren von Anfang an darauf ausgelegt, in jedem Schritt Daten zu generieren, sie einfach zur Verfügung zu stellen und den Entscheidungen zugrunde zu legen. Google ist dafür ein gutes Beispiel. Bis dazu, dass manche Unternehmen sich das Motto

---

»Your gut feeling isn't worth a damn.«
(Dein Bauchgefühl ist gar nichts wert.)

---

an die Wand geschrieben haben. Können Sie sich die Gesichter der arrivierten Medienmanager vorstellen, die zehnmal am Tag mit ihrem Bauchgefühl argumentieren, als ich mit ihnen schon im Jahr 2012 ein solches Start-up besucht habe?

Auch in unseren Interviews ist uns das begegnet. Teilweise sehr deutlich, wie bei Henry Widera:

»Wenn ich für mich ganz persönlich gucke, was sind [...] die drei Top-Dimensionen [der Transformation, ...], dann würde ich sagen, das Erste ist, denken und handeln wir kundenzentriert und datenbasiert. Das ist wirklich das Erste.«

Oder bei Thomas Kleine, damals im Zusammenhang mit dem Erfolg von Pfizer, so schnell den COVID-Impfstoff auf den Markt gebracht zu haben: N.B.: Ja, Digitale Transformation rettet Leben!

»Zum einen hast du hier bei uns, insbesondere wenn ich in den Forschungs- und Entwicklungsbereich reingucke, eine Kultur an Mitarbeitenden, die unheimlich krass daten- und wissenschaftsgetrieben sind. Und das stößt dann oftmals auf eine Kultur von Bioinformatikern, von Statistikern, die in Startups arbeiten oder in Partnerunternehmen, die auch unheimlich datengetrieben sind, die mit Zahlen arbeiten wollen. [...] Und wenn du das zusammenbringst, dann hast du im positiven Sinne einen Perfect Storm, weil das einfach komplementäre Skills sind, die fachlich-inhaltlich passen, aber [...] auch von der kulturellen Seite. Und ich denke, das ist etwas, wo wir schon so eine Secret Sauce haben bei uns.«

Und auch Christian Spannbauer, Leiter des Digital Hangar der Lufthansa, setzt auf Datenzentrierung, unter anderem zur Erleichterung der ständig nötigen Kommunikation und Motivation von »empowerten« Teams:

»Man kann darüber reden, über das Empowerment. [... Darüber hinaus] ist es ganz, ganz wichtig, dass wir es anfassbar machen. Wir machen das unter dem Stichwort »Data-Driven«: Wie können wir eigentlich den Wert und die Effekte [des Empowerments] zeigen? In der Organisation nur eine Kommunikation zu machen, [dass sich das Empowerment lohnt, kann dazu führen, dass die Erwartungen nicht getroffen werden.]. Also von daher sehr früh das Thema ›data-driven‹ aufnehmen, überlegen, wie steuere ich datenbasiert meine Produkte, wie treffe ich datenbasiert Entscheidungen, wie kann ich den Value, der entsteht, auch datenbasiert transportieren und dadurch greifbar machen. [...] Das erzeugt so eine hohe Zufriedenheit in den Teams, wenn sie das beweisen können auf Datenbasis. Und eben nicht nur, ja, wir haben eigenständig, empowered geliefert, aber wissen nicht ganz genau, wie die Kunden das finden oder nutzen.«

Dennoch sieht er einen Wert der Erfahrung von Führungskräften, selbst bei empowerten und datengetriebenen Teams:

»Dass ich das challenge mit meinem eigenen Erfahrungswissen, glaube ich ist noch fair, spornt auch die Diskussion an und führt am Ende vielleicht zu einer besseren Entscheidung, weil auch Daten nicht unbedingt immer verlässlich sind. Es gehört auch manchmal so ein bisschen Denken noch dazu. Also Insights sind gut. Denken dazu ist auch noch gut!«

Vielleicht kommt Ihnen die folgende Situation ja bekannt vor: In einem Meeting soll eine Entscheidung getroffen werden. Alle Optionen werden besprochen und die Entscheidung liegt eigentlich auf der Hand. Eine Option ist die bessere. Und trotzdem entscheidet sich die Führungskraft für die andere. Die Gruppe stimmt zu. Ein klassisches Beispiel für den HIPPO-Effekt: Werden in einer Gruppe Entscheidungen getroffen, wird die Entscheidung oft von der Person mit dem höchsten Status dominiert. Dieses Phänomen wird als HIPPO bezeichnet: (HIPPO = Highest Paid Person Opinion). Wir neigen dazu, der Meinung einer Autorität eine größere Bedeutung zuzuschreiben und uns stärker von dieser beeinflussen zu lassen. Oder der Meinung der Person zu folgen, die am selbstbewusstesten auftritt und/oder seine/ihre Meinung am eloquentesten darlegt. Besonders leicht tritt diese kognitive Verzerrung auf, wenn es keine validen Daten gibt, die eine Entscheidung bestimmen könnten.

Macht das Sinn? Nein, denn Daten sind für die Qualität der Entscheidung deutlich relevanter als die Höhe des Gehaltsschecks, die Eloquenz oder das Selbstbewusstsein einer Person. So auf den Punkt gebracht, sticht einem der Wahnsinn, den wir alle tagtäglich betreiben, glasklar ins Auge. Falls dennoch weitere Argumente nötig sind, gerne hier:

Entscheidungen, die auf Basis von Daten getroffen werden, ...

- ... haben Aktualität: Erfahrung & Bauchgefühl entstehen durch starken Bezug zur Vergangenheit – Daten können aber die Gegenwart wiedergeben. In schnelllebigen Zeiten ein erheblicher Vorteil!
- ... können kontrolliert werden: Datenbasierte Entscheidungsfindung stützt sich auf Statistiken und ist daher ein objektiver Prozess, der überprüft, getestet und sogar repliziert werden kann.
- ... können schneller und in die Zukunft gerichtet getroffen werden: Wenn Daten den Entscheidungsfindungsprozess beeinflussen, können Organisationen früher Geschäftschancen erkennen, Probleme identifizieren und damit flexibler auf Marktveränderungen reagieren.
- ... zeigen bessere Ergebnisse: Die Vorteile von datenzentriertem Arbeiten sind in verschiedenen Studien gut belegt. So erzielen datengetriebene Unternehmen laut einer Studie von Capgemini 22 % mehr Gewinn und 70 % mehr Umsatz pro Mitarbeiter:in im Vergleich zum Wettbewerb[44].

Datengetriebenes Arbeiten und Entscheiden ist also ein Teil von neuer, moderner und guter Unternehmensführung. Im Hinblick auf KI kommt noch ein besonderer Charme dazu: Datengetriebenes Entscheiden selbst erfordert schon, Daten zu generieren und vorzuhalten. Das sind dann oft genau die Daten, die Sie brauchen, um Ihrem KI-Einsatz zum Erfolg zu verhelfen. Daher: Fangen Sie an. Denn ohne eine datengetriebene Organisationskultur werden Sie nur halb so viel aus KI herausholen können.

ii. Was heißt datengetriebenes Arbeiten und Entscheiden genau?

Wir haben gerade schon von den Vorteilen des datengetriebenen Arbeitens und Entscheidens gesprochen, aber was genau ist das? Kurz zusammengefasst besteht datengetriebenes Arbeiten und Entscheiden darin, dass Entscheidungen und Arbeitsabläufe auf der Grundlage von Fakten und Analysen getroffen werden, anstatt auf Vermutungen, Bauchgefühl oder bloßen Meinungen. Die Daten dienen als Basis, um Trends, Muster und Zusammenhänge zu erkennen, die in die Entscheidungen Eingang finden.

Es besteht aus folgenden Schritten:

- Umfassende Datenerhebung aus verschiedenen Quellen, die miteinander integriert werden können
- Analyse der Daten mit verschiedenen Methoden und Leistungskennzahlen (Key Performance Indikators, KPIs), selbst, durch Business Intelligence-Tools oder mithilfe von Maxi (siehe oben Abschnitt 3.5.4.j)
- Offene und nicht interessengeleitete Interpretation der Datenauswertungen, die den Zusammenhang der Daten berücksichtigt
- Ableitung von Handlungsempfehlungen aus den Erkenntnissen
- Definition und Anwendung spezieller Kennzahlen und Datenerhebungen, um die Wirksamkeit der auf Basis von Daten getroffenen Maßnahmen zu überprüfen
- Kontinuierliches Lernen aus den Daten und entsprechendes Anpassen der Entscheidungen

»Wenn wir Daten haben, lasst uns die Daten anschauen. Wenn wir bloß Meinungen haben, nehmen wir meine.«
– James L. Barksdale, einflussreicher IT-Unternehmer, der u. a. Netscape 1995 an die Börse brachte

iii. Wie führen Sie datengetriebenes Arbeiten und Entscheiden ein?

Es klingt verlockend: Wieso nicht einfach die nötigen Fähigkeiten, Fachexpert:innen und Software einkaufen und damit das Thema Daten abhaken?

Ganz so einfach ist es leider nicht. Denn datengetriebenes Arbeiten wird nur dann nachhaltig erfolgreich sein, wenn es von allen verstanden und gelebt wird. Das geht nicht ohne Ihre Mitarbeiter:innen – und vor allem Sie:

- Ohne die Fähigkeit der Mitarbeiter:innen, Daten zu lesen und dafür Softwares und Tools zu bedienen, werden diese nie Grundlage ihrer Entscheidungen.
- Mitarbeiter:innen trauen sich eigene Entscheidungen eher zu, wenn sie Daten sicher bedienen und zur Unterstützung heranziehen können.
- Genauso gilt für Führungskräfte: Bei Entscheidungen unter Unsicherheit sind Daten Ihre Verbündeten und bieten sehr gute Argumente, aber der Umgang will gelernt sein.

Datenkompetenz steigern

Laut einer Accenture-Studie aus dem Jahr 2020 fühlen sich nur 25% der Mitarbeitenden auf die effektive Nutzung von Daten vorbereitet. 61% der Befragten fühlen sich gestresst, wenn sie mit Daten arbeiten sollen[45]. Es braucht also eine Steigerung der Datenkompetenz, damit Daten ihren Zauber entfalten können. Ähnlich wie bei dem grundlegenden Verständnis für KI gibt es dazu eine Vielzahl von Mitteln, wie z. B. Schulungen (auch auf Bildungsgutschein!), Bücher, YouTube-Videos etc. Hier können Sie bzw. Ihre Kolleg:innen, die sich das Thema Weiterbildung auf die Fahnen geschrieben haben, aus dem Vollen schöpfen und sollten es den Mitarbeiter:innen erleichtern, indem Sie schon die wichtigsten Materialien vorauswählen.

Datenkultur schaffen

Laut der jährlichen Umfrage von New Vantage Partners unter Top-Führungskräften über Big Data und KI sind 95% der Herausforderungen bei der internen Datennutzung kulturell bedingt[46]. Deshalb liegt es in der Hand der Führungskräfte, eine »Data First« Kultur zu schaffen, in der datenbasiertes Arbeiten im Alltag der Mitarbeiter:innen automatisch mitgedacht wird. Dabei können Sie sich an folgenden Schritten orientieren:

- **Vision und Planung:** Warum möchten Sie datengetrieben arbeiten? Was ist Ihr Ziel? Entwerfen Sie gemeinsam mit Personen, die mit Dateninitiativen und -strategien vertraut sind, eine Strategie.
- **Kommunikation:** Erklären Sie die Beweggründe für das neue Arbeiten mit Daten. Welchen Mehrwert hat Datennutzung für jeden Einzelnen?
- **Ressourcen:** Ein interdisziplinäres Team mit Qualifikation in Datenanalyse kann helfen, alle Abteilungsperspektiven zu vertreten und zu ermitteln, welche Ressourcen (Hardware, Software, Training) erforderlich sind.
- **Nutzen Sie Ihre Vorbildfunktion:** Welche Entscheidungen können Sie selbst bereits anhand vorhandener Daten treffen? Auf welche Weise können Sie dies an Ihre Mitarbeiter:innen kommunizieren? Wie können Sie Ihre Datenhilfsmittel pragmatisch weitergeben? Jedes bisschen hilft, und vor allem die Ernsthaftigkeit und Stringenz, mit der Sie Datenzentrierung vorantreiben, wirkt Wunder!
- **Feiern Sie Erfolge öffentlich:** Welche Mitarbeiter:innen haben ihre Schulung abgeschlossen? Oder: Wo konnten mit Daten schon gute Entscheidungen getroffen werden? Kann man sogar beziffern, wie viel besser diese waren?

Hiermit haben Sie ein klares Vorgehensmodell. Aber nehmen Sie sich den Druck, dass alle Prozesse von heute auf morgen umgestellt werden müssen. Datenbasiertes Arbeiten ist kein einzelner Schritt, sondern vielmehr eine kontinuierliche Entwicklung. Vor allem bei der aktiven Datennutzung bedarf es ständiger Korrekturen und Anpassungen. Fangen Sie deshalb klein an und überlegen Sie zu Beginn, was bereits da ist, um datenbasiert arbeiten zu können.

Standortbestimmung

Wie weit ist Ihre Organisation schon? Vielleicht sind Sie ja schon weiter als Sie denken!

1. **Existiert bereits eine Datenstrategie?**
   Z. B. mit Organisationszielen, Datenquellen, konkreten Maßnahmen zur Informationsgewinnung und einer Planung der Umsetzung.
2. **Haben Sie bereits Datenexpert:innen in der Organisation?**
   Z. B. Mitarbeiter:innen, die in anderen Organisationen bereits Erfahrungen mit datenbasiertem Arbeiten gesammelt haben, oder die IT-Abteilung, die meistens das nötige Knowhow im Umgang mit Daten mitbringt.
3. **Wo werden bereits Daten erhoben?**
   Wahrscheinlich sammeln Sie in Ihrer Organisation schon viele Daten, ohne dass Sie sich wirklich bewusst darüber sind. Kundenkontakte, Lieferanten,

Newsletter-Abonnent:innnen, Feedbackformulare, das alles sind Daten, mit denen Sie arbeiten können! Dazu können Sie auch externe – öffentlich verfügbare oder zumindest erwerbbare – Daten hinzufügen. Und überlegen Sie mal, welche Tools, wie z. B. Google Analytics, schon im Einsatz sind, aus denen Sie Daten schöpfen können.

4. **Prioritäten setzen**
   In welchem Teil Ihrer Abteilung ist die Umstellung auf ein datengetriebenes Arbeiten am dringlichsten? Welche laufenden Projekte können bereits datenbasiert unterstützt werden?

Nutzen von Daten bei Entscheidungen

Um die in der Organisation vorhandenen Daten dann konkret im Zuge der Vorbereitung und dem Treffen einer Entscheidung nutzbar machen zu können, können Sie sich an diesem Fahrplan orientieren:

1. **Definition der Fragestellung:**
   Was wollen Sie erreichen? Welche Hypothesen wollen Sie überprüfen?
2. **Welche Daten brauchen Sie dafür?**
   Um sicherzugehen, dass Ergebnisse nicht verfälscht werden, fragen Sie sich: Welchen Datensatz brauchen Sie? Haben Sie diese im Unternehmen zur Verfügung oder müssen sie zugekauft werden? Stammen die Daten aus einer seriösen Quelle? Müssen die Daten vor der Analyse bereinigt werden? Tipp: Fast alle müssen. Nehmen Sie sich die Zeit, auch wenn es schwerfällt. Sie ärgern sich sonst sehr, wenn Sie anfangen zu analysieren und erst danach feststellen, dass ein Teil der Daten unsauber oder fehlerhaft war.
3. **Analysieren Sie!**
   Was sagen Ihnen Ihre Daten? Übersetzen Sie sie in nützliche Informationen – und einfache Visualisierungen. Tools wie MS Power BI, Tableau, Metabase oder Looker können Ihnen dabei helfen; inzwischen aber auch die Künstliche Intelligenz. Versuchen Sie es mal mit dem Vorgehen, das wir in Abschnitt 3.5.4 l unter »Daten analysieren« beschrieben haben.
4. **Die Schlussfolgerung**
   Was bedeuten die Ergebnisse konkret für Ihre definierte Fragestellung? Welche Handlungen können Sie ableiten – allein aus den Daten?
5. **Der Genuss:**
   Wie viel schöner ist es, vor Ihre:n Chef:in zu treten mit einem Vorschlag, der auf einer festen Datengrundlage steht, anstatt auf einem vagen Bauchgefühl? So sind Sie gar nicht oder nur mit echt schwachen Argumenten angreifbar. Und selbst wenn die Entscheidung am Ende sich als nicht so

erfolgreich herausstellt: Orientieren Sie sich an Daten und arbeiten sauber, dann kann Ihnen niemand was!

h. Und warum das alles?

Wachstumsorientierte Denkweise, Innovationskultur, transformationale Führung, Offenheit für Technologie, grundlegendes Verständnis für KI und dann auch noch datengetriebenes Entscheiden: Wozu das alles?

Das ist eine sehr berechtigte Frage, die Ihnen sicher – zumindest stillschweigend – laut entgegenschallen wird. Egal, ob Ihr Veränderungsziel mit Technologie zu tun hat oder nicht. Wozu sollen wir Lust auf Veränderung haben? »Wir sind doch der Daimler!«, »Ist doch noch alles gut!«, oder umgekehrt: »Ist doch eh' nichts mehr zu retten!«

Diese Frage müssen Sie beantworten können – am besten schon, bevor Sie das Thema »KI« überhaupt aufmachen. Damit sie schon mal Veränderungslust erzeugen können, ohne mit den KI-spezifischen Widerständen kämpfen zu müssen.

Sinnstiftung ist ein viel behandeltes Thema und gehört zu den wesentlichen Organisationsveränderungen, die wir Ihnen vorne gezeigt haben (»From Profit to Purpose/»Von Gewinn zu Sinn«). Vielen hängt es schon zum Halse heraus. Überkommen Sie diesen Impuls, rate ich Ihnen, u. a. auf Basis der Erfahrungen unserer Experten André Weber-Liel & Oliver Martin von der DB Systel. Denn sie haben die produktivitätssteigernde Kraft eines gemeinsamen Sinns bei ihrer agilen Transformation am eigenen Leib erfahren:

»Was dabei auch gut funktioniert hat, war, dass mit dem Gedanken unseres Menschenbilds und so, wie wir unsere Arbeit neu strukturiert haben, plötzlich alles mit einer Sinnstiftung unterlegt war. Also, wo ich vorher in einer Abteilung gearbeitet habe, wo ich gar nicht wusste, wie sich mein tägliches Zahnrädchen, was ich bewege, auf einen Endkunden auswirkt, war in der neuen Welt [mein Effekt] sofort spürbar, weil ich mit den Endkunden in Kontakt gekommen bin, weil wir alles nach einem Für-Wen-Was-Wozu beschrieben haben. Und daraus entstand auch so ein Sog, wo für jeden spürbar war, hier hat sich A) was verändert und B) ich bin ein Teil von dem. Und wenn ich das heute so tue, hat das Auswirkungen auf die, die und die. Und das sehe ich auch sofort. Und das hat ganz, ganz viel mit den Menschen gemacht.«

Sinnstiftung ist also heutzutage ein Muss, kein »Gedöns« mehr. Leider geht sie nicht so leicht von der Hand:

1. Haben Sie noch keinen Organisations- oder Abteilungssinn, muss dieser erstmal erarbeitet werden, ggf. zusammen mit Ihren Kolleg:innen – beispielsweise mithilfe von Frameworks wie »The Golden Circle« von Simon Sinek.
2. Dann kommt hinzu, dass der Sinn in einer Art abgefasst werden muss, dass er auch wirklich ankommt. In der Regel haben Sie dazu nur wenige Chancen. Also bereiten Sie sich gut vor!

In unserer Praxis hat sich, nach jahrelanger Recherche in der Literatur zu Psychologie, Neurowissenschaften und Change Management, in der Entwicklung der App Culcha folgender Dreiklang bewährt:

»Warum ich?«
Um Menschen wirkungsvoll für einen Veränderungsprozess zu gewinnen, müssen Sie zunächst die persönliche Betroffenheit für jede und jeden Einzelnen klarmachen. Gelingt Ihnen das nicht, wird Ihnen schon nicht zugehört. Optimalerweise ergänzen Sie noch, in welcher Form die wichtigsten und/oder zahlenmäßig stärksten Gruppen speziell betroffen sind. Das steigert Ihre Glaubwürdigkeit und gibt einen weiteren Anlass aufzumerken.

»Warum jetzt?«
Danach müssen Sie die Dringlichkeit des Handelns verdeutlichen. Schildern Sie eindrücklich die aktuelle Situation sowie die Risiken und Gefahren bei Nichthandeln. Machen Sie damit klar, dass der Wandel jetzt zwingend erforderlich ist und bei Zögern Schaden eintritt.

»Und was stattdessen?«
Skizzieren Sie eine attraktive Alternative, nämlich eine begeisternde Zukunftsvision für die Organisation. Heben Sie die Vorteile und Chancen des anstehenden Wandels hervor. Geben Sie – wenn Sie ihn schon haben – einen konkreten Handlungsplan mit Schritten, Ressourcen und Meilensteinen für die Umsetzung. Auf jeden Fall sollten Sie die Menschen in Ihrer Organisation aktiv einbinden, indem Sie Offenheit für Ideen und Anregungen signalisieren und auch beim Erreichen dieser Vision die Rolle jedes Einzelnen hervorheben. Vermitteln Sie Zuversicht, indem Sie auf Stärken und Erfolge in der Vergangenheit verweisen und ein Gemeinschaftsgefühl stärken.

Kommunizieren Sie all dies mit einer persönlichen, emotionalen Ansprache, mit Geschichten, Appellen an Werte und mit Ihrer eigenen Überzeugung. Seien Sie glaubwürdig, indem Sie selbst durch Taten und Konsequenz Vorbild sind. Fällt Ihnen das schwer? Hier ein Text am Beispiel der Einführung von datengetriebenem Arbeiten, den Sie als Inspiration nehmen können:

Einschub 40: Beispiel für eine Rede, die zur Veränderung motiviert

Liebe Kolleginnen und Kollegen,
wir stehen vor einer spannenden Herausforderung: Der Einführung von datengetriebenem Arbeiten und Entscheiden in unserem Unternehmen.
Ich verstehe, dass Veränderungen oft Unsicherheiten mit sich bringen. Genau deshalb möchte ich Ihnen heute noch ein paar Hintergrundinformationen dazu geben.
Wir haben nie einen Hehl daraus gemacht: Wir hatten schon bessere Zeiten. Unser Umsatz lässt jedes Jahr weiter nach, genauso der Gewinn, da wir bisher keine dramatischen Kosteneinsparprogramme ausgerufen haben. Das möchten wir auch in Zukunft vermeiden, denn das bringt nur Stress in unser Unternehmen. Das möchte ich Ihnen und Euch ersparen.
Um das aber zu vermeiden, müssen wir ab sofort bessere Entscheidungen treffen und kontinuierlich darauf achten, dass wir an allen Stellen schon so effizient sind, wie wir es sein könnten. Deswegen gehen wir jetzt in den Prozess, uns das datengetriebene Arbeiten und Entscheiden anzugewöhnen. Dabei geht es darum, die bei uns vorliegenden Daten als Grundlage für alle Entscheidungen heranzuziehen.

Hier ein Beispiel, um Ihnen die Vorteile davon nahezubringen.
Sie kennen alle Frau Müller, die Leiterin der Vertriebsabteilung. Stellen Sie sich vor, sie muss eine wichtige Entscheidung über die Anfrage eines Großkunden treffen, die erhebliche Auswirkungen auf unseren Umsatz, aber genauso auf die Überstunden mehrerer Kolleg:innen hat. Früher hätte sie sich v. a. auf ihr Gefühl und ihre Erfahrung verlassen müssen. Heute kann sie mit wenigen Klicks detaillierte Informationen zur Wirtschaftlichkeit dieser Anfrage aufrufen. So, dass wir nur dann Überstunden anordnen müssen, wenn wir damit wirklich Gewinn machen.
Datengetriebenes Arbeiten (hier mit Unterstützung durch Software) bringt handfeste Vorteile. Es macht unsere Entscheidungen besser, bringt mehr Effizienz – also Unternehmensgewinne, an denen auch Sie teilhaben –, und gibt uns Zeit für die wirklich wichtigen Dinge.
Selbstverständlich wird der Wandel mühsam sein. Aber keine Sorge: Es wird ausreichend Weiterbildung geben, genauso wie einen offenen Wissensaustausch. Damit werden wir diesen Wandel meistern.

Wir sind bereit, hier zu investieren. Aber auf Ihren Beitrag, Ihre Offenheit und Ihr Mitziehen kommt es an. Wir sind offen für Ihre Ideen und Anregungen. Jede:r Einzelne kann und sollte einen Beitrag leisten, um die Chancen, die Datenzentrierung bietet, zu nutzen. Ihre Erfahrungen und Ihr Engagement sind der Schlüssel zu unserem gemeinsamen Erfolg.
Lassen Sie uns an einem Strang ziehen, so, wie wir es schon oft gemacht und damit fast Unmögliches bewältigt haben. Denken Sie nur an die COVID-Pandemie! Wie wir da zusammengestanden und den Verlust von Arbeitsplätzen vermieden haben, darauf bin ich heute noch stolz.

Lassen Sie uns also diese Chance nutzen! Mit Offenheit und Durchhaltevermögen werden wir viel erreichen. Unsere bekannten Werte Vertrauen, Integrität und Exzellenz weisen uns dabei den Weg. Packen wir es an!

Serviceanmerkung: Wenn Sie diese Rede als Vorlage verwenden wollen und die Papierversion dieses Buches nutzen: Fotografieren Sie die Seiten ab und laden Sie sie zu ChatGPT hoch, mit der Bitte, das in editierbaren Text umzuwandeln 😅.

Mit Rückbezug auf die Einleitung zu diesem Abschnitt 4.2.2 sind Sie jetzt sicher davon überzeugt, dass wir mit »einiges an Grundlagenarbeit« nicht übertrieben haben. Selbst wenn Sie nicht alle Kernelemente von Veränderungslust vor der KI-Transformation (oder überhaupt) umgesetzt bekommen, jedes bisschen hilft. Und Sie können jederzeit ein weiteres Kernelement anpacken, mithilfe der Anleitungen in diesem Abschnitt. Am leichtesten fällt Ihnen das, wenn Sie noch offene Themen mit einem Lesezeichen versehen und das Buch in der Nähe Ihres Schreibtisches halten. Iteratives Vorgehen eben 😉

Zum Schluss das perfekte Abschlusszitat von Fabian Schröder, VP Global IT Governance bei Bosch Siemens Hausgeräte (BSH):

»We are not perfect as we are but in our ability to adapt.«
(Wir sind nicht perfekt, außer in unserer Anpassungsfähigkeit)

4.2.3 So entwickeln Sie Ihre eigene KI-Strategie

Veränderungslust zu schaffen ist ein nie endender Prozess. Das heißt, Sie müssen nicht warten, bis dieser Prozess abgeschlossen ist, bevor Sie mit Ihrer KI-Strategie anfangen. Aber je weiter Sie sind, desto besser.

a. Wo stehen Sie bisher?

Zu Beginn jeder Strategie ist es von wesentlicher Bedeutung, ein 100 % korrektes Verständnis der Ausgangssituation zu haben. Dieses ist hilfreich für die Entwicklung der Strategie, sogar unverzichtbar für die Planung der Umsetzungsschritte. Sonst versucht man in der Umsetzung auf einem Punkt aufzusetzen, der vielleicht gar nicht besteht – so dass in der Folge dann die Füße in der Luft baumeln!

»Readiness Checks«, »Maturity Level Checks« bzgl. der Digitalen Transformation gibt es inzwischen zuhauf online. Dazu müssen Sie aber einige spezifische Überlegungen vornehmen bei einer KI-Transformation. Wie gehen Sie also vor?

Einschub 41: Testprogramm für Standortbestimmung

1. **Was gibt es schon? Bewertung des aktuellen KI-Reifegrads:**
   - Bestehende KI-Initiativen, Dateninfrastruktur und verfügbare KI-Fachkenntnisse in den Spezialabteilungen
   - Verständnis und Bewusstsein der Organisation in der Breite für KI-Technologien und ihre potenziellen Auswirkungen
   - Eigenheiten der Organisationskultur in Bezug auf Technologie-Transformationen
   - Erfahrungs- und Wertehintergrund: Gibt es vergangene Ereignisse oder Bestandteile des Wertekanons, die sich negativ auf eine KI-Transformation auswirken?
   - Gibt es schon Ansätze der Regelung für ethische und rechtskonforme Nutzung von KI?
2. **Datenprüfung und -vorbereitung:**
   - Wenn Sie dies vorher schon im Zusammenhang mit der Datenstrategie gemacht haben: Well done – dann können Sie jetzt einfach in die Schublade greifen. Wenn nicht:
   - Analysieren Sie Quantität, Qualität, Bias und Zugänglichkeit der Datenbestände der Organisation.
   - Identifizieren Sie Datensilos, Lücken und Inkonsistenzen, die für eine erfolgreiche KI-Umsetzung behoben werden müssen.
   - Gibt es eine Daten-Governance mit einer klaren Verantwortung für definierte Datenobjekte?

- Welche Prozesse und Richtlinien für Datenverwaltung, Datenschutz und ethische Nutzung von Daten fehlen Ihnen (noch)?

3. **Bewertung der Technologieinfrastruktur:**
   - Bewerten Sie die vorhandene Technologieinfrastruktur der Organisation hinsichtlich ihrer Fähigkeit, KI-Prozesse und entsprechende Workloads zu unterstützen.
   - Falls Sie vorhaben, Ihr eigenes Modell zu entwickeln: Bewerten Sie den Bedarf an spezieller Hardware (GPUs, TPUs) oder Cloud-Computing-Ressourcen für das Training des Modells und seine Anwendung auf neue Daten.
   - Bestimmen Sie die Integrationsanforderungen zwischen KI-Systemen und vorhandenen Anwendungen und Datenquellen.
   - Kommen Sie, basierend auf Ihrer Bewertung, zu Make or Buy-Entscheidungen.
4. **Bewertung von KI-Talenten und -Fähigkeiten:**
   - Bewerten Sie auf Basis am Anfang erhobenen Daten die aktuellen KI-Fähigkeiten und Fachkenntnisse der Organisation, einschließlich Datenwissenschaftlern, Ingenieuren für maschinelles Lernen und KI-Entwicklern.
   - Projizieren Sie die selbstständige Entwicklung dieser Fähigkeiten ohne Ihr Eingreifen bis zu dem Punkt, wo sie vssl. gebraucht werden.
   - Identifizieren Sie weiterhin bestehende Qualifikationslücken.
5. **Change Management und organisatorische Ausrichtung:**
   - Bewerten Sie, u. a. auf Basis der schon zu Beginn gesammelten Informationen, die Bereitschaft der Organisation für die Einführung von KI-Technologien und den erforderlichen kulturellen Wandel.
   - Erheben sie schon einmal, welche Maßnahmen in der Vergangenheit gut funktioniert haben und welche Herausforderungen es dabei gab.

Bitte gönnen Sie sich die Zeit, eine gründliche Erstanalyse speziell für die KI-Transformation zu machen. Die Zeit holen Sie später garantiert wieder rein, zum Beispiel durch eine Iterationsschleife weniger oder das Ausbleiben von bösen Überraschungen!

Um in einem nächsten Schritt zu verhindern, dass »Ihre Füße bei der Umsetzung der KI-Transformation in der Luft baumeln«, können Sie nun auch schon starten, Grundlagenlücken zu schließen. Und zwar parallel dazu, dass Sie eine Strategie entwickeln und/oder erste Projekte starten.

Eine Ausnahme gilt nur, wenn Sie ausschließlich kleine Prototypen anstreben mit dem Ziel, auf KI Lust zu machen, oder sogenannte »quick wins« realisieren wollen, die mit begrenztem Umfang schon so viele Vorteile realisieren, dass sie gleichzeitig hohes motivatorisches Potenzial haben. Diese können und sollten Sie, soweit es auf Ihrer technischen Grundlage möglich ist, direkt starten. Denn in ihnen schlummert eine Motivation, die man nach Möglichkeit vorher erzeugt, bevor man den (manchmal schwerfälligen) Prozess startet, um Grundlagenlücken zu schließen!

b. Die Reise zu einer guten KI-Strategie

In den letzten 20 Jahren habe ich in verschiedenen Rollen an die 80 Strategien (mit)entwickelt, alle mit dem Fokus auf mehr Umsatz, vor allem aus neuen digitalen Produkten, Geschäftsmodellen und Services. Dabei haben sich gewisse Gestaltungsparameter herauskristallisiert, die dazu beitragen, dass die entwickelte Strategie »gut« ist, im Sinne von: »nah an der Realität der Kunden« und »potenziell erfolgreich« (wenn sie stringent und richtig umgesetzt wird). Diese Parameter, auf die ich gleich eingehe, sollten in jeder Organisation individuell kombiniert im Strategieprozess enthalten sein.

1. **Der Strategieprozess kombiniert ein langfristiges Leitbild mit kürzeren Strategiesprints:** Der Strategieprozess basiert auf den bestehenden Anforderungen (vor allem der Gesellschafter an langfristiger Orientierung), berücksichtigt aber auch die aktuellen Umstände der Wirtschaft im digitalen Zeitalter (vor allem die aktuell hohe Veränderungsdynamik). Das Ergebnis könnte daher sein, ein Organisationsleitbild für fünf Jahre mit kürzeren Strategiesprints für jeweils eineinhalb Jahre zu verbinden.
2. **Die Strategie muss ganzheitlich gedacht und erarbeitet werden:** Der aktuellen Komplexität der Umfeldbedingungen wird es nicht mehr gerecht, eine Abteilung oder eine kleine Gruppe von Menschen allein mit der Strategieentwicklung zu betrauen. Der Prozess sollte daher z. B. mit einem Format zur Formulierung des Organisationsleitbilds starten, an der die Geschäftsführung, die operativen Bereiche, funktionale Bereiche und Vertreter der verschiedenen Kundengruppen teilnehmen. Optimalerweise wird dies ergänzt um Mitarbeitende – und alles zusammengesetzt in möglichst diverser Form: Alter, Geschlechter, kulturelle Hintergründe, Technikaffini-

tät, Religionen und sonstige Wertgerüste sowie alles Weitere, das in Bezug auf Ihr spezielles Angebotsportfolio auf dem Markt wichtig ist.

3. **Vorgaben aus der Zentrale sollten so gering wie möglich gehalten werden:** In der Regel sinnvoll sind quantitative Vorgaben (Wo sollen wir rauskommen bei Umsatz und Gewinn – in dem jeweiligen Bereich? Welche Investitionsmittel stehen uns zur Verfügung? Was sind die Bedingungen für ihren Einsatz?), sowie inhaltliche Leitplanken (z. B. welche Geschäftsfelder/Märkte bleiben bestehen, welche sind ausgeschlossen, …). Dafür hat die Zentrale Expertise, den Rest wissen häufig die dezentralen Bereiche zusammen mit ihren Kund:innen besser.
4. **Der Hauptteil des Strategieprozesses ist dezentral:** Die Notwendigkeit von Expertenwissen und Kundennähe erzwingt geradezu die dezentrale Erarbeitung der strategischen Initiativen in den operativen Bereichen. Bedingung ist dabei aber, dass diese den vorher definierten, zentralen Richtlinien und quantitativen Leitplanken der Geschäftsführung entsprechen. Das lässt sich z. B in einem OKR-Prozess (Objectives and Key Results) sehr gut abbilden.
5. **Der gesamte Strategieprozess ist kundenzentriert:** Kundenbedürfnisse haben einen wesentlichen Einfluss auf die Strategieentwicklung und -umsetzung. Wird die Strategie nicht kundenzentriert entwickelt, können Produkte schwer auf den Kunden ausgerichtet werden. Und genauso muss sie umgesetzt werden. Haben Sie das vielleicht auch schon mal gehört? »Wir sind sehr kundenzentriert, jedes Jahr bis September. Ab dann versuchen wir, die Lücke zum Plan zu schließen!« 🙂
6. **Der Strategieprozess muss auch iterative Elemente beinhalten**: Das, was früher »auf Sicht fahren« hieß und ein wenig verpönt war, ist heute eine echte Tugend. Heißt es doch, sich immer wieder am Außen zu orientieren und nicht weiter zu planen, als man wirklich sehen kann. Folglich muss dann auch das, was sich zum jeweiligen Moment neu der Sicht eröffnet, in regelmäßigen Abständen in die Strategie mit aufgenommen werden. Daher schauen wir eher auf Strategiesprints, die immer wieder um aktuelles Kundenfeedback sowie neue Erkenntnisse aus der Entwicklung der Märkte und der bisherigen Umsetzung der Strategie angereichert werden. Strategieanpassungen in der Folge sind keine Fehlerkorrektur, sondern als geistige Flexibilität ein immenser Wettbewerbsvorteil! Die Friedhöfe der Wirtschaftsgeschichte sind voll von Organisationen, die zu lang an ihrer Strategie festgehalten haben trotz entgegenstehender Marktentwicklungen (looking at you, Blockbuster!)
7. **Im Gegenzug muss kurzfristiger gemessen und angepasst werden**: Ist der lange Horizont in seinem Umfang und seiner Tiefe gemindert zugunsten der kurzfristigen, dezentral getätigten Überlegungen, müssen Sie deren

Erfolge stringenter messen – und dann bei Bedarf schnell anpassen. Die Freiheit der dezentralen Einheiten in der Definition der Strategie und der Maßnahmen wird »erkauft« durch die regelmäßige Frage: »Sagen uns die Zahlen, dass wir auf dem richtigen Weg sind?«

Aus all diesen allgemeinen Maßgaben, können wir Vorgaben für die KI-Strategie und den Prozess dahin ableiten, die wir in den nächsten Kapiteln behandeln.

Ihr Gesamtbild ähnelt dem einer abenteuerlichen Reise: Wir brauchen eine gute Reisegruppe, die sich einig ist über das Ziel, wie navigiert wird, über die Art des Reisens und darüber, was wir unterwegs machen müssen, um zum Ziel zu gelangen. Darüber hinaus benötigen wir eine gute Vorbereitung, damit die Reise dann auch reibungslos verläuft.

Genauso ist das nächste Kapitel aufgebaut:

- **Reisegruppe:** Zunächst sprechen wir über die personelle Zusammensetzung (Abschnitt 4.2.3 b i)
- **Reise:** Dann wenden wir uns der KI-Strategie selbst zu (Abschnitt 4.2.3 b ii bis vii):
  - **Reiseziel:** Was ist das Zielbild für den Einsatz von KI? Dabei unterscheiden wir nach Umfang und Ausrichtung der KI-Strategie und geben einige Beispiele (Abschnitt 4.2.3 b ii)
  - **Wie wird bestimmt, wie wir reisen?:** Wie gestalten wir, ausgehend vom Zielbild, das Ableiten der Strategie und die Details des Prozesses (Abschnitt 4.2.3 b iii, iv, v)?
  - **Direkter Weg oder Panoramaroute?** Hier geht es darum, wie wir die KI-Strategie angehen, direkt mit Schnellstart oder als systematisches Ausrollen (Abschnitt 4.2.3 b vi)
  - **Nötige Aktivitäten unterwegs, wie Einkaufen, Autos warten, etc.:** Und zu guter Letzt die Frage: Welche Schritte muss ich planen, um bei meinem Zielbild anzukommen (Abschnitt 4.2.3 b vii)
- **Wie im echten Leben braucht es auch bei der KI-Strategie einer guten Vorbereitung** für die Realisierung dieses Plans:
  - **Reiseausstattung:** Wir brauchen feste Commitments und ein Budget! (Abschnitt 4.2.3 c)
  - **Persönliche Fitness:** Wir müssen die bestehenden Lücken aus der Standortbestimmung schließen (Abschnitt 4.2.3 d)
  - **Etappenziele:** Was sind unsere Leuchttürme auf dem Weg? (Abschnitt 4.2.3 e)

Einschub 42: Abbildung: Prozess, um für KI-Strategie mit Piloten zu starten

Lassen Sie uns also unsere Reise beginnen!

i. KI-Strategie ist eine Teamaufgabe!

Die oben in einem Halbsatz vorgenommene Qualifikation der KI-Strategie als eine funktionale Strategie, die die ganze Organisation durchzieht, legt schon nahe, dass bei ihrer Entwicklung mehrere Stellen einbezogen werden müssen. In der Praxis ist das aber nicht so, genauso wenig wie bei der Digitalen Transformation, wo wir die dementsprechenden Einwände schon in Abschnitt 4.1.2 (hoffentlich) abgeräumt haben. Dieses Defizit wurde auch in unseren Interviews – zumeist in Bezug zur klassischen Digitalen Transformation – häufig thematisiert:

Carsten Priebs, in seiner Rolle als Group CIO von Randstad, sieht die Aufteilung z. B. so, dass als Basis für eine KI-Strategie die Person, die sich mit den Möglichkeiten von KI und IT auskennt, die Rolle des Thought Leaders übernehmen müsse. Die Entscheidungen müsse hingegen das Leadership-Team des Unternehmens treffen, orchestriert durch den CEO. Denn echte Transformation führe unter den besten Umständen zu neuen Geschäftsmodellen und in der Folge zu vielen Änderungen im Unternehmen. Dieses funktioniere aus seiner Sicht nur dann, wenn die gesamte Geschäftsführung die Transformation vorantreibe – und sich darin einig ist!

Aber es gibt noch ein paar andere organisatorische Aspekte, wie man der KI-Strategie möglichst viel »Wumms« geben kann:

Anke Sax sagt zum Beispiel:

»Ich halte es auch für elementar, dass in unserer Branche (Finanzindustrie, sehr technologielastig) der Chief Information Technology Officer [also der/die oberste ITler:in] im Vorstand ist. Und dann bist du natürlich für das Unternehmen vollumfänglich verantwortlich. Da gehört selbstverständlich das Thema Zielbild und Strategie dazu.«

Andreas Hamprecht sieht – unabhängig von der Höhe der Verankerung der Position – den Schlüssel darin, die Rollen von CIO und CDO zu integrieren, um Synergien zu schaffen und die Digitalisierungsstrategien direkt mit der Geschäftsentwicklung zu verbinden:

»[Das hat was mit] dem gerade schon angesprochenen Kostendruck zu tun, aber auch damit, dass ich vorher zehn Jahre lang Chief Strategy Officer in verschiedenen Einheiten des Bahnkonzerns war. Und wenn man zehn Jahre Strategie gemacht hat, dann ist [... die Rolle des] CDO im Grunde genommen ein strategischer Blick auf Digitalisierungsmöglichkeiten, sprich, welche Geschäftsmodellveränderungen können wir, getriggert durch Technologie, anstreben, wollen wir anstreben, wie priorisieren wir das?«

Michael Tobai, Global Business Transformation Lead bei der Siemens AG, bezieht sich auf die klassischen drei Dimensionen der Transformation und will dementsprechend die für alle drei Dimensionen notwendigen Fähigkeiten kombinieren bzw. integrieren:

»Wenn man die Rolle der Transformatoren auch entlang dieser drei Dimensionen beleuchtet, ›People, Process, Technology‹, finden wir häufig jeweils getrennte Kompetenzen in diesen Bereichen. [...]. Und damit diese digitale Transformation gelingt, geht es genau darum, wirklich diese drei Dimensionen gut zu integrieren. Und deswegen glaube ich, dass mehr Generalisten und Integratoren gefragt sind, die diese drei Dimensionen letzten Endes wirklich zusammenbringen.«

Und manche, wie z. B. Fabian Schröder, VP Global IT-Governance bei Bosch Siemens Hausgeräte (BSH), gehen noch weiter:

»Die Schnittstelle von IT und Business muss weg. [...]. Ich glaube, dass das funktionale Operating Modell in vielen Industrien und für viele Produkte und Konsumenten

nicht mehr zum erwünschten Ergebnis führt. [...]. Und die Frage ist dann, z. B., wie schaffen wir es denn, dass diese ganzen einzelnen Bausteine, die da zusammengehören, um so ein D2C-Modell möglich zu machen, dass die zusammen funktionieren. [...] Vor allem jetzt, wo die IT auch Teil der Hardware wird, [...]. Mittlerweile haben alle großen Hausgerätehersteller ihre eigene IoT-Plattform. Also über IoT wird IT ein Teil des Produkts. Und wenn IT Teil des Produkts ist, dann kann man nicht mehr sagen, IT ist nicht Business. [...] Insgesamt müssen wir zu einem ›Outcome Oriented Operating Model‹ (OOOM, oder ›Triple O M‹) kommen, im Gegensatz zum aktuellen ›Functional Operating Model‹.«

Ergo: Egal in welcher konkreten Art man es gewährleistet, es ist unabdingbar für eine Digitale und eine KI-Transformation, verschiedene Kompetenzen – und zumeist auch Ressorts – zusammenzubringen. Es ist ein ganzheitlicher Ansatz erforderlich, vor allem beim Finden der Strategie, wenn sie erfolgreich werden soll.

ii. Zielbild: Wofür soll KI in Ihrer Organisation angewendet werden?

Das, was wir vorhin gesagt haben über die Wichtigkeit von Visionen und Zielbildern (Abschnitt 4.1.3), gilt natürlich auch für den KI-Bestandteil Ihrer Strategie. Es muss Ihnen und der ganzen Organisation klar sein, was Sie erreichen wollen und warum. Dem gehen wir in den nächsten drei Abschnitten nach:

Sich über die unterschiedlichen Umfänge der KI-Strategie klar sein

Keine KI-Strategie gleicht, wenn sie sauber individuell erarbeitet wurde, der anderen. Damit Sie keine Dimension übersehen, hier vorab schon die Optionen, die Sie haben:

Einzelne Anwendungsfälle oder systematische Transformation?

1. Wollen Sie einzelne KI-Anwendungsfälle aufbauen? Um damit Erfahrungen zu machen, einzelne Probleme in der Produktion zu lösen oder beeindruckende »Leuchttürme« zu schaffen, über die die Branche spricht? Das vertiefen wir im Abschnitt 4.2.3.b, e und f
2. Oder wollen Sie Ihre Organisation komplett KI-transformieren? Das ist eine andere Strategie, bei der zumindest mittelfristig das Ziel ist, die Potenziale von KI in allen Bereichen der Organisation gleichermaßen zu heben. Dazu unten mehr im Abschnitt 4.2.4.

In beiden Fällen können die im Folgenden behandelten Einsatzfelder und Zielbilder für Sie anwendbar sein, so richtig wichtig sind sie allerdings vor allem in der kompletten KI-Transformation.

Altbausanierung oder Neubau?
Ein weiterer wesentlicher Unterschied liegt – in beiden Fällen – beim Umgang mit den bestehenden Teilen der Organisation: Man kann – so wie Hartmut Müller in unserem Interview sagte – unterscheiden zwischen »Altbausanierung« (»brownfield«) und komplettem Neubau (»greenfield«). Macht man eine KI-Transformation so, dass man die bestehende Organisation mit KI verbessert oder baut man sie mit KI neu und versucht, die alte dann »unterzufalten«.

Das ist in jedem Fall einzeln zu entscheiden. Zu unterschiedlich sind die Ergebnisse der Standortanalyse, die Zielrichtungen und Besonderheiten, die sich aus dem Timing ergeben.

Ausrichtung auf die allgemeinen Ziele der Organisation
Eine weitere Differenzierung ist die Frage, was die allgemeinen Ziele, die Vision, Mission und/oder Strategie sind, die die Organisation sich selbst – unabhängig von KI – gegeben hat. Wie so viele andere Strategien ist die KI-Strategie zwar eine Strategie, die die ganze Organisation durchzieht, muss sich aber der allgemeinen Strategie unterordnen (»funktionale Strategie«).

Einschub 43: Ableitung und Ebenen der KI-Strategie

Wunderbar auf den Punkt gebracht hat das Anke Sax, Chief Technology Officer der KGAL:

»Ich fange immer mit der Strategie an. Also was ist die Unternehmensstrategie? Oder noch weiter vorne, was ist das Unternehmenszielbild? Wo will das Unternehmen hin? Und jetzt bin ich schon lange genug im Business. dass ich das in aller Regel nicht so präzise vorfinde, wie ich es brauche, um nachher eine IT-Strategie abzuleiten. Deshalb ist das Allererste, was ich tue, das bestehende Zielbild zu hinterfragen und […], wenn es noch nicht klar genug ist, klarer zu fassen. D.h. so lange zu fragen, bis ich es intellektuell verstanden habe. Man stellt dann fest, dass sie es

in aller Regel selbst nicht wissen. Also da nutze ich halt Moderationstechniken. [...]. Und irgendwann merkst du, in welcher Sicht man sich einig ist. Wenn man sich einig ist, dann ist den Leuten auch klar, welche Entscheidungen du dann triffst. Und: du hast dann schon ganz viel Transformatorisches im Sinne von Change, Kultur in diesen Prozess reingepackt, wenn du das so machst.«

Entsprechend der Variationen der Organisationsstrategie gibt es unterschiedliche Stoßrichtungen, wie KI diese unterstützen kann. Wir nehmen hier mal explizit Unternehmen als Beispiel für Organisationen, da das Thema in Bezug auf diese am meisten erforscht und ausdifferenziert ist. Für Vereine, Parteien, Behörden, etc. bitte analog anwenden:

Einschub 44: Tabelle: Stoßrichtungen für den KI-Einsatz je nach Unternehmensstrategie

Unternehmensstrategie	KI-Unterstützung für ...
Wachstum	Vertrieb, Kundenerlebnis, neue Produkte und Geschäftsmodelle
Kostensenkung	Prozesseffizienzen schaffen, Mitarbeiterkapazitäten ersetzen
Differenzierung (Alleinstellungsmerkmale)	neuartige Produkte oder Services
Fokussierung (Spezialisierung)	Steigerung der Penetration in der Nische durch besseres Kundenverständnis & Angebote
Sanierung	komplette Neudefinition aller Prozesse des verbleibenden Unternehmenskerns
Defensive	Analyse, aus welchen Feldern man sich zurückziehen sollte, Simulation der Effekte auf das Unternehmen, Prozesseffizienzen
Kooperation	Finden möglicher Kooperationsfelder und -partner, Erleichterung der Zusammenarbeit

Beispiele für langfristige Zielbilder für den KI-Einsatz

Die Kombination der einzelnen Entscheidungen aus den vorhergehenden Abschnitten ergibt verschiedene Optionen für das langfristige Zielbild für den Einsatz von KI in Ihrer Organisation – Zielbild im Sinne von gewünschtem

Endzustand, also der Rolle, die KI in Ihrer Organisation einnehmen sollte. Je nachdem, wie Ihr Unternehmensziel aussieht, könnte also eines, mehrere oder keines der nun folgenden Zielbilder in Betracht kommen:

Neue, attraktive Angebote an den Markt durch KI
Ist Ihr Ziel Wachstum, könnte das Zielbild für den Einsatz von KI die Entwicklung völlig neuer, datenbasierter Produkte, Services und Geschäftsmodelle auf Basis von KI-Technologien sein. KI wird hierbei zur zentralen Quelle für Innovationen. Durch den starken Fokus auf neue Produkte ist hier die Unterscheidung zwischen »Neubau« und »Altbausanierung« weniger schwer: In den allermeisten Fällen wird es sich um einen Neubau handeln.

Außergewöhnliche Kundenerlebnisse durch KI
Möchten Sie den Absatz bestehender Produkte verbessern, können Sie durch KI-Lösungen einzigartige, personalisierte und vorhersagbar erfolgreiche Kundenerlebnisse gestalten und damit Kundenzufriedenheit und Wiederkäufe maßgeblich erhöhen. Bei diesem Zielbild ist die Lage eher umgekehrt: Da es sich um ein Kundenerlebnis mit einem bestehenden Produkt oder Service handelt, wird die KI in den meisten Fällen zur »Altbausanierung« herangezogen, seltener zum »Neubau«.

Mehr Produktivität und Effizienz durch KI
Dieses Zielbild für die KI passt zu fast allen Organisationsstrategien. Denn produktiv bzw. effizient wollen Sie wachsen, sowohl in der Breite als auch in der Nische (Differenzierung und Fokussierung). Bei Kostensenkung und Sanierung stehen diese beiden Umstände sogar im Vordergrund. In der Defensive können Sie KI nutzen für entscheidende Preiskämpfe auf dem Markt, und bei Kooperationen dazu, effizient den richtigen Partner zu finden und über Unternehmensgrenzen hinweg Daten oder Prozesse zusammenzuführen.

KI soll in diesem Zielbild vor allem Mitarbeiter entlasten, Abläufe optimieren und auf andere Weise Kosten sparen. Und das in beiden Ansätzen: Haben Sie eine bestehende Organisation, gilt es, bestehende Abläufe zu untersuchen und zu verändern – also brownfield. Stehen Sie kurz vor der Gründung einer neuen Organisation, einer neuen Geschäftseinheit oder einer Abteilung, haben Sie die luxuriöse Situation, dass Sie auf einem leeren Blatt Papier – also greenfield – effiziente Prozesse gestalten können.

KI und KI-Fähigkeiten als wesentlicher Faktor zur Differenzierung innerhalb Ihrer Branche

Das Zielbild für den Einsatz von KI ist in dieser Option, ausgefeilte KI-Fähigkeiten dazu zu nutzen, eine Technologieführerschaft in Ihrer Branche zu erlangen und zum Vorreiter für KI-Innovationen zu werden. Hierbei sind wir eher in der Fallgruppe des »Neubaus« in Form eines neuen Produktes oder einer wesentlichen Erweiterung eines bestehenden Produktes. Eine etwas anders gelagerte Option besteht darin, dass Sie mithilfe von KI ein besonderes Merkmal Ihres Produktes oder Services herstellen können, wozu Ihre Wettbewerber nicht in der Lage sind. Hier also eher »Altbausanierung«.

Erfolgreich in Ihrer Nische (Fokussierungsstrategie) durch KI

Bei einer Fokussierungsstrategie besteht die Herausforderung darin, dass man von dem kleinen Markt, auf den man sich spezialisiert, ein besonders großes Stück abbekommen muss. D. h., KI kann hier z. B. helfen, Ihr Angebot zu individualisieren, damit Sie jeden potenziellen Kunden erwischen, oder die Wertschöpfung effizienter zu gestalten. Gleichermaßen können Sie KI dazu nutzen, wirklich jedes Bedürfnis Ihrer Kunden zu erkennen, zu verstehen und dann abzuarbeiten, um die Nische weiter zu dominieren.

Verstärkung der menschlichen Arbeitskraft durch KI

Dieses Zielbild fügt sich nahtlos in alle der oben genannten Organisationsstrategien und Zugänge ein. Denn hier hat ihr Einsatz keinen eigenen Zweck, setzt keine zusätzlichen Impulse, sondern verstärkt »nur« die Fähigkeiten der Menschen, die bei der Umsetzung der Organisationsstrategie involviert sind. Und zwar sowohl in Bezug auf Quantität (ein Arbeitnehmer schafft für eineinhalb Arbeitskräfte) als auch in Bezug auf Qualität (weniger Fehler). In's Extrem getrieben kann das aber auch eine Differenzierung sein ...

Treffsicheres Handeln durch KI als Berater und Kontrollinstanz

Auch dieses Zielbild fügt der Strategie keine Nuancen hinzu, sondern verbessert sie in der Entstehung und der Umsetzung: In ihrer Funktion als Beraterin analysiert sie Märkte, bereitet Daten auf, macht Vorschläge für Strategien, bewertet diese vorbereitend und Vieles andere mehr. Als Kontrollinstanz hilft sie, die richtigen KPIs richtig zu definieren sowie die dazu erforderlichen Daten zu erheben und angemessen zu präsentieren. Und dies auch immer wieder zu den Kontrollzeitpunkten automatisch zu wiederholen. Bis jemand bewusst diesen Mechanismus abschaltet, kann die Erfolgsmessung also nicht im Sande verlaufen ...

Nachhaltigkeit, spezielle gesellschaftliche Mehrwerte und breiten Zugang zu Wissen durch KI
Etwas seltener in Unternehmensstrategien enthalten, bei anderen Organisationen dafür zentral, ist das Zielbild, mit KI-Anwendungen einen Beitrag zu Nachhaltigkeit, zu sozialen Aspekten und zur Lösung gesamtgesellschaftlicher Herausforderungen zu leisten. Ein möglicher Ansatz wäre hier z. B., die Erkenntnisse aus der Studie von Harvard und BCG (höhere Leistungssteigerung von den Probanden, die vor dem Einsatz von KI eher unterdurchschnittlich waren) zu nutzen, um mithilfe von KI gezielt die Leistungsfähigkeit von benachteiligten Gruppen dem allgemeinen Niveau anzugleichen. Anderenfalls besteht die Gefahr, dass sich die Leistungsunterschiede in unserer Gesellschaft noch weiter vergrößern: Die Qualifizierten nutzen auch KI für sich und können sich dadurch verstärken, die weniger Qualifizierten beschäftigen sich auch nicht mit KI und geraten aufs Abstellgleis.

Wir haben das hier für Sie skizziert, nun ist es an Ihnen, auf der Basis dieser Beispiele eine klare und detaillierte Vorstellung der Rolle von KI in der Zukunft Ihrer Organisation zu entwickeln. Werden Sie dabei gleichzeitig kreativ und genau! Kreativ in dem Sinne, dass Sie frei sind, die oben genannten Beispiele zu verändern, zu kombinieren, weiterzuentwickeln. Genau in dem Sinne, dass Sie das Zielbild genau auf die Situation und vor allem auf die Strategie Ihrer Organisation abstimmen.

Das Zielbild wird dann der Orientierungspunkt für alle Aktivitäten und Entscheidungen in Bezug auf KI in Ihrer Organisation sein. Bitte nehmen Sie an dieser Stelle daher keine Abkürzung! An mehreren Stellen dieses Buches haben wir schon über die hilfreiche Wirkung und Bedeutung von Zielbildern oder Visionen gesprochen – auch unabhängig von der KI-Einführung. Genauso betonten unsere Expert:innen dies in den Interviews an jeder Ecke, z. B. als wichtiges Instrument für moderne Führung, wie uns Matthias Hülsmann, inzwischen Senior Vice President Logistics bei Bosch, erzählte:

»[…] wir sagen, wir haben Zielbilder, in die wir uns ›hineinevoluieren‹ wollen. Da arbeiten wir mit dem digitalen Lager als Zielbild oder der digitalen Beschaffungskette oder ›Logistik 2025‹ als Leitmotiv, wo wir wirklich die Kettenziele zusammenfassen und sagen: ›Leute, das ist unser Nordstern, da wollen wir hin!‹. Und gar nicht jeden einzelnen Schritt selber vorgeben können und müssen, weil das, wie gesagt, wissen die einzelnen Abteilungen, die einzelnen Teams, die einzelnen Mitarbeiter zum Teil besser, als wenn man das alles zusammen im Plan aufschreiben müsste. Das heißt, wir arbeiten hier sehr strategisch mit Zielbildern und versuchen so, die Orga-

nisation in die richtige Richtung zu alignen. Und das hilft uns, weniger klein-klein zu steuern, als wirklich die Organisation in Summe auszurichten auf die richtige Zielorientierung.«

Last but noch least schätzte Marc Horn, der zwischen Asien und Europa wandelnde Transformator bei Merck die zusätzliche Wirkung von Zielbildern zur Aktivierung von Menschen in der Organisation:

»[...] die Leute auf der empathischen Seite mitnimmt. Es muss einfach klar sein, was ist das Zielbild? Was möchte ich denn eigentlich erreichen? Warum mache ich das jetzt heute? Warum mache ich das jetzt? Das ist das [intellektuelle] Narrativ. [Empathisch wirkt es dann, wenn ich] wirklich auch identifiziere, was die persönliche Betroffenheit des Einzelnen ist an der Stelle. Und ganz wichtig, was sein Wertbeitrag sein kann, um eben dieses Zielbild zu erreichen, und ihn dann auch wirklich aktiv einzubinden, das zu erreichen.«

Ich hoffe, diese Experten und ich haben Sie nun gemeinsam davon überzeugt, dass es sich lohnt, Zeit in die Entwicklung eines Zielbilds zu investieren – sowohl für die Organisation insgesamt als auch für den Einsatz von KI. Und nutzen Sie dafür die in diesem Abschnitt enthaltene Liste von Optionen, ist Ihr Zeitaufwand auch gering!

Profi-Tipp: Bei der Gelegenheit der Definition des Zielbilds für den Einsatz von KI in Ihrer Organisation haben Sie auch die Chance, ein Ambitionsniveau festzulegen: Wollen Sie »versuchen, das Leitbild zu erreichen« oder wollen Sie das Leitbild umsetzen, indem Sie, beispielsweise, »mindestens 10 % Ihres Umsatzes aus KI machen«?

iii. Strategie: Was sind Ihre Vorhaben zum Erreichen des Ziels?

Auf Basis Ihres definierten Zielbilds für den Einsatz von KI in Ihrer Organisation und der Maßgaben aus den beiden vorhergehenden Abschnitten ist es nun ein Leichtes, die Inhalte der KI-Strategien zu definieren. Erinnern Sie sich: Strategie ist der Plan oder die Methode, die entwickelt wird, um das Zielbild zu erreichen. Klassischerweise umfasst sie die Wege, langfristigen Maßnahmen und Ressourcen, die eingesetzt werden, um die gesetzten Ziele zu erreichen. Die Strategie beantwortet die Frage »Wie kommen wir dorthin?«.

Es ist immer wieder in diesem Buch angeklungen: Ich mache seit 2018 an dieser Stelle der Strategiearbeit bei uns und unseren Kunden drei wichtige Ergänzungen, um der Dynamik im Marktumfeld Herr (oder besser gesagt Frau) zu werden:

1. **Wir verkürzen den Zeitraum der Strategie:** 12 bis 18 Monate reichen aus. Galt schon vor KI, aber nun erstrecht: Meinen Sie, Sie könnten für Ihre Strategie tatsächlich voraussehen, was die KI in 18 Monaten kann? Da bräuchten Sie schon eine ganz besondere Glaskugel!
2. **Wir entwickeln die Strategie stark kundenzentriert.**
3. **Wir verlagern viel in die dezentralen Einheiten**. Nur diese sind in der Lage, die Kundenzentrierung auszuführen. Welche das bei Ihnen genau sind, müssen Sie gemäß Ihrer Situation bestimmen. Zwingend müssen alle Abteilungen eingebunden sein, die direkten Kontakt zu Kunden haben. Und alle Abteilungen, die sich mit den Entwicklungen in den anderen für Sie wichtigen Märkten auskennen: Lieferantenmärkte, Technologien, Logistik und vor allem HR! Hallo »KI-Transformation ist eine Teamaufgabe« (oben 4.2.3.b.i).

Wenden wir diese Maßgaben nun auf die KI-Strategie an, kommen wir zu folgendem Vorgehen:
1. Ausgehend vom definierten Zielbild fragen wir uns zunächst, auf welchem **Weg** dies für die nächsten 12 bis 18 Monate am besten zu erreichen ist – definieren also unseren nächsten Strategiesprint – dezentral und kundenzentriert. Dabei ist die methodische Unterscheidung, zu der wir gleich kommen, ausschlaggebend.
2. Danach leiten wir dezentral die in dem Strategiesprint **nötigen Maßnahmen** (Schritte) zur Umsetzung der KI-Strategie ab – am besten basierend auf der Systematik von OKRs. Bewährt haben sich Quartale. Sie werden aus dem Staunen nicht mehr rauskommen, wie dies das Umsetzungstempo erhöht!
3. Zuletzt leiten wir aus all dem – dem langfristigen Zielbild, den kurzfristigeren Strategien und den ganz kurzfristig geplanten (plus den ungefähr weiter zu erwartenden) Maßnahmen – die **benötigten Ressourcen** ab. Das sind Ihr Proviant, Ihre Ausstattung und Ihre Wandergruppe (siehe nächster Abschnitt 4.2.3.c).

iv. Wer bestimmt diese Vorhaben? Der Kunde!

Seit ca. 15 Jahren arbeiten wir selbst kundenzentriert – und lassen das in unsere jeweiligen Aufträge bzw. unsere Produktentscheidungen bei Culcha mit einfließen. Egal, welche Entscheidung zu fällen ist, wir fragen: »Was braucht der Kunde?«, »Was sagt der Markt?«. Es ist uns inzwischen so in Fleisch und Blut übergegangen, dass es mir wirklich schwerfällt, dafür nochmal eine Lanze zu brechen. Ich habe das herkömmliche Vorgehen »von innen nach außen« also gründlich und bewusst »entlernt«.

Versuchen wir es mal umgekehrt:

- Was für ein Menschenbild ist es eigentlich, wenn man meint, das, was man selbst entscheidet und entwickelt, müsse automatisch gut und richtig für andere Menschen sein – ohne sie gefragt zu haben?
- Genügt allein »intellectual rigour« (eine Kombination aus sauberer Analyse, dem Einbeziehen von Daten und konsequentem Ableiten), um richtige Entscheidungen zu treffen?
- Ist das dem zugrundeliegende Bild der Welt – ungefähr so: »Wir können alles verstehen und viel voraussehen«– eigentlich in den aktuellen Umständen noch adäquat? Müsste diese »heroic leadership« nicht langsam wirklich zu den Akten gelegt werden, so absurd dieser Anspruch an einen selbst ist?

Glücklicherweise sind wir mit diesen Zweifeln nicht allein. Andere haben sie auch – und haben innerhalb von Strategieprozessen ebenfalls einen kundenzentrierten Ansatz gefunden. Z. B. Kathrin Günther in ihrer Zeit als Vice President Digital Solutions bei Uhlmann Pac-Systeme:

»Als ich ins Unternehmen kam, habe ich mal die Frage gestellt: ›Naja, haben wir jetzt nicht eine sehr interne Sicht eingenommen und müssten wir vielleicht nicht unsere Kunden an der Stelle befragen? Was ist eigentlich deren Schmerzpunkt? Was erwarten sie? Wo stehen sie in ihren eigenen digitalen Transformationen?‹ Und das war so der Ausgangspunkt, an dem wir nochmal definiert haben, wir wollen diese Reise nochmal aus einer Kundenperspektive starten. [...] Das Team und ich haben dann so ein ›around the world‹-Ticket gelöst und haben 60 Kunden befragt, Workshops gemacht. um all das rauszuarbeiten, was sind die Bedürfnisse, was sind die Schmerzpunkte und daraus für uns abzuleiten, was dann die Strategie sein müsste.«

In eine ähnliche Richtung geht diese interessante Maßnahme von Dr. Rebecca Koch:

»Was ich z. B. aber immer sinnvoll finde, ist, dass man einmal in die Fußstapfen eines anderen tritt. [...] Wenn ich beispielsweise eine Veränderung bewirken möchte, die ganz klar sichtbar ist für die Kunden, dann bitte, dann geht mal zu den Kunden und macht dieses ›walk in their shoes‹. [...] Ich kann mich daran erinnern, bei einem meiner allerersten Change-Projekte [als Beraterin], das war ein Unternehmen, das hatte wirklich mit Abstand die besten Produkte am Markt, aber die hatten ganz viele Funktionalitäten, die die Kunden gar nicht kaufen wollten. Und deswegen waren die einfach zu teuer geworden und zu komplex. Und da haben wir für eine Kick-

Off-Veranstaltung eine Messe aufgebaut, nachgebaut mit Ständen der Wettbewerber. Damals hat man ja auch sehr mit ›Guiding Coalitions‹ und ›Change Agents‹ gearbeitet. [Die Mitglieder der Guiding Coalitions bzw. Agents] haben dann jeweils einen Messevertreter von einem anderen Unternehmen gespielt. Sie haben den Besuchern, das waren die Führungskräfte [meines Kunden], erläutert, warum die Produkte des Wettbewerbers so viel besser sind als die Eigenen. Das war augenöffnend.«

Übrigens: Es sind nicht nur Frauen, die die Kraft kundenzentrischer Strategieentwicklung schätzen! Dr. Henry Widera berichtet von den Berliner Verkehrsbetrieben:

»Das war wahnsinnig erfolgreich. quasi diese Stärke der Gesamtorganisation hinter uns zu vereinen. Da hatten wir anfänglich vielleicht davon geträumt. Aber diese Idee, den Leuten eine Vision mitzugeben und dadurch einen Leidensdruck zu haben – ›Guck mal, da haben unsere Kundinnen und Kunden ein Problem. Wenn wir das lösen können, dann sind alle happy mit uns‹ – das hat super funktioniert, und das versuchen wir jetzt zu übertragen.«

v. Regelmäßig peilen, um neue Erkenntnisse einbringen

Aus den oben dargestellten Gestaltungsparametern zu allgemeinen Strategieprozessen im Zeitalter des digitalen Wirtschaftens ergibt sich der wichtige Ratschlag, Zeiträume von detaillierten Planungen deutlich zu verkürzen. Denken Sie doch nur mal an das jährliche Heckmeck mit der Aktualisierung des Budgets, wenn es über 12 Monate alt ist!

Sollte ein langfristigerer Zeitraum (also alles über 18 Monate) dennoch erforderlich sein, z. B. als Leitbild zur allgemeinen Orientierung, muss dessen Gewicht zugunsten der kurzfristigen Planungen und Maßnahmen heruntergeschraubt werden. Hier findet sich ein Grundsatz des agilen Arbeitens in der Strategieentwicklung wieder, nämlich dass langfristig orientiert wird und nur kurzfristig detailliert geplant wird. Und: Selbst die kurzfristig definierten Maßnahmen müssen regelmäßig auf ihren Erfolg überprüft werden.

In Bezug auf die Strategie zur KI-Transformation bedeutet das Folgendes: Kombinieren Sie das oben entwickelte Zielbild für den Einsatz von KI mit kurzen Strategiesprints, für welche die Strategie detailliert festgelegt ist, wo es also eine Art »Freeze« gibt. Diese sollten wirklich nur überschaubare Zeiträume, z. B. ein bis eineinhalb Jahre, abdecken, bevor die Strategie neu gedacht wird – nicht einfach nur überprüft! Das heißt nicht, dass Sie jedes Mal die Strategie komplett umwerfen, aber es heißt, dass Sie die der Strategie zugrundeliegenden Informationen nochmal neu einholen: Entwicklungen in der Technologie,

Informationen aus der Anwendung der Kunden (extern und intern!), Preisentwicklung etc. Wenn das Ergebnis ist, dass die Strategie immer noch richtig ist, wunderbar. Wenn nicht, formulieren Sie eine neue Strategie für den nächsten Sprint. Und wichtig: Änderungen infolge dieses »Neu-Denkens« sind eben gerade kein Fehlereingeständnis, sondern Aus der Tugend »Anpassungsfähigkeit an die aktuellen Gegebenheiten in der Branche und beim Kunden«.

Analog dazu sollten die aus den Strategiesprints dezentral abgeleiteten Maßnahmen nur auf noch kürzere Zeiträume definiert werden. Hier empfiehlt sich eine quartalsmäßige Logik, wie sie auch in agilen Steuerungstools wie Objectives & Key Results (OKR) ihren Niederschlag finden. Das ermöglicht, die Erkenntnisse, die man mit dem beständigen Blick nach außen einsammelt, gleich in die Maßnahmenplanung und später in die Überprüfung der Strategie am Ende der Strategiesprint einzubeziehen.

vi. Entscheidung: Mit oder ohne Piloten?

Strategien sind, wenn sie gut sind, sehr individuell. Dabei weiter ins Detail zu gehen, vor allem auf der Ebene der Maßnahmen, ist in einem Buch (klassisches »Broadcast«-Format) daher schwierig. Hier aber eine Sache, die wir Ihnen an dieser Stelle noch mitgeben können:

Wenn Sie sich jetzt anschicken, KI als Mittel zur Umsetzung der Strategie Ihrer Organisation einzusetzen, haben Sie grundsätzlich zwei Möglichkeiten:

Schnellstart-Methode mit Piloten

Um die pragmatische Schnellstart-Methode umzusetzen, müssen Sie sich als erstes im Klaren darüber sein, wie Ihr **aktueller Stand in Bezug auf KI** ist. Das bestimmt Ihren Handlungsspielraum für den Schnellstart.

Definieren Sie anschließend **KI-Initiativen mit großem Nutzen** für Ihre Organisation. Sollten solche momentan nicht erkennbar sein (unwahrscheinlich!), sie aber dennoch starten wollen, können Sie ebenso mehrere Initiativen mit geringeren Auswirkungen als Übungsfälle starten, um Erfahrungen zu sammeln, um klarzumachen, dass auch mit der Nutzung von KI die Welt nicht untergeht. Alles gute Effekte, um die Organisation auf die KI-Transformation vorzubereiten.

Diese Opportunitäten sind in der Schnellstart-Methode die Grundbausteine für den ersten KI-Strategiesprint – sofern sie mit den langfristigen Zielen der Organisation übereinstimmen. Sie fungieren als Piloten – isoliert, ohne die Gesamtorganisation anzufassen. Analysieren Sie darüber hinaus, welche spezifischen Bereiche der Organisation am meisten von KI profitieren könnten und warum. Optimal wäre es, wenn die gefundenen KI-Initiativen genau in diesen Bereichen angesiedelt wären, so dass die Piloten noch mehr Wirkung erzielen.

Für die Umsetzung gibt es zwei Ansätze:

1. Die **disruptive Methode**, bei der ein KI-Entwicklungsteam formiert wird, das sofort mit der Umsetzung von Initiativen mit großem Nutzen beginnt und durch gezielten Druck Fortschritte erzwingt.
2. Die **proaktive Lückenfüllmethode**, bei der zunächst die dringlichsten Lücken geschlossen werden. Dies bietet sich an, wenn aktuell keine Initiativen mit erheblichem Vorteil erkennbar sind. Verwenden Sie dann am besten (Ausnahme s. o.) die Zeit dafür, die Grundlagen für zukünftige KI-Initiativen mit großem Nutzen zu schaffen.

Messen Sie in beiden Fällen kontinuierlich den Fortschritt, passen Sie die Vorgehensweise an und iterieren Sie den Prozess, um maximale Wirkung sicherzustellen.

Bei dieser pragmatischen Schnellstart-Methode werden also auch mehrere Sprints durchgeführt, sowohl bei den Initiativen als auch bei den Verbesserungen. Je nach Initiative können auch neue Lücken hervortreten, die die Messung der Lückenfüllung wieder zurückwerfen.

Für diese Methode gibt es in der Praxis schon mehrere Beispiele: Ringier, ERGO Group, Kölner Stadtanzeiger-Medien, viele sind nach dieser Methode vorgegangen. Die Geschichten von Einigen davon finden Sie weiter unten als Case Studies in Abschnitt 4.3.

Systematische Einführung von KI (Rollout)

Davon zu unterscheiden ist die Methode, gleich mit der systematischen Einführung von KI in der ganzen Organisation zu starten. Dies kann auf zwei Weisen erfolgen:

- **Erstens durch organische Entdeckungen:** Prüfen Sie bei jedem neu auftauchenden Geschäftsproblem, inwieweit KI helfen kann. Sei es für das gesamte Problem oder nur für ein Unterproblem. Ein bisschen Vorsicht ist dabei aber geboten, da KI nicht die Lösung für alle Probleme ist. Oftmals gibt es einfachere, weniger Ressourcen (wie z. B Strom und Zeit) fressende Alternativen, die vielleicht schon im Haus sind.
- **Zweitens durch proaktive Entdeckungen:** Bestehende Prozesse, Ihre Projektliste, nicht erfüllte Kundenbedürfnisse und in Ihrer Organisation verwendete Software werden aktiv nach Verbesserungsmöglichkeiten mithilfe von KI untersucht. Anlässe hierfür sind Personalmangel, der Ersatz ausgeschiedener Mitarbeitender, Analyse des Austauschs alter Software, strategische Überlegungen, die Suche nach einem geeigneten KI-Piloten oder die Notwendigkeit, mit weniger Mitarbeitenden auszukommen.

Beispiele für die systematische Einführung von Strategie gibt es aktuell noch wenige. Spezifisch dafür ausgesprochen hat sich z. B. Stéphane Bancel, der CEO von Moderna, der im Frühjahr 2024 sagte:

»Wir analysieren jeden Geschäftsprozess – von der Rechtsabteilung über Forschung und Entwicklung, Produktion bis hin zum Vertrieb – und überlegen, wie wir ihn mit Hilfe von KI neu gestalten können.« [47]

Mehr dazu unten in Abschnitt 4.3. Diesen Ansatz hat auch Stefan Latuski, CIO der Bundesagentur für Arbeit, im Kopf, wenn er sagt:

»Auf der anderen Seite haben wir die Herausforderung, dass wir gegenwärtig einen sehr, sehr stark arbeitnehmerlastigen Arbeitsmarkt haben. Und vor dem Hintergrund brauchen wir uns der Illusion gar nicht hinzugeben, dass wir in der Lage wären, all diese Menschen [die bei uns in den nächsten Jahren ausscheiden, da sie in den Ruhestand gehen] auch wieder rekrutieren und darüber hinaus noch für sachbearbeitende Tätigkeiten begeistern zu können. Daher ist [hier] ein gewisser ›need for action‹, da jetzt auch wirklich etwas zu tun. Wenn du die Leistungsfähigkeit dieser Organisation aufrechterhalten willst, musst du was tun. Wenn du darüber hinaus den Anspruch unserer Vorstandsvorsitzenden erfüllen möchtest, wirklich die modernste Dienstleisterin im öffentlichen Sektor in Europa zu werden, dann müssen wir vielleicht noch ein bisschen mehr tun. Und das Schlüsselwort dafür heißt natürlich Automatisierung [mit KI].«

Was tun?

Wenn Sie mich fragen, welche Methode Sie wählen sollen, antworte ich ganz gegen meine Natur als Juristin mit einem klaren »Ja!« für die pragmatische Schnellstart-Methode. Denn Pilotprojekte sind eine Ihrer Wunderwaffen in der KI-Transformation:

- Sie schaffen schnelle Erkenntnisse über die echte Ausgangssituation Ihrer Organisation und ermöglichen so für spätere Projekte eine bessere Planung und Kalkulation.
- Sie liefern schnelle Ergebnisse und damit hoffentlich Erfolgserlebnisse für das Pilotteam.
- Sie sind Anschauungsmaterial für die Vorteile der Umsetzung von KI für die ganze Organisation.
- Sie sind risikoarme und kostengünstige Testballons.
- Sie kommen schneller ins Tun und verlieren das aktuelle Momentum nicht. Und das wäre das Schlimmste!

Und das Beste? Nach einer gewissen Anzahl geglückter Piloten können Sie auf die systematische Methode umschwenken. Trotzdem kommen die Piloten nicht ohne Nachteile:

- Es droht die Gefahr von zwei Geschwindigkeiten der Transformation in der Organisation.
- Es kann sein, dass man sich in diesem schnellen, pragmatischen Vorgehen für den falschen Anwendungsfall entscheidet oder Sicherheitsrisiken erzeugt.

Beide Aspekte sind aber entweder naturgegeben (es gibt immer mehrere Geschwindigkeiten) oder handhabbar mit dem richtigen Maß an Vorsicht an den richtigen Stellen. Von daher überwiegen aus meiner Sicht klar die Vorteile von Piloten.

Ähnlich sieht es auch Hartmut Müller, aus seiner Erfahrung als Begleiter vieler Transformationen bei seinen Kunden-Unternehmen:

»Also zum einen musst du die Menschen qualifizieren, die von der Technologie betroffen sind und die dann, sagen wir mal, auch die Transformation durchführen müssen. Das ist das eine. Auf der anderen Seite musst du aber immer auch ein Schnellboot schaffen, wo du die Möglichkeit gibst, zu entscheiden, wie die Transformation stattfinden soll.«

Zum Erwartungsmanagement: Sie werden sicher mehrere Piloten und innerhalb derer mehrere Sprints erleben, sowohl bei ihrer Umsetzung als auch beim Schließen der Lücken in Ihrer KI-Fähigkeit. Die Phase der Piloten kann daher alles von neun Monaten bis zu zwei Jahren dauern. Wenn Sie früher überzeugt sind, schwenken Sie gern sofort in den Rollout über. Länger als zwei Jahre in der Schnellstart-Methode würde ich hingegen nicht empfehlen, sonst geht das Momentum verloren.

Wie können Sie in dieser Zeit klar sehen, ob Sie auf dem richtigen Weg sind? Wenn aus allen gestarteten Piloten immer mehr bis zur Produktionsreife kommen – und dieser Prozess immer schneller geht. Also führen Sie gleich folgende Kennzahlen ein: »Anteil in Umsetzung befindlicher Piloten an allen Piloten« und »Tage bis zum Start der Umsetzung«.

vii. Verschiedene Vorhaben, je nach Inhalt der KI-Strategien

Die einzelnen Maßnahmen oder Schritte in der KI-Strategie sind ganz stark verbunden mit dem Zielbild, das Sie für den Einsatz von KI in Ihrer Organisation definiert haben. Und darüber hinaus sind sie stark abhängig von den Gegebenheiten Ihrer Organisation.

Daher hier nur mal drei Beispiele auf Basis der gängigsten Zielbilder:

1) Ist Ihr Zielbild mehr **Produktivität und Effizienz** durch KI (»Optimierung«), könnte eine Strategie, unter Anwendung der Schnellstart-Methode, wie folgt aussehen:
   - Analyse der Effizienz der verschiedenen Prozesse in Ihrer Organisation – ggf. begrenzt auf eine Abteilung.
   - Auswahl der am besten geeigneten Prozesse: größte Ineffizienz, aber am leichtesten zu ändern (wenige Schnittstellen, veränderungsbereite Abteilung etc.)
   - Detailliertes Mapping des einen vorher ausgewählten Prozesses durch die für den Prozess Verantwortlichen
   - Analyse dieser Prozesse durch Expert:innen in der Anwendung von KI
   - Neudefinition des Prozesses mithilfe von KI, z. B. die Verwendung von KI zum Generieren von Inhalten, zur Analyse von Daten oder zu etwas Anderem (zur Inspiration: Nehmen Sie die vielen verschiedene Felder, wo Maxi Ihnen helfen kann, aus diesem Buch)
   - Umsetzung der Änderungen dadurch, dass die für den Prozess Zuständigen Zugang zu und Training auf die KI-Tools bekommen, die nun ihren Prozess erleichtern.

2) Ist Ihr Zielbild hingegen, KI einzusetzen, um **Wachstum von Bestehendem** zu schaffen, könnten die Schritte wie folgt aussehen:
   - Brainstorming für besseren Vertrieb unter Einsatz von Maxi: Füttern Sie Maxi mit den Kennzahlen, die Sie gerade verwenden und verbessern möchten – sei es Engagement, durchschnittlicher Umsatz pro Kunde, Wachstum des Umsatzes pro Kunde etc. – und erfragen Sie Ideen.
   - Erste Umsetzungsskizze der vielversprechenden Ansätze durch Maxi.
   - Bewerten der Ansätze durch Maxi: Fragen Sie nach den richtigen Bewertungskriterien, ihrer eigenen Einschätzung der Ansätze in Bezug auf die Kriterien und eine Empfehlung. Die Bewertung und die endgültige Entscheidung sollten aber von Ihnen selbst geprüft bzw. übernommen werden.
   - Umsetzung im »echten« Leben, ggf. auch unter Zuhilfenahme von Maxi.

3) Ist Ihr Zielbild noch weitergehender, nämlich durch den Einsatz von KI völlig **neue, datenbasierte Produkte, Services und Geschäftsmodelle** auf den Markt zu bringen (»Veränderung«), empfehlen wir eigentlich immer ein kundenzentriertes Vorgehen, d. h. die neuen Produkte aus den in Inter-

views geäußerten Bedürfnissen der Kund:innen abzuleiten. Wenn Sie diese Kundenbedürfnisse nicht schon vorliegen haben, ist dies jedoch ein umfangreicher Prozess, den ich bei KI-Piloten nicht empfehlen würde, um das bestehende Momentum zu wahren. Daher hier eine »Abkürzung«, und der volle kundenzentrierte Prozess dann unten (Abschnitt 4.2.4.a) beim systematischen Ausrollen Ihrer Veränderungs-KI-Strategie.

Beginnen Sie für diese Abkürzung mit einer Liste Ihrer Kundenversprechen und Wettbewerbsvorteile. Überlegen Sie sich daraus neue, KI-gestützte Produkte oder Dienstleistungen, die auf diesen Wettbewerbsvorteilen aufbauen, um Ihr bisheriges Kundenversprechen besser zu erfüllen – oder ein neues Kundenversprechen einzulösen. Hilfreiche Fragen zum Einstieg sind

- Wie könnte die Fähigkeit der GenKI, Inhalte schnell zu generieren und zusammenzufügen, meinen Vorteil in ein neues Produkt verwandeln?
- Über welche einzigartigen Daten verfügen wir, die KI nutzen kann, um meinen etwas abgewetzten Wettbewerbsvorteil wiederherzustellen?

Und auch hier kann Ihnen Maxi helfen, z. B. mit diesem Prompt:

Du bist mein Berater und ich leite eine [Firmenbeschreibung] namens [Name]. Hier findest du unsere Webseite [URL]. Mein Unternehmen stellt [Produktbeschreibung] her, die an [Beschreibung der Käufer] verkauft wird. Ich überlege, wie ich mein Unternehmen transformieren und mithilfe generativer KI ein neues Produkt oder eine neue Dienstleistung auf den Markt bringen könnte. Diese sollten auf meinen Wettbewerbsvorteilen basieren.

Ich nenne Dir drei Wettbewerbsvorteile, die ich in meinem Unternehmen sehe. Für jedes davon schlag bitte neue Produkte oder Dienstleistungen vor, die ich unter Nutzung generativer KI auf den Markt bringen könnte. Wenn ich beispielsweise LinkedIn wäre und einen Wettbewerbsvorteil durch ein großes Benutzernetzwerk hätte, könnte ein neues Produkt ein generativer, KI-gestützter Matchmaking-Dienst sein, um Mentoren und Mentees zusammenzubringen.

Hier sind meine Wettbewerbsvorteile bei [Firmenname]: [Auflistung]. Welche neuen Produktmöglichkeiten siehst du?

Sie sehen, auch die Strategieentwicklung zollt der Tatsache Tribut, dass es sich hier um einen schnellen Piloten handelt. Geht es dann um die nächste Phase, das systematische Ausrollen, gehen wir genauer vor. Die Anleitungen dazu folgen unten in Abschnitt 4.2.4.

Sind Sie diesem Abschnitt gefolgt, sind Sie nun bei einer guten KI-Strategie angekommen. Sichern Sie sich jetzt die Mittel für die Realisierung.

c. Ihre Ausstattung: Verbindliche Zusagen einholen und Budgets sichern

Hier mögen Sie sich fragen, warum ich das extra betone – das sei doch selbstverständlich. Nein, ist es leider nicht! Viel zu häufig kommt es vor, dass hier Unklarheiten bestehen, dass sich der politische Wind dreht und Transformator:innen dann am ausgestreckten Arm verhungern. Leider ist dieses Phänomen in den letzten zwei Jahren, seit Beginn der Energiekostenkrise, noch viel häufiger aufgetreten und hat den Karrieren einiger großartiger, mutiger Kolleg:innen einen erheblichen Knick zugefügt.

i. Rückendeckung durch das Top-Management

Grundsätzlich ist klar, dass Digitale und KI-Transformation ein C-Level-Thema, ein Top Management-Thema sein müssen. Man kann es zwar bottom-up, also von Ebenen unter dem Vorstand oder der Geschäftsführung fördernd begleiten, denn insbesondere die Kraft einer kritischen Masse an Mitarbeitenden, die Dinge ausprobieren und/oder einfordern, ist nicht zu unterschätzen. Aber ohne einen starken Vertreter auf höchster Organisationsebene wird eine Transformation nicht erfolgreich sein. Es braucht eine:n Geschäftsführer:in, es braucht Eigentümer, es braucht ein Management, die sich diesem Thema verschreiben!

Und am besten herrscht im obersten Gremium Einigkeit darüber. Das sollte für jeden Transformator, jede Transformatorin die wesentliche Voraussetzung sein, den Job überhaupt anzutreten. Ohne das wird es ein Harakiri-Unterfangen in Bezug auf die Akzeptanz innerhalb des Unternehmens, die eigene Glaubwürdigkeit und im schlimmsten Fall in Bezug auf die eigene Karriere, was wiederum dem Unternehmen und dem Standort Deutschland schadet – nicht zuletzt durch Geschichten von gescheiterten Transformationen, die sich leider immer viel besser verbreiten als die der Geglückten.

In Bezug auf die konkrete KI-Transformation teilte Dr. Michael Müller-Wünsch Folgendes aus seinem Erfahrungsschatz:

»Und das Zweite ist natürlich, du brauchst schon auch auf der Top Management-Ebene Menschen, die diesen Gedankengang unterstützen, dass [in KI] eine Chance und eine Möglichkeit für die Zukunft des Geschäftes besteht, anstatt es total zu negieren. Wir lächeln ja immer über den Spruch, dass vor zehn, zwanzig Jahren die Leute gesagt haben, das Internet wird wieder vorbeigehen. KI und GenAI werden nicht vorbeigehen. Und auch das Internet nicht. [...] Vielleicht ist es nicht die GenAI aus dem Jahr 2024, aber es wird eine Form dieser Technologie Einzug in unser aller privates und unternehmerisches Leben halten.«

Die Maßnahmen zur Beschaffung einer beständigen Rückendeckung durch das Management sind in jeder Organisation anders und vielfältig: Gute, überzeugende Kommunikation, Quantifizierung der Vorteile und der Kosten, frühzeitige Einbindung, Betonung der Mehrwerte, schnelle positive Ergebnisse, klare Nachverfolgung der Fortschritte, O-Töne von wichtigen Stakeholdern, immer wieder Rückkopplung auf die Vorteile für die eigene Position des/der Manager und Vieles mehr. Es würde den Rahmen sprengen, hier im Einzelnen darauf einzugehen.

Und manchmal muss man auch kreativ sein. Der cleverste Hack, den ich dazu je gehört habe, war, den Kindern vom CEO einen Job in einem Startup zu verschaffen, damit sie daheim davon erzählen, wie dort agil, kunden- und datenzentriert – ggf. auch unter Einsatz von KI – gearbeitet wird. Das Ganze müssen die Kinder dann noch in einem geheimnisvollen Ton raunen, und schon kann man sicher sein, dass es Thema der nächsten Vorstandssitzung wird 😂.

Es geht also nicht nur darum, rational zu überzeugen, sondern auch subtil dafür zu sorgen, dass sich noch beharrende Kräfte dem Thema Digitale Transformation und erstrecht der KI-Transformation ohne Scheu nähern und ihre vermutlich vorhandene Angst loswerden. Daher hier nochmal ein paar typische Vorstands- und Geschäftsführungseinwände mit möglichen Kontern:

Einschub 45: Gegenargumente bei Einwänden aus dem Top-Management

Thema	Einwand	Konter
Datensensibilität	»Wird OpenAI unsere Daten nicht für sich selbst stehlen?«	»Wir werden alle Vorkehrungen dagegen treffen, vor allem planen wir die Einführung der Enterprise-Lösung von ChatGPT [oder der Äquivalente von anderen Firmen]. Damit sind unsere Daten besser geschützt. Zudem steht in unserem KI-Manual, dass keine Betriebsgeheimnisse hochgeladen werden dürfen. Und als dritte Verteidigungslinie haben wir auch einen Alarm im System eingebaut, der kritische Interaktionen erkennt und dann dem Nutzer und auch der IT ein Warnsignal gibt.«

Thema	Einwand	Konter
Datenschutz	»Wie werden Sie vermeiden, Kundendaten mit OpenAI zu teilen?«	»Indem wir keine Kundendaten eingeben – oder nur pseudonymisiert. In unserer Datenbank haben alle Kunden ohnehin eine Nummer.«
Auswirkungen auf Mensch/Belegschaft	»Wie werden wir die Personalabteilung an Bord holen? Wenn dies funktioniert, könnten Arbeitsplätze beeinträchtigt werden.«	»Wir haben die Strategie zusammen mit der Personalabteilung entworfen. Denn die leiden momentan eher daran, dass sie nicht ausreichend Kandidat:innen zum Nachbesetzen offener Stellen haben und die Qualifikationen der bestehenden Mitarbeitenden nicht ausreichen.«
Wirksamkeitsskepsis	»Sind Sie sicher, dass KI dafür funktioniert? Es scheint ein riesiges wissenschaftliches Experiment zu sein.«	»Die rein wissenschaftlichen Zeiten von KI liegen in der Vergangenheit. Inzwischen ist KI in der Praxis angekommen: Unternehmen wie Moderna, ein globaler Konzern mit 6,8 Mrd. US-Dollar Umsatz, setzen KI ein. Moderna erwartet eine Steigerung der Produktivität um das 16fache. In Studien ergaben sich – je nach Art der Aufgabe – Steigerungen von 40 % als der kleinste(!) bis zu 280 % als der höchste Wert.«
Regulatorische Fragen	»Angesichts der Regulierung, mit der wir konfrontiert sind, können wir nicht so schnell handeln.«	»Natürlich haben Sie Recht, die Regulierung ist eine Herausforderung. Wenn wir nun mit dem ersten Schritt starten, und dann den nächsten und übernächsten nehmen, werden wir sehen, wie schnell wir sind. Und auch die Regulierung muss sich dem Thema stellen und sich verändern.«
Kundenwahrnehmung	»Wird es gut genug sein, um es den Kunden zu präsentieren?«	»Ich verstehe Ihre Sorge. Wir sind schließlich berühmt für unsere Premium-Qualität. Ich kann Ihnen aber zusagen, dass wir die Tätigkeit von KI immer vor Präsentation genauestens überprüfen. Dafür haben wir jetzt mehr Zeit als früher, wo wir bis zur letzten Minute an der Präsentation geschraubt haben. Im Übrigen setzen wir KI auch meist nur unterstützend ein.

Thema	Einwand	Konter
Selbstwahrnehmung	»Unsere Prozesse und Tätigkeiten sind so komplex, so besonders, das kann eine KI nicht übernehmen.«	»Da haben Sie natürlich vollkommen recht, aber wir nähern uns da von zwei Seiten an: Zum einen zerlegen wir die Prozesse und Tätigkeiten in kleinere Teile. Zum anderen trainieren wir die KI auf unsere Besonderheiten. Und wir haben festgestellt, dass die Menge an Trainingsdaten, die eine KI aufnehmen kann bei der Inspektion von Schrauben, um ein Vielfaches höher ist als beim Menschen. Daher findet sie Haarrisse mit 30 % höherer Trefferrate.«

ii. Notwendige Investments frühzeitig kommunizieren und sichern

Auch wenn in Bezug auf die KI-Transformation häufig das Narrativ der Kostensenkung vorherrscht, muss klar sein, dass auch diese erst einmal Geld kostet. Und das wird oft ignoriert – wie auch die Aussagen einiger unserer Pioniere belegen. Hier wieder Dr. Wolfgang Hildesheim:

»Um solche Dinge hinzubekommen, braucht man eine Strategie [...] und eine Kultur, die das auch von der Geschäftsleitung fordert, dass man investiert in die Menschen, in die Techniken und auch in die entsprechende Innovationskultur. Das sind die Erfolgsfaktoren für so eine Digitalisierung, dass ich [...] in Digitalexperten investiere, dass ich Zeit und Geld habe für die entsprechende Software und eine Kultur der Innovation. [...] Das sind diese Erfolgsfaktoren, die vom Management geschaffen werden müssen, dass das dann gut funktioniert.«

Wichtig ist daher, folgende Posten bzw. Kosten in der Kommunikation und dem Budget nicht zu vergessen:

- Personal- oder Beraterkosten für Spezialisten bei Einführung und Weiterentwicklung der neuen Technologien
- Personalkosten für Neueinstellungen zur dauerhaften Sicherstellung benötigter Fähigkeiten (zu der wichtigen Entscheidung »make or buy« unten Abschnitt 4.2.3.e)
- Kosten und Posten der Aktivierung der bestehenden Teams, wie z. B. Events, Fortbildungen, Zeitbudgets etc.
- Sachkosten zum Füllen der Lücken aus der Standortbestimmung
- Ggf. Kosten für die Akquise benötigter Daten
- Zeitaufwand dafür, die neuen Technologien schrittweise zu integrieren.

d. Ihre Fitness: Lücken aus der Standorterhebung füllen

Spätestens hier fängt es dann an, ungemütlich zu werden. Wie gehen wir vor? Welchen Berater, welche Lösung setze ich ein? Bei KI wird das vor allem ungemütlich, da die Beurteilungskompetenz im Haus noch nicht so hoch ist – und im Fall von großen Organisationen gleich so viele Nullen hinten an dem Investitionsbetrag sind ... (anders im privaten und im Start-up-Umfeld, wo man sich mit kleinen Lösungen behelfen und ggf. Abstriche am Prozess machen kann – Stichwort »Hustle Culture«).

Eine mögliche Hilfestellung weiß Dr. Müller-Wünsch:

»Also natürlich ist die eine Herausforderung, wie bekomme ich denn einen Zugang in die Technologie und wie kann ich es bewerten? [...] Ich habe ein großes Verständnis, dass Unternehmen, die nicht wie wir schon seit über einer Dekade KI machen, sich schwertun, den Einstieg hin zu bekommen. Und da kann ich immer nur empfehlen, organisiert euch in euren Unternehmernetzwerken, in euren Umfeldern. Es wird einen geben, der den ersten Schritt schon gemacht hat. Ich lade auch sehr häufig Unternehmen zu uns ein: ›Schaut in unser Labor mal rein und fragt!‹. Ich glaube, für Deutschland gesprochen, es wäre gut, wenn die Unternehmen sich da in der Fragestellung unterhaken, denn auch wir als Otto werden es nicht alleine hinbekommen. Wir brauchen auch die Partner, die Technologiepartner, mit denen wir diese Fortschritte erzielen.«

Auch die Frage, welche Lücke wann zu füllen ist, kann schwierig zu bestimmen sein. Hier empfiehlt Kavita Ganesan, eine erfahrene Beraterin in der KI-Transformation von US-amerikanischen Unternehmen, folgende Reihenfolge[48]:

Einschub 46: Tabelle: Zeitpunkt für die Schließung von Lücken in der KI-Readiness

Zeitpunkt	Zu schließende Lücken
Kurzfristig zu erledigen:	KI- und Datenschulung für Führungskräfte und Innovatoren Datenstrategie Verstärken datengesteuerter Entscheidungsfindung Qualifizierung der Mitarbeitenden zur Unterstützung bei der Ausführung Gewähren ausreichender Mittel

Zeitpunkt	Zu schließende Lücken
Direkt vor KI-Pilot	Prozess zur Bildung funktionsübergreifender Teams Erste Runde der Einstellungs-/Outsourcing-Entscheidungen
Während der KI-Piloten	Entscheidungen zur dauerhaften KI-Infrastruktur Erste Diskussionen zu Ethik und Rechenschaftspflicht Mehr Weiterbildung/Einstellung nach Bedarf

e. Ihre Etappenziele: Leuchttürme auswählen

Sollten Sie sich entscheiden, unserer Empfehlung zu folgen und zunächst die Schnellstart-Methode zu verfolgen, lesen Sie bitte hier weiter[49]. Anderenfalls, wenn Sie also direkt in die systematische KI-Transformation gehen wollen, können Sie unten zum Thema »Systematische Anwendung von KI: Die KI-Transformation« (Abschnitt 4.2.4) springen.

i. Potenzielle KI-Initiativen finden

Im ersten Schritt lohnt es sich, die möglichen Anwendungsfälle Ihres oder Ihrer Piloten sorgfältig zu bestimmen. Denn wenn Sie sich schon die Mühe machen, sollte zumindest eine hohe Wahrscheinlichkeit vorliegen, dass es auch funktioniert – und richtig großen Mehrwert schafft. Daher haben wir oben von »Ansätzen mit großen Auswirkungen« gesprochen. Im Folgenden gehen wir tiefer in den Prozess, die richtigen KI-Opportunitäten zu finden, und geben dem Kind erstmal einen liebevollen Namen: »KI-Ops« [kiops]

Ausgangspunkte für KI-Ops:

Um richtig großen Mehrwert zu schaffen, macht es Sinn, sich die aktuellen, schmerzenden Probleme anzusehen. Schauen Sie sich also um.

- Fall A: Besteht ein altes Problem, das bisher manuell und aufwändig gelöst wurde?
- Fall B: Besteht ein altes Problem mit einer bisher schlecht automatisierten Lösung, z. B. mit manuell kuratierten Regeln, nicht zufriedenstellendem Ergebnis, schlechter Qualität etc.
- Fall C: Ist ein neues Problem aufgetaucht, das bisher noch keine Lösung gefunden hat?

Denken Sie dabei immer sowohl an interne Themen (Betriebseffizienz, Entscheidungsunterstützung) als auch an externe Anwendungsfälle (Kundenerlebnis, neue Produkte/Dienstleistungen).

Haben Sie Probleme in verschiedenen Fallgruppen gefunden, würde ich immer bestehende Probleme vorziehen, denn es geht Ihnen ja auch darum, mit den Piloten Begeisterung für das weitere Ausrollen von KI zu schaffen. Und nichts schafft mehr Begeisterung als das Abschalten eines Schmerzes ...

Und: Start Small!! Von den beiden eben genannten Kriterien »Erfolgswahrscheinlichkeit« und »große Auswirkungen«, ist es wichtiger, Erfolg zu haben, als den Einschlag zu maximieren.

Prüfung von KI-Ops:
Probleme sind dann besonders geeignet für eine Lösung durch KI – und damit besonders wahrscheinlich, dass die Lösung einen großen Mehrwert schafft –, wenn Sie folgende Fragen mit »Ja« beantworten können:

- Braucht die Lösung komplexe Entscheidungen? Vielleicht auch Expertenwissen (beispielsweise bei Krebserkennung), verschiedene heterogene Datenpunkte (beispielsweise bei Betrugserkennung) oder eine vorsichtige, ausführliche Beobachtung?
- Ist es ein Problem mit hoher Arbeitslast? Z. B. durch eine große Anzahl an Fällen, regelmäßige Wiederkehr, hohe Intensität, oder mangelt es aus anderen Gründen an Ressourcen?
- Machen bei der Problemlösung Schnelligkeit und Effizienz den Unterschied?
- Sind bei der Lösung verschiedene Antworten zulässig, oder sind Fehler dabei insgesamt nicht so gravierend?
- Sind die erforderlichen Daten bekannt und verfügbar (im Sinne von: Daten in ausreichendem Maß und im richtigen Format vorliegend, gespeichert und zugänglich)?
  Dies ist besonders schwierig in Fall C wegen des Neuigkeitswerts. Dann ein paar Monate das Problem manuell lösen, um das Mindestmaß an Daten zu generieren und danach ggf. immer noch bestehende Lücken in der Substanz zur Mustererkennung durch menschlich geschaffene Regeln kompensieren.
- Bei Fallgruppe B: Hat die bestehende Software Probleme? Im Sinne von: falsche Ergebnisse, schwierige Bedienung, mangelnde Belastbarkeit?

Sauber prüfen, ob Sie KI wirklich brauchen!
Andreas Hamprechts persönliches Erfolgsrezept für die KI-Transformation in Unternehmen lautet:

»Der Kernfrage »what's in it for us?« nachzugehen. Das hilft, den werthaltigen Kern dieses kontroversen Hype-Themas AI zu identifizieren.«

Und recht hat er: Bestimmen Sie bei der jeweiligen Technologie, die Sie für Ihre KI-Op einsetzen wollen, ob sie wirklich schon so weit ist, echte Mehrwerte zu bieten, oder ob es sich noch um einen Hype handelt. Zum einen, weil Sie ja ein gutes Ergebnis erzielen wollen, zum anderen, weil sie vermutlich vermeiden wollen, Häme oder noch schlimmer Schadenfreude ausgesetzt zu sein, wenn sich herausstellt, dass hinter Ihrer »KI« ganz konventionelle Technologien und ein Haufen indischer Arbeitskräfte stecken.

Mögliche Pilot-Cases in der Organisation:
Im Vertrieb:
Der Einsatz von Technologie kann den Vertriebsprozess in vielerlei Hinsicht unterstützen und effizienter gestalten. Zunächst durch pure Automatisierung (z. B. in der Nutzung von CRM-Tools wie Hubspot, ggf. mit Verknüpfungen zu anderen Tools durch wiederum dritte Tools wie Zapier). Das Ziel ist, erstmal durch Automatisierung den Vertriebsprozess so effizient wie möglich zu machen.

Danach kann KI auch weiterhelfen: Eine KI-Lösung kann

- bei der Leadgenerierung eingesetzt werden, um in großem Umfang potenzielle Kundenprofile zu identifizieren – deutlich mehr als ein Vertriebsmitarbeiter manuell finden könnte.
- erste Kontaktaufnahmen übernehmen, indem sie automatisch personalisierte Erstansprachen in hoher Stückzahl versendet.
- die oft mühsame Terminkoordination für Verkaufsgespräche übernehmen.
- durch intelligente Folge-Kommunikation sicherstellen, dass Sie bei Interessenten auf dem Schirm bleiben, ohne aufdringlich zu wirken.

Für einen effektiven KI-Einsatz ist es aber wichtig, vorher Zeit dafür aufzuwenden, der KI-Lösung umfassende Informationen zu Unternehmen, Produkten, Markenauftritt und Kundschaft zur Verfügung zu stellen. Nur so kann die KI den richtigen Ton treffen und relevante, personalisierte Inhalte erstellen. Daher sollten Sie auch ein gewisses Aufkommen an Ansprachen haben, um den Einführungsaufwand zu rechtfertigen.

Regelmäßige A/B-Tests und Erfolgsmessung sind hier unerlässlich. Die von der KI generierten Vertriebsinhalte müssen kontinuierlich geprüft und angepasst werden. Und stellen Sie sicher, dass Sie an die KI nicht die persönlichere Kommunikation mit Kaufinteressenten in späteren Phasen des Kaufprozesses übertragen. Damit Sie das gerade aufgebaute Vertrauen nicht wieder zerstören, sollten das immer noch Menschen tun, die aber jetzt mehr Zeit dazu haben!

Bei der Einstellung von Mitarbeitenden:
Künstliche Intelligenz kann Organisationen dabei unterstützen, ihr Employer Branding zu stärken und so Top-Talente anzuziehen. Allein schon alle LLMs ermöglichen die effiziente Erstellung von inhaltsreichem Content, wie z. B. prägnante Call-to-Actions und relevante Hashtags für Social Media.

Bei der Gestaltung von Stellenausschreibungen können LLMs, aber auch spezialisierte KI-Plattformen wie Textio, Grammarly und Simplified, wertvolle Dienste leisten. Sie analysieren und optimieren die Ausschreibungen hinsichtlich Verständlichkeit, gendergerechter Formulierung und Vermeidung von Branchenjargon.

Wenn für eine Stellenausschreibung viele Bewerbungen eingehen, kann der Einsatz von KI beim Auswahlprozess hilfreich sein. Tools wie Hirevue, Arctic Shores und RecruitmentSmart bieten KI-gestützte Funktionen zur Sichtung und Vorauswahl von Lebensläufen sowie zur Bewertung der Kandidat:innen mittels moderner Verfahren wie Gamification und psychometrischen Assessments. Hier ist besondere Vorsicht angesagt, da es sich um einen sensiblen Bereich handelt: Überprüfen Sie, ob mit den persönlichen Daten vorsichtig umgegangen wird. Hinterfragen Sie die Ergebnisse, um zu vermeiden, dass sich hier Vorurteile eingeschlichen haben. Nicht nur stichprobenartig, sondern über das ganze Datenset – natürlich wieder mithilfe von KI. Zum Beispiel so:

- Definieren Sie Fallgruppen für Diskriminierung, die KI aus den Bewerbungen auslesen kann (z. B. Geschlecht, Alter, akademischer Hintergrund).
- Lassen Sie KI eine Auswertung erstellen, wie diese Merkmale in der Grundgesamtheit der Bewerbungen vertreten sind.
- Nun machen Sie dasselbe auf dem Datenset der ausgewählten Bewerber:innen. Bei augenfälligen Diskrepanzen ist Vorsicht angesagt!

Im Finanzwesen:
In Bezug auf Buchhaltung und Rechnungsbearbeitung können Systeme schon lange Belege und Rechnungen automatisch erfassen, kategorisieren und die Buchungen vornehmen. Mit KI haben diese Lösungen einen erheblichen Sprung in der Richtigkeit und Verlässlichkeit gemacht.

In der Betrugsbekämpfung und im Risikomanagement kann KI durch Analyse großer Datenmengen anomale Transaktionen und Muster identifizieren, die auf Betrug oder Risiken hindeuten.

Allgemeine Use Cases für GenKI in allen Bereichen der Organisation:
Wir haben im Verlauf dieses Buches absichtlich nicht stringent zwischen KI und GenKI unterscheiden. Hier wollen wir aber mal eine Ausnahme machen,

und Ihnen zeigen, wie allein GenKI, die über die verschiedenen LLMs aktuell schon zu Ihrer Verfügung steht, Probleme in Ihrem Unternehmen schnell lösen kann. Dabei sind die möglichen Hilfestellungen sehr vielfältig, daher hier eine willkürliche Liste der nicht ganz auf der Hand liegenden Möglichkeiten, um Sie zusätzlich auf den Geschmack zu bringen ...

- Generieren von technischen Anleitungen durch KI-Analyse des Programmcodes
- Intelligente Preisgestaltung und dynamische Preisanpassungen basierend auf Marktdaten-Analysen
- Personalisierte und skalierbare Erstellung von Newslettern und E-Mail-Marketingkampagnen
- Interaktive Chatbots und virtuelle Assistenten nicht nur für Kundensupport und Vertriebsanfragen, sondern auch für regelmäßig wiederkehrende Anfragen an HR, Buchhaltung, Steuern
- Automatische Erfassung und Strukturierung von Kundenfeedback aus verschiedenen Kanälen
- Visualisierung von Daten und Erstellung anschaulicher Grafiken, Infografiken und Designs

ii. Potenzielle KI-Initiativen beschreiben

Haben Sie alle drei Ansatzpunkte für das Finden von KI-Ops genutzt (Fallgruppen A, B und C), haben Sie jetzt wahrscheinlich eine Liste, die länger ist als das, was Sie in den nächsten sechs bis 24 Monaten abarbeiten können. Daher ist es notwendig, die Initiativen sehr genau zu beschreiben, zu bewerten, zu überprüfen (bzw. überprüfen zu lassen) und dann im Anschluss zu priorisieren. Am besten geschieht dies, zugunsten der Vergleichbarkeit und der Erleichterung von externem Input, in einem einheitlich gestalteten Tool. Dieses kann z. B. folgende Kategorien beinhalten:

- Zu lösendes Problem (inkl. Ziel, Angaben zum erforderlichen Aufwand und der Einbettung in den Workflow)
- Beschreibung des Projektes
- Möglicher Nutzen kurz-, mittel- und langfristig
- Erfolgskennzahlen und zu erreichendes Level: »Das Projekt ist erfolgreich, wenn ...«
- Erwartet Erhöhung des ROI durch Automatisierung und/oder KI (über den Wert eines ähnlichen Projekts ohne Automatisierung und/oder KI)
- Reichweite der Auswirkungen, z. B. wie viele Nutzer, Kunden oder Mitarbeitende sind betroffen? Sind mehrere Business-Aspekte betroffen? Gibt es einen signifikanten Umsatzzuwachs? Ebensolche Kostenersparnisse? Etc.

- Bewertung der Datensituation
- Bewertung der generellen Machbarkeit

iii. Verifizierung durch Expert:innen und Bewertung

Einbeziehen von Expert:innen-Feedback

Dadurch, dass wir oben von real existierenden Businessproblemen ausgegangen sind, stellen wir zwar sicher, dass wir wichtige Probleme als KI-Ops adressieren, laufen aber auch Gefahr, dass wir vielleicht auch solche auf der Liste haben, die mit KI gar nicht lösbar sind. Daher empfiehlt es sich, frühzeitig die Ideen von echten KI-Expert:innen überprüfen zu lassen.

Das Ergebnis einer solchen Diskussion ist vielfältig: Es kann sein, dass das Projekt als undurchführbar deklariert wird, dass nur an einigen Stellen eine rote Flagge gehisst wird, dass nur eine bessere Schnittstellenbeschreibung oder Zieldefinition angemahnt wird. Auf jeden Fall hilft das Expert:innen-Feedback, die Umsetzungsaufwände inklusive der Timeline zu bestimmen und die Machbarkeitsabschätzung zu schärfen.

Liegen in dieser Phase schon zu viele KI-Ops vor, um sie alle extern begutachten zu lassen, dann empfiehlt es sich, erst die Bewertung (siehe gleich) durchzuführen, und nur die Top-KI-Ops den Expert:innen vorzulegen.

Bewertung der KI-Ops

Nach welchen Kriterien und anhand welchen Spektrums Sie die KI-Ops jetzt bewerten, hängt zum einen natürlich von Ihrer KI-Strategie ab: Ist Schnelligkeit ein Thema? Ist Schaffen von Begeisterung für KI ein Thema? Jedes Strategieziel sollte sich in einem Kriterium wiederfinden.

Darüber hinaus bietet es sich immer an,

- den Reifegrad des Projekts (bereits bestehender Fortschritt und Komplexität),
- die Dringlichkeit,
- die Schnelligkeit, mit der die Wirkungen auftreten,
- das Ausmaß der Auswirkungen,
- den ROI,
- die Schwere der Risiken,
- die Lücke zwischen schon vorhandenen und erforderlichen Daten
- und die Machbarkeit als solche

mit einzubeziehen. Initiativen, die mindestens einen Punktewert von 60 % der Höchstpunktzahl Ihrer Skala erzielen, können als relevante KI-Ops qualifiziert werden. Ab 90 % würde ich sogar von einem Potenzial für echte »Leuchttürme« ausgehen, die also besonders herausgehobene Bedeutung für die Organisation haben und an denen sich andere orientieren können. Zudem schauen Sie bitte besonders wohlwollend die KI-Ops an, die einen hohen ROI und schnell auftretende Wirkungen haben.

iv. Entscheider:innen überzeugen

Haben Sie Ihre KI-Ops sauber bewertet und in diesem Prozess vielleicht sogar Piloten mit echtem »Leuchtturm-Potenzial« gefunden, ist es nun an der Zeit, auch andere davon zu überzeugen, um Budget und Rückenwind für genau dieses Projekt zu bekommen.

Starten Sie mit Ihrer Hypothese, wie Ihr KI-gestütztes Projekt den Umsatz steigert oder die Kosten senkt (oder anderweitig zu dem Zielbild Ihrer Organisation beiträgt). Danach beschreiben Sie den Piloten möglichst genau, im Hinblick darauf, wie er zeigen soll, dass Ihre anvisierte KI-Lösung technisch und wirtschaftlich funktioniert, auch mit einer größeren Menge an Benutzern, und die in der Hypothese genannten Ziele erfüllt. Gibt es bei Ihnen in der Organisation keine Vorlage dafür, schlagen wir folgende Kategorien vor:

- Projektbeschreibung
- Nötiges Budget und Aufteilung
- Erforderliche menschliche Ressourcen
- Dauer des Projekts bis zur Umsetzung und bis zu ersten Ergebnissen
- Risiken
- ROI: Erwarteter Umsatz oder Einsparungen minus Kosten

Idealerweise machen Sie die gleichen Aussagen schätzungsweise auch für den Roll-out, damit eine Entscheidung getroffen werden kann, ob (dass) es auch nach einem Piloten weitergehen kann. Mit einer gegliederten, leicht lesbaren Vorlage machen Sie es den Entscheidern leicht, sich zugunsten Ihres Projekts zu entscheiden!

Soweit zu den Grundlagen – die Details, wie Sie in Ihrer Organisation Freigaben bekommen, kennen Sie sicher selbst.

f. Ihr Start: Die Leuchttürme umsetzen

i. Datenstrategie entwickeln

In den bisherigen Teilen dieses Buches haben wir schon mehrfach darauf hingewiesen, dass ohne eine ausreichende Datengrundlage KI in keiner Organisation erfolgreich einsetzbar ist. Und das gilt in gewissem Maße auch schon für die Piloten, wofür qualitativ hochwertige und relevante Daten verfügbar sein müssen, damit sie erfolgreich sind.

Die Bedeutung der Datenstrategie zeigt sich mitunter in der Masse an guten Zitaten, die wir aus unseren Interviews dazu haben. Schon in einem unserer sehr frühen Gespräche vom Dezember 2021 bezeichnete Dirk Ramhorst, damals CIO der Wacker AG, dies als die wichtigste Aufgabe von CIOs:

»Als ich mit IT in Deutschland angefangen habe, hieß es noch Datenverarbeitung. [...] Das ist, wenn CIOs sich besinnen, dass Daten der Kern ihres Geschäftes sind, nämlich überlegen, welche Daten habe ich, in welcher Form liegen sie vor, in welcher Reife liegen sie vor, sind sie originär, sind sie manipuliert, sind sie redundant, etc. Und wenn ich mir dann umgekehrt mit dem Geschäft sehr eng verzahnt Gedanken darüber mache, welche Daten ich brauche, also beides zusammenführe in einer Datenstrategie, dann kann ich dort etwas bewirken, auf einmal Wert generieren. [...] Wenn ich Daten in einen Kontext bringe, sie eine Richtung bekommen, dann bekommen sie eine Wertigkeit. Ich muss als IT-Leiter das Unternehmen, das Geschäft, meine internen Kunden befähigen, eine Wertigkeit aus den Daten zu haben, und das ist meine Uraufgabe.«

Wolfgang Hildesheim ergänzte speziell im Zusammenhang mit KI:

»Einer der ganz wichtigen Erfolgsfaktoren [für die erfolgreiche Einführung von KI] sind die Daten. Man muss seine Daten leben und auch eine Sammelstrategie haben, dass ich digitale Daten sammle in meinem Unternehmen, und auch meine Mitarbeiter ermutige, diese zu sammeln. [...] Also neben dem Talent als wichtigen Erfolgsfaktor ist eine Leidenschaft und Liebe zu Daten, Datenqualität ganz entscheidend, weil die Daten sind, das liest man ja oft, das Öl des 21. Jahrhunderts, sozusagen die Ressource, der Rohstoff, den dann die Software verarbeitet.«

In die gleiche Richtung denkt – kein Wunder – auch Hartmut Müller und gibt uns gleich zwei Möglichkeiten für die Datenstrategie bei Piloten mit, einmal einen personenbezogenen und einmal einen abteilungsbezogenen:

»[...] Um AI und GenAI wirklich effizient und effektiv zu nutzen, brauchst du eine Datenstrategie. [...] Dabei gibt es ja zwei Aspekte: Zunächst ist da unser Ansatz [...] zu sagen, wir gucken uns immer eine Person an, die es gibt, und idealerweise augmentieren wir diese Person mit einem [KI-basierten] Virtual Agent und einem domainspezifischen Large Language Model. Dann hast du [zum einen] aus einer Datenstrategieperspektive die Möglichkeit zu sagen: ›Die große verteilte Welt der Daten müssen wir nochmal segmentieren und kleiner schneiden, und an DER Stelle fangen wir an.‹ Dazu hast du aber auch die Chance, z. B. zu sagen ›Ja guck, in

meinem Shared Service Center XY bringe ich alle Daten in Ordnung und kann dort direkt mit GenAI starten.«

Er macht also deutlich, dass es nicht immer eine Datenstrategie für alles sein muss, sondern dass es im Zuge des Piloten ausreichend ist, sich auf den betroffenen Bereich zu beschränken.

Zusammenfassend, was gilt es also zu tun für die Datenstrategie bei dem Start der Piloten?

Analysephase – nur in dem Bereich, in dem der Pilot stattfindet:
- Identifizierung der für den Use-Case benötigten Datenquellen und -typen
- In welcher Form liegen sie vor? Vollständigkeit, Qualität (Ursprünglichkeit, Bearbeitungsstand, Redundanz) und Nutzbarkeit
- Welche Daten davon brauche ich aus Sicht des Business für den Piloten?
- Welche sonstigen Daten brauche ich?
- Wo bekomme ich sie her?
- Welche sind so wichtig, dass ich sie selbst, in meinen eigenen Datenbanken sammle?
- Welche kann ich einkaufen?
- Welche Daten will/muss ich weiter aufbereiten und verarbeiten?

Formulierung:
Wie erreiche ich mit dem, was ich habe und mir beschaffen kann, die Datenqualität, die ich für einen erfolgreichen Piloten brauche? Die folgenden Informationen sollten in der Strategie gegeben werden:
- Definition der Datenqualitätsziele und Daten-KPIs für den Piloten
- Interne und externe Datenbanken, Data Warehouses oder Datenplattformen, die genutzt werden
- Vorgehensbeschreibungen, wie Daten genau erfasst und aus verschiedenen Quellsystemen kombiniert werden
- Maßnahmen zur Vorbereitung von Daten (Bereinigung, Anreicherung, Transformation)
- Regeln zum Umgang mit Daten (Governance, Verantwortlichkeiten: Wer ist für welche Daten zuständig? In welchem System liegt der Master?)
- Maßnahmen zur Risikominimierung (Datensicherheit und Compliance)

ii. Regelkonformität und Ethik gewährleisten

Wundern Sie sich schon, was der zweite Aspekt aus dem Zitat von Hartmut Müller ist? Ob ich da vielleicht unsauber gearbeitet habe? Nicht ganz, denn hier kommt er:

»Und man muss im zweiten Schritt auch noch mal ganz klar über das Thema Datenownership, auch Daten-Governance, sein. Also wie binde ich Legal, Datenschutz und so weiter ein, um dann auch im Unternehmen mit den Daten verantwortungsvoll umgehen zu können.«

Selbst im Piloten kann man sich die Entwicklung ethischer Richtlinien und Überprüfung der Einhaltung bestehender Datenschutzgesetze und sonstiger rechtlicher Vorgaben nicht ersparen. Gleiches gilt für interne Regelungen.

Man kann aber, je nach Schnitt des Piloten, diese nur auf den Umfang des Piloten beschränken und/oder sie in einem »Fast Track«-Verfahren vorab definieren bzw. sich im Projekt entwickeln lassen.

Was meine ich damit? Unstrittig ist, dass die nötige Befassung mit Datenschutz, Ethik und sonstigen rechtlichen und/oder aus den Organisationswerten und -regularien stammenden Vorgaben unter Einschaltung aller erforderlicher Stellen (Datenschutzbeauftragte:r, IT Security, AI Advisory Board, Mitbestimmung, ...) auch bei Piloten erfolgt. Diese kann aber einen pragmatischen Ansatz verfolgen, der der Eigenschaft des Projekts als Pilot Rechnung trägt. Ich weiß, das ist nicht immer so einfach, aber Sie können dies beispielsweise bewerkstelligen, indem Sie eine:n Abgesandte:n der Gremien, der/die als besonders pragmatisch gilt, direkt mit in die Pilot-Gruppe einbeziehen. Oder alle Stellen intensiver als sonst informiert halten, damit sie jederzeit eingreifen können, wenn sie es für nötig erachten (und dafür auf eine umfangreiche Vorab-Prüfung verzichten). Und recherchieren Sie doch mal, vielleicht gibt es in Ihrer Organisation ja tatsächlich – wie wir mit unseren Kunden-Ansprechpartnern schon manchmal herausgefunden haben – ein geregeltes »Fast Track«-Verfahren, irgendwo tief in den Regularien versteckt?

Wenn Sie es schaffen, auf umfangreiche Vorabprüfungen zu verzichten, müssen Sie aber spätestens während der Durchführung Ihres oder Ihrer Piloten ...

- Grundsätze und Richtlinien für ethische und verantwortungsvolle Entwicklung und Einsatz von KI-Systemen entwickeln.
- die Themen Bias (Voreingenommenheit), Transparenz der Wirkmechanismen der KI, Datenschutz und Rechenschaftspflicht bei KI-Entscheidungsprozessen auf dem Schirm haben.

- verschiedene Stakeholder und Fachexpert:innen einbeziehen, um sicherzustellen, dass Ihr Pilot die externen und internen Regelungen – soweit sie bisher bestehen – einhält.

Verzichtbar – weil ineffizient – ist aus meiner Sicht hingegen, vor der Durchführung von Piloten solche umfangreichen Regelwerke zu erarbeiten. Ähnlich sieht es z. B. auch Roman Kornauka, CIO EMEA der Mediaagentur OMG, den wir später nochmal interviewen in seiner Rolle als Brückenbauer zwischen zentraler IT und den Anwendern. Und auch Ringier ist diesen Weg gegangen, zunächst mit Piloten anzufangen und dann eher in jüngster Zeit umfangreiche Regelwerke nachzuziehen, wie wir weiter unten in der Case Study noch lesen werden.

iii. Ein Team für die Durchführung aufsetzen

Erste Indizien, welche Mitglieder bei Ihrem KI-Piloten-Team dabei sein sollten, haben wir in den vorangegangenen Kapiteln schon versteckt. Wir brauchen also:

- Data Scientists (untersuchen die Machbarkeit und die Umsetzung von KI-Modellen und entwickeln Erfolgskennzahlen),
- Data Engineers (stellen sicher, dass die nötigen Daten vorhanden und zugänglich sind und korrekt in die Modelle eingespeist werden),
- Software Engineers, UX-Designer und Qualitätssicherungs-Ingenieure, die zusammen dafür verantwortlich sind, die KI-Anwendungen in die Business-Anwendungen zu integrieren,
- eine gewisse Beteiligung von Datenschutz und falls erforderlich der Mitbestimmung sowie – last but not least –
- das »Business« – also die operative Abteilung, für die der Pilot durchgeführt wird – in Form von Führungskräften und Domänenexpert:innen.

Letzteres ist eines der Erfolgsrezepte, mit dem Dr. Ralf Belusa die Digitale Transformation bei Hapag-Lloyd vorangebracht hat:

»Jeden Schritt, ob klein oder groß, setzen wir gleich im operativen Geschäft um. Weil dadurch haben wir nicht diese Implementationsschwierigkeiten, Abstoßungen. Weil – kennt man ja –, dann hat man ein innovatives Strategieprojekt, und sobald es den ersten Feindkontakt mit dem Sales oder dem Kunden bekommt, heißt es, funktioniert bei uns eh nicht und jetzt müssen wir erst ein Integrationsprojekt starten. Nee, das haben wir so nicht gemacht. Wir haben es gleich direkt im operativen Geschäft dort eingesetzt.«

iv. Die Piloten in die Realität umsetzen

Kaufen oder selbst bauen? Das ist hier die Frage!
Wie immer ist auch beim Start von KI-Piloten die Frage, wo man sich auf dem Spektrum zwischen »Kaufen« und »Selbst bauen« (»make or buy«) verortet. Ich sage bewusst, »wo auf dem Spektrum«, da eine reine Kauflösung ohne Anpassung genauso wenig wahrscheinlich ist, wie eine reine Selbstbaulösung – vor allem wenn man an die mit dem Trainieren von KI-Modellen verbundenen Kosten denkt.

Kaufen:

Beim Kauf von KI-Software gibt es zwei Optionen: Als Teil einer anderen Software, sogenannte »Embedded AI« (z. B. das Scoring von Leads in Hubspot) oder als hoch spezialisierte, eigenständige KI-Software (z. B. zur Erleichterung der Entscheidungsfindung, in der Produktion zur Qualitätsprüfung etc.). Diese Lösungen benötigen oft Customization und IT-Support. Wichtig beim Kauf ist das Testen auf Basis einer guten Problemdefinition und eines guten Testdesigns. Vorteile sind die Convenience, oft geringere Kosten, keine Wartungsaufwände sowie über einen immer aktuellen Stand der Software und Spezialistenwissen zu verfügen. Die Nachteile bestehen vor allem in einer möglichen Überverallgemeinerung, was Qualität und Genauigkeit beeinträchtigen kann, und in Datenschutzbedenken.

Selbst bauen:

Grundlage ist hier entweder ein zuvor schon erstellter Prototyp oder Open Source-Lösungen, die dann im Eigenbau ergänzt und individualisiert werden. Dabei gibt es drei Wege: ein bestehendes internes Team zu nutzen, KI-Berater:innen reinzuholen oder ein eigenes Team aufzubauen – und natürlich alle denkbaren Kombinationen davon.

Die Entscheidung, einen Piloten extern bauen zu lassen oder selbst zu bauen, ist in jedem Einzelfall erneut zu klären. Manchmal ist entscheidend, wie viel Unabhängigkeit man bewahren will, wie z. B. im Fall eines unserer Pioniere des Wandels, CIO bei einer großen Versicherung. Da ging es so:

»Wir haben tatsächlich einmal investiert, indem wir unsere ›Externen-Quote‹ anders gestaltet haben. Wir haben vorher, wie viele andere auch, eigentlich immer Expertise, die uns fehlte, insbesondere in neuen Technologien, extern eingekauft. Und wir haben das komplett geändert, [...] wollen die Expertise selber aufbauen und haben tatsächlich investiert in Kapazität. [...] Das war für mich einer der wichtigsten Punkte gewesen, dass wir heute auch eine eigene Steuerungsfähigkeit behalten und nicht in Abhängigkeit zu externen Partnern geraten.«

In anderen Fällen wird danach differenziert, wie wichtig der Bereich für das eigene Unternehmen ist: In den Bereichen, die die Organisation nicht vom Wettbewerb differenzieren, kauft man die Software zu – und nutzt sie in der Haltung, dass dann nicht mehr die IT den bestehenden Business-Prozess abbildet, sondern das Business sich an die Plattform adaptieren und diese möglichst unverändert einsetzen muss. In den anderen Bereichen hingegen, die wesentlich sind für die Differenzierung vom Wettbewerb, könnte es umgekehrt sinnvoll sein, strategischer vorzugehen und auch zu berücksichtigen, in diesen Feldern eigenes Knowhow und Steuerungsmöglichkeit zu bewahren. Will man selbst gesteuerte Innovationen ermöglichen, braucht es zudem ausreichend Budget für Innovation und neue Funktionalitäten (im Verhältnis zum Budget für Betrieb).

Ein schönes Beispiel aus der Praxis zu diesen Kombinationen lieferte uns Thomas Kleine-Möllhoff durch seinen Bericht von der Entwicklung des COVID-Impfstoffes:

»Weil wir das Potenzial für künstliche Intelligenz, für Algorithmen, gerade im Bereich Forschung und Entwicklung schon sehr frühzeitig erkannt haben, haben wir hier ganz klassisch [...] nach Partnern unterschiedlichster Größe gesucht. Also wir haben uns nicht dem verschrieben, so nach dem Motto: ›Ah, wir sind ja so ein großer Laden, und das kriegen wir alles selber hin!‹, sondern wir haben tatsächlich gesucht, wo es denn vielleicht auch kleinere, agilere Unternehmen gibt, Startups, die eine gewisse Expertise oder vielleicht schon eine schlüsselfertige Lösung haben, die wir in unsere Prozesse integrieren können. Und genau das haben wir gemacht. Das heißt, wir haben eine gute Mischung gefunden, was Technologie angeht, einmal in-house selber zu bauen, aber eben auch klassisch zu kooperieren.«

Weitere Schritte zur Umsetzung des Piloten

Die Umsetzung des oder der Piloten ist natürlich die Phase, auf die es wirklich ankommt, und die auch am meisten Spaß macht. Aus zwei Gründen halten wir uns hier aber kurz: Zum einen sind die Dinge, die Ihnen hier weiterhelfen würden, extrem spezifisch, je nachdem, welche Art von Pilot Sie durchführen. Zum anderen haben Sie an der Stelle sowieso Ihre Spezialist:innen dabei, die es im Zweifelsfall besser wissen als wir – oder die zumindest das Sagen in Ihrer Organisation haben.

Daher hier nur eine (nicht abschließende) Checkliste der Punkte, um die sich gekümmert werden muss:

- Entscheiden Sie, welche KI-Techniken (Machine Learning, Deep Learning etc.) für Ihre:n Piloten relevant sind.

- Involvieren Sie sich in der Entscheidung, welchen Umfang (Anwendungsfälle, intern/extern, wie viele betroffene User, ...) der Pilot haben soll.
- Beteiligen Sie sich an der Evaluierung der entsprechenden KI-Plattformen, Tools und Lösungsanbieter.
- Treffen Sie Make or Buy-Entscheidungen und/oder schließen Sie Partnerschaften.
- Planen Sie benötigte Budgets, Fachkräfte und Fachabteilungen ein.
- Stellen Sie die Finanzierung der KI-Investitionen und der laufenden Kosten sicher.
- Erarbeiten Sie (ggf. unter Zuhilfenahme dieses Buches?) die Change Management-Maßnahmen für die Umsetzung – soweit beim Piloten schon nötig.
- Aber begleiten/beobachten Sie nur:
  - den Aufbau der technischen Infrastruktur für Datenintegration und -verarbeitung
  - die Umsetzung von Datenpipelines zur kontinuierlichen Datenerfassung
  - die Durchführung von Datenvorbereitung und -bereinigung
  - das Aufsetzen von Datenbanken/Plattformen zur Datenhaltung
  - (die Entwicklung oder) den Einsatz der Sprachmodelle
  - den Fortschritt beim »Bau« des Piloten
  - die ersten Testergebnisse (und prüfen Sie das Testdesign)
  - die kontinuierliche Verbesserung der Testergebnisse

v. Erfolge messen zum Entscheiden des weiteren Vorgehens

Dies ist die Phase, in der Sie sich wieder detaillierter einschalten sollten, wenn es darum geht,

- den Erfolg der Piloten zu messen,
- den Piloten zu bewerten
- Entscheidungen über Anpassungen und Erweiterungen basierend auf den Piloterkenntnissen zu treffen und,
- grundsätzlicher, über einen Roll-out des Piloten und/oder den Übergang in eine systematische Anwendung von KI in Ihrem Unternehmen zu entscheiden.

Der Erfolg der Piloten ist jeweils auf drei verschiedenen Ebenen zu messen: der Erfolg der Technologie, der Erfolg bei den Nutzenden und der wirtschaftliche Erfolg[50]:

Erfolg des Einsatzes der Technologie an sich:

Bei der Bestimmung der Metriken für den Erfolg der Technologie kommt es natürlich sehr darauf an, welchen Piloten man gewählt hat. Fragen Sie sich also genau: Was wollen Sie mit dem Einsatz von KI im echten Leben erreichen? Wichtige Metriken können sein:

- Präzision des Ergebnisses (z. B. bei Sentimentanalysen oder Übersetzungen),
- Klickraten (z. B. bei Personalisierung von Texten zur Aktivierung der Empfänger),
- Zufriedenheit der Kunden, Zeit bis zur vollständigen Lösung (z. B. bei KI-Einsatz im Kundenservice).

Je nach der Aufgabe und der gewählten Metrik gibt es verschiedene akzeptable Werte, die Ihr Pilot erreichen sollte. Informieren Sie sich über die jeweiligen Benchmarks für den einzelnen Fall in Ihrer Branche!

Nutzungserfolg:
Die stringente Messung des Erfolgs Ihres Piloten bei den Nutzenden, die z. B. bei Prozessoptimierungen ebenfalls interne Mitarbeiterinnen sein können, ist essenziell. Anderenfalls kommt es später zu negativen Einflüssen durch nachlassende Nutzung.

Die besten Mittel hierzu sind natürlich die Daten, die Ihr System generiert. Ergänzend können noch individuelle Interviews oder großflächigere Surveys – auch in Kombination – durchgeführt werden. Idealerweise beginnen Sie mit Letzteren erst nach mehreren Iterationen des Piloten – nicht nur, um bessere Ergebnisse zu haben, sondern auch, um bei solch umfangreichen Initiativen die Fragen besser zu machen.

Bei der Auswertung denken Sie daran, dass hier oft »Non-Tech Factors« hineinspielen! Die qualitativen Interviews helfen Ihnen dabei, das klar auseinanderzuhalten. Dabei ist es sinnvoll, ein paar Test-Interviews zu führen, bevor Sie die finalen Fragen konzipieren. Formulieren Sie Hypothesen für die möglichen Grunde einer Nicht-Nutzung: Ist es der KI-Einsatz an sich, ein schlechtes User-Interface, mangelndes Training, ein zu langsames Netzwerk, ein schwieriges Onboarding etc. Aber Vorsicht, dass man sich hier nicht auf die Suche nach Entschuldigungen begibt. Es geht nur darum, die möglichen Nebenerscheinungen so gut zu verstehen, dass man die Fragen für die Umfrage richtig stellen kann. Erst dann ergibt sich aus den Antworten, wie erfolgreich der Einsatz der KI, also der Kern Ihres Piloten, wirklich war.

Wirtschaftlicher Erfolg:
Zum Messen des wirtschaftlichen Erfolgs wird meist der Return on Investment gewählt, in natürlicher Sprache: »Welchen Umsatz machen Sie oder welche Kosten sparen Sie, beides abzüglich der Kosten für den Piloten?«

Eine Sache gilt es dabei zu präzisieren: Wir wollen hier ja den wirtschaftlichen Erfolg des Einsatzes der KI beurteilen. Wir müssen daher von dem oben genannten Erfolg (Umsatz oder Kosteneinsparung) den Erfolg abziehen, der auch ohne den Einsatz von KI erzielt worden wäre. Definieren Sie also einen Ausgangspunkt (eine sogenannte Baseline). Als »Return on Investment in die KI (Return on AI Invest, ›RoAII')« gilt nur das, was über diese Baseline hinausgeht.

Ferner denken Sie bitte daran, dass es mit einer punktuellen Erhebung nicht getan ist: Sie müssen den RoAII kontinuierlich beobachten, um sicherzustellen, dass er sich dem Zielwert nähert und in welcher Geschwindigkeit er sich verbessert (selbst wenn der Zielwert schon erreicht ist). Denn es ist gut möglich, dass die kontinuierlichen Verbesserungen an der KI am Ende nicht zu einer Verbesserung des wirtschaftlichen Erfolgs führen, die Verbesserungen daher zum Selbstzweck werden. Dann ist es an der Zeit, Ressourcen auf den nächsten Piloten oder den weiteren Roll-out umzuleiten.

Ist der RoAII in Ihrem Piloten erst sehr langfristig zu beobachten (was eigentlich nach sauberer Auswahl Ihrer Piloten nicht der Fall sein sollte), ist es sinnvoll, eine weitere Kennzahl einzuführen, die sich früher zeigt. Z. B. die Steigerung der Anzahl an aktiven Vertriebsprozessen (anstatt des neu gewonnenen Umsatzes) oder die Einsparung von Zeit durch Mitarbeitende (anstatt der erst längerfristig zu beobachtenden Senkung der Personalkosten).

Können Sie auf allen drei Ebenen – gemäß der vor Beginn von Ihnen bestimmten Zahlen – einen Erfolg verbuchen, erst einmal herzlichen Glückwunsch! Feiern Sie – denn ein solches Ergebnis ist nicht selbstverständlich!

Danach stellen sich mehrere Fragen:

- Weiten Sie den Umfang dieses Piloten aus (z. B. auf weitere Kundencenter)?
- Starten Sie weitere Piloten?
- Oder sind Sie vielleicht schon so weit, dass Sie mit einer systematischen Anwendung von KI in Ihrer gesamten Organisation loslegen wollen?

In jedem Fall ist dies der Moment, um entsprechende Schulungen für alle Mitarbeitenden anzustoßen, die mit dem bzw. den Piloten in Berührung kommen (werden). Und zwar zum Umgang mit Daten genauso wie zur Anwendung der neuen Lösung, abgestimmt auf den jeweiligen Umfang des/der Piloten.

Und haben Sie gerade bei der letzten Frage »Ja« gesagt, dann ist das nächste Kapitel für Sie!

4.2.4 Systematische Anwendung von KI: die KI-Transformation!

Einschub 47: Elemente der KI-Transformation

Sind Sie schon so weit, dass Sie von dem oder den Piloten zur systematischen Anwendung von KI in Ihrer Organisation – der echten KI-Transformation – übergehen, gibt es drei verschiedene Stoßrichtungen:

a. Individuelles Vorgehen je nach Stoßrichtung

Erinnern Sie sich noch an die drei verschiedenen Stoßrichtungen der KI-Strategie von oben? Es handelte sich um die Optimierung von Bestehendem, das Wachstum von Bestehendem und/oder die Veränderung der Organisation. Die Vorgehensweisen zum systematischen Ausrollen von KI unterscheiden sich jeweils ebenfalls, und zwar wie folgt:

i. Optimierung

Verfolgen Sie eine Optimierungs-Strategie, können sie sich ebenfalls an der oben für die Piloten entworfenen Strategie orientieren, und nun in einem viel größeren Umfang.

Visualisieren Sie also sehr genau Ihre Prozesse, am besten mit einem Business Process Modeling (BPM)-Tool. Grenzen Sie den Teil ab, der zuerst mit KI verbessert werden soll und messen Sie Daten wie Aufwand (in Minuten) oder

Kosten (anteilige Personalkosten in Euro, Wert des verschwendeten Materials in Euro). Auch hier sollte wieder interdisziplinär gearbeitet werden:

- Aufgabe der operativen Kräfte aus dem »**Business**« ist es, den zu untersuchenden Teil genau abzugrenzen, das wirtschaftliche Bedürfnis zu bestimmen, das erwünschte Ergebnis detailliert zu beschreiben, den möglichen Zeitrahmen (für die Dauer des Projektes sowie bis zum Eintritt des Ergebnisses) zu definieren und welches Budget für die Entwicklungsphase sowie dann dauerhaft zur Verfügung steht. Im weiteren Verlauf obliegt ihnen die »Ehre«, die Umsetzung in der Organisation voranzutreiben.
- Die Aufgabe von »**Tech**« besteht hingegen darin, die notwendigen KI-Mechanismen (einschließlich ihrer Rolle: nur assistierend oder allein entscheidend?) sowie die technischen Schnittstellen zu Systemen und Menschen zu definieren.
- **Gemeinsam** sollten beide Gruppen die Bewertung ethischer und rechtlicher Risiken, insbesondere in Bezug auf Daten-Bias und die Sensibilität der Daten, vornehmen.

ii. Wachstum von Bestehendem

Wollen Sie systematisch alle Ihre bestehenden Angebote am Markt mit KI verbessern, um mehr Umsatz zu erzielen, können Sie die hier dargestellten Methoden nutzen, um auf geeignete Ideen zu kommen:

Welche Marktveränderungen sehen Sie?

Sicher tut sich, wann immer Sie eine Wachstums-KI-Strategie beginnen, gerade sehr viel im »Außen«. Was können Sie aktuell beobachten? Was sehen andere, das Sie durch eigene Recherche und Interviews, oder eine in Auftrag gegebene Trendforschung oder Szenarioentwicklung erfahren können? Was sagt Maxi (siehe die oben für den Piloten skizzierte Strategie)? Basieren Sie darauf das Ausarbeiten Ihrer organisationsumspannenden Wachstums-KI-Strategie. Denn wie bei den anderen Disziplinen der Digitalen Transformation gilt: Die Technologie ist nur sekundär. Das Erkennen der neuen Marktdynamiken und gutes Abbilden in der eigenen Strategie sind der Schlüssel!

Gliedern Sie Ihr Geschäftsmodell auf

Wollen Sie die gesamte marktzugewandte Seite Ihres Geschäftsmodells im Rahmen einer Wachstums-KI-Strategie durchleuchten, nutzen Sie eines der vielen Modelle (z. B. den Business Model Canvas). Überlegen Sie: »Wie würden die verschiedenen Komponenten aussehen, wenn man die Marktentwicklungen mitbedenkt und dann die bestehenden Prozesse und Systeme durch KI-Varianten ersetzt?« Kolleg:innen, externe Unterstützer:innen, Impulsgeber:innen und Expert:innen können dabei helfen!

Welche Chancen ergeben sich?
Welche Vorteile können Sie aus externen Marktdynamiken in Verbindung mit einem mutigen Einsatz von KI ziehen? Fällt eine schon seit Langem verhasste Schranke für den Vertrieb Ihrer Produkte weg? Können Sie eine nachgelagerte Wertschöpfungsstufe besser verknüpfen und daher zusätzliche Services anbieten sowie näher an die Kunden kommen?

Probieren Sie aus!
Seien Sie fantasievoll und trauen Sie sich, ebenso systematisch in diese Richtung anzufangen. Aber bitte hier genauso wenig wie sonst technikbesessen drauflosarbeiten! Auch hier sollten die Ansätze »business led« sein, damit sie eine Chance auf Marktakzeptanz haben. Fragen Sie sich: »Welches Kunden-Problem wollen wir lösen?«, »Welche Randbedingungen gibt es dabei?« »Brauchen wir wirklich den Einsatz von KI, oder langt auch ›normales Internet‹«?

iii. Veränderung

Erinnern wir uns, hier geht es um ein neues Produkt oder einen neuen Service, der ggf. gleichfalls die Struktur Ihrer Organisation verändert. Um gleich auf Erfolg versprechende Ideen zu kommen, empfehlen wir immer ein kundenzentriertes Vorgehen, d. h. die neuen Produkte oder Services aus den in Interviews geäußerten Bedürfnissen der Kund:innen abzuleiten. Die Schritte Ihres Weges zum systematischen Ausrollen einer Veränderungs-KI-Strategie könnten daher wie folgt aussehen:

- Einführen eines regelmäßig wiederkehrenden Prozesses zur kundenzentrierten Produktentwicklung (Interviewpartner generieren, Interviews durchführen, analysieren, verdichten, in Ideen überführen)
- Aufbau eines interdisziplinären Stamm-Teams zur Durchführung dieses Prozesses
- Kick-off des ersten kundenzentrierten Prozesses mit Fokus auf Automatisierung, Daten und KI
- Ableitung neuer Ansätze zur Befriedigung der Kundenbedürfnisse mithilfe von KI
- Bewertung, Auswahl und Entscheidung
- Umsetzung

Hinsichtlich der transformativen Auswirkungen auf Ihre Organisation können Sie sich behelfen, indem Sie wie eine Gründerin oder ein Gründer denken:

- Wenn Sie Ihre Organisation für die neuen, umzusetzenden Produkte oder Services primär mithilfe von KI gründen würden, wie sähe das aus?
- Was machen KI-gestützte Konkurrenten oder Disruptoren in diesem Bereich? Wie sind sie aufgebaut?

b. Kluger Einsatz von KI: Da, wo es zählt!

Nun, da wir eine Stoßrichtung der systematischen KI-Transformation haben und die Lücken, die sich aus unserer Standortbestimmung ergeben haben, gefüllt sind, kann es ja losgehen. Dafür hier noch ein paar Erfahrungswerte aus den Interviews, wo sich der Einsatz von KI besonders lohnt:

i. Beim Kunden!

In unseren Interviews war der Einsatz von Technologie an der Kundenschnittstelle ein häufig genanntes Thema: Mark Klein und Thomas Kleine-Möllhoff betonen z. B. die Nutzung der Technologie zur Verbesserung der Kundenorientierung sowie zur Steigerung der Kundenzufriedenheit. Hartmut Müller unterstreicht die Bedeutung der Kundenorientierung und operativen Effizienz durch technologische Innovation. Auch Inga Dransfeld-Haase hebt aus Sicht der Personalfunktion die Verbesserung der Kundeninteraktion durch digitale Lösungen hervor, ihrer Meinung nach einer der entscheidenden Faktoren für den Erfolg in der digitalen Ära.

So weit, so gut. Blöd aber, dass die digitalen Riesen wie Amazon alle unsere Kunden – Ihre, meine, egal ob im B2C oder im B2B – im Hinblick auf die Erwartungen an Interaktion, Kundensupport, Leichtigkeit des Einkaufens, Kundenerlebnis etc. ziemlich versaut haben. An diese Standards, die sich in der Zwischenzeit entwickelt haben, heranzureichen, geht in den deutschsprachigen Ländern aufgrund der hohen Personalkosten und der knappen Arbeitskräfte nur mit umfangreichem Einsatz von KI.

- KI ermöglicht personalisierte und relevante Interaktionen, inkl. maßgeschneiderter Produktempfehlungen, zielgerichteter Marketingkampagnen und effizienterem Kundenservice.
- KI-gestützte Chatbots und virtuelle Assistenten können Kunden rund um die Uhr betreuen.
- KI-Systeme können mehr Anfragen gleichzeitig bearbeiten als Menschen.
- KI-Systeme arbeiten automatisch datenzentriert und liefern wertvolle Erkenntnisse über Kundenbedürfnisse, -präferenzen und -trends. Dies ermög-

licht datengestützte Entscheidungen für Produktentwicklung, Marketing und Vertrieb.

ii. Bei den Mitarbeitenden!

Bei der Auswahl von Piloten und ebenso bei der Reihenfolge der systematischen KI-Umstellung darf nicht vernachlässigt werden, dass bestimmte KI-Nutzungen den Arbeitsplatz von Mitarbeitenden massiv verbessern, mit der Chance, sie von Bremsern zu Treibern der KI-Transformation zu machen.

Michael Ziegler, Vice President People & Transition bei TotalEnergies, betonte zum Beispiel in unserem Interview den Effekt, dass der Einsatz von digitalen Tools im Allgemeinen auch die Erhöhung der Flexibilität und Mitarbeiterzufriedenheit mit sich bringen kann. Ein schönes Beispiel, wie glückliche Mitarbeitende zu Multiplikator:innen der KI-Strategie werden können, brachte uns Mark Klein mit:

»Als wir die ersten Anwendungsfälle für Robotics bei uns identifiziert und umgesetzt hatten, sind vier Kolleginnen aus unterschiedlichen Bereichen bei unserem internen Veranstaltungsformat ‚Digital Morning' aufgetreten (in dem Format können sich Mitarbeiterinnen und Mitarbeiter regelmäßig über die neuesten Trends und Technologien informieren). Dort haben sie offen über ihre eigenen Erfahrungen gesprochen und berichtet, wie die Roboter sie von repetitiven Aufgaben befreien und in ihrem Berufsalltag entlasten. Also, welchen klaren Mehrwert die Roboter für sie haben. Die Kolleginnen und Kollegen sind teilweise so begeistert von den Robotern, dass sie ihnen Namen geben, etwa ‚Manuel Bü'. Das steht für ‚manuelle Bestandsübertragung'. Ein sehr komplexer Prozess, der vor Einführung von Robotics rund 50 Minuten manueller Bearbeitungszeit je einzelnem Sachverhalt in Anspruch genommen hat. Der Roboter hat das Ganze auf fünf bis zehn Minuten reduziert und den restlichen Ablauf automatisiert.«

Andreas Hamprecht von der DB Regio ergänzt:

»Na ja, natürlich ist gut, wenn ich ein relevantes Problem löse. Eins, was nicht nur sozusagen die zentrale Unternehmensadministration relevant findet, sondern eins, was mir die tägliche Arbeit wirklich erleichtert. [...] Da gibt es natürlich viele Sachen im Umfeld von Fahrzeuginstandhaltung oder Abrechnungen von Verkehrsverträgen, wo halt noch ganz schön viel Papier hin- und hergeschoben wird oder zumindest irgendwie Daten im einen System so sind, im anderen System aber so sind, und man lange irgendwie rumrätseln und abgleichen muss, bis es irgendwann eine konsistente Datenbasis gibt. Wenn wir jetzt Lösungen schaffen – und das tun wir am laufenden

Band – die nach und nach dieses menschenunwürdige Arbeitsvolumen angreifen und reduzieren, dann hat das natürlich eine gute Chance, eine Erfolgsstory zu werden.«

c. Agiles und dezentrales Arbeiten als Fundament

Die Notwendigkeit zu schnellem, agilem Arbeiten als Grundmodell der Zusammenarbeit ist schon oft betont worden, hier in diesem Buch wie auch woanders. Dennoch erlebe ich immer noch, selbst im Jahr 2024, Menschen, die mir sagen, in Ihrer Industrie sei ein solches Vorgehen nicht möglich. Dies sind immer Industrien mit entweder hohem Sicherheitsstandard oder hoher Regulierung. Oder beidem, wie in der Automobilindustrie. Doch selbst hier gibt es anderweitige Erfahrungen:

»Lieber schnelle Zyklen, lieber agil, lieber in Stufen arbeiten. Das klingt theoretisch, es ist aber am Ende das Einzige, was funktioniert in der Automobilindustrie.«

---

sagte mir bei einer unserer Preisverleihungen schon Mike Krüger, CIO von Dräxlmayer, einem Automobilzulieferer.

Auch Thomas Kleine-Möllhoff betont die Wichtigkeit von agilen Arbeitsweisen, an einem sehr eindrücklichen Beispiel:

»Wenn wir uns wirklich zurückversetzen [in die Zeit davor], eine Voraussetzung für die schnelle Entwicklung des Impfstoffes war tatsächlich, dass wir damals schon mit den agilen Arbeitsmethoden ernst gemacht haben. Dazu haben wir crossfunktionale Produktteams aufgesetzt. Wir haben also auch organisatorisch intern die Grenzen aufgehoben zwischen klassischer IT und dem Business, beispielsweise dem Forschungs- und Entwicklungsbereich.«

So oft schlägt mir Widerstand gegen agiles Arbeiten entgegen, dass es sich doch noch mal lohnt zu betonen: Bei agilem Arbeiten geht es nicht darum, Mitarbeitenden komplette Freiheit zu geben. Oder Basisdemokratie. Oder dass sie nicht mehr wirklich arbeiten müssen. Dass man irgendwas hinschlunzt, und der Kunde dann als Tester missbraucht wird. Es geht darum, einen neuen Weg zu finden, die Zukunftsfähigkeit und Wettbewerbsfähigkeit Ihres Unternehmens zu sichern. Also auch Ihres Arbeitsplatzes und Ihres Gehalts. Mit langsamen, herkömmlichen Prozessen werden wir, werden Sie und Ihr Unternehmen in Zukunft nicht mehr bestehen.

Carsten Priebs, zur Zeit unseres Interviews CIO bei Randstad, brachte dies hervorragend auf den Punkt:

»Am Ende des Tages sind aus meiner Sicht heutzutage Unternehmen viel zu langsam, bei denen man Mitarbeitern sagen muss, was sie tun sollen. Erstensmal wegen der Geschwindigkeit des Wandels, dann wegen der Anforderungen von einzelnen Kunden, die sagen ›Es ist mir doch scheißegal, was du für Prozesse hast, ich will, dass mein Problem gelöst wird!‹. Das bedeutet, du brauchst Menschen, die wissen, welchen Rahmen sie haben, in welchem Rahmen sie sich bewegen können. [...] Dazu musst du allen Mitarbeitern im Unternehmen [...] das Geschäftsmodell erklären, Geschäftszahlen verständlich machen. Wie hängen sie zusammen? Was sind die externen Einflüsse? Wo läuft der Markt gerade gegen das eigene Unternehmen?«

Daher sehen wir uns nun mal einzelne Bestandteile des agilen Arbeitens, die für die Einführung von KI von besonderer Bedeutung sind, noch mal genauer an, ergänzt um die in der Praxis gewonnenen Erfolgsrezepte für Transformation unserer Pioniere:

i. Teams crossfunktional aufsetzen

Das, was wir oben für die Zusammensetzung der Teams zur Durchführung des Piloten gesagt haben, gilt natürlich für das systematische Ausrollen der KI in der Organisation entsprechend: Die Teams müssen mindestens einen Vertreter des »Business« beinhalten (Produktmanager, Domänenexpert:in oder Projektmanager), eine:n federführende:n KI-Umsetzer:in (Data Scientist, ML Engineer, KI-Consultant) und ein oder mehrere andere »Techies« (Data oder Software Engineers, vielleicht auch UI Designer). Dies gilt zu 100 %, soweit Sie Ihre KI-Tools selbst entwickeln wollen. Beim Einsatz von fertigen Anwendungen können Sie mit weniger Tech-Ressourcen auskommen, denn diese müssen »nur« noch feingetunt werden mit Unternehmensdaten; nur ein paar interne Ressourcen (oder bekannte Freelancer) müssen dafür vorgehalten werden müssen.

ii. Dezentrale Entscheidungen und Eigenverantwortlichkeit erzielen

Der Umbau des IT-Systemhauses der Bundesagentur für Arbeit war ein besonderer Fall, allein schon wegen der Menge der beteiligten Personen. Um dezentrales und eigenverantwortliches Arbeiten zu erreichen, hat Stefan Latuski zwei Hebel angesetzt:

- Er hat die Hierarchien auf ein notwendiges Minimum reduziert: Die Mitarbeitenden sind nur noch in drei Ebenen organisiert: die Geschäftsführung und noch genau zwei Hierarchie-Ebenen darunter.

- Zum anderen, so erzählte er uns, hat er nicht nur die Entscheidungen, sondern auch das Mandat in die Teams gelegt. Das heißt, es gibt eine klare Trennung zwischen fachlicher Verantwortung und disziplinarischer Verantwortung, wobei alle fachlichen Entscheidungen im Team durch den Product Owner getroffen werden, alle technischen Entscheidungen durch den Lead Architect, also am Ende durch das Entwicklungsteam getroffen. Die Führungskraft als solche hat am Ende des Tages ›nur‹ noch die disziplinarische Verantwortung, ist also dafür verantwortlich, die richtigen Rahmenbedingungen zu schaffen, dass das Team vernünftig arbeiten kann und dass Personalentwicklung stattfindet.

Dieses neue Rollenverständnis zieht sich teilweise bis ganz oben in die Organisation. In dem Interview mit Fabian Schröder von Bosch Siemens Hausgeräte habe ich folgendes schöne, indirekte Zitat gehört:

»Haier ist ein sehr erfolgreicher Wettbewerber in der Weißen Ware. Zhang Ruimin, der CEO von Haier, hat gesagt, er sei nicht der Chef, sondern der Architekt. Er möchte keinen gepflegten Garten mit getrennten Beeten [Funktionen], sondern einen Dschungel ohne Mauern, in dem Pflanzen eigenständig wachsen und mit der Umwelt verwachsen können – weit über den Garten hinaus.«

iii. Klein und wertsteigernd starten

Ein wichtiger Punkt bei der ERGO, aber auch bei anderen Interviewpartnern, war das agile Prinzip von »start small«. Mark Klein berichtete Folgendes:

»Vom Vorgehen her haben wir immer erst getestet. Früher hieß das ›Proof of Concept‹, jetzt heißt es ›Proof of Value‹. Wir haben also erst im Kleinen begonnen und nachgewiesen, dass der Einsatz einer bestimmten neuen Technologie wertsteigernd ist. […] Dann haben wir ein kleines Competence Center gegründet und dieses Competence Center über die Zeit größer werden lassen. Im Fall Robotics zum Beispiel. sind wir in Deutschland mit einem kleinen Team von fünf Mitarbeiterinnen und Mitarbeitern gestartet. Dieses haben wir auf acht erweitert und sukzessive weitere Teams in Spanien, Griechenland, Polen, im Baltikum und in Belgien aufgebaut. So sind wir den Weg vom ›Proof of Value‹ zum Competence Center und dann zum internationalen Rollout gegangen.«

d. Verbleibende Lücken schließen

Wenn KI ausgerollt und in verschiedene Teile Ihrer Organisation integriert werden soll, dann sollten Sie die Erleichterungen, die Sie sich für die Piloten richtigerweise noch genehmigt haben, jetzt nacharbeiten. Folgendes ist üblicherweise noch übrig:

- Bauen Sie die komplette KI-Infrastruktur auf (inkl. Daten), soweit Sie sie im Haus haben wollen/müssen.
- Formalisieren Sie den Prozess rund um Ethik, Datenschutz, Transparenz und Rechenschaftspflicht.
- Schaffen Sie ein organisationsweites, allgemeines KI-Verständnis.

Auf den letzten Punkt möchten wir an dieser Stelle noch mal tiefer eingehen, denn spätestens hier können Sie sich keine Abkürzungen mehr dabei leisten, das erforderliche Wissen und die für eine KI-Transformation erforderliche Kultur mit aller Vehemenz in die Organisation zu bringen. Wenn Sie früher gestartet haben, dann natürlich umso besser!

i. Führungskräfte fortbilden

Kommen wir zunächst zum wichtigsten, aber gleichzeitig auch schwierigsten Teil:

Ein **grundlegendes Verständnis** von KI ist für Führungskräfte von entscheidender Bedeutung, wenn ihre Organisation eine KI-Transformation plant oder bereits durchläuft. Optimalerweise bevor überhaupt KI-Initiativen gestartet werden, müssen Führungskräfte erkennen und sich vorstellen können, wie KI ihrer Organisation konkret hilft. Entscheiden Sie sich für Ihre Organisation für einen Schnellstart der KI-Transformation, ist es zu Beginn allerdings ausreichend, dass die Führungskräfte in dem Bereich, den Ihr Pilot abdeckt, entsprechend geschult werden. Ferner müssen Führungskräfte die **Potenziale der KI für das Geschäftsmodell und die Prozesse** der Organisation klar vor Augen haben. Echte KI-Transformation erfordert ein strategisches Umdenken: Anstatt KI als isolierte Technologiefrage zu sehen, muss sie als wesentlicher **Wettbewerbsfaktor**, ähnlich wie Marke oder Premiumpositionierung betrachtet werden.

Denn nur mit diesen KI-Kenntnissen und der daraus resultierenden Haltung gegenüber KI können die Führungskräfte dazu beitragen, KI zielgerichtet in das langfristige **Organisationszielbild** zu integrieren. Andernfalls laufen sie Gefahr, dem Thema KI nicht ausreichende Priorität einzuräumen, die Tragweite der KI-Transformation als wesentlicher Wettbewerbsvorteil nicht angemessen einzuschätzen oder – umgekehrt – unrealistische Erwartungen zu haben.

Ein solides KI-Grundverständnis und -Mindset hilft ihnen also, fundierte Strategien und Investitionsentscheidungen zu treffen, die den schnellen Umstieg zum erfolgreichen Arbeiten aller in einer »AI first«-Wirtschaft ermöglichen.

Es muss den Führungskräften klar sein, dass dies keine einfache Aufgabe ist, aber es sich genau deswegen lohnt, sich mit ihrer Bewältigung gegenüber dem zögernden Wettbewerb langfristige Wettbewerbsvorteile zu sichern, wenn nicht sogar Marktdominanz zu erreichen.

Führungskräfte müssen die technischen Details der KI-Disziplinen nicht mathematisch exakt verstehen. Jedoch sollten sie Basiskonzepte wie die Unterschiede der verschiedenen Disziplinen, Trainingsdaten, Modelle, Defizite (Bias, Halluzinationen) und ethische KI-Nutzung kennen. Auch müssen sie begreifen, welche Geschäftsprozesse und Aufgaben sich für Automatisierung eignen. Vor allem müssen Sie sich selbst öffnen und Mitarbeiter auf den Wandel vorbereiten können.

Hier aus unserer Erfahrung mit dem Aufbau des Programms in unserer App Culcha, was in einem Curriculum zu KI für Führungskräfte stecken sollte:

Einschub 48: Curriculum für KI-Fortbildung für Führungskräfte

Grundverständnis der KI-Konzepte und -Methoden
- Wie selbstlernende Algorithmen funktionieren (Supervised/ Unsupervised Learning)
- Unterschiedliche KI-Methoden und deren Anwendungsgebiete
- Voraussetzungen für datengetriebenes Arbeiten

Möglichkeiten und Grenzen von KI-Systemen
- Welche Arten von Problemen kann KI lösen und welche nicht
- Verständnis der Fähigkeiten und Grenzen aktueller KI-Technologien
- Integration von KI in bestehende Geschäftsprozesse

Ethische und rechtliche Aspekte
- Bewusstsein für relevante Themen wie Datenschutz, Bias, Transparenz
- Entwicklung ethischer Richtlinien für den KI-Einsatz
- Rechtliche Rahmenbedingungen und Governance-Strukturen

Auswirkungen auf Führung und Teamarbeit
- Veränderungen der Führungsrolle durch KI
- Erforderliche neue Führungskompetenzen
- Chancen und Herausforderungen von KI für die Teamführung

Projektmanagement für KI-Initiativen
- Rollen im KI-Projektteam (Data Engineers, Business Change etc.)
- Schritte zur Umsetzung von KI-Projekten
- Testen, Validieren und Monitoring von KI-Modellen

Nicht zu vergessen: Auch das Mindset muss sich anpassen! Dazu helfen der Abschnitt 3.3.1 und Spezialformate.

ii. Innovatoren stärken

Die Fortbildung der Innovatoren ist entscheidend, damit sie alle, wirklich alle Möglichkeiten der KI erkennen können. Dies betrifft Produktmanager, Engineering Manager, alle, die für Innovation zuständig sind und vor allem alle diejenigen, die in interdisziplinären Teams beim Finden von Pilotfällen und beim systematischen Ausrollen von KI in der Organisation dabei sind. Das Training sollte ähnlich wie das für Führungskräfte gestaltet sein, jedoch zusätzlich um Umsetzungsaspekte erweitert werden. So geht es hier dann um Fragen wie

- Einsatz von Open-Source-Tools statt vorgefertigter Standardlösungen
- Anpassung und Training von KI-Modellen mit unternehmenseigenen Daten
- Möglichkeit der Eigenentwicklung von KI-Modellen
- Bereitstellung ausreichender Rechen- und Speicherkapazitäten
- Integration in Cloud-Infrastrukturen für ein intelligentes Datenökosystem
- Sicherstellung von Datenqualität, Governance und Compliance
- Empathie, Überzeugungskraft, Kommunikation – weil die Innovatoren Fachbereiche überzeugen müssen, was sich positiv für sie verändert

iii. Bestehende Tech-Ressourcen umschulen

Auch wenn man davon ausgehen kann, dass die Anwendung von KI mittelfristig die bestehenden Engpässe auf dem Arbeitsmarkt beseitigen wird, müssen zunächst einmal die richtigen Ressourcen vorhanden sein, um die KI-Transformation durchzuführen. Haben Sie diese nicht zur Verfügung und schaffen Sie es auch nicht, sie anzuwerben, hilft Ihnen nur eine Fortbildung oder Umschulung bestehender Ressourcen.

Typischerweise bestehen hier folgende Möglichkeiten:

- Datenbankadministratoren können zu Data Engineers weitergebildet werden, da sie bereits mit strukturierten Datenquellen vertraut sind und sich so in Data Engineering und Data Warehousing-Rollen entwickeln können.
- Software-Ingenieure können zu Datenwissenschaftlern (Data Scientists) umgeschult werden, da sie wissen, wie man Code schreibt, Datenbanken anfragt und ein gutes Verständnis für Mathematik haben. Zusätzlich benötigen sie allerdings Kenntnisse in Datenanalyse und KI, was etwas Zeit in Anspruch nehmen kann.

e. Strukturelle Hindernisse beseitigen oder mildern

Hier kommen wir zu einem etwas schwierigen Abschnitt dieses Buches, weil er mehr als die meisten anderen außerhalb Ihres Einflussbereichs liegt. Je nach Ihrer Funktion haben Sie auf einen der folgenden Aspekte mehr und auf einen anderen weniger Einfluss, allein »durchziehen« können Sie in der Regel – zumindest im Unternehmen – nicht.

Daher beschränken wir uns im Folgenden auf eine Darstellung dessen, wie es sein sollte, sodass Sie entweder, wenn Sie selbst zuständig sind, einen ersten Ansatzpunkt zur Veränderung haben, oder, wenn Sie es nicht sind, zumindest einen Ansatzpunkt zur Analyse des Stands in Ihrer Organisation und zum Gespräch haben.

i. Eine »flotte« HR in der Organisation fördern

Einer meiner Lieblingsbegriffe ist der der »flotten HR«, den ich in einem Gespräch von Inga Dransfeld-Haase gelernt habe. Kein Wunder, dass sie das so gut auf den Punkt bringen kann, ist sie doch als Präsidentin des Verbands der Personalmanager an vorderster Front, die Kompetenzen und das Bild dieses Berufsstandes zu entwickeln. Denn eine solche »flotte HR« ist in der Transformation unverzichtbar, was aber nicht immer vonseiten der HR genau so gesehen wird, wie sie uns im Interview sagte:

»Es braucht die HR in der Transformation [...], aber es braucht auch eine Transformation der HR: Dass Personaler:innen das Eigenverständnis und den Selbstwert erkennen, dass eine starke People Funktion für eine gelingende Transformation gebraucht wird. Und dafür braucht der Einzelne auch den Zuspruch. Was über Jahrzehnte klein gehalten worden ist, kann nicht plötzlich nach vorne treten.«

Das Fördern einer »flotten« HR hat also etwas mit Zutrauen zu tun – seitens des Business in Richtung HR, aber auch von der HR in Bezug auf sich selbst. Wunderbar hat das Dr. Markus Keddi, damals Senior Vice President Corporate HR der Voith Group, in einem frühen Interview im Sommer 2022 zusammengefasst:

»Ich glaube, dass es im Gestaltungsraum von HR genauso komplex oder sogar noch komplexer zugeht als in anderen Funktionsbereichen. [...] Komplexität zeichnet sich insbesondere dadurch aus, dass Ursache-Wirkungsbeziehungen nicht transparent und nachvollziehbar sind. Und das erzeugt natürlich erstmal Scheu, denn Komplexität erfordert Mut zum Experimentieren. Und für Mut braucht es Vertrauen – Vertrauen in die eigenen Fähigkeiten und Vertrauen auf Rückendeckung,

wenn Experimente schiefgehen. Vielleicht hat HR genau in diesen beiden Bereichen Luft nach oben. [Was die Gründe dafür angeht,] da gibt es viele potenzielle Einflussfaktoren und ich möchte keinesfalls generalisieren. Was das Vertrauen in die eigenen Fähigkeiten anbelangt, könnte ich mir z. B. vorstellen, dass die gängigen Hochschulausbildungen der eben beschriebenen Komplexität in HR nicht immer gerecht werden. Was die Rückendeckung zum Experimentieren anbelangt, könnte ich mir auch vorstellen, dass das sehr von der jeweiligen Unternehmenskultur, im Speziellen der vorherrschenden Fehlerkultur abhängt. Und genau in diesem Bereich kann HR ja einen hohen Veränderungsbeitrag liefern. Wenn HR hier beratend und umsetzend tätig werden darf. Also ist vielleicht das Problem gleichzeitig die Lösung.«

Auch Dr. Rebecca Koch sieht eine Fortentwicklung der HR-Funktion und die Umsetzung einer modernen HR-Strategie als zentral an, damit die KI-Transformation gelingen kann. So sagte sie uns schon in unserem Interview:

»Welche Rolle gesteht man denn HR zu, um diese Transformation voranzutreiben? Ich finde es z. B. sehr spannend, dass es jetzt auch schon einige Unternehmen gibt, die die Chief People Officer und die Chief Transformation Officer-Rolle in einer Rolle vereinen. [...] Ich messe auch gerne, was wir aus der HR-Organisation heraus gestalten – das muss man auch! Denn HR ist eben nicht nur dieser ›softe Bereich‹, der sich um alle ›nice to haves‹ kümmert, sondern HR ist auch knallhartes Management.«

Dazu baten wir sie um eine Vertiefung in Bezug auf die KI-Transformation:

Einschub 49: Text von Dr. Rebecca Koch zur Rolle von HR

Die Rolle von HR bei der KI-Transformation

von Dr. Rebecca Koch

Künstliche Intelligenz (KI) ist in aller Munde – zu Recht, denn sie wird unsere Arbeitswelt, Gesellschaft und unser Leben so tiefgreifend verändern wie kaum eine andere Innovation zuvor. Auch vor dem Personalwesen macht diese Transformation nicht halt: Die HR-Abteilung steht vor einer ihrer größten Herausforderungen und zugleich vor enormen Chancen. Als Chief People Officers (CPO) ist es unsere Aufgabe, diese Transformation nicht nur zu begleiten, sondern aktiv zu gestalten.

Die Umstellung erfordert aus Sicht der Personalfunktion ein umfassendes Upskilling der Mitarbeitenden und auch einen tiefgreifenden kulturellen Wandel. Dabei ist der notwendige Mindset-Change, der mit diesem Kulturwandel einhergeht, schwieriger zu bewältigen. Was braucht es dafür? Eine HR-Organisation, die die Transformation mit Energie und Entschlossenheit vorantreibt, und ein Board, das von HR mehr erwartet als nur die Umsetzung der eigenen Ideen.

»AI First«-Mindset: Kultureller Wandel als Schlüssel

Im Zuge der KI-Transformation wird »Culture eats Strategy for Breakfast« ergänzt durch »Mindset schlägt Lebenslauf«. Es gilt, ein »AI First«-Mindset zu etablieren, und das unter erschwerten Bedingungen, denn bei vielen Mitarbeitenden ruft die KI Widerstände und Ängste vor Jobverlust hervor.

Um einen nachhaltigen und wirksamen Kulturwandel zu erreichen, muss eine proaktive HR auf fünf Hebel einwirken. In 20 Jahren Kulturarbeit habe ich beobachtet, dass ein Wandel scheitert, wenn auch nur eines dieser Elemente vernachlässigt wird.

1. Vorbildfunktion sicherstellen

Ein Kulturwandel kann nur mit viel Empathie und im Schulterschluss des gesamten Führungsteams gestaltet werden. Dabei kann die HR-Funktion wesentliche Erfolgsfaktoren gestalten, aber nicht allein den Wandel bewirken. Denn eine einzige Führungskraft kann viel Stillstand bewirken. Was an der Spitze vorgelebt wird, setzt den Standard für die Organisation. Hierauf robust einzuwirken, ist ein wichtiger Ansatzpunkt einer modernen HR-Funktion, die nicht nur begleitet, sondern gestaltet.

2. Auf allen Wegen kommunizieren
»Man kann nicht zu viel kommunizieren« gilt weiterhin. Unterschiedliche Kanäle müssen genutzt werden, in Bezug auf KI-Transformation vorwiegend digitale – ggf. mit transparenter eigener Nutzung von KI. Eine moderne HR-Funktion spielt das gesamte Instrumentarium: Tools wie Teams, Slack oder Flip für den bereichsübergreifenden Austausch in Echtzeit. Tools wie Asana, Trello oder Miro für Echtzeitzusammenarbeit und Transparenz. Umfrage-Tools wie SurveyMonkey oder Typeform für das schnelle (anonyme) Feedback und die Einbindung aller Mitarbeitenden.

Doch auch der persönliche Kontakt bleibt trotz aller digitaler Möglichkeiten wichtig – gerade, wenn das Gefühl der digitalen Überforderung im Raum steht. Daher nutze ich beispielsweise jeden Business-Trip, um mich mit Mitarbeitenden auszutauschen und zuzuhören.

3. KI- und menschliche Kompetenzen aufbauen
Die Einführung von KI-Technologien erfordert technische Kompetenzen und ein Grundverständnis für KI in allen Bereichen. Hier muss die HR-Funktion Einladende und Teilnehmerin zugleich sein. Eine Kombination aus Basis-Trainings (z. B. von Coursera oder Udacity) und Inhouse-Workshops zur organisationsinternen Anwendung ist ideal. Hackathons helfen, in kurzer Zeit Lösungen für echte Probleme zu entwickeln und fördern den Austausch von Best Practices.

Doch auch Fähigkeiten wie Empathie, Kommunikationsstärke und kritisches Denken gewinnen mit dem Einzug von KI an Bedeutung. Ein Tool, das die HR dazu anbietet, sind 360-Grad-Feedbacks, da die eigene Weiterentwicklung mit dem Aufdecken blinder Flecken beginnt (Stichwort »Selbsterkenntnis«). Die nobelste Aufgabe der HR hierbei? Führungskräfte dazu zu bewegen, offen mit ihren Entwicklungsfeldern umzugehen und speziell zu ihren Fortschritten darin regelmäßig Feedback einzuholen. Das schafft eine vertrauensvolle Lernkultur, in der andere dem Beispiel folgen werden.

4. Ziele setzen und Anreize schaffen
»What gets measured, gets done« gilt auch heute noch. Eine Organisation muss klare Ziele haben und den Fortschritt messen. HR kann sich dort einbringen, wirklich sinnvolle Anreize zu schaffen. Diese sind oft nicht finanzieller Natur, sondern etwa Awards, die gute Lösungen und Talente sichtbar machen. Klassische Anreizsysteme sind so anzupassen, dass die Transformation hin zu einer KI-unterstützten Organisation in Zielvereinbarungen und Performance-Review-Prozessen verankert.

5. Prozesse, Tools und Systeme anpassen
Jeder Prozess, jedes Tool und jedes System muss darauf geprüft werden, ob es dem Ziel des »AI first« zuträglich ist. Bringen Recruiting- und Talent Management-Prozesse die Menschen mit dem richtigen Mindset in Schlüsselpositionen? Fördern die etablierten Entscheidungsprozesse KI-Nutzung und Innovationen? Unterstützen die IT-Systeme die datenzentrierte Zusammenarbeit, und ermöglichen Policies KI-unterstützte Lösungen? Wenn nicht, müssen sie stringent angepasst werden.

Ein Appell
Die KI-Transformation ist nicht nur eine technische, sondern vor allem eine menschliche Herausforderung. Als CPOs haben wir nicht nur die Verantwortung, zum Erfolg dieser Transformation beizutragen, sondern diese auch aktiv mitzugestalten. Doch das erfordert Fokus, Priorität, Mut, Energie und Entschlossenheit. Es ist kein Projekt wie jedes andere und genauso wenig delegierbar. Die Aufgabe ist gigantisch – und bietet uns die einzigartige Möglichkeit, eine neue Ära zu prägen. Nutzen wir diese Chance!
Gemeinsam in die Zukunft – mit Mut, Kompetenz und Empathie.

Auch Dr. Markus Keddi hat konkrete Vorschläge, was nötig ist, damit die HR sich allgemein als Sparringspartner, Gestalter und Umsetzer im Bereich Transformation stärker hervortut:

»Stabile, effektive und effiziente HR-Prozesse sind die zentrale Grundvoraussetzung, um vom Business akzeptiert zu werden. Zudem müssen wir die HR-internen Personal- und Organisationsentwicklungsprozesse vorbildlich leben. Nur wenn wir das vorleben, was wir sagen, werden wir als glaubwürdig und authentisch wahrgenommen. Auf unseren eigenen Verantwortungsbereich haben wir den größten Einfluss und können diesen daher relativ autark und zügig verändern. Dort müssen wir Vorreiter für Führung und Kultur sein und andere durch unser Vorleben inspirieren.«

Und abschließend hat mir der Vorschlag von Simone Wamsteker, CHRO der Detecon International, besonders gut gefallen: Sie zielt darauf ab, Ihre HR-Abteilung wie eine eigene Geschäftseinheit zu führen, um HR am Tisch der Entscheider zu positionieren:

»Wenn du da mitspielen willst, dort wahrgenommen & wertgeschätzt werden willst, musst du deine HR-Abteilung genauso steuern, wie alle anderen Bereiche gesteuert

werden: mit Blick fürs Business. Was ist mein Auftrag? Was ist mein Beitrag, jenseits des klassischen Employee Life Cycle? [...] Voraussetzung ist eine klare strategische Ausrichtung der HR-Abteilung, geführt anhand von KPIs und mit einer vergleichbaren Effizienz. [...] Dazu gehört auch, dass ich mich einschieße auf die strategischen Ziele des Unternehmens. Das heißt, das Brot & Butter-Geschäft muss Platz machen für Tätigkeiten, die diesem Ziel dienen. Teilweise passiert das durch die mit unserer Digitalisierung verbundene Effizienzsteigerung von selbst, aber wir bauen auch die entsprechenden Leute und/oder Fähigkeiten auf. Wir sparen ein an Stellen, wo man keinen Blumentopf gewinnt und investieren dort, wo ein Beitrag zur strategischen Weiterentwicklung geleistet werden kann. Ich frage meine Teams oft: ›Für was wollt Ihr eigentlich angesehen werden?‹ [...] Ein weiterer wichtiger Schritt war, dass HR ein Teil des Boards geworden ist. Ich bin eine von drei Board-Mitgliedern, und wir verantworten gemeinsam alle Themen. [...] Wir müssen allgemein die neue Rolle der HR wirklich oben verankern und dann auch keine Angst haben, mitzureden. Denn wenn man mit am Business-Tisch sitzt, dann wird auch erwartet, dass wir einen Blick auf das Business haben: Womit machen wir als Unternehmen den meisten Umsatz? In welchen Märkten? Dann darf ich mich nicht auf die reinen People Topics zurückziehen, sondern muss bei allen Themen den People- und den Business-Blick darauf haben.«

ii. In die richtigen Mitarbeitenden investieren – und diese in Ruhe lassen!

Oben haben wir schon über die Rollen und Kompetenzen in den interdisziplinären Pilot- und Transformationsteams gesprochen. Sind diese intern nicht zu finden – auch nicht über Fortbildung oder Umschulung – muss man sie von außen holen.

Dies ist nicht nur wegen der Kompetenzen wichtig, sondern auch, weil Externe andere Erfahrungen einbringen. Andere – nicht unbedingt bessere. Genau deswegen, weil sie keinen Stallgeruch haben. Genau deswegen, weil sie in einem anderen Umfeld beruflich sozialisiert wurden. Und nicht »obwohl«. Natürlich gilt es, Mitarbeitende, die frisch aus anderen Branchen kommen, die eine andere Erfahrung haben, mit anderen Technologien gearbeitet haben, auszubalancieren mit langjährigen Mitarbeitenden mit exzellentem internem Netzwerk. Genau das Gleiche gilt für Personen, die risikoaverser sind, im Verhältnis zu denen, die unbeschwerter hineingehen. Nur durch vorsichtiges Ausbalancieren vermeidet man den bekannten Effekt, dass man mal schnell eine Einheit aufbaut mit vielen Leuten, die von außen kommen und in kurzer Zeit tolle Dinge bewegen, aber die Organisation nicht mitnehmen können. Und – solange man die Organisation noch nicht abgeschrieben hat – ist Letzteres wichtiger.

Bzgl. externen Einstellungen kommt dazu noch ein Aspekt, den Thomas Schultz-Homberg hervorhebt:

»Alle [...] eingeführten KI-Technologien konnten nur so gut gelingen und sogar internationale Preise gewinnen, weil wir bei den Kölner Stadt-Anzeiger Medien konsequent den Weg verfolgen, die Expertinnen und Experten ihren Job machen zu lassen und nicht von der ›Seitenlinie‹ hineinzureden.«

Getreu einem weiteren meiner Lieblingssprüche:

»We don't hire excellent people and then tell them what to do. We hire excellent people so that they tell us what to do.« – Steve Jobs

---

iii. Mitbestimmung frühzeitig einbeziehen

Allgemein werden die Gremien der Mitbestimmung, also im Wesentlichen der Betriebsrat, als der grundsätzliche Feind sämtlicher Veränderungsbemühungen hingestellt. Das ist aus meiner Erfahrung so verallgemeinernd nicht richtig. Ich hatte schon mit vielen Betriebsräten bei der Einführung von Culcha bei unseren Kunden zu tun, und keiner davon hat sich grundsätzlich quergestellt. Manchmal brauchten sie etwas länger, um davon überzeugt zu werden, dass Culcha wirklich auch bei den Führungskräften ansetzt und alle Arbeitnehmerschutzgesetze erfüllt. Soweit es Widerstand gab, hatte ich immer den Eindruck, dass die Haltung und die Vorbehalte auf schlechten Erfahrungen der Vergangenheit beruhen.

Ähnlich war mein Eindruck bei einem der Webinare, die wir bei Culcha abgehalten haben, mit dem schönen Thema »Mitbestimmung: Eine Chance für die Transformation?«. Dort hatten wir spontan auch einige Betriebsratsmitglieder zu Gast, und die lebhafte Diskussion zeigte auf, dass alle anwesenden Betriebsrätinnen ein hohes Interesse an Transformation hatten. Sie stellten nur eine Bedingung: Dass sie früh genug ins Boot geholt werden, um mitbestimmen zu können. Sauer wurden sie hingegen, wenn sie den Eindruck hatten, nur aufgrund der gesetzlichen Vorgabe, zum Abnicken, am Schluss einbezogen zu werden.

Diese Erfahrung spiegelt sich in unseren Interviews wider. Rebecca Koch z. B. berichtete:

»Es gibt kaum eine Transformation, die [...] ohne Verhaltensänderungen einhergeht. Und das kann ich wunderbar über eine Mitarbeiterbefragung tracken, wenn ich

denn die richtigen Fragen stelle. Auch alle Betriebsräte möchten, dass Führung gut funktioniert und dass wir Führung gut gestalten. Deswegen, wenn wir das tracken können, dann hilft uns das auch [im Sinne des Betriebsrats] zu bewerten, ob die Maßnahmen, die wir ergreifen, sinnvoll sind.«

Auch andere Transformator:innen sehen das genauso, besonders deutlich formuliert von Adriana Nuneva, CDO bei CWS:

»Ein Aspekt, der mir auch persönlich wichtig ist: Wir haben von Anfang an die Mitarbeiter:innenvertretung mit eingebunden. [...] Das sind teilweise sehr harte Diskussionen, weil häufig eine große Angst dabei ist. Digitalisierung geht ja oft einher mit der Thematik Personalabbau. Das muss aber nicht so sein, sondern es geht eigentlich mehr um eine Umverteilung von unterschiedlichen Skills. Und da ist es wichtig, die Kolleg:innen dann relativ frühzeitig mit einzubinden. Unsere Argumente waren die zu erwartende Erleichterung der Arbeitsweise und eine Reduktion der Ad-Hoc-Maßnahmen, die dann immer nötig waren, wenn bestimmte Grundprobleme nicht gelöst worden sind. Also hat man viele Workarounds gemacht. Mit den Prozessen, die wir [im Zuge der Digitalen Transformation] definiert haben, [...] sind wir an die jeweiligen Grundprobleme rangegangen und haben versucht, die zu lösen. [...] Und das hat uns [bei der Mitbestimmung] geholfen.«

Genauso verlief es bzgl. Robotics bei der ERGO. So berichtete uns Mark Klein:

»›Jeder möchte seine Kolleginnen und Kollegen bestmöglich entlasten, möchte, dass es gut läuft. Das tut es mit Robotics. Auch hier haben wir erklärt, was der Roboter kann und was nicht. Das heißt, es war immer klar, dass er den Menschen nicht ersetzt, sondern unterstützt und dazu dient, die Zeit für die wesentlichen Dinge freizuräumen wie beispielsweise die Kundenbetreuung oder die Kommunikation mit unseren Vertriebspartnern. Also für inhaltlich anspruchsvollere Aufgaben. Und das hat gut funktioniert. So gut, dass der Betriebsrat unseren Mitarbeiterinnen und Mitarbeitern empfohlen hat, sich bei operativen Herausforderungen ans Robotics-Team zu wenden, um ihnen bei der Optimierung von Abläufen und Prozessen zu helfen.‹«

Der Betriebsrat ist also nicht immer der Erzfeind, zu dem ihn alle machen. Er will – so wie wir ja auch – fair behandelt werden. Gibt es Widerstand aus mangelnder Beurteilungskompetenz, lassen Sie den Betriebsrat einen Sachverständigen zur Unterstützung auswählen. Und machen Sie auch hier immer wieder die persönlichen Mehrwerte klar: Der Betriebsrat kann als Erster die Tools nutzen, die Arbeitslast der »Kunden« des Betriebsrats wird leichter, und auch die Führungskräfte werden in die Pflicht genommen! So kann selbst dieser Aspekt von Hindernis zu einer bereichernden Zusammenarbeit werden.

iv. IT Security-Anforderungen ausreichend, aber nicht überzogen gestalten

Zwischen Zentralfunktionen und Mitarbeitenden in den dezentralen Teilen der Organisation besteht häufig ein Spannungsfeld: Zentrales Controlling vs. operative Abteilungen, Legal gegen Vertrieb, aber vor allem zentrale IT gegen den Rest der Organisation. Denn diese greift am meisten in den ständigen Arbeitsfluss ein: Müssen sie aus IT Security-Gründen veraltete oder bedienungsunfreundliche Programme nutzen, merken die User das in jeder Sekunde und ärgern sich grün und blau.

Dieses Spannungsfeld bietet wiederum eine Daseinsberechtigung für moderne, pragmatische CIOs oder einen speziellen Typ von CIO, der sich das »Business Relationship Management« auf die Fahnen geschrieben hat. Ein solcher ist Roman Kornauka, CIO EMEA der großen Mediaagentur OMG.

Einschub 50: Interview mit Roman Kornauka, CIO EMEA & Asia Pacific bei Omnicom

»Im Zuge meiner Karriere habe ich in mehreren Unternehmen gearbeitet, die sehr großen Wert auf IT-Security gelegt haben. Das ist, angesichts der allgegenwärtigen Bedrohungen, unumgänglich. Gleichzeitig habe ich in meinen Rollen sehr häufig schon die Verantwortung gehabt, meine anderen »Kunden«, die Märkte, Länder, Agenturen, Brands oder andere operative Einheiten, arbeitsfähig zu halten. Das heißt auch, so zu agieren, dass sie die neuesten Technologien einsetzen können, zugunsten unserer gemeinsamen Kunden oder zur internen Prozessverbesserung. Das kann zu einem Spagat werden, der viel Reflexion und auch Haltung erfordert.

Ich plädiere dabei für einen transparenten Risikomanagement-Ansatz. Einerseits sollte den Entscheidern immer verdeutlicht werden, welches Maß an zusätzlicher Sicherheit zu welchen Kosten und zu welchen Einschränkungen erreicht wird. Andererseits sind viele Sicherheitsstandards unverhandelbar, auch wenn diese von den Nutzern und dem Business oft als hinderlich oder einschränkend empfunden werden. Ich mache einen Unterschied zwischen der Durchführung von Piloten und einem Rollout einer Technologie, z. B. MS Copilot. Bei einem Piloten kommt es mir vor allem darauf an, dass das Risiko minimal gehalten wird, aber gleichzeitig die Experimentierfreude nicht verloren geht. Daher macht es Sinn, umfangreiche Tests nur mit ausgewählten

Benutzern und mit klaren Regeln durchzuführen. Bei einem Rollout an einen größeren Benutzerkreis sollte der Zugriff und die Einhaltung der – klaren – Regeln streng durch Systeme überwacht werden.

Meine Überlegungen zum Thema »angemessene IT-Security für KI-Systeme« konzentrieren sich darauf, Schutzmaßnahmen so zu implementieren, dass sie den Endbenutzern weiterhin die Nutzung verschiedener KI-Systeme ermöglichen. Natürlich ist auch hier sinnvoll zu unterscheiden zwischen Pilotprojekten und dem finalen Rollout spezifischer KI-Systeme. Ein Ansatz besteht darin, einen geregelten Zugang zu bestimmten Systemen zu gewährleisten. Es gibt zahlreiche Systeme, die als eine Art von Filter zwischen den KI-Anwendungen und den Endbenutzern dienen und kritische Daten aus den Eingaben herausfiltern können (z. B. Dtex, Code42, Proofpoint). Oder »Proxy-Lösungen«, die eine lokale Anonymisierung von sensiblen Daten vornehmen, bevor sie an die KI-Anbieter weitergeleitet werden.

Eine alternative Methode, um sensible interne oder Kundendaten innerhalb der Firma zu schützen, ist die Nutzung eigener Instanzen von KI-Tools. Microsoft erlaubt beispielsweise innerhalb seiner 365-Suite, eigene Instanzen zu implementieren und zu nutzen. Angesichts der rasanten Entwicklung neuer KI-Lösungen empfehle ich, ein Set von vertrauenswürdigen Lösungen zu fördern und weniger sichere Lösungen konsequent zu blockieren. Dies sollte aber transparent für die Mitarbeiter geschehen, sodass sie verstehen können, warum bestimmte Anwendungen verfügbar sind, während andere nicht zugänglich sind.«

v. Ethische und rechtliche Richtlinien final formulieren

Während wir beim Piloten noch pragmatisch mit der Formulierung dieser Richtlinien umgehen konnten, kommt es nun zum Schwur: Alle Gesprächspartner betonten die Wichtigkeit der Richtlinien für die Akzeptanz von KI in der Organisation und bei Kunden:

Bei der Bundesagentur für Arbeit (BA) ist die Datenethik-Leitlinie die erste Säule der Transformation, neben nur einer weiteren, nämlich dem Change Management. Dazu mehr unten in unser Fallstudie (Abschnitt 4.3 a)

Auch bei Ringier, dem Schweizer Medienunternehmen, waren die ethischen und rechtlichen Richtlinien keine Hürde, sondern ein wesentlicher Erfolgsfaktor, wie wir ebenfalls unten in der Case Study (Abschnitt 4.3. d) darstellen. Ihr im Jahre 2023 entwickeltes Manifest lautet wie folgt:

Einschub 51: KI-Manifest von Ringier

- Die von KI-Tools erzeugten Ergebnisse sind immer kritisch zu hinterfragen und die Informationen sind mit dem eigenen Urteilsvermögen und Fachwissen zu verifizieren, zu überprüfen und zu ergänzen.
- Grundsätzlich werden Inhalte, die mit KI-Tools erstellt wurden, gekennzeichnet. Eine Kennzeichnung ist in den Fällen nicht erforderlich, in denen ein KI-Tool nur als Hilfsmittel eingesetzt wird.
- Es ist unseren Mitarbeitenden nicht gestattet, vertrauliche Informationen, Betriebsgeheimnisse oder personenbezogene Daten von journalistischen Quellen, Mitarbeitenden, Kundinnen und Kunden oder Geschäftspartnerinnen und Geschäftspartnern oder anderen natürlichen Personen in ein KI-Tool einzugeben.
- Entwicklungscodes werden nur in ein KI-Tool eingegeben, wenn der Code weder ein Betriebsgeheimnis darstellt noch Dritten gehört und wenn keine Urheberrechte verletzt werden, einschließlich von Open-Source-Richtlinien.
- Die von Ringier entwickelten, integrierten oder genutzten KI-Tools und -Technologien sollen stets fair, unparteiisch und nicht diskriminierend sein. Angesichts dessen werden die eigenen KI-Tools, -Technologien und -Integrationen einer regelmäßigen Überprüfung unterzogen.

Die ethischen Richtlinien für den Umgang mit KI in der Redaktion des Kölner Stadt-Anzeigers sehen z. B. so aus:

Editorial Guidelines

KI ist für uns ein Werkzeug. Wir setzen KI an unterschiedlichen Stellen ein, um im Sinne der Leserinnen und Leser unsere Produkte und unsere Arbeit zu verbessern.

KI ist für uns kein Ersatz für unseren Journalismus und menschliche Kompetenz. Wir respektieren redaktionelle Kontrolle und journalistische Qualität. Die endgültige Entscheidung über den Einsatz von KI-basierten Produkten sowie die Verantwortung für alle mit KI erzeugten Inhalte liegt immer bei einem Menschen.

KI ist kein rechtsfreier Raum. Wir halten uns an geltendes Recht und gesetzliche Bestimmungen und orientieren uns an unseren ethischen Prinzipien und Leitlinien, wie zum Beispiel der Achtung menschlicher Autonomie und demokratischer Werte.

KI ist für uns kein Risikofaktor. Wir setzen auf technisch sichere KI, um die Gefahren von Fehlern und Missbrauch zu minimieren. Dort, wo Inhalte vorrangig mit Hilfe von KI erzeugt werden, machen wir dies transparent und nachvollziehbar.

KI ist für uns nichts Beängstigendes. Wir ermutigen alle Mitarbeiterinnen und Mitarbeiter, sich aktiv im Rahmen unserer Guidelines mit den Möglichkeiten von KI zu beschäftigen, Tools zu testen und Ideen für die Anwendung in unseren Workflows zu entwickeln. Offener Austausch ist uns wichtig.

Diese Beispiele können Ihnen Inspiration geben, wenn Sie Ihre eigenen Richtlinien ermitteln. Aber wie gehen Sie da nun genau ran?

Um eine umfassende Richtlinie zum ethischen und rechtskonformen Umgang mit KI in der Organisation zu entwickeln, sollten folgende Schritte unternommen werden:

Bildung eines interdisziplinären KI-Ethik-Teams
Das Erste ist die Bildung eines interdisziplinären KI-Ethik-Teams, das alle relevanten Bereiche der Organisation repräsentiert. Dieses Team sollte Mitarbeitende, Führungskräfte, Ethikexperten, Datenschutzbeauftragte, Betriebsratsmitglieder, Juristen, Entwickler und Anwender von KI-Systemen umfassen.

Festlegung ethischer Prinzipien und Richtlinien
Das KI-Ethik-Team sollte klare ethische Prinzipien und Richtlinien für den Einsatz von KI in der Organisation festlegen. Hilfreich ist es aus meiner Sicht auch, vorher eine Befragung der Mitarbeiter:innen zu machen, was nach ihrer Auffassung Teil dieser Richtlinien sein sollte. Allgemein sollten Sie kontrollieren, dass Transparenz, Fairness, Nicht-Diskriminierung, Verantwortlichkeit und der Schutz der Privatsphäre enthalten sind. Zudem müssen Sie natürlich sicherstellen, dass der Einsatz und die Nutzung von KI mit geltenden Gesetzen und Vorschriften wie der DSGVO übereinstimmen.

Kontinuierliche Evaluierung und Anpassung
Genauso wie KI-Systeme dürfen auch die Richtlinien nicht als »Set and Forget«-Lösungen betrachtet werden. Sie müssen kontinuierlich evaluiert und angepasst werden, um mit den sich ständig weiterentwickelnden Systemen Schritt zu halten und auf neue Herausforderungen zu reagieren.

Offene Kommunikation und Transparenz
Die Richtlinien können nur dann Wirkung entfalten, wenn sie offen kommuniziert werden, immer und immer wieder. Intern genauso wie extern, denn die Stakeholder wie Kunden, Mitarbeiter und Partner müssen – teilweise auch schon aufgrund gesetzlicher Vorschriften – informiert werden.

Überwachung, kontinuierliche Weiterbildung und Lernkultur
Im Gegensatz zu KI-Systemen müssen die Richtlinien nicht ständig überwacht werden – aber ihre Anwender:innen. Regelmäßige Schulungen und Weiterbildungen der Mitarbeiter im Umgang mit KI sind notwendig, um die jeweilige Relevanz der Leitlinien für die sich ständig ändernden KI-Anwendungen zu

reflektieren. Systemseitige Überprüfungen und ggf. Barrieren zum automatischen Einhalten der Leitlinien (wie sie Roman Kornauka oben erwähnt hat) tun ihr Übriges. Dies alles muss gestützt sein durch einen kontinuierlichen Dialog über ethische und rechtliche Anforderungen, der Belange von Belegschaft, Kundschaft und Gesellschaft ernst nimmt.

Marc Horn, Executive Vice President von Merck China (ehemals Chief Transformation Officer Life Sciences der Merck Gruppe), sieht uns in Deutschland und Europa dafür als besonders geeignet an, im Vergleich zum Beispiel zu Asien:

»Das ist dann auch eine Chance für Europa und Deutschland: [...] Ich glaube, wir sind in der Lage, eine sehr starke Balancierung zu machen zwischen der Technologie auf der einen Seite und den ethischen Fragestellungen, den Wertefragen auf der anderen Seite. Das heißt, wenn wir jetzt neue Technologien angucken, wie KI, wie nachhaltige Technologien für Klimawandel, Datenschutz etc., dann sind wir immer in der Lage – und auch sehr führend im Meinungsbildungsprozess – zu schauen, wie wir das ausbalancieren können zwischen Technologie und Sicherstellung der Privatsphäre. Das ist von ethischer Seite ein unglaublich wichtiger Punkt, den wir bringen können.«

f. Fruchtbare Bedingungen für Akzeptanz und Nutzung von KI schaffen

Inzwischen haben Sie sich wahrscheinlich schon gefragt, was das alles hier mit KI zu tun hat. Und da haben Sie vollkommen recht: Eine systematische KI-Transformation hat hier in den späteren Phasen des Projekts mehr mit Change als mit KI zu tun. Erinnern Sie sich an die Zahl, wie viele Transformationen scheitern – und woran? Danach steht außer Frage, dass der Fokus Ihrer Tätigkeit klar auf dem Change liegen muss. Und nicht nur bei einzelnen Personen, sondern bei allen!

Wunderschön hat es in einem unserer Interviews Dr. Gunther Wobser, CEO und geschäftsführender Gesellschafter der als innovativ bekannten LAUDA DR. R. WOBSER GMBH & CO. KG – ein Leuchtturm unter den Familienunternehmen – auf den Punkt gebracht:

»Bisher wurden die Transformationsprozesse stark von einer kleinen Gruppe gesteuert und umgesetzt. Durch unsere neue Unternehmensstrategie erhoffe ich mir mehr Transparenz und Orientierung, so dass alle Mitarbeiterinnen und Mitarbeiter in ihrem Verantwortungsbereich eigenständig Handlungsbedarf erkennen und die notwendigen Entscheidungen selbst treffen. Idealerweise formt sich eine Innovationskultur, die wie eine unsichtbare Hand in die Strategie einzahlende Aktivitäten lenkt

und befeuert. In diesem Zusammenhang ist die Strategie nicht in Stein gemeißelt, sondern muss regelmäßig geprüft und nachjustiert werden, ähnlich wie das Geschäftsmodell eines Start-ups.«

i. Den Change (mit) gestalten lassen durch eigenverantwortliche Teams

In den letzten Jahren ist es eine gute Gepflogenheit geworden, den Change (mit)gestalten zu lassen durch eigenverantwortliche Teams. Dies haben die meisten unserer Interviewparter:innen direkt aus der Praxis berichtet. Beispielsweise sagte Kathrin Günther Folgendes:

»Naja, es ist sehr leicht, am Spielfeldrand zu stehen und zu schimpfen, was die anderen auf dem Feld falsch machen. Aber mal selber aufs Spielfeld zu gehen und sich einzubringen ist dann schon ein Teil der Veränderung. Das heißt also [aus der Sicht der Führungskraft] Dinge, Verantwortung abzugeben, mit dem Input [der Teams] auch zu arbeiten und gerade nicht zu glauben, dass die anderen nur die leichten Aufgaben machen sollten und man selber nur das Komplexe handeln kann. Sondern dass Gruppen oder die richtigen Experten, die zusammenkommen, auch eine andere und vielleicht bessere Lösung als man selber erarbeiten.«

Viele Varianten des Prozesses haben sich herauskristallisiert

Stefan Latuski, CIO der Bundesagentur für Arbeit, hat den Prozess dort wunderbar auf den Punkt gebracht:

»Der Public Sector ist dafür bekannt, sozusagen Job Security zu geben, Stabilität und Sicherheit zu vermitteln. Und das zieht natürlich ein gewisses Klientel an Menschen an. Und infolgedessen hast du so eine leicht verschobene Kurve [der Veränderungsbereitschaft ...]. Da mussten wir also sehr, sehr stark gegenhalten. Wie haben wir das gemacht? Und das kann ich ehrlicherweise auch nur wirklich jedem empfehlen. Wir sind bewusst einen sehr, sehr anderen Weg gegangen. Wir haben zu Beginn dieses Veränderungsprozesses uns natürlich im Management Team hingesetzt, haben uns natürlich überlegt, wo soll sozusagen die Richtung hingehen, was sind so die Guardrails oder die Guiding Principles [...] Aber dann sind wir rausgegangen und haben in einem All-Hands-Meeting uns vor rund 2.000 Leute gestellt und haben gefragt: ›Wer von euch hat Bock, daran mitzuarbeiten und im Prinzip die Zukunft aktiv mitzugestalten?‹. Und das ist so genau der Punkt, an dem diese kleine Menge an Menschen, die immer irgendwie veränderungsbegeistert sind, die springen sofort auf den Zug auf und sagen: ›Ja, hey, ich habe Bock da mitzumachen. Ich weiß zwar nicht genau, was das ist, und ich weiß nicht genau, wie das geht, aber anyway, ich bin dabei!‹. Und so hatten wir im Rahmen unseres Programms [...] am

Anfang so 100 Leute gehabt, [...] und am Ende waren es, glaube ich, so etwas über 200 Menschen. So waren wir in der Lage, den gesamten Veränderungsprozess sehr stark bottom-up zu gestalten. [...] Und dann hast du natürlich ein ganz anderes Buy-in für dieses Thema, als wenn du das einfach so von oben sozusagen darüberstülpst.«

Und auch Christian Vinck hat sehr plastisch den Prozess bei Thyssen Krupp Marine Systems dargestellt:

»Wir haben erst mal drei Dinge getan damals: Wir haben erst mal ein internes Transformation Office aufgebaut, also aus der Firma heraus mit Kolleginnen und Kollegen, die dort gut vernetzt sind, die ein gutes Standing haben, die also wirklich für die Transformation stehen. Dann haben wir uns nochmal die ganzen Transformationsprojekte angeguckt, die wir schon machen, um [zu vermeiden, die Dinge doppelt zu machen]. Und dann haben wir zugehört. [...] Wir haben Workshops gemacht, viele, viele – wir haben eben nicht aufgehört bei ›Danke für euren Input, nehmen wir mit, wir kümmern uns drum‹ und dann ist nichts passiert, sondern wir haben dann, wie bei der Höhle der Löwen oder Shark Tank, aus diesen Themen Projekte gemacht, wofür sich Teams engagiert haben. Und dann haben wir wirklich auch ein Pitch-Event gemacht, [...] und dort haben sechs Teams gewonnen. Die sind jetzt schon fast durch, und wir schicken immer alle drei, vier Monate neue Teams auf die Reise, die dann im agilen Arbeitsmodus Lösungen erarbeiten und an die Linie ›als Geschenk‹ übergeben. [...] Wir hatten teilweise über 2000 Leute, die abgestimmt haben, welche Projekte man denn machen soll. Wir nutzen also auch etwas den Schwarm. Und ich muss sagen, unsere Geschäftsführung ist total super, die sagen auch ›Meine Stimme zählt genauso viel wie von jedem anderen Mitarbeitenden bei Marine Systems.‹«

Energiesparend Arbeiten!

Auch Dr. Rebecca Koch beschreibt diese Umkehr in der Methodik des Changes, fügt aber noch einen wichtigen Aspekt hinzu:

»[Als] wir Objectives & Key Results eingeführt haben, da gab es ein paar, die haben mit uns diese Objectives definiert. [...] Und da haben sie alle gemerkt, okay, die meinen es ernst. Und wir sind jetzt Teil dieser Veränderung, und es wird nicht von oben vorgegeben, was sind denn jetzt gerade die Ziele für die nächsten vier Monate und das wird jetzt kaskadiert, sondern wir entwickeln das gemeinsam. Das ist so ein schönes Beispiel dafür, wie sich Change in Summe verändert: Mit denen anzufangen, die wollen, dass sich etwas ändert und angetreten sind, um etwas zu verändern. [...] Und nicht am Anfang schon die Energie darauf zu verwenden, jede einzelne

Führungskraft an Bord zu holen, sondern sich eben auf diejenigen zu konzentrieren, die möchten.«

Eine ähnliche Taktik propagiert auch Sebastian Harrer:

»Vom Grundsatz her würde ich sagen: ›Richte dich an die Promotoren und geh mit den Menschen, die die Energie haben für sowas.‹. Die Erfahrung bei einer Veränderung zeigt ja: Die Menschen, die sich als Detraktoren aufstellen, das ist die Minderheit. [...] Bei solchen Veränderungsthematiken gehe ich daher erstmal mit den Promotoren und da, wo die Energie ist und natürlich mit denen, die dann gerne auch mitmachen. Die Widerstände lösen sich vielleicht auf, wenn andere Menschen sehen ›Hey, das ist ja doch irgendwie ganz attraktiv, und da will ich auch Teil davon sein!‹

Zu Beginn muss man Momentum kreieren!
Aber wie ein Momentum kreieren, wenn sich nichts so richtig bewegt? Dafür hat Marc Horn von Merck ein positives Praxisbeispiel:

»Wichtig hierbei [bei der Umsetzung des Zielbilds] ist jetzt, die Leute mitzunehmen. Und zwar erst ein Momentum zu kreieren. Für mich heißt Momentum zu gucken, ›Wer sind die First Adopter? Wer sind die Hidden Champions in der Organisation?‹ Das kann Senior Management sein, das können aber auch Leute sein, die eine hohe Glaubwürdigkeit in der Organisation haben. [...] Und dann im zweiten Schritt zu gucken, wie kann ich in Form von Workshops die gesamte Organisation mitnehmen. [Dabei] zu sagen: ›Jeder von euch in seinem jeweiligen Arbeitsfeld beschreibt aus dem gesamten Zielbild, was ist sein Beitrag, was ist sein Puzzleteil, das er hier beitragen möchte.‹. Und das dann sehr stark in die Organisation reinzutragen und eigenverantwortlich zu sagen: ›Ich muss bestimmte Dinge starten, Dinge auch stoppen und das dann nachhaltig zu machen.‹ [...]. Das Faszinierende für mich war eben, wie kreiere ich aus einem Momentum eine nachhaltige Bewegung? Das Tolle war, dass die Begeisterung dann selbsttragend wurde, und die Leute selber ihre Workshops organisiert haben. Insofern war [die Rolle der Leitung] hier wirklich mehr die eines Kurators, einen Kickstart hinzulegen und sicherzustellen, dass wir einem bestimmten Rahmen folgen, damit wir das mit dem Zielbild vereinbaren können.«

Eigenverantwortlich heißt nicht komplett frei!
Jedoch auch hier sind Leitplanken nötig, sagen unsere Interviewpartner:innen. Das Diamant-Prinzip kommt also nicht nur in Büchern, sondern auch im echten Leben vor! Bei der DB Systel lief es z. B. so ab:

»Wir hatten immer wieder Phasen, wo wir versucht haben, einen Großteil der Belegschaft zu involvieren und dann wieder eine Phase, wo wir das mit Rahmen und Leitplanken wieder eingeschränkt haben, um schnell Entscheidungen treffen zu können, um es dann wieder aufzudehnen und viele Menschen zu involvieren. In diesen Bewegungen bewegen wir uns auch heute noch. Ich glaube, das ist auch einer der Erfolgsgaranten gewesen. Wohlwissend, dass das immer die Herausforderung hat, dass, wenn man Menschen befragt, dann engagieren sie sich und wollen gehört werden. Und diese Phase danach, wo nicht mehr alle gehört werden können, [feuert es auch mal zurück.].«

Oliver Martin von der DB Systel ergänzt noch den Effekt der Skalierung des Changes:

»Ein Beispiel dafür ist das Thema ›Industrialisierung der Transformation‹. Da muss man die Erfahrungen von vielen Menschen nutzen, die strukturieren, orchestrieren und so in eine Art Prozess bringen und dadurch auch wieder mehr Geschwindigkeit im Wandel erzeugen. Das waren ganz verschiedenste Phasen, mal ein bisschen breiter, mal ein bisschen stringenter durchgeführt, die uns in dem Prozess dann dahin gebracht haben, wo wir jetzt sind.«

Multiplikatoren – auch für mehr Überzeugungskraft

Zu guter Letzt fügt Thomas Kleine-Möllhoff noch einen Aspekt hinzu, der sich in seiner Praxis bewährt hat:

»Nicht unbedingt ein super neuartiger Ansatz, aber er hat sich einfach als durchaus erfolgversprechend erwiesen, ist dieser klassische Championship-Ansatz oder Ambassador-Ansatz auf Fachseite. [...] Also wir haben geschaut in den einzelnen Bereichen, wo finden wir Mitarbeitende auf der Fachseite, die wir auf die Bühne stellen können, und die versuchen, als Multiplikatoren zu agieren und mit gutem Beispiel vorangehen. Die zeigen, welchen Mehrwert diese ganzen Technologien bringen, wie man sie einsetzen kann.«

In das gleiche Horn stößt Dr. Christian Vinck:

»Vor allen Dingen, [...] hatte ich eben drei, vier Kolleginnen und Kollegen, die schon Jahre [in der Marine] arbeiten, die wirklich die Marine Systems-DNA in sich tragen. Und die haben gesagt. ›Ich schlage mit ein, und ich mache das.‹ Und die hatten natürlich am Anfang einen viel besseren Radius, ein viel besseres Vertrauen, als ich es jemals hätte bekommen können.«

ii. Kultur der Sicherheit und Wertschätzung üben, um Angst zu verringern

Wir sind oben schon ausführlich darauf eingegangen, was es braucht, um eine innovationsfreundliche Kultur aufzubauen. Dazu kommt, im Fall der KI-Transformation, dass KI an sich ein Thema ist, das viel Angst macht. Angst führt zu Widerstand, und das ist das Letzte, was Sie bei der KI-Transformation Ihrer Organisation gebrauchen können. Daher hier nochmal aus dem Mund unserer Praktiker:innen einige herausragend wichtige Faktoren:

Psychologische Sicherheit

Kommen wir nochmal auf dieses Thema zurück, weil Inga Dransfeld-Haase, Vorständin für Arbeit und Soziales bei BP Europe und eine der renommiertesten HRlerinnen der Nation, dies in unserem Interview so betonte:

»Da ist es wichtig […] das Menschliche nicht zu vergessen und im Transformationsmarathon aussprechen zu können: ›Das ist schon in Ordnung, wenn man sagt, ich habe hier meine Schwierigkeiten.‹. Denn dann trauen sich andere auch zu sagen, ich sehe Risiken, habe Bedenken, und dann kommt Ehrlichkeit in die Diskussion. […] Dann hat man psychologische Sicherheit hergestellt. […] Und wenn man selbst dann noch sagt: ›Naja, wir wissen es alle nicht genau, und die Zeiten werden immer unvorhersehbarer. Aber wir setzen nun auf diese Karte, machen das alle zusammen, unterstützen einander und befähigen uns.‹, dann ist es das große Ganze. Und dafür braucht es mehr als eine Sitzung, dass das nicht nur gehört und zugehört wird, sondern dass es auch geglaubt wird und der Einzelne sich committet.«

Und auch bei Bosch – selbst bei Bosch –, ist ein solcher Effekt zu sehen. Sagte uns doch Matthias Hülsmann im Interview:

»Da fällt mir auf, dass eigentlich die Sicherheit der Chefs ein bisschen verloren geht und die der Teams geht hoch. Da gibt man so ein bisschen was ab von sich.«

Wertschätzung für die »alte Welt«!

Widerstand entsteht vor allem dann, wenn man den Eindruck hat, persönlich abgewertet zu werden. Diese Erfahrung hat auch Bernd Preuschoff, damals CDO der uvex group, v. a. in seiner Zeit im Mittelstand gemacht und die Lehren daraus gezogen:

»Der erste Schlüssel ist Wertschätzung. Wenn man Transformationen macht, finde ich es immer fatal, wenn man dieser Legacy allein schon durch die Wortwahl vermittelt, dass sie irgendwie outdated ist, nicht mehr gebraucht wird. […] Das Wichtige

ist, dass wir Unterschiedliches können. Wenn wir alle das Gleiche könnten, wäre es langweilig, dann kämen wir auch nicht voran. Wertschätzung, dann gepaart mit Übersetzen. [...] Also ich muss das, was ich erzählt bekomme, übersetzen, fragen, was fange ich damit an. [...] Ich muss viele Dinge auch manchmal sehr einfach erklären, weil eben vor mir keine E-Commerce-Profis sitzen, die aber wahnsinnig viel vom Business verstehen. Und diesen Link muss man dann herstellen – das ist das Dritte, wie man dieses ›Joint Forces‹-Bild hinbekommt. Man sagt: ›Was könnt ihr tun, was kann ich tun?‹. Und dazu, am Ende des Tages, was einem immer Respekt einbringt, ist wenn man etwas schafft, das wirklich einen Wert hat.«

Auch Christian Vinck betont den Wert von Wertschätzung für das – in seinem Fall von Schiffsbau – sehr traditionelle Geschäft:

»Dann auf jeden Fall Wertschätzung. Nicht, weil man das irgendwie so machen muss und sagt ›Ja, danke!‹ und so ein bisschen Feigenblatt. Ich habe immer dieses Prinzip, ich möchte die Leute aufs Treppchen. Und ich möchte, dass die, die nicht auf dem Treppchen stehen, die sollen es auch wollen. Und ich möchte niemanden niedermachen oder denen mit einer roten Ampel sagen ›Ihr habt nichts gemacht!‹. Sondern ich möchte die feiern, die Erfolg haben, das auch transparent machen, wertschätzen.«

Einschub 52: Interview mit einem langjährigen CIO, Harald Greiner, über die Bedeutung von Kultur in seinem doch eigentlich sehr technisch geprägten Beruf

Katja Nettesheim:
Lieber Harald, wir reden heute über das Thema Kultur, Kulturwandel, Unternehmenskultur in Bezug auf die KI-Transformation. Wie siehst du – aus der Perspektive eines CIOs – die Bedeutung von Kultur bei der jetzt bevorstehenden KI-Transformation?

Harald Greiner:
Ich glaube, die ist wahnsinnig wichtig, weil das KI-Thema zwar aus einer technischen Ecke kommt, aber bei Weitem kein technisches Thema ist, weil es ja alle großen Bereiche verändert, nicht nur in Firmen, sondern in der Gesellschaft insgesamt. Und immer, wenn ich sowas Weitreichendes habe, gibt es natürlich eine starke Einwirkung auf die Kultur der Gesellschaft, aber auch auf die des einzelnen Unternehmens.

Technologie steht da zwar irgendwo mit dran, aber die Hauptthemen, mit denen ich umgehen muss, haben eigentlich mit Menschen, mit Prozessen und damit im Endeffekt mit Kultur zu tun. Dies muss ich versuchen, aktiv zu gestalten.

Katja Nettesheim:
Kannst du ein konkretes Beispiel nennen? Jetzt muss man dazu sagen, dass das, was du gerade gesagt hast, auch einem CEO oder einer CHRO sehr gut zu Gesicht stehen würde. Du bist aber CIO. Du kommst also eigentlich von einer Ecke, die mit Kultur nicht so viel zu tun hat. Landläufig ...

Harald Greiner:
Als CIOs stehen wir an der Schnittstelle zwischen Technologie und Geschäftsstrategie. Doch unsere Rolle erstreckt sich weit über die Implementierung neuer Systeme hinaus. Sie erfordert ein tiefes Verständnis und eine aktive Gestaltung der Unternehmenskultur. Diese Zeiten der klassische IT-Leiter [...], die in den Keller gegangen sind und jeden Server mit Namen gekannt haben, die sind ja zum Glück vorbei. Und ein CIO, der sich als CIO versteht, möchte ja einen Business Impact für das Unternehmen liefern, möchte einen Mehrwert liefern. Und den Mehrwert liefere ich nicht durch Technik, sondern immer dann, wenn ich schaue, was für Business-Probleme ich habe, und wie ich die lösen kann. Und heute [...] ist die Lösung dann das Tool, das ich nutze, und zwar nicht im luftleeren Raum, sondern mit Menschen zusammen und durch Menschen. Dann ist das Kulturthema gleich da. Wenn ich mir anschaue, warum IT-Projekte scheitern, [...] das sind vielleicht 20 %, die an technischen Themen scheitern und 80 %, die an mangelnder Kommunikation scheitern. Ein CIO, der sich dessen bewusst ist, wird immer auch schauen, wie sieht die Kultur aus und passt es zu dem, was ich machen will. Sonst macht er seinen Job falsch.

Katja Nettesheim:
Okay, das heißt also auch, Kulturarbeit ist Teil der Jobbeschreibung des modernen CIOs. Jetzt hast du im Vorgespräch erwähnt, dass Ihr bei Holtzbrinck schon Einiges mit KI und auch sehr frühzeitig gemacht habt. Kannst du mir, wenn du daran zurückdenkst, ein paar Beispiele nennen? Auch zu der Verbindung KI und Kultur?

Harald Greiner:
Ich denke, ein wesentlicher Aspekt für Kulturveränderung ist, die Bereitschaft zu erzeugen sich weiterzubilden und die Mitarbeitenden neugierig auf Neues zu machen. Also, wir haben 2018 angefangen damit, dass wir einen weltweiten KI-Tag [...] gemacht haben, wo wir unsere KI-Spezialisten zusammengebracht haben, weil wir gerade im Wissenschaftsbereich relativ früh Vieles mit NLP und Machine Learning gemacht haben. Denn da sind viele strukturierte Daten da, daher hat KI sehr früh schon geholfen.

Und dann haben wir versucht, das in die Breite zu bringen. Es gibt ein Nachwuchsprogramm bei uns. [...]. Ich habe darin vor Jahren gemeinsam mit einem Partner von Google zum Thema KI einen ganzen Tag einen Design Thinking Workshop gemacht, um dieses Gedankengut in unsere Tochterunternehmen, in die einzelnen Verlage reinzubringen. Gar nicht mit den IT-Leuten, sondern mit den Leuten aus dem Lektorat und aus dem Legal-Bereich [...]. Auf jeden Fall ist IT ja nicht irgendwie Stützprozess, sondern immer mehr Kernprozess, weil viele neue Produkte digitale Services sind, vor allem im Wissenschaftsbereich. Und umso wichtiger ist, dass du die Möglichkeiten, die mit Technologie da sind, die vor allem mit KI da sind, in die Breite bringst.

Katja Nettesheim:
Okay. Jetzt frage ich dich mal eine ganz unfaire Frage: Was ist Kultur à la CIO? Oder anders gewendet: Wenn du einen KI-Rollout machst als CIO, was sind die kulturbegleitenden Dinge, die du gestaltest?

Harald Greiner:
Ich glaube, du musst dir Gedanken machen: Was sind denn die die großen Herausforderungen, die es da eigentlich gibt? Und da bin ich wieder da, was ich vorher schon gesagt hatte: Die sind gar nicht so sehr in der Technik, sondern die haben viel mit Menschen zu tun. Veränderung macht Angst – gar nicht auf KI bezogen, sondern allgemein auf IT. Das alte System ist ja immer so lange schlecht, bis ein neues kommen soll. Ich mache schon ein paar Jahre länger IT-Projekte, und es war immer wieder das Gleiche. Alle schimpfen auf das System, aber wenn was Neues kommen soll, war das alte ja doch hervorragend, weil man sich nicht verändern will.

Ich gewinne die Mitarbeitenden, wenn ich mir konkrete Gedanken mache, wie ich ihre Arbeit z. B. vereinfachen kann. Gerade GenKI kann da helfen, Routineaufgaben zu vereinfachen oder zu automatisieren. Ich kann z. B. Metadaten automatisch erzeugen lassen, damit meine Produkte leichter in einem Onlineshop gefunden werden können, anstatt das komplett Mitarbeitende von Hand machen zu lassen. Oder ich kann Autoren ermöglichen, mit Hilfe von KI schneller bei der Recherche und beim Schreiben von Büchern zu werden. Wenn ich dazu die Lektoren einbeziehe und sie sehen, wie sie ihren Autoren mittels KI einen Mehrwert liefern, gewinne ich sie auch dazu, offener gegenüber Technologie zu werden.

Katja Nettesheim:
Und wenn du nochmal speziell auf KI schaust?

Harald Greiner:
In dem Bereich ist die Angst bei der Veränderung noch größer als bei anderen Themen. [...] Das ist nicht so richtig berechenbar. Da spielen in den Köpfen irgendwelche Science Fiction-Filme mit, da kommt die Angst um meinen Arbeitsplatz, ersetzt mich jetzt die KI komplett, usw. Damit muss ich als CIO umgehen. Also ich muss mein Hauptaugenmerk eigentlich gar nicht auf Technik legen. Ich muss ein Hauptaugenmerk darauflegen, die Leute da abzuholen, wo sie sind. Es gibt von BCG die schöne Regel »10, 20, 70« zum Bereich KI: 10 % der Aufwände gehen in die Algorithmen, 20 % in Technologie und 70 % in Menschen und Prozessveränderungen, damit auch irgendwo in Kultur. Deswegen, wenn ich eine KI-Strategie haben will oder Strategiethemen machen will, muss ich bei Menschen anfangen, muss sie da abholen, wo sie sind, muss sie aufklären, muss ihnen Hilfen anbieten.

Das Schöne ist aber, dass anders als bei anderen technischen Themen, wie z. B. Blockchain, es wahnsinnig viele Use Cases gibt. Daher ist es eigentlich sehr einfach, Leuten ganz konkreten Mehrwert zu zeigen in ihrer täglichen Arbeit. [...]. Und dann ist es wichtig, früh Promotoren zu finden, die einem helfen, das in die Breite zu bringen. Der Vorteil des CIOs ist: Wir haben mit allen Bereichen zu tun. Ähnlich wie HR, was eigentlich der natürliche Partner wäre bei einer Transformation. Bei den ganzen weichen Faktoren würde ich mir wünschen, dass die HR genau da der Partner ist.«

g. Ihre Wunderwaffen im Prozess der Umsetzung Ihrer KI-Transformation

Nach diesem etwas schwierigen Abschnitt kommen wir nun zu Maßnahmen, die deutlich mehr in Ihrem Einflussbereich liegen. Wir starten mit dem Offensichtlichen:

i. Kommunikation, Kommunikation, Kommunikation

Ich muss ehrlich zugeben: Schon lang kann ich dieses Thema nicht mehr hören – aber muss gleichzeitig feststellen, dass es immer noch der wichtigste Punkt ist, auch und gerade in der KI-Transformation.

Wegen der Allgegenwärtigkeit des Themas hier nur eine kurze Checkliste:

Einschub 53: Checkliste: Kommunikation in der Transformation

Umfang & Stellenwert:

- Man kann tatsächlich nicht überkommunizieren.
- Erst dann, wenn es den Empfänger:innen wirklich aus den Ohren rauskommt, ist ansatzweise genug kommuniziert.
- Als Führungskraft ist Ihr bester Kommunikationshebel das nach außen sichtbare Vorleben!
- Heben Sie »*die Kommunikation in der Wichtigkeit auf die gleiche Ebene wie die Zahlen*« (danke, Inga Dransfeld-Haase für diese schöne Formulierung). Und zwar in Bezug darauf, wie viel Zeit man sich für Kommunikation nimmt, genauso wie in Bezug darauf, wie stark man sie bei anderen wertschätzt.
- Bleiben Sie konsistent bei der Message, aber variieren Sie die Formate, so dass für alle was dabei ist: Grafik, Audio, Video, LinkedIn, TikTok, Hausmitteilung.

Prozess:

- Allein schon transparentes Arbeiten im Change, also Übermittlung des aktuellen Stands, der bisherigen Fortschritte, von Problemen oder ggf. dem Fehlen einer Antwort, hat eine hohe kommunikative Wirkung. Mittel dazu, die z. B. Katrin Günther nutzt, sind Townhall-Meetings und ein Newsletter, den sie jeden Freitag an alle Mitarbeitenden geschrieben hat.
- Ähnlich wirkt es, die verschiedenen Organisationstools (wie Trello) detailreich und regelmäßig zu nutzen. So schaffen Sie zudem die Möglichkeit für alle Stakeholder, sich selbst jederzeit zu informieren

durch Einsicht in die Tools (»Pull«-Kommunikation). Erfahrungsgemäß kann man sich darauf aber nicht allein verlassen – zusätzliche Push-Elemente (z. B. Benachrichtigungen, wenn sich etwas ändert auf dem Board) müssen noch dazu kommen.

Zielrichtung & Inhalte:

- Zielen Sie immer darauf ab, dass Mitarbeitende den Change mitmachen, weil sie ihn nachvollziehen können und ihn wollen. Weil sie wissen, wie das Geschäftsmodell des Unternehmens jetzt und in Zukunft aussieht, weil sie verstehen, dass ihr Job sicherer, der Bonus höher und ihr Wohlbefinden besser ist, wenn alle in die gleiche Richtung (hier: KI-Einsatz) gehen.
- Außerdem empfehle ich, dass Sie klar machen, dass Ihre Mitarbeitenden mit dem Einsatz von KI für Sie mehr wert sind als vorher. Nicht umgekehrt.
- Grenzen Sie klar ab, was die neue Technologie kann und was nicht. Ein Beispiel der ERGO Versicherung, aus dem Bereich Robotics, aber genauso gültig für Künstliche Intelligenz: Der Roboter kann nur stupides Abarbeiten von repetitiven Tätigkeiten. Er kann nicht Kreativität, er kann nicht Empathie, er kann auch nicht Unsicherheiten und Grautöne.

Hier zur Anschauung nochmal ein konkretes Beispiel von gelungener Kommunikation von Inga Dransfeld-Haase:

»Was ich sehr wichtig halte: Ist die Kommunikation gut aufbereitet? Gibt man sich selbst genügend Zeit? Also z. B., wenn es eine große Belegschaftsversammlung gibt, an der alle teilnehmen können: Die wird so oft wiederholt, dass jeder auch auf Schicht und aus anderen Ländern und Zeitzonen teilnehmen kann. Es gibt das Material spezifisch für die einzelnen Teams. Es gibt in den großen Sessions Möglichkeiten, Fragen zu stellen. Es gibt dann nochmal einzelne Videos von anderen Führungskräften. Es wird dann gefragt, wie die Mitarbeitenden das fanden. Man hat eine Mitarbeiterbefragung, die dann nicht nur jährlich läuft, sondern als kurze Abfragen in viel kürzeren Zeitintervallen Feedback einholt. […]. Wichtig ist, dass genügend Zeit ist, trotz aller Business-Prioritäten, den Change zu kommunizieren und ein zielführendes Change Management zu betreiben.«

ii. Ernsthaftes Interesse!

Seitens der Transformator:innen für die Mitarbeitenden
Mein bester Hack – in Kundeninterviews, beim Reinkommen in ein Beratungsprojekt oder in den ersten Wochen im neuen Job – ist, sich erstmal radikal für alles zu interessieren. Dabei keine Abkürzungen zu machen. Mitgehen beim Zeitungsaustragen (damals am 6.Dezember 2008 beim Hamburger Abendblatt – Mann, war das kalt!). Den Zusteller zu interviewen, was ihn nervt an seinem Job. Eine Stunde mit im Kundensupport zu sitzen und am eigenen Leibe zu erfahren, wie schwer es die Agents dort haben. Das gibt einen Einblick, der nicht rein intellektuell, sondern auch körperlich ist, der ein Gefühl hinterlässt. Dazu kommt, dass es Mitarbeitende massiv motiviert, dass jemand sich für sie und ihre Situation interessiert. Und das bringt Ihnen einen gewaltigen Vertrauensvorschuss, wenn es dann an Transformationsprojekte geht.

Ähnlich machen es Inga Dransfeld-Haase (deren Einsatz in einer Tankstelle neulich auf LinkedIn zu bewundern war) und Anke Sax:

»Ich zitiere hier mal einen Mitarbeiter: ›Frau Sax, es fragen ja viele. Bei Ihnen habe ich den Eindruck, dass Sie die Antworten interessieren.‹. Ich glaube, das ist tatsächlich ein Unterschied, dass du wirklich fragst und wenn du eine Antwort kriegst, die nicht zu deinem Muster, Gedankenmodell oder Glaubenssätzen passt, dass du mit dir arbeitest, dass du das überlegst. Heißt nicht, dass ich alles mache, was die Mitarbeiter sagen. Aber dass ich ernsthaft überlege, ob das vielleicht meine Ideen irritiert. Wenn du das den Mitarbeitern zeigst, dann [...] verstehen sie auch, wenn ich sage: ›Ja, habe ich verstanden. Aber nein, machen wir anders.‹«

Ihr Bruder im Geiste ist hier Bernd Preuschoff, zur Zeit des Interviews CDO bei uvex:

»Der beste Lifehack, den ich geben kann, ist immer noch Zuhören. Ich glaube, viele CDOs sind immer noch beseelt, irgendwo hinzugehen und sofort loszureden. Ich sage immer, eigentlich ist es der Lifehack, hinzugehen und zuzuhören.«

Von einer speziellen Variante des Zuhörens erzählte uns Lisa-Celine Nix von TotalEnergies, die ich auch von Axel Springer kenne:

»Wir haben auch einen »Jüngsten-Rat« gegründet, und zwar vor zwei Jahren. [...] Das ist ein Gremium von Mitarbeiterinnen und Mitarbeitern unter 35, und die be-

raten das Executive Committee zu den Themen Innovation, New Work, Strategie, Nachhaltigkeit und dem Einsatz von Technologien.«

Seitens der HR für das Business

Häufig schon haben wir im Zuge der letzten Kapitel darauf hingewiesen, dass eine moderne, eine »flotte« HR dringend Teil von Transformationsteams sein muss. Schwierig ist, wenn die HR-Funktion hinzukommt, weil sie sich aus Prinzip das Recht dazu erkämpft hat oder weil »man das ohne HR nicht machen kann«. Und die HR-Funktion sich dann nicht lösen kann von bestehenden Denkmustern, die häufig aus einer noch stärker verwaltenden Vergangenheit stammen, anstatt aus einem gestaltenden, zukunftsgerichteten Anspruch. Und dann genau diese bestehenden Mechanismen auch in neuartige, am schlimmsten sogar KI-Transformationsprozesse reindrücken will. Dies verschärft die oft schon bestehende Kluft zwischen Business und HR noch, die sich auftut, wenn die einen den anderen nichts zutrauen.

Inga Dransfeld-Haase bestätigt mich in diesem Punkt:

»Wichtig finde ich das Verstehen wollen und ein echtes Interesse: Es ist ein Vergnügen, wenn man mit verschiedenen Businesses zu tun hat und das Geschäftsmodell lernt und […] mit vielen Menschen zu tun hat, die ja ganz andere Talente haben und Dinge sehr viel besser können als man selber. […] Für echtes Business Partnering […] ist diese Empathie und das Interesse ausschlaggebend. Wirklich zu sagen ›Ja, ich verstehe diese Person. Ich verstehe, die hat ein Team, da sind alle jung, da sind alle ambitioniert oder da ist eine ganz andere Teamdynamik. Das verstehe ich.‹ Dann helfe ich als Business Partner in meiner spezifischen Rolle und trage zu einer besseren Umsetzung bei und man freut sich nachher, denn am Ende ist es ein Teamerfolg.«

Sebastian Harrer geht hier noch weiter und wählt nicht das »Verstehen des Business«, sondern noch umfassender die Kernaufgabe Strategie als Anknüpfungspunkt:

»Wenn wir über Transformation sprechen, dann ist das erstmal eine große strategische Aufgabe. […] Wo auch immer du da verortet bist, musst du aus meiner Sicht an die strategischen und Business-Überlegungen der Verantwortlichen andocken und Teil davon sein. Und aus meiner Sicht […] sollte der oder die Personalverantwortliche dann die Perspektive ›Gesellschaft und Arbeitswelt‹ mit einbringen, damit ein Unternehmen sowie ein Management-Team dann die richtige Richtung gestaltet und relevant bleiben kann.«

Seitens der Transformator:innen für alle anderen Stakeholder

Wir haben im Verlaufe dieses Buches schon viel über die Verfassung und Zufriedenheit der Mitarbeitenden gesprochen. Nicht zu vergessen ist aber die Verfassung und Zufriedenheit der »Auftraggeber« der Transformation und weiterer Stakeholder, wie Eigentümer, Mitbestimmung, Datenschutz und ggf. auch Presse, Gemeinde, Verbände.

Den Auftraggebenden kommt hier eine besondere Bedeutung zu, insbesondere dem Zusammenspiel mit den Transformator:innen sowie der Dynamik innerhalb ihrer Gremien. Carsten Priebs kann davon ein Lied singen:

»Was [der Thought Leader aus der IT] nicht tun kann: Er kann nicht bestimmen. Das muss das Leadership-Team des Unternehmens aus meiner Sicht machen. Dafür gibt es einen CEO, der das Gesamte orchestriert. [...] Das bedeutet natürlich eine ganze Menge Änderung im Unternehmen. Und das funktioniert sicherlich nur dann, wenn das Board sich einig ist, wenn jeder den gleichen Stand an Informationen hat, wenn man Kollaboration hat. Da geht es um Allokation von Budgets und Wichtigkeiten und so weiter. Das sind, glaube ich, Diskussionen, die müssen tief und konfliktvoll geführt werden und am Ende sich auf Zahlen, Daten, Fakten gründen. Da ist Leadership gefragt, Zusammenarbeit und im besten Falle auch ein Stück weit Entspannung, damit Konflikte nicht eskalieren.«

Ein ernsthaftes Interesse der Transformator:innen an der individuellen Situation aller Stakeholder – ähnlich dem, wie wir es bei der Kundenzentrierung beschrieben haben – ist also definitiv eine Ihrer Wunderwaffen, Und wenn ich schreibe »individuelle« Situation, dann meine ich genau das: Beziehen Sie immer mit ein, was jede:r Ihrer Stakeholder persönlich von dem Projekt zu gewinnen hat. Eine Beförderung, einen Energieschub, Spaß durch Zusammenarbeit mit motivierten Leuten, einen Wissensvorsprung, Abwechslung, ein Thema, um sich bei den Kollegen in anderen Unternehmen oder im Golfclub zu profilieren etc.? All das sind Beweggründe dafür, eine Transformation zu unterstützen, die ich in der Praxis schon gesehen habe.

Dem entsprechend sagte mir auch Inga Dransfeld-Haase:

»Wichtig ist, dass man regelmäßig reflektiert und immer wieder neue Dinge ausprobiert. Mein größtes Learning ist Stakeholder Management und sich selbst regelmäßig in den Anderen hineinzuversetzen. Weil, wir alle haben unsere Sichtweisen. Je besser es einem gelingt, die verschiedenen Dinge, die [auftreten können] zu antizipieren und für alle einen guten Kompromiss zu finden, umso erfolgreicher wird man gemeinsam sein.«

Einen Schritt weiter geht hier Christian Spannbauer von der Lufthansa, der diese Stakeholder-Ausrichtung sogar misst:

»Natürlich ist uns auch sehr daran gelegen, dass wir im Stakeholder Management intern die Bedürfnisse befriedigen. Deswegen messen wir das auch. Wir fragen uns selbst: ›Sind wir klar genug? Sind wir transparent genug?‹ Wir versuchen viel, auch durch Daten, die wir erheben, rauszufinden, wie das Sentiment intern ist, sodass wir es auch intern optimieren können.«

So nahe es liegt, als Transformator:in ob der Größe dieser Aufgabe einfach die Scheuklappen anzulegen und schnell durchzuziehen, kann ich dies aus eigener – und beobachteter – Erfahrung also nicht empfehlen. Lieber ein bisschen weniger Tempo, ein bisschen weniger Überforderung der anderen und ein etwas behutsameres Vorgehen, selbst wenn man sich dann nicht ausreichend wirksam fühlt. Ansonsten kommt es schnell zu einem Backlash, einer Rache der Organisation, spätestens wenn das erste Anzeichen für schwindende Rückendeckung vom Top-Management auftaucht.

iii. Tatsächliche Nutzung provozieren

Die beste Motivation ist immer noch, die Vorteile der Nutzung am eigenen Leib zu erleben. Bitte lachen Sie jetzt nicht, ich habe im letzten Jahr ausreichend Dinge erlebt, die es rechtfertigen, dass ich Ihnen jetzt Folgendes ans Herz lege:

- Verschaffen Sie jedem Zugriff auf ChatGPT oder ein anderes LLM. Und zwar ohne, dass das privat bezahlt (und über die Reisekosten-Abrechnung wieder zurückgeholt) werden muss! Ohne einen einfachen Zugang zur Technologie können Sie von niemandem erwarten, die KI-Transformation zu treiben oder auch nur mitzumachen.
- Nutzen Sie einen Slack- oder Teams-Kanal, um Inspiration und Erkenntnisse auszutauschen, vor allem praktische Tricks. Das erzeugt FOMO!
- Veranstalten Sie Lunch & Learns und buchen Sie Webinare, um Anwendungsfälle (von innen und von anderen) auszutauschen. Wichtig: Keine abstrakten Abhandlungen, sondern ganz konkrete Hacks, die jeder sofort anwenden kann.
- Fördern Sie die Nutzung von KI und heben Sie den Einsatz lobend hervor. Umgekehrt: Unterbinden Sie auf jeden Fall eine Haltung, die den Einsatz von KI verleugnet und als eigene Arbeit ausgibt – bzw. den Einsatz von KI als leistungsschmälernd ansieht.
- Belohnen Sie alle Mitarbeitenden für Experimente – selbst, wenn sie scheitern. Ggf. auch mit einem kleinen Geschenk wie einem Lunch-Gutschein?

- Machen Sie die KI weniger beängstigend – kommunizieren Sie immer wieder, wie die KI das Team verbessern und nicht ersetzen wird.
- Geben Sie auch zeitliche Freiräume – es müssen ja nicht gleich 20 % sein wie bei Google. Aber wie wäre es mit dem Freitag Nachmittag, um mit KI zu experimentieren und sich fortzubilden? Mit einer »soften« Erwartungshaltung, am Montag im Wochenauftaktmeeting auch was Neues zu berichten zu haben.
- Fragen Sie nach: »Was braucht Ihr von mir, damit Ihr gut mit den neuen Tools arbeiten könnt?«. Brainstormen Sie gemeinsam im nächsten Team-Meeting.
- Und natürlich, nochmal: Seien Sie Vorbild! Erzählen Sie aus Erfahrung, wie viel Zeit Sie in den letzten Wochen mit dem Einsatz von KI sparen konnten. Teilen Sie konkret, welche Tools sie genutzt haben und was Sie Ihrem Team empfehlen würden.

iv. Echte Verhaltensveränderung ermöglichen

In der klassischen Strategieumsetzung geht es primär darum, die Strategie zu kommunizieren und vielleicht noch, den Mitarbeitenden das nötige Wissen mitzugeben, um sie zu einer Verhaltensveränderung zu befähigen. Was meistens aber fehlt, ist den Change Prozess so zu gestalten, dass es auch tatsächlich zu einer Verhaltensveränderung kommt.

Das liegt schon an den fehlenden Kompetenzen, wie Dr. Rebecca Koch betont:

»Meistens, wenn es um Verhaltensveränderungen geht, dann ist es ja nicht etwas, was wir auf Knopfdruck einfach umstellen [können], sondern Verhaltensweisen haben wir uns sehr lange angeeignet. Das heißt, auch da muss ich erst mal neue Kompetenzen aufbauen, um anderes Verhalten zu zeigen. Und gerade, wenn wir jetzt darüber reden – Beispiel digitale Lösungen einführen, Beispiel agiler Arbeiten –, dann sind das manchmal auch ganz harte Kompetenzen, die ich erstmal im Unternehmen aufbauen muss. Und wenn ich diese Kompetenzen nicht habe, um mich anders zu verhalten, ja, dann kann ich mich schlichtweg nicht anders verhalten, selbst wenn ich es möchte.«

Als Folge sind niedrigschwellige, praxisnahe Wissensvermittlung, ein ganzes Bündel an Anreizen und Feedback unabdingbar.

Dazu kommen aber zwei wesentliche Dinge, die oft nicht berücksichtigt werden: die **Einfachheit** der neuen Tätigkeit und der Grad an **Motivation** des Einzelnen, diese auszuführen. Dies ergibt sich aus der Disziplin des »Behavior

Change Design«, angeführt vom Stanford-Professor BJ Fogg. Er begründete seine Forschungen bereits in den 1990ern und war der *spiritus rector* hinter Gründungen wie Instagram, Instacard und vielen Weiteren. Inzwischen fokussiert er sich darauf, Privatpersonen die Möglichkeit zu geben, ihr Verhalten nachhaltig zu ändern. Ohne jetzt zu tief in die verschiedenen Ansätze einzugehen, gibt es ein paar Mechanismen, die Sie auch sehr gut als Ihre Wunderwaffen in den KI-Transformationsprozess einbauen können. So z. B. die Methode der kleinen Gewohnheiten (»Tiny Habits«). BJ Fogg hat herausgearbeitet, dass es für eine dauerhafte Verhaltensänderung auf vier Punkte ankommt:

- ein wirklich erstrebenswertes Ziel (Motivation)
- einen sehr einfachen ersten Schritt zu einem neuen Verhalten (Einfachheit)
- einen Auslöser, der zu diesem einfachen Verhalten in engem zeitlichen, räumlichen und thematischen Zusammenhang steht (Motivation) und
- sich danach für das Vornehmen des Verhaltens zu feiern (Motivation).

Weitere Initiativen »im echten Leben«, mit denen Sie die Verhaltensänderung fördern und in der Folge die Wirksamkeit Ihrer KI-Transformation erhöhen können, sind

- Abbau von Barrieren und Erleichterung des neuen Verhaltens – vor allem alle entgegenstehenden Strukturen, Prozesse und Incentive-Systeme. Nur ein Beispiel: In einer Organisation, die lange Anwesenheit belohnt, lohnt sich die Nutzung von KI durch den Einzelnen nicht.
- Setzen von eigenen Zielen bzgl. der KI-Nutzung und die persönliche Reflexion über die Zielerreichung anstoßen
- Feedback zum Verhalten anbieten
- Reflexionsmöglichkeiten über die Gründe und Motivation für die (ausbleibende) Verhaltensänderung anbieten
- Techniken zur Beobachtung des eigenen Verhaltens und Fortschritts durch Tagebücher, Apps etc. vorstellen
- Motivierende Gespräche führen, um intrinsische Motivation zu steigern (auch durch Nutzen der Verlustaversion)
- Nudges, Prompts oder Erinnerungen (SMS, WhatsApp, E-Mail etc.) ausspielen, optimalerweise personalisiert und auf die individuelle Situation zugeschnitten
- Einbindung des sozialen Umfelds zur Unterstützung, insbesondere in Form von
  - Social Proof (»Diese Kollegen haben auch schon ...«),
  - als »Accountability Buddy« (man berichtet sich gegenseitig vom Vornehmen des erstrebenswerten Verhaltens)

  - FOMO (»Fear of Missing Out«): Wenn alle tolle Sachen entdecken, die ihnen die Arbeit erleichtern, will man doch auch dabei sein, oder?
- Anreize, z. B. unter Ausnutzung des Sammeltriebs (Badges, Zertifikate) und des Wettbewerbsverhaltens: Ranglisten, wenn zulässig, wirken Wunder.

Neben diesen offline-Methoden gibt es auch digitale Angebote, die Transformationen gezielt dadurch unterstützen, neues Verhalten der Mitarbeitenden zu provozieren. Ein Beispiel hierfür ist unsere App »Culcha«, ein Tool zur Verhaltensveränderung am Arbeitsplatz, das thematisch die meisten gängigen Transformationsstrategien, inkl. der KI-Transformation, abdeckt.

Ferner gibt es auch einige wenige, inhouse entwickelte Apps, wie z. B. der Digital Sales Buddy von Randstad. Carsten Priebs berichtete uns davon so:

»Der soll ein bisschen nudgen, im Sinne von: ›Wenn du Vertrieb machst, wenn du einen Kunden anrufst, dann wäre es z. B. eine kluge Geschichte, sich mal über ihn vorher zu informieren!‹. […] Unser Sales Buddy sorgt dafür, dass du das checklistenartig siehst und dass du abhaken kannst, was du gemacht hast. [Außerdem sorgt er dafür,], dass du für diese Aktivität Punkte bekommst. […] Und das ist alles in dieser App. […] Wir wollen für jeden einzelnen Menschen das gute Gefühl erzeugen: ›Dein Einsatz ist wichtig, auch wenn du bei dem Kunden nicht erfolgreich warst bisher.‹ Und so kannst man sich auch ein bisschen über eine Durststrecke rüberhangeln.«

Und wenn alles nicht hilft, setzt Inga Dransfeld-Haase auf die »Alternativlosigkeit«:

»Es gibt mir viel Kraft, wenn ich jetzt [z. B.] in der Energiewende sehe, […] wenn Menschen all ihre Kraft in etwas geben, und es wirklich gewollt ist, wenn man sieht, es ist alternativlos, […], dass es für Veränderungen, die sehr klar beschrieben sind […], sehr viel Schub gibt. Wenn man gemeinsam feststellt, jetzt ist Zeit, sich zu bewegen und zu verändern. Und dann geht es auch richtig nach vorne […].«

v. Organisatorisch vornehmen, was individuell scheitert

Wenn es nun überhaupt nicht zu einer freiwilligen Verhaltensänderung kommt, kann man gewisse Dinge immer noch organisatorisch vornehmen. Rainer Karcher hat uns in seiner Zeit bei Siemens hierzu – im Zusammenhang mit der »Grünen Transformation« – einige Beispiele gegeben:

»Die großen Konzerne sind alle dabei, das technisch zu lösen, das heißt, in den großen Umgebungen mit Office-Tools, mit denen wir arbeiten, ist mittlerweile

automatisch ein Attachment an eine E-Mail ersetzt durch einen Link. Das passiert im Hintergrund, ohne dass ich es überhaupt wahrnehme. Das heißt, das ist ein Thema, was wir versucht haben, lange Zeit an die Kolleg:innen heranzutragen, zu sagen, schickt doch besser einen Link zu einer Datei. [...] Die Verhaltensweisen zu verändern ist an der Stelle nicht ganz einfach, weil das war ja die letzten 15 Jahre so, warum soll ich es anders machen? Wenn ich es digital lösen kann durch Technik, dann tue ich das.«

Selbst wenn sich das Führungsverhalten nicht ändert, kann man institutionell so vorgehen, dass die Änderung von außen herbeigeführt wird. Oben hatten wir schon ein Beispiel von der Bundesagentur für Arbeit, aber auch André & Oliver von DB Systel erzählten davon:

»Also wir haben irgendwann in dieser Phase einen Schwenk gemacht und haben gesagt, wir als DB Systel ›schaffen unsere Führungskräfte ab‹. Das haben wir getan, indem wir aufgeschrieben haben, was für Führungsaufgaben existieren in der Unternehmung. Das waren in Summe 130 Führungsaufgaben, und die haben wir in unser neues Rollen-Setting überführt. Wir haben heute ein Rollen-Setting, also mittlerweile seit vier Jahren, fünf Jahren, was ausschließlich aus Product Ownern, Agility Mastern und dem Umsetzungsteam besteht. Und diese 130 Führungsaufgaben sind auf alle drei Rollen mehr oder weniger gleich verteilt worden. Bei uns hat quasi jeder Führungsaufgaben, die er wahrnehmen muss, nicht nur für sich, sondern auch für die Unternehmung. Durch dieses neue Rollenmodell [...], aber auch das Thema Organisationsentwicklung, haben wir [...] zwei Geschmacksrichtungen geschaffen [fachlich und disziplinarisch], mit denen Menschen sich identifizieren können. [...] Da haben sich auch viele Chancen ergeben, teilweise einfach durch den Prozess, sich damit mal genauer zu befassen, was will ich eigentlich, auch als Führungskraft, was macht mir eigentlich Spaß an dieser Aufgabe? Und ist es eher die eine Geschmacksrichtung oder eher die andere Geschmacksrichtung? Da haben wir nochmal neue Türen aufgemacht.«

Das aktuell spannendste Beispiel dazu, organisatorisch vorzunehmen, was individuell nicht klappt, ist die radikale Veränderung, die der CEO von Bayer, Bill Anderson, seit Herbst 2023 mit den rund 100.000 Mitarbeitenden durchführt. Sein Prinzip der »Dynamic Shared Ownership« sieht vor, dass sich Teams um ihre jeweilige Mission organisieren und 95 % der Entscheidungen selbst treffen. »Geführt« werden sie von dem- oder derjenigen der früheren Führungskräfte, die am ehesten dazu geeignet war, Teams freizulassen und sich selbst der Mission unterzuordnen; stattdessen also nur noch einen Rahmen zu setzen

(»Vision«), die Strukturen hilfreich zu gestalten (»Architekt«), Fortschritt zu beschleunigen (»Katalysator«) und beim Erreichen der Mission zu coachen.

vi. Fortschritte sichtbar machen und feiern!

Kommen wir nun zu dem Teil, der am meisten Spaß macht – und gleichzeitig von zentraler Bedeutung ist: Sichtbare Fortschritte und gefeierte Zwischenerfolge! Sie stärken die Motivation und das Durchhaltevermögen der Beteiligten für die langwierigen und anstrengenden Veränderungsprozesse. Wenn Mitarbeiter konkrete Verbesserungen erkennen, steigt die Akzeptanz für die Transformation und sie sind eher bereit, selbst mitzuwirken. Kurzfristige Erfolge halten zudem das Gefühl der Selbstwirksamkeit aufrecht und verhindern damit, dass die Veränderungsbereitschaft nachlässt.

Gefeierte Zwischenerfolge ermöglichen es außerdem, aus den bisherigen Erfahrungen zu lernen und den weiteren Transformationsprozess anzupassen. Nicht zuletzt stärken sichtbare Erfolge die Organisationskultur und das -image nach innen und außen. Insgesamt tragen sie dazu bei, die Akzeptanz und das Commitment aller Beteiligten für die komplexen Veränderungsprojekte zu erhöhen – ein entscheidender Erfolgsfaktor.

Dies ist auch in sehr traditionellen und erfolgreichen Unternehmen in Deutschland inzwischen angekommen – entgegen der einprogrammierten Haltung »nicht geschimpft ist genug gelobt«. So berichtet Michael Tobai, zur Zeit unseres Interviews Head of Tax Transformation bei der Siemens AG:

»[Die Veränderung] muss durch proof points realisiert und dargestellt werden. Das heißt, Offenheit und Transparenz sind da ganz wichtig: ›Was habe ich heute Neues gelernt? Welche Schlüsse habe ich daraus gezogen?‹ [...] Und letzten Endes ist das dann auch Aufgabe der Transformatoren, das zu multiplizieren, zu fördern und auch in den Vordergrund zu stellen.«

Ähnlich sieht es Christian Spannbauer:

»Was natürlich immer sehr überzeugt ist, wenn man Dinge zeigen kann. Wie war es vorher? Wie ist es jetzt? Wenn man das wirklich so erfahren kann. [...] Das plastisch darzustellen, das ist die Herausforderung in einer Welt, die häufig sehr abstrakt ist. [...] Wenn wir das zeigen können, dann ist es auch im Vorstand immer das beste Argument oder hat die höchste Nachvollziehbarkeit.«

Dr. Ralf Belusa hat auch einen schönen Tipp parat, wie man sich selbst seine Fortschritte verdeutlichen kann – und sich selbst ein wenig feiert:

»Auf der Reise [...] sieht man ja auch etwas, wenn man zurückblickt. Ich glaube, in unserer jetzigen Welt, bei unserer ganzen Digitalisierung und Transformation, merken wir manchmal gar nicht, was wir eigentlich alles geschafft haben. Uns fällt es immer erst auf, wenn wir ein oder zwei Jahre zurückgucken. Daher vielleicht ein kurzer Hinweis: Einfach mal eine Präsentation von vor zwei Jahren aufmachen. [...] Um selber auch ein bisschen stolz zu sein, mit den Teams und Kollegen, Kolleginnen zusammen. Vor zwei Jahren war das nur eine Idee auf einem Zettel oder ein PowerPoint, und jetzt kann man es schon seit eineinhalb Jahren nutzen!«

Kathrin Günther nutzt zu diesen beiden Zwecken auch ihren freitäglichen Newsletter:

»Dafür ist der Newsletter dann auch hilfreich, um nochmal die Brücke zu schlagen und sich [im Rückblick] anzusehen, was sind eigentlich die Erfolge, die ich jede Woche zusammengefasst habe? Dann sind das die kleinen Erfolge, die ich [retrospektiv] nochmal highlighten und kommunizieren möchte. Denn das ist die Multiplikation dieser Transformation in die Organisation hinein, in die anderen Geschäftsbereiche, aber auch nach außen. Denn auch unser Image verändert sich dadurch, unsere Darstellung bei Kunden verändert sich.«

André Weber-Liel & Oliver Martin von DB Systel sehen diese Mechanismen zu guter Letzt auch als sich selbst verstärkende Elemente an:

»Unheimlich wichtig ist, dass die Menschen halt auch sehen, dass was passiert. Um mit Herbert Grönemeyer zu reden: ›Zu sehen, dass sich was dreht‹. Das war wichtig, um wieder neue Botschafter zu gewinnen, die dann sagen, da passiert was, da will ich mitmachen. Ich möchte nicht da sitzen bleiben, wo ich heute bin, sondern ich will da drüben bei dem coolen Zeug dabei sein.«

Zusammenfassend lassen sich all diese Wunderwaffen, Erfahrungsberichte, Ratschläge und Anekdoten auf einen Punkt bringen, den Dr. Ralf Belusa sehr schön formuliert hat:

»Das ist aus meiner Sicht der Kern des Erfolgs, der Transformation: ›Make everyone every day better‹. Und wenn jeder das macht, dann wird jeder Mensch besser, dann wird das Team besser, dann wird die Organisation besser, dann wird hoffentlich die Gesellschaft auch ein bisschen besser.«

Um die Erwartungen richtig zu setzen: Das kommt nicht ohne Schmerzen – weiß ich und sagt z. B. Bernd Preuschoff, aus eigener Erfahrung. Denn Transformation ist wie Sport, und da kommen wir ja auch über den Punkt hinweg, wo es weh tut, und gehen immer weiter, um zu sehen, was geht:

»Ich habe mich immer gewundert am Anfang, als man diese Transformationsdebatten hatte, dass die digitalen Redner immer gesagt haben, hier, das muss alles Spaß machen und das ist alles total easy und wenn es nicht easy ist, ist es nicht cool und so weiter. Wenn du aus dem Sport kommst, [wie ich aus dem Tanzsport], dann weißt du, jede Transformation hat diesen Moment, wo dir der ganze Körper weh tut, wo wirklich du schwitzend und keuchend aus dem Saal kommst. Und am nächsten Morgen stehst du auf und das Kreuz tut dir weh. Und der Schlüssel ist ja, am nächsten Tag trotzdem weiter zu trainieren, auch wenn das Kreuz weh tut. Das nennt man dann neudeutsch ›Resilienz‹. Ich mache immer weiter. Tatsächlich, wenn du einen Sportler fragst, sagen die auch, das macht mir Spaß. Ich will ja herausfinden, was geht. Ich glaube, das muss man den Leuten auch ehrlich sagen. Natürlich werden wir auf unserer Transformationsreise an Momente kommen, da tut einem das Kreuz weh!«

Und dass eine Menge geht, das zeigen uns die Beispiele im folgenden Absatz:

4.3 ORGANISATIONEN, DIE SCHON GROSSE FORTSCHRITTE GEMACHT HABEN

a. Bundesagentur für Arbeit

Im Verlauf dieses Buches sind wir immer davon ausgegangen, dass nicht nur Unternehmen sich KI-transformieren, sondern auch andere Organisationen. Ein schönes Beispiel dafür ist die Bundesagentur für Arbeit (BA), die mit ihren rund 100.000 Mitarbeitenden in den letzten Jahren eine erhebliche Verbesserung ihrer digitalen Angebote hingelegt hat. Dies auf Basis der Vision von Andrea Nahles, Vorstandsvorsitzende der BA, dass die BA »modernste Dienstleisterin im öffentlichen Sektor in Europa« werden solle.

Ein Grund mehr, nochmal **Stefan Latuski, den CIO der BA und CEO des IT-Systemhauses der BA** spezifisch zum Thema KI-Transformation zu befragen:

1. Habt Ihr schon angefangen mit einer KI-Transformation?

Künstliche Intelligenz ist eng mit unserer digitalen Transformation verbunden. So befördert KI in der Bundesagentur für Arbeit (BA) die Automatisierung und neuartige Geschäftsmodelle bzw. Arbeitsweisen. Aktuell setzen wir die Technologie vorrangig zur Automatisierung einfacher Arbeitsprozesse ein. Beispiele dafür sind Chatbots zur Beantwortung von Standardfragen auf arbeitsagentur.de, die Weiterbewilligung von Kindergeld durch das automatisierte Erkennen von Studien- oder Ausbildungsbescheinigungen oder die automatisierte Datenübernahme aus Stellenangebotstexten in strukturierte Datenfelder der BA-Systeme (VerBIS).

2. Was ist Euer Fokus dabei?

Während viele privatwirtschaftliche Unternehmen KI zur Steigerung ihrer Wirtschaftlichkeit und Umsätze einsetzen, haben wir einen anderen Fokus. Der demografische Wandel stellt uns vor neue gesamtgesellschaftliche Herausforderungen. Auch die Bundesagentur für Arbeit ist davon betroffen. Nahezu 40 % unserer Belegschaft wird sich in den nächsten sechs bis sieben Jahren in den wohlverdienten Ruhestand verabschieden. In der aktuellen demografischen Situation wird es uns nicht gelingen, alle Stellen nachzubesetzen. In diesem Kontext sehen wir in der Technologie eine große Chance, Mitarbeitende bei repetitiven Aufgaben zu entlasten und dem Fachkräfte- und Zeitmangel entgegenzuwirken.

Wichtig: Nicht überall wo technologisch machbar, wollen und werden wir KI in der BA einsetzen, denn »Human Friendly Automation« haben wir uns ganz groß auf die Fahne geschrieben. Das gilt auch für KI!

3. Was habt Ihr Euch vorgenommen?

Ein konkretes KI-Vorhaben ist das Projekt »Kompetenz-Kompass«. Dieses fokussiert sich auf die KI-assistierte Extraktion von Kompetenzbegriffen aus Stellentexten zur Verwendung in der Beratung und Vermittlung. Doch das nur als ein Beispiel von vielen. Gerade in der öffentlichen Verwaltung gibt es unzählige Use Cases.

Wir haben uns durch diverse Maßnahmen darauf vorbereitet, dass KI in der betrieblichen Praxis zunehmend zum Alltag wird: Technologisch durch das Kompetenzzentrum KI & Machine Learning, das sich aus Expertinnen und Experten zusammensetzt, die auf einer hausinternen KI-Plattform Anwendungsfälle entwickeln. Ethisch durch unsere Datenethik-Leitlinie und personell durch Schulungen. Diverse Ideen wurden bereits überprüft und umgesetzt, um die Kundenkern- und Supportprozesse zu unterstützen.

4. Was sind die größten Herausforderungen dabei?

Der Einsatz von KI bietet enorme Potenziale, die allerdings nur nachhaltig gehoben werden können, wenn ethische Prinzipien bei der Entwicklung und beim Betrieb befolgt werden. Eine Herausforderung sind einheitliche datenethische Leitlinien für den Umgang mit KI, aber auch das Veränderungsmanagement, wenn es darum geht, Anwenderinnen und Anwender im Umgang mit KI-Lösungen zu schulen.

5. Welche Initiativen/Maßnahmen siehst Du zur Bewältigung dieser Herausforderungen im Vordergrund – und warum?
Die BA hat eine Datenethik-Leitlinie und dazugehörige Gremien sowie Prozesse geschaffen, die die datenethisch korrekte Umsetzung von KI-Lösungen sicherstellen. Das heißt, jeder KI-Anwendungsfall in der BA wird einer datenethischen Risikobewertung unterzogen. Darüber hinaus haben wir die Business Intelligence- und KI-Strategie 2030, die die zielorientierte Ausrichtung bildet. Sowohl unsere Datenethik-Leitlinie, als auch die Strategie werden von interdisziplinären Teams in enger Abstimmung mit den Fachbereichen und den Anwender/-innen (weiter)entwickelt. Zudem entsteht eine KI-Sicherheitsrichtlinie durch unsere IT-Security.

Beim Veränderungsmanagement steht aktuell ein Schulungskonzept im Vordergrund, um Wissen über und den Umgang mit KI in die Organisation zu tragen. Auch das Erkennen von Potenzialen für den Einsatz von KI ist Teil des Schulungskonzepts. Mit Blick auf das eigene Serviceangebot: In der Beratung von Kundinnen und Kunden der BA wird KI selbstverständlich mitgedacht, sodass wir bei Weiterbildungsthemen bzw. dem Aufbau von KI-Kompetenzen beratend zur Seite stehen können.

6. Wie misst du dabei den Erfolg?
Die Zufriedenheit der Bürgerinnen und Bürger ist ein entscheidender Erfolgsfaktor für den Einsatz von KI in der öffentlichen Verwaltung. Umfragen, Feedback und Bewertungen helfen uns dabei, die Qualität der Dienstleistungen zu bewerten und Verbesserungspotenziale zu identifizieren. Die Akzeptanz und Nutzung von KI-Systemen durch die Mitarbeitenden und Bürgerinnen und Bürger ist ein weiterer wichtiger Erfolgsindikator.

b. Kölner Stadtanzeiger-Medien

Die Kölner Stadt-Anzeiger Medien ist ein traditionsreiches Unternehmen: Seit 401 Jahren gibt die Gesellschaft bzw. ihre Vorgänger u.a. die renommierte Regionalzeitung »Kölner Stadtanzeiger« heraus. Als Teil der DuMont Holding mit 13 Tochtergesellschaften, aufgeteilt in drei wesentliche Geschäftsfelder, und 448 Millionen Euro Umsatz im Jahr 2023[51] hat sie eine Strahlkraft weit über die Region und die Medienbranche hinaus. Die Case Study präsentiert der **CEO, Thomas Schultz-Homberg.**

Der Anstoß

Der Anstoß zur KI-Transformation entstand aus unserem Bedürfnis, in einem dynamischen digitalen Marktumfeld wettbewerbsfähig zu bleiben. Es wurde uns klar, dass eine digitale Transformation weit mehr als eine technologische Umstellung ist; sie ist ein strategischer Schritt, der darauf abzielt, unsere Geschäftsmodelle und -prozesse zu optimieren, um Effizienz zu steigern und neue Werte zu schaffen.

Bei den Kölner Stadt-Anzeiger Medien haben wir die Methode der strategischen Finanzplanung zugrunde gelegt. Durch die Analyse von empirischen Daten und die Erstellung von Simulationen konnten wir eine klare Vorstellung davon gewinnen, welche Ziele wir im digitalen Bereich erreichen müssen, um trotz des Rückgangs im Printgeschäft profitabel zu bleiben. Diese Übung hat uns schonungslos aufgezeigt, dass wir nicht viel Zeit haben, und dass fast alle Marktteilnehmer sich in einer ähnlichen Lage befinden.

Die KI-Transformation wurde also durch die Erkenntnis vorangetrieben, dass unsere traditionellen Geschäftsmodelle nicht mehr ausreichen, um langfristig erfolgreich zu sein. Die Integration von Künstlicher Intelligenz bietet uns die Möglichkeit, große Datenmengen effizient zu analysieren, Prozesse zu automatisieren und personalisierte Kundenerlebnisse zu schaffen, was letztendlich zu einer verbesserten Profitabilität führt. Der Druck, sich schnell anzupassen, gepaart mit dem Potenzial, das KI bietet, hat uns dazu veranlasst, diesen Weg einzuschlagen.

Der Prozess

Um die systematische Anwendung von KI in unserer gesamten Organisation voranzutreiben, haben wir einen ganzheitlichen Ansatz verfolgt, der sowohl technologische als auch kulturelle Aspekte umfasst. Wir waren uns bewusst, dass der Erfolg nicht allein durch den Kauf von Technologie, sondern durch das Gewinnen von Menschen – sowohl unsere Mitarbeitenden als auch unsere Nutzerinnen und Nutzer – bestimmt wird.

Technologische Umstellung: Wir haben frühzeitig das Potenzial von Künstlicher Intelligenz für unser Geschäft erkannt und entschieden, alle digitalen Expertinnen und Experten in einem Digital Competence Center (DCC) zu bündeln. Dieses DCC wurde weitgehend unabhängig vom traditionellen Printgeschäft aufgestellt, mit eigenen Budgets und der entsprechenden Entscheidungsautonomie, geleitet von einer Chief Product Officer. Innerhalb eines Jahres haben wir unseren kompletten TechStack ausgetauscht – ein großes Unterfangen, das wir entschlossen angepackt haben. Die Einführung neuer

KI-Technologien im DCC konnte erfolgreich umgesetzt werden, was uns sogar internationale Anerkennung einbrachte.

Kultureller Wandel: Parallel zur technologischen Umstellung haben wir einen notwendigen kulturellen Wandel eingeleitet. Wir hatten nicht die Zeit, schrittweise vorzugehen, sondern mussten aufgrund der schnellen Marktentwicklung und der Disruption unseres Geschäfts gleichzeitig handeln. Wir folgten der Philosophie, dass unsere Mitarbeitenden außerhalb des DCC das Handeln und die eingesetzten Technologien nur dann verstehen können, wenn wir diese transparent und regelmäßig erklären. Kommunikation wurde zum Schlüssel unseres Erfolgs. Wir etablierten das Format »machen & schaffen«, in dem unsere Expertinnen und Experten regelmäßig ihre Arbeit vorstellen und über den Erfolg bereits eingeführter Produkte und Technologien berichten.

Die Digitalisierung wurde auch in der Verwaltung vorangetrieben, um ein unternehmensweites Verständnis für die Notwendigkeit des digitalen Wandels zu etablieren. Führungskräfte wurden in regelmäßigen Workshops geschult, und das Executive Team nahm an spezialisierten Change-Prozess-Workshops teil. Für alle Mitarbeitenden wurde eine digitale Trainings-App namens Culcha und ein unternehmensweites Lernprogramm »wir | lernen & entwickeln« eingeführt. Der Grundsatz »Viel hilft viel« wurde in Bezug auf den Kulturwandel verfolgt und hat sich als wahr erwiesen.

Die Resultate bisher

Wir von den Kölner Stadt-Anzeiger Medien sind fest davon überzeugt, dass Künstliche Intelligenz das Potenzial hat, die journalistischen Geschäftsmodelle von morgen grundlegend zu verändern. Wir haben auf diesem Weg bereits bedeutende Fortschritte gemacht und können uns über einige Auszeichnungen freuen, auch auf internationaler Ebene.

Trotz dieser Erfolge sind wir noch nicht am Ziel, um langfristigen Erfolg sicherzustellen und das Unternehmen für die Zeit nach der gedruckten Zeitung zu rüsten. Aber wir haben bereits messbare Erfolge erzielt: Unsere Paid Content-Zahlen wachsen, unsere Angebote werden intensiver genutzt und unser digitaler Anzeigenumsatz steigt. Dies wird auch von den Medien wahrgenommen und trägt zu unserem Employer Branding bei.

Was hat sich bewährt?

1. **Klara Indernach:** Unsere erste rein virtuelle, auf KI basierende Redakteurin, ist ein großer Erfolg. Sie produziert bereits elf Prozent der Inhalte auf EXPRESS.de, was auch elf Prozent der Gesamtreichweite ausmacht. Wir stellen

sicher, dass ihre Beiträge qualitativ hochwertig sind, indem wir das Prinzip »human in the loop« anwenden. Klara wird immer von einem Redakteur begleitet, bevor ihre Artikel veröffentlicht werden.

2. **Homepage-Recommender**: Unsere Technologie, die auf »collaborative filtering« (Erstellung von Empfehlungen basierend auf den Vorlieben und Verhaltensweisen mehrerer Nutzer) basiert, wurde mit dem NOVA Award ausgezeichnet. Sie personalisiert 80 % unserer Newsangebote für jeden Nutzer individuell, was zu einer signifikanten Steigerung der Klickraten und der Verweildauer geführt hat.

3. **Dynamic Paywall:** Eine KI entscheidet über die Zahlungsaufforderungen für unsere Inhalte, was zu einem Anstieg der Abschlüsse an der Paywall im zweistelligen Prozentbereich geführt hat.

Was hat nicht funktioniert?

Trotz vieler Erfolge gab es auch Rückschläge. Das gehört nun mal dazu. So konnten wir beispielsweise keine automatisierten Podcasts in ausreichender Qualität produzieren, und der Selbstbedienungs-Anzeigenverkauf sowie das automatisierte Business-Reporting mit KI-Analyse sind noch nicht erfolgreich umgesetzt worden.

Unsere Vision und der Blick nach vorn

Wir werden unseren Weg der digitalen Transformation konsequent fortsetzen. Der Einsatz von KI hilft uns, zeitraubende manuelle Arbeit zu reduzieren und unterstützt bei der Produktion von Inhalten sowie der Personalisierung von Angeboten. Doch wir dürfen nicht stehen bleiben. Wir streben danach, die Marke Kölner Stadt-Anzeiger zu einem unverzichtbaren Lebensbegleiter für unsere Community zu machen, mit relevanten Informationen, Vorteilswelten und exklusiven Zugängen. Wir müssen über die Grenzen traditioneller journalistischer Geschäftsmodelle hinausgehen und ein 360-Grad-Angebot für unsere regionalen und nationalen Communities schaffen. Dies ist eine neue Phase in unserer Geschäftsentwicklung und ein Schritt, den die gesamte Branche gehen muss. Der digitale Journalismus entwickelt sich weiter, und wir sind an vorderster Front dabei.

Thomas Schultz-Homberg, CEO Kölner Stadt-Anzeiger Medien

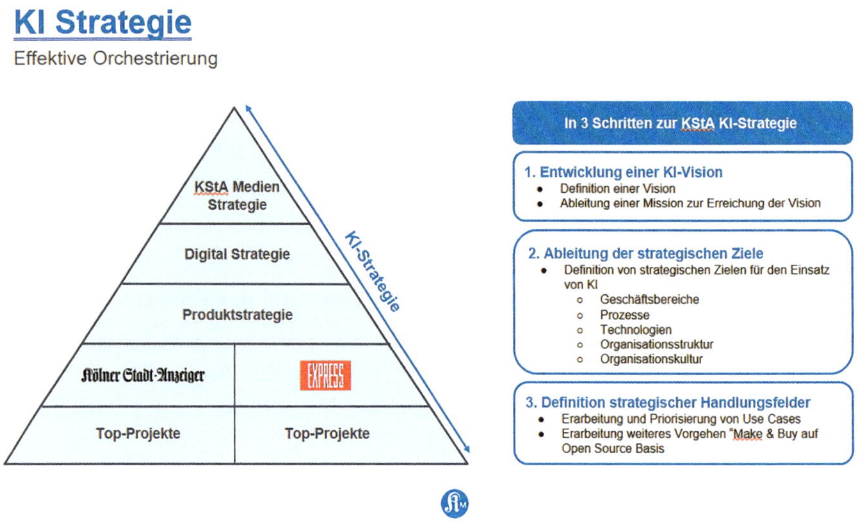

c. OTTO GmbH & Co KG

Die Hamburger OTTO GmbH & Co KG ist mit einem Umsatz von 6,5 Mrd. € und über 18 Mio. Produkten auf otto.de (GJ 2023/2024) in Deutschland der größte Fashion- und Lifestyle-Onlineshop für Endverbraucher:innen – aktuell mit dem Fokus auf der Transformation zur Plattform. Die Case Study präsentiert **OTTOs CAIO (Chief AI Officer), Dr. Timo Christophersen**.

Der Anstoß

Das Versandhandelsunternehmen OTTO verfügt über langjährige Erfahrungen in der Nutzung von Daten zur optimierten Steuerung und Planung von Prozessen. Schon seit über 20 Jahren arbeitet es mit Künstlicher Intelligenz.

- Bereits in den späten 1980er Jahren wurden einfache statistische Prognosemodelle für die Optimierung der Werbemittelallokation entwickelt und genutzt.
- In den 1990er Jahren wurden bei OTTO schon neuronale Netze trainiert, um die Bestellaktivität der Kund:innen für die verschiedenen Print-Werbemittel vorhersagen und damit den Werbemitteleinsatz deutlich effizienter gestalten zu können.

Die nachfolgende, konsequente Transformation von einem Print-Katalog-basierten Versandhaus in Richtung eines Online-Marktplatzes brachte umfassende neue unternehmensinterne Prozesse mit sich. Diesen Prozessen lagen Massendaten zugrundeund es mussten neue Technologien und interne Kompetenzen aufgebaut werden. OTTO war eines der ersten E-Commerce-

Unternehmen in Deutschland, das die riesigen Potenziale von KI-basierten Instrumenten und Prozessen strategisch, gezielt und für die eigene Wertschöpfung optimiert erkannte und umsetzte. Zu den ersten KI-basierten Use Cases bei OTTO gehörten

- die Bestimmung optimaler Preise (Dynamic Pricing) für die eigenen Händlerprodukte sowie
- der Einsatz von Machine Learning-Algorithmen für Produktempfehlungen, um Kund*innen ein besseres Einkaufserlebnis zu bescheren.

Beide Anwendungsfälle wurden zunächst noch mit Hilfe von extern einkauften Services umgesetzt. Weil die Bedarfe und Möglichkeiten sich stetig erweiterten, baute OTTO schnell auch eigene Data Science-Teams auf, die hausinterne KI-Algorithmen für die verschiedenen Wertschöpfungsprozesse entwickeln konnten. Eine visionäre Entscheidung für die Zukunftssicherung des Unternehmens.

Der Prozess

Hand in Hand zum Auf- und Ausbau der internen Data Science-Fähigkeiten gingen organisationale Weichenstellungen, die eine wesentliche Grundlage für die KI-Transformation von OTTO darstellen. Die Business Intelligence (BI)-Teams aus mehreren Unternehmensbereichen wurden in einem großen BI-Bereich in der IT von OTTO zusammengeführt. Unter strenger Einhaltung der bestehenden Gesetzesvorgaben in puncto Datenschutz wird hier seit 2015 eine große unternehmensinterne Datenplattform entwickelt und betrieben. Sie ist nicht nur Rückgrat für die Steuerung und Planung von OTTO mittels moderner BI-Reportings und weiterer Datenprodukte, sondern auch die Datengrundlage für die vielen verschiedenen KI-Produkte, die von den OTTO KI-Teams entwickelt und betrieben werden. Darunter fallen mehrere Produktsuche-bezogene Algorithmen wie ein Machine Learning basiertes Ranking-Modell, semantische Suche oder Search Suggests. Verschiedene Algorithmen wie das Attributionsmodell werden zur Marketing-Budget-Steuerung und Planung genutzt. In der Supply-Chain-Steuerung sind verschiedene KI-basierte Forecasts wirksam, u. a. für Absatzmengenpotenziale und Wareneingangsmengen.

Im BI-Bereich werden dabei die Vorteile zentraler und dezentraler Aufbau-Organisationen miteinander kombiniert:

- In sogenannten »Domains« werden Daten- und KI-Produkte entwickelt, die fach- und prozessspezifisch konzipiert sind (z. B. Bidding-Algorithmen für spezifische Online-Marketing-Kanäle). Die Domains sind fokussiert auf die

Entwicklung von BI- und KI-Anforderungen für ganz konkrete Fachbereiche bzw. Wertschöpfungsprozesse. Zwischen den Domains und den jeweiligen Fachbereichen besteht kontinuierlich ein enger Draht.

- Und in sogenannten »Hub«-Teams werden grundlegende Leistungen erbracht, die prozessübergreifend wirksam werden. Im Hub für Basisdaten werden grundlegende Datenstrecken aufgebaut, die von mehreren abnehmenden Domains bzw. OTTO-Fachbereichen genutzt werden.«

Dabei fungiert der AI Hub als Heimat diverser synergetisch ausgerichteter KI-Teams. Ausgehend vom AI Hub und im engen Schulterschluss mit unserem Bereichsvorstand Technology & Logistics (CIO), Dr. Michael Müller-Wünsch, ist die KI-Transformation von OTTO strategisch und systematisch heute fest in der Unternehmensstrategie und sämtlichen Geschäftsprozessen verankert.

Standortbestimmung als Ausgangspunkt für KI Vision und Strategie

Um die für OTTO passende KI-Strategie zu entwickeln, führte ein Kernteam aus KI-Managern aus dem AI Hub zunächst ein Assessment zum Reifegrad von KI im eigenen Unternehmen durch. Aufgrund der bereits zu diesem Zeitpunkt signifikanten Investitionen in KI-Expertise zeigten diese Analysen zwar einerseits diverse Stärken im Unternehmen auf, andererseits aber auch Stellen, an denen bei OTTO Kompetenzen weiter ausgebaut und weiterführende Voraussetzungen geschaffen werden mussten, um zukünftig in der Lage zu sein, die großen Potenziale von KI heben zu können.

Zusätzliche Analysen von externen und internen Einflüssen (z. B. IT-strategiebezogene Vorgaben, übergreifende Ziele des BI-Bereichs sowie das OTTO-übergreifende Zielsystem) folgten, um die Ausprägung der KI-Strategie weiter zu formen. Für die Ableitung der KI-Strategie orientierte sich das Kernteam stark am bekannten Business Motivation Model (BMM)[52]. Ausgehend von einer für OTTO passenden KI-Vision wurden eine Mission, qualitative und quantitative Ziele und letztlich Strategien und Taktiken abgeleitet, die wiederum die Basis für diverse KI-Strategie-bezogene Maßnahmen darstellen

Einschub 54: Abbildung: Business Motivation Model

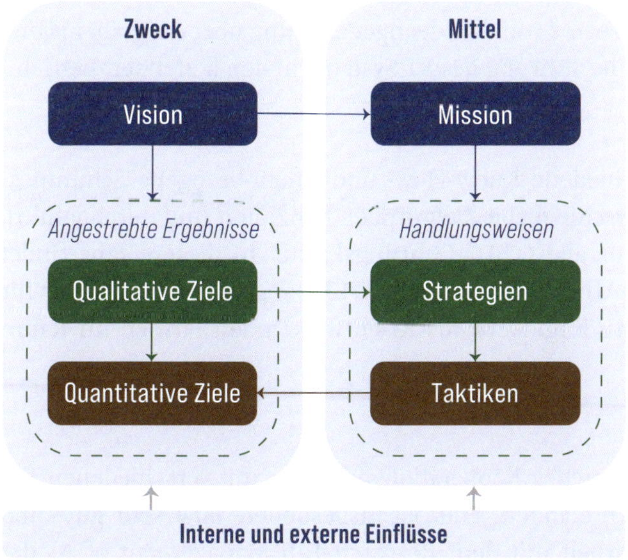

Das »Pushing AI« Programm zur Umsetzung der KI Strategie

Sämtliche KI-Strategiemaßnahmen wurden bei OTTO in einem umfangreichen Programm namens »Pushing AI« gebündelt. Mission dieses Programm ist die Steigerung des gezielten und verantwortungsvollen Einsatzes von KI und zur Schaffung von Strukturen, die die weitere Etablierung von KI bei OTTO fördern. Das Programm orientiert sich in seiner Struktur an Arbeiten von appliedAI, einer Beratungzur Anwendung vertrauenswürdiger KI-Technologie[53]. Im »KI-Strategiehaus« werden alle wesentlichen Themenfelder, die für eine erfolgreiche KI-Transformation erforderlich sind, zusammengefasst. Im Folgenden werden beispielhaft strategische Maßnahmen zu zentralen Dimensionen des KI-Strategiehauses aufgeführt, die sich für OTTO als erfolgreich erwiesen haben:

KI-Anwendungsfälle:

Zur Identifikation von wertstiftenden KI-Anwendungsfällen wurde ein Ideation-Workshop-Format entwickelt. Für die Priorisierung dieser Use-Cases wurde gemeinsam mit weiteren OTTO Strategiebereichen ein Bewertungsschema erarbeitet. Um die Potenziale von Generativer KI für die OTTO Wertschöpfungsketten zu ermitteln, haben die Teams ein bereichsübergreifendes Projekt durchgeführt und auf Basis dieses Bewertungsschemas konkrete Use-Cases identifiziert, die sich aktuell in der Umsetzung befinden.

Organisation:
Als sehr erfolgreich hat sich der Aufbau eines KI-Inkubator-Teams erwiesen. Es begleitet andere IT-Teams von der Ideengenerierung über die gemeinsame Entwicklung bis zur Überführung des KI-Systems in den laufenden Betrieb.

Menschen:
Es wurden viele verschiedene Know-How- und Talent-bezogene Schulungsmaßnahmen für unterschiedliche Zielgruppen konzipiert und durchgeführt, u.a. KI-Schulungen für alle OTTO-Führungskräfte. In diesem Jahr findet zum dritten Mal die mAIn Session, eine von OTTO angebotene Konferenz für Data Scientists und ML Engineers aus KI-entwickelnden Firmen im Raum Hamburg statt.

KI-Ökosystem:
OTTO hat ein umfangreiches Kooperationsnetzwerk mit verschiedenen Firmen und Universitäten etabliert. Hier ist insbesondere eine sehr gute und intensive Zusammenarbeit mit dem Research Lab Management of AI der Universität St. Gallen zu nennen.

Aktueller Stand der KI-Reife bei OTTO

Ohne KI würde es bei OTTO nicht mehr gehen. Die Wertschöpfung, die mittels KI in den verschiedenen unternehmerischen Subprozessen erreicht wird, ist immens. Viele der Kernprozesse würden ohne die hauseigenen KI-Produkte gar nicht oder nur extrem suboptimal funktionieren. Bei OTTO gibt es inzwischen mehr als 70 KI-Anwendungsfälle, die laufend dokumentiert und bewertet werden. Hinter diesen Use Cases stehen viele verschiedene KI-Systeme, die zum großen Teil spezifisch für den jeweiligen Fachprozess entwickelt wurden und in vielen Fällen aber auch in mehrere Prozesse wirken.

Die agile Entwicklung und der Betrieb der internen KI-Produkte erfolgt durch mehr als 25 IT-Teams, die auf KI spezialisiert und je nach Kontext unterschiedlich zusammengesetzt sind, u.a. mit Product Owner, Agile Master, Data Scientists, Machine Learning Engineers, Software Engineers und BI-Developern. Mehr als 130 Mitarbeiter:innen sind im engen Sinne an der KI-Entwicklung beteiligt. Um dem besonderen strategischen Stellenwert von KI bei OTTO Rechnung zu tragen, wurde im Juni 2024 die neue Rolle Chief AI Officer besetzt.

Dr. Timo Christophersen, CAIO (Chief AI Officer) bei OTTO

d. Ringier

Ringier ist ein innovatives, digitalisiertes und diversifiziertes Medienunternehmen mit Sitz in der Schweiz, das in Europa und Afrika tätig ist. Mit einem Umsatz von rund 919 Mio. CHF im Jahr 2023 und rund 6.600 Mitarbeitern in 20 Ländern gehört Ringier zu den führenden europäischen Medienunternehmen. Das Familienunternehmen setzt seit 190 Jahren auf Unternehmertum, Zusammenarbeit und Pioniergeist.

Es hat in den letzten Jahren eine beeindruckende KI-Transformation durchlaufen. Diese Case Study, entstanden aus einem mündlichen Interview mit **Merlin Bauer, Head of Data Platforms** bei Ringier, beleuchtet, wie Ringier seine KI-Strategie entwickelt und umgesetzt hat, und zeigt auf, welche Erfolgsrezepte und Herausforderungen dabei eine Rolle spielten.

Der Anfang der Transformation

Die KI-Transformation bei Ringier zeichnet sich besonders aus durch zwei bedeutende Projekte: »Star« und »Delphi«:

Das Star-Projekt, das schon vor über acht Jahren ins Leben gerufen wurde, fokussiert sich auf die personalisierte Inhaltserstellung und -auslieferung. Das Ziel war es, mithilfe von KI-gestützter Personalisierung die Nutzer:innen besser kennenzulernen, Inhalte individuell anzupassen und letztlich die Monetarisierung zu verbessern dadurch, dass Werbung gezielt auf die Nutzer:innen zugeschnitten wird. Star besteht aus einer Plattform, die verschiedene KI-basierte Produkte und Komponenten umfasst, wie z. B. personalisierte und zeitabhängige Auswahl der Inhalte, individuelle Beitragsreihenfolgen oder personalisierte Werbung, und sie den rund 200 Marken von Ringier zur Verfügung stellt.

Das Delphi-Projekt hingegen, gestartet vor etwa vier Jahren, konzentriert sich auf intelligentes unternehmensweites Datenmanagement mit konkreten KI-Anwendungen zur Entscheidungsunterstützung. Hierfür arbeitet Ringier mit der Datenanalyseplattform von Palantir zusammen. Sämtliche Daten aus den verschiedenen Geschäftsbereichen wie Verlag, Werbung und Marktplätzen werden hier gebündelt, aufbereitet und für KI-Anwendungsfälle bereitgestellt. Beispielsweise

- erhalten die Manager von Werbekampagnen KI-Empfehlungen, um die rund 100 täglichen Werbekampagnen bestmöglich auszusteuern.
- können Redakteure Thementrends und Artikelperformance besser einschätzen durch eine eigens programmierte Oberfläche und erhalten Formatierungshinweise für neue Beiträge.
- helfen KI-Assistenten im Vertrieb von digitalen Zeitungsprodukten bei der Preisoptimierung und der Analyse von Kunden- und Marktdaten.

Insgesamt schafft Delphi datenbasierte Entscheidungsgrundlagen in praktisch allen Unternehmensbereichen.

Herausforderungen

Ein wesentliches Merkmal der Umsetzung bei Ringier war die enge Zusammenarbeit zwischen verschiedenen Abteilungen und die Einbindung der Mitarbeitenden. Besonders im Newsroom stellte die Einführung von KI-gestützten Tools eine Herausforderung dar, da Journalisten oft skeptisch gegenüber technologischen Hilfsmitteln sind:

»Bei der Einführung der Personalisierung für die Frontseiten war eine der ersten Fragen von Journalisten: Wo ist der rote Knopf, mit dem wir die Maschine ausstellen können, wenn sie komisch funktioniert?«,

erinnert sich Merlin Bauer. Durch transparente Kommunikation, Schulungen sowie durch A/B-Tests konnte jedoch gezeigt werden, dass der Algorithmus oft bessere Ergebnisse erzielt als manuell kuratierte Inhalte. Diese empirischen Beweise halfen, das Vertrauen in die Technologie zu stärken.

Auch die schiere Größe von Ringier stellte sich als Herausforderung dar, schließlich publizieren die über 200 Marken und Titel von Ringier weltweit täglich unzählige Inhalte. Das wurde immens erleichtert durch die Tools, die Star allen Einheiten bietet.

Eine der größten Herausforderungen bei der KI-Transformation war – und ist – das Durchhaltevermögen und der Fokus.

»Bei Unternehmen besteht oft die Tendenz, schnell dem nächsten Technologie-Hype zu folgen, anstatt bei KI die nötige Geduld und das längerfristige Durchhaltevermögen aufzubringen. Einige Dinge benötigen mehr Zeit, als Business-Verantwortliche meist zur Verfügung haben.«

Erfolgsfaktoren

Governance-Strukturen für KI sieht Merlin Bauer als klaren Erfolgsfaktor, um KI unternehmensweit nutzbar und kontrollierbar zu machen. So hat Ringier

- KI-Ethikrichtlinien und ein Manifest entwickelt, um die Mitarbeitenden zu orientieren und ihnen den Umgang mit KI zu erleichtern,
- jüngst ein KI Advisory Board eingerichtet aus internen und externen Experten für fachliche Beratung und
- das Thema KI in einer Organisationseinheit direkt unter dem Vorstand sehr sichtbar anagesiedelt

Diese Maßnahmen stellen sicher, dass KI als Mittel zur Erreichung der Unternehmensziele verstanden wird und nicht als Selbstzweck.

»Wir wollten KI nicht als isolierte Technologie, sondern als integralen Bestandteil unserer Strategie verankern«,

so Bauer. Mit dieser Herangehensweise ist Ringier vielen anderen Unternehmen weit voraus und ermöglichte die volle und skalierbare Nutzung von Künstlicher Intelligenz – sowohl technologisch, als auch in Bezug auf Change Management und Akzeptanz.

Ein weiterer zentraler Erfolgsfaktor, so Bauer, war die Bereitschaft, in innovative Ideen zu investieren, auch ohne sofortige Business Cases. Dies ermöglichte es, langfristige Projekte wie Star und Delphi erfolgreich zu starten und umzusetzen.

Als weiterer Hebel für Ringiers Erfolg sieht Merlin Bauer das agile Arbeiten unter dem Motto »Think Big, Start Small«. Also die schrittweise Einführung von KI-Tools und die schnelle Validierung von Hypothesen durch MVPs (Minimum Viable Products). Dadurch war es möglich, schnell festzustellen, welche Ansätze erfolgreich waren und welche nicht und so die Transformation effizient voranzutreiben.

Zu guter Letzt wurden bei Ringier sogenannte »Bridger« eingesetzt, Personen, die sowohl die technischen als auch die geschäftlichen Aspekte verstehen und vermitteln konnten. Diese Rolle war entscheidend, um Missverständnisse zu vermeiden und die Akzeptanz der neuen Technologien zu fördern.

Fazit

Die KI-Transformation bei Ringier zeigt, wie wichtig es ist, eine klare Vision zu haben, in innovative Ideen zu investieren und die Mitarbeitenden eng in den Prozess einzubeziehen. Durch eine Kombination aus technischer Expertise, klarer Governance und der Bereitschaft, kontinuierlich zu lernen und sich anzupassen, konnte Ringier seine KI-Strategie erfolgreich umsetzen.

e. Moderna

Die globale Biotechnologiefirma Moderna, die aktuell viel Zeit und Geld in mRNA-Impfstoffe investiert, geht beim Einsatz generativer KI-Systeme einen radikalen Weg. Wie oben bereits erwähnt, ist Moderna dabei, eine wirklich systematische KI-Transformation zu durchlaufen, indem jeder Geschäftsprozess – von der Rechtsabteilung über Forschung und Entwicklung, Produktion bis hin zum Vertrieb – analysiert und mit Hilfe von KI neu gestaltet wird[54].

Dies erklärte CEO Stéphane Bancel im Frühjahr 2024. Das ambitionierte Ziel: Innerhalb von sechs Monaten sollen alle Mitarbeiter generative KI vollständig beherrschen und akzeptieren. Zu diesem Zweck rollt Moderna firmenweit ChatGPT Enterprise aus (und schloss eine formale Partnerschaft mit OpenAI).

Die Nutzungszahlen sind beeindruckend: Binnen zwei Monaten wurden 750 benutzerdefinierte KI-Assistenten erstellt (GPTs). 40 % der wöchentlichen Nutzer haben eigene KI-Modelle trainiert. Durchschnittlich führen die Anwender 120 KI-Dialoge pro Woche.

Hier einige Beispiele für firmeninterne KI-Assistenten:

- »Dose ID« analysiert Studiendaten, um die optimale Impfstoffdosierung zu ermitteln.
- »Contract Companion« erstellt übersichtliche Zusammenfassungen von Vertragswerken.
- »Policy Bot« beantwortet Anfragen zu Unternehmensrichtlinien.

Laut Bancel zeigen die ersten Ergebnisse, dass Moderna dank KI mit der aktuellen Belegschaft von unter 6.000 Mitarbeitern zukünftig eine Produktivität wie 100.000 Angestellte erreichen und das Unternehmen so skalieren kann. Diesen Wandel meistert Moderna durch:

- Gründliche Recherche, Schulungen durch KI-Experten und umfassende Aufklärung
- Einen firmenweiten Wettbewerb, um die 100 besten »KI-Power-User« zu identifizieren und als Multiplikatoren einzusetzen
- Ihre regelmäßige Präsenz vor Ort mit »Office Hours« in allen Abteilungen
- Ein internes KI-Forum mit 2.000 wöchentlichen Teilnehmern
- Sichtbare Förderung durch die Unternehmensführung in Meetings, Anreizprogramme und Veranstaltungen mit Experten

Entscheidend ist der uneingeschränkte Rückhalt durch das Top-Management:
»90% der Unternehmen wollen generative KI nutzen, aber nur 10% sind erfolgreich. Der Grund für das Scheitern ist, dass die Mechanismen für eine Transformation der Belegschaft zur Annahme neuer Technologien fehlen«[55],
fasst Moderna CIO Brad Miller zusammen.

f. »KI von Klarna ersetzt 700 Vollzeitkräfte«?!

Klarna ist ein schwedisches Fintech-Unternehmen, das verschiedene Online-Zahlungsmethoden wie Kauf auf Rechnung, Ratenzahlung und Sofortüberweisung anbietet. Es ermöglicht Kunden, Waren erst nach Erhalt zu bezahlen und bietet Händlern eine sichere Zahlungsabwicklung. Mit über 150 Millionen Kunden und einer Bewertung von (zeitweise) über 45 Milliarden US-Dollar gehört Klarna zu den wertvollsten Fintechs Europas.

Und das wird vermutlich auch so bleiben. Denn Klarna hat Anfang des Jahres 2024 einen KI-Assistenten eingeführt, der in der Lage ist, Finanzfragen, Retouren, Rückerstattungen und sonstige Kundenanfragen in über 35 Sprachen vollautomatisch zu bearbeiten. Das ist eine bemerkenswerte Verschiebung hin zur Integration von KI:

- Der KI-Assistent deckt bereits das Arbeitsvolumen von 700 Vollzeitkräften im Kundenservice ab.
- In den ersten Monaten nach der Einführung hat der KI-Assistent bereits rund 2,3 Millionen Unterhaltungen geführt, was etwa zwei Drittel aller Kundendienstanfragen bei Klarna entspricht.
- Der KI-Kundenservice ist aktuell in 23 Märkten verfügbar und für die Klarna-Kunden rund um die Uhr über die App erreichbar.
- Jetzt erledigen Kund:innen ihre Anliegen in weniger als zwei Minuten. Zum Vergleich: Ohne KI benötigte die Bearbeitung einer Anfrage im Schnitt elf Minuten.
- Die exaktere Bearbeitung der Anfragen durch den KI-Bot führte zu einem Rückgang der wiederholten Anfragen um 25 %. Und all das bei gleichbleibender Kundenzufriedenheit.

Klarna sieht in der KI-Technologie einen Weg, die Notwendigkeit für Neueinstellungen zu reduzieren und die Effizienz zu steigern. Die Entlassung von ebenfalls rund 700 Mitarbeitern schon im Mai 2022 hat nach Aussagen des Managements aber nichts mit KI zu tun.

Durch den Einsatz der KI erwartet Klarna für 2024 eine Gewinnsteigerung von 40 Millionen USD. Und das erste Halbjahr gab ihnen recht:

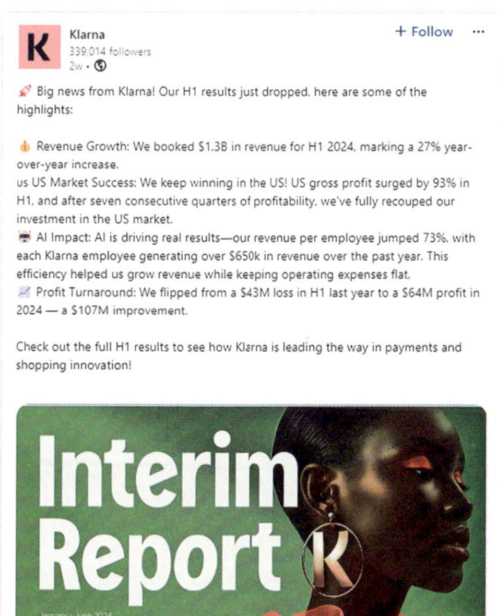

5

5. Kritisches Hinterfragen & Ausblick

- Wir plädieren für eine beherzte Nutzung von KI – allerdings unter beständigem kritischen Hinterfragen und mit einer sachkundigen Regulierung.
- Diese Regulierung können wir als Bürger einfordern – und sollten das auch tun, zu unserer eigenen Sicherheit.
- Um diese beiden Zwecke umzusetzen, rufen wir auf, eine Bewegung zu starten, die einen KI-K durch Deutschland schickt. »KI-K« wie KI-Kompetenz, für eine gemeinsame Zukunft in Wohlstand für alle.

Erinnern Sie sich noch an Abschnitt 2.3.2.? Dort haben wir angefangen mit der Definition von KI-Kompetenz. Wir haben gesagt, KI-Kompetenz besteht aus:

- KI-Readiness in Bezug auf Kultur/Denkweise und Fähigkeiten, bei Organisationen auch in Bezug auf Daten und Infrastruktur
- Datengetriebene Prozess- und, bei Organisationen, auch Kundenzentrierung sowie
- Dem beständigen kritischen Hinterfragen der bisherigen und der neuen Vorgehensweisen auf Basis von Daten

KI-Readiness haben wir für Personen in Kapitel 3, für Organisationen in Kapitel 4 abgehandelt, genauso wie Prozess- und, soweit sinnvoll, auch Kundenzentrierung. Fehlt nun noch das beständige datenzentrierte Hinterfragen der bisherigen und der neuen Vorgehensweisen. Soweit wir dies nicht auch schon oben mit besprochen haben, widmen wir dem nun dieses Kapitel.

5.1 KRITISCHES HINTERFRAGEN DER BISHERIGEN VORGEHENSWEISEN

Gerade erst angedeutet, jetzt schon eingelöst: Denn das kritische Hinterfragen der bisherigen Vorgehensweisen haben wir weitestgehend schon behandelt – eine gute Nachricht nach über 300 Seiten! Ich fasse also nur nochmal zusammen:

5.1.1 Persönlich bei jedem Einzelnen

Wir müssen all unsere Abläufe kritisch und datenbasiert hinterfragen, uns mit den Möglichkeiten der KI vertraut machen und einfach anfangen, sie einzusetzen. Wie das genau ging? Unsere Anregung ist, die eigenen Prozesse, die häufig wiederkehren und die Sie gern abgeben würden, aufzuschreiben im Hinblick auf die Einstellung eines potenziellen Mitarbeiters oder einer Mitarbeiterin. Hinterfragen Sie also kritisch:

- Was muss ich nicht wirklich selbst machen?
- Wie kann ich das, was für mich übrigbleibt, effizienter machen?

Wenn Sie dieses Buch bis hierher gelesen haben, haben Sie schon einige Zeit investiert. Machen Sie also jetzt nur den einen, kleinen, noch nötigen Schritt, damit Ihr Investment sich lohnt (wenn es nicht schon im Verlauf Ihrer Lektüre geschehen ist): Gehen Sie vor wie in unserer Anleitung in Abschnitt 3.4.3. beschrieben:

1. Analysieren Sie Ihre Prozesse und Aufgaben.
2. Gruppieren Sie sie nach Ähnlichkeit.
3. Setzen Sie jede Woche für eine Gruppe an Aufgaben KI ein.
4. Bewerten Sie jeweils, wie viele Aufgaben und wieviel Zeit Sie dadurch sparen.

Erinnern Sie sich an meinen Wunsch von oben? »Anfänger sein« muss wieder positiv bewertet werden. Denn wer etwas Neues anfängt, ist mutig und sollte bewundert werden.

Holen Sie sich also die Bewunderung, die Ihnen gebührt: Starten Sie jetzt etwas Neues – mithilfe von KI. Der Vorteil hierbei ist, dass alle Anfänger sind. Je schneller Sie starten, desto weniger Anfänger sind Sie unter den Anfängern – und werden mit Ihren KI-Tricks der/die beliebteste Gesprächspartner:in auf jeder Party sein! Jetzt ist der Moment, loszulegen (ich weiß, wovon ich spreche!).

5.1.2 In der gesamten Organisation

Kritischen Hinterfragen aller Prozesse in der Organisation war ein wesentlicher Bestandteil der oben beschriebenen Vorgehensweisen zur KI-Strategie. Zur Erinnerung:

Die Auswahl der Leuchttürme beruhte darauf, Probleme zu suchen, die dadurch entstehen, dass die Prozesse bisher manuell und aufwändig gelöst oder schlecht automatisiert wurden. Erforderlich dafür war, bestehende Prozesse datenzentriert zu untersuchen danach, welche besonders viel Aufwand verursachen. Und zwar sowohl die mit rein interner Wirkung (Betriebseffizienz, Entscheidungsunterstützung), als auch diejenigen mit externer Wirkung (Kundenerlebnis, neue Produkte/Dienstleistungen).

Das Gleiche gilt beim systematischen Ausrollen von KI in der Stoßrichtung »Optimierung«. Hier hatten wir sogar die Visualisierung mit einem Business Process Modeling (BPM)-Tool vorgeschlagen. Ähnlich in der Stoßrichtung »Wachstum von Bestehendem«, wo unsere Anregung war, alle Bestandteile des Geschäftsmodells anhand eines Canvas kritisch zu hinterfragen.

Übergreifend – und unabhängig von KI – möchte ich Ihnen ganz stark ans Herz legen, wenn Sie das nicht schon tun, all Ihre Prozesse darauf zu überprüfen, ob Sie sie nicht mit agilen Prinzipien leichter gestalten und näher an der Realität halten können. Ein schnelles, iteratives und kundenzentriertes Vorgehen ist Ihre einzige Versicherung in der sich schnell verändernden »AI first«-Welt!

5.2 KRITISCHES HINTERFRAGEN DER NEUEN VORGEHENSWEISEN

Haben Sie Ihre Prozesse sukzessive KI-fiziert, sind auch diese ständig kritisch zu hinterfragen. Vielleicht erinnern Sie sich: Eine verantwortungsvolle Nutzung von KI war der wesentliche Hebel dafür, die Risiken zu minimieren – für Sie und für alle anderen! Auch hierauf sind wir an verschiedenen Stellen dieses Buches schon eingegangen. Daher haben wir dies hier nochmal für Sie zusammengefasst in Form einer Checkliste:

Einschub 55: Checkliste für verantwortungsvollen Einsatz von KI

- Sind die Ergebnisse Ihres KI-Einsatzes **zutreffend:**
  - Sind sie richtig? (siehe oben 3.5.3. g Fact Checking)
  - Beinhalten sie offene oder versteckte Voreingenommenheit?
- Verbessern sie wirklich den **Prozess** – zu bemessen anhand der Kennzahl, auf die es Ihnen ankommt, wie z. B. der Conversion Rate, der Anzahl Ihrer LinkedIn-Posts, ...?
- Werden die **Ergebnisse** Ihrer KI-Nutzung immer besser (anhand der gewählten Kennzahl)?
- Sind die Ergebnisse unter Einhaltung aller **rechtlichen Vorschriften** zustande gekommen, insbesondere: Setzen Sie Daten ein entsprechend des Datenschutzes?
- Bewegen Sie sich innerhalb der **ethischen Grenzen**, die Sie sich persönlich und ggf. Ihre Organisation ihren Mitgliedern für die Nutzung von KI gesetzt haben (z. T. auch schon rechtlich verankert)? Zum Beispiel:
  - Ist den Empfänger:innen/Kund:innen klar, in wieweit KI am Ergebnis mitgewirkt hat?
  - Haben Sie ausreichend menschliche Tests und Aufsicht im Prozess?
  - Gehen Sie schonend und sozial verträglich mit Arbeitsplätzen um?
  - Bleiben Sie bei der KI-Nutzung innerhalb Ihrer Werte?
  - Denken Sie trotzdem noch selbst, oder verdummen Sie sich schon?

Eine gute Nachricht: Bei dieser Aufgabe kommt Ihnen zunehmend die KI selbst zu Hilfe! Einige Tools, wie z. B. PI von Inflection AI, ist in der Grundeinstellung so trainiert, dass es vorsichtig, reflektierend und seiner selbst nicht zu sicher ist. Es appelliert an die User, immer kritisch zu bleiben – unter der Annahme, dass der Mensch es im Zweifel besser weiß. So sagt es zumindest der Gründer, Mustafa Suleyman[56].

Während andere Entwickler eine KI-Lösung anstreben, die Aussagen auf glaubwürdige Quellen untersucht bevor sie »ausgespuckt werden«, gibt es bereits KI-unterstützte Tools wie Logically, sensity.ai oder Infactory, die auf das Checken von Fakten spezialisiert sind. Und just heute kam die Nachricht:

OpenAI entwickelt CriticsGPT, eine KI, die den menschlichen Trainern hilft, die Fehler von ChatGPT auszumerzen[57].

Abschließend möchte ich das Wort nochmal an Stefan Latuski, CIO der Bundesagentur für Arbeit, geben. Denn besser als er kann ich es nicht zusammenfassen:

»Es ist wichtig, die Auswirkungen auf Gesellschaft, Ethik und Privatleben kritisch zu reflektieren und sich der potenziellen Risiken und Herausforderungen bewusst zu sein. Nur so können wir uns für einen verantwortungsvollen Umgang mit KI einsetzen. Das eine tun und das andere nicht lassen!«

5.3. AUSBLICK: WIE WIR ES SCHAFFEN, KI NUTZEN UND GLEICHZEITIG DIE RISIKEN VERMINDERN

Das eine tun und das andere nicht lassen: Genau das ist die Strategie, die diesem Buch zugrunde liegt. Vielleicht erinnern Sie sich noch an den Anfang: In Kapitel 2.2. haben wir gesagt, es komme auf jede:n an, die Risiken des Einsatzes von KI zu mindern.

»Wir haben also nur noch Hebel der Eindämmung der Risiken, nämlich

- *einen verantwortungsvollen Umgang mit KI durch die Nutzer:innen und*
- *kompetent entwickelte Regulierung für Entwicklung und Nutzung von KI.*

Beides ist aber nur möglich, wenn wir KI nutzen. Dabei langt es nicht, nur so ein bisschen mitzumachen. Sondern wir müssen ergebnisoffen und ernsthaft mitmachen. Denn der, der sich nicht mit KI auseinandersetzt, wird nicht zu einem verantwortungsvollen Umgang kommen. Diejenigen, die zuständig sind für Regulierung müssen KI vorher selbst nutzen, um auf Basis von Kompetenz qualifizierte Grenzen zu ziehen. Und nicht, wie so oft, auf Basis von Unwissenheit, Angst oder Lobbydruck. Meine Schlussfolgerung ist: Wir alle müssen KI nutzen. Auch, um die Risiken aus der Nutzung von KI einzudämmen. Es ist daher ein Beitrag zu unser aller Sicherheit, sich mit dieser Technologie vertraut zu machen, also KI-Kompetenz erwerben.«

Vielleicht denken Sie nun, ich sei zu optimistisch in Bezug auf KI, vielleicht sogar naiv, und würde die Risiken als zu gering einschätzen. Andererseits ist es, wie oben dargelegt, keine Option, KI zu verweigern, wenn wir vermeiden wollen, unser Land von der Entwicklung der Weltwirtschaft abzukoppeln. KI zu nutzen und dabei alles daran zu setzen, die Risiken so weit wie möglich zu minimieren, ist die Strategie, die übrig bleibt. Und dabei ist es dann erstmal unerheblich, wie groß die Risiken genau sind. Größtmögliche Mühe muss man sich ohnehin geben.

Zusammenfassend: Was Sie mit Ihrem Verhalten bewirken können

Zum ersten Hebel, dem Minimieren der Risiken bei der eigenen Nutzung, haben wir Ihnen in diesem Buch folgende Mittel an die Hand gegeben:

- Gegen zunehmende Abhängigkeit von KI: Selbstdisziplin, Training der eigenen Intelligenz, kritisches Hinterfragen des Einsatzes der verschiedenen LLMs
- Bei drohendem Verlust des eigenen Arbeitsplatzes: Sich frühzeitig auf die Arbeit mit KI vorbereiten, allgemeine Fortbildung für die eigene Zukunftsfähigkeit
- Gegen Manipulation: Medienkompetenz, kritische Betrachtung aller persönlichen Nachrichten, Bilder, Audios und Videos
- Gegen Datenmissbrauch: Vorsichtiger, geschulter Umgang mit sensiblen Daten bei der Nutzung von KI
- Gegen Gefahr von Diskriminierung durch die Ergebnisse von KI: kritisches Hinterfragen der Funktionsweise und Ergebnisse, Fact Checking, Definition von ethischen Leitlinien bei der Nutzung
- Zur Abwehr von Gefahren für die Selbstbestimmung: Bei Nutzung von KI immer involviert bleiben (»man in the loop«-Prinzip), Definition von ethischen Leitlinien bei der Nutzung
- Zur Verminderung der Cyberkriminalität: kritische Betrachtung aller Interaktionen, Einhalten der allgemeinen Sicherheitsregeln hinsichtlich sensibler Informationen
- Zum Vermeiden unerwünschter Konsequenzen/Verhaltensweisen der KI: kritisches Überprüfen des Verhaltens und der Entscheidungen der KI, Gesamtentwicklung im Auge behalten

Wie wir Entwickler beeinflussen können

Nutzen Sie auch Ihre eigenen Hebel auf entwickelnde Unternehmen, vor allem Ihren Geldbeutel:

- Bevor Sie sich für ein Tool entscheiden, informieren Sie sich, wie verantwortungsvoll das Unternehmen mit Daten umgeht.
- Unterstützen Sie Organisationen, die Tools entwickeln, die andere KI-Tools testen, kritisieren, etc. (Stichwort »kritisches Hinterfragen durch die Maschine«).
- Melden Sie es an die Entwickler und die z. B. aufgrund des EU AI Acts zukünftig eingerichteten öffentlichen Stellen, wann immer Ihnen etwas seltsam vorkommt bei den Ergebnissen von KI – Bias, Abdriften in Rassismus o. Ä., Leistungsabfall etc.

- Halten Sie Aktien eines entwickelnden Unternehmens, nutzen Sie die damit verbundenen Rechte, wie z. B. auf der Hauptversammlung zu sprechen, um auf das aus Ihrer Sicht richtige Verhältnis zwischen Sicherheit und Profit hinzuwirken. Bill Gates als Haupteigentümer von OpenAI hat z. B. damit einen großen Hebel in der Hand, seine Philanthropie nicht durch Spenden, sondern durch eine im besten Sinne gemeinnützige Ausrichtung von OpenAI auszuleben. Hoffentlich macht er das auch!
- Haben Sie aus anderem Grund – z. B. als Großkunde – erheblichen Einfluss auf gewinnorientierte KI-Entwickler, verlangen Sie unabhängige Audit-Komitees, starke Prüfungs- und Reflexionsmechanismen und die robuste Verankerung von sozialen Belangen in den Unternehmenswerten.

Wie wir Kultur und Werte beeinflussen können

Im vorhergehenden Abschnitt wurde es implizit schon deutlich: Unsere Hebel auf KI-Entwickler sind eher begrenzt – es sei denn, wir haben eine direkte Geschäftsbeziehung. Dennoch sind auch die indirekten, die kollektiven Hebel nicht zu verachten, die wir haben, um subtil eine stärker sicherheitsorientierte KI-Entwicklung herbeizuführen[58]:

Unterstützen Sie gemeinwohlorientierte Organisationen finanziell, die proaktiv nach Fehlern in KI-Modellen suchen, genauso wie solche, die eingetretene Risiken in einer öffentlich einsehbaren Datenbank dokumentieren (Datenlecks, Cyberattacken, jeden Bias in einem LLM, Verstöße gegen die DSGVO). Kein Entwickler möchte gern häufiger in einer solchen Liste vorkommen!

Grenzenlose Gier darf nicht mehr geil sein, sondern ein Zeichen von Charakterschwäche. Umgekehrt müssen diejenigen bewundert werden, die aus Verantwortungsgefühl für die Menschheit etwas nicht machen, obwohl es Gewinn verspricht. Welche Hebel haben wir hier? Zugegebenermaßen nicht viele, aber öffentlicher Druck hat auch schon in der Vergangenheit – zumindest vorübergehend – neue Normen geschaffen. So viel ist inzwischen nicht mehr akzeptiert, was früher einmal zum guten Ton gehörte: Sklaverei, Wahlrecht nur für Männer, Rauchen, Steuersparmodelle, dicke Verbrennerkarren. Gefährdung der Menschheit aufgrund persönlicher Gier oder dem Streben nach Macht muss mit auf diese Liste.

Genau das gleiche gilt für übermäßige Schnelligkeit in der Entwicklung: Der übliche Silicon Valley-Spruch »Move fast and break things« darf bei KI nicht mehr gelten, wenn es ggf. um das Schicksal der Menschheit geht. Stattdessen muss es heißen: »Move slowly and make AI safer every step of the way«. Dieser Sinneswandel muss einerseits bei den CEOs, jedoch vor allem bei den Investoren einziehen, die Milliarden in verschiedene KI-Start-ups investiert haben, die natürlich mehrfach vervielfacht zurückfließen müssen. Und bei diesen hartgesottenen Gesellen fehlt selbst mir die Fantasie, wie wir das anstellen könnten.

Wie wir die richtige Regulierung erzwingen können

Doch auch damit sind unsere Mittel noch nicht ausgeschöpft! Wie oben gesehen, gibt es einen zweiten Hebel für kleinstmögliche Risiken, nämlich kompetent entwickelte regulatorische Rahmenbedingungen für Entwicklung und Nutzung von KI. Das ist natürlich eher das Feld von Regierungen oder supranationalen Einrichtungen, aber auch hier haben wir Möglichkeiten der Einflussnahme:

National

Hinterfragen wir auf der nationalen Ebene kritisch, ob **bestehende Gesetze** (wie die KI-Verordnung der EU oder die Spezialgesetze, in die ihre Regelungen aufgenommen werden) in Anbetracht des aktuell und mittelfristig zu erwartenden Stands der Technologie ausreichen, um Missbrauch von KI bei Entwicklung und Nutzung zu vermeiden. Ob das tatsächlich der Fall ist, wird sich weisen, wenn die EU-KI-Verordnung, die seit dem 1. August 2024 in Kraft ist, ab Februar 2025 mit den ersten Bestimmungen für Unternehmen verpflichtend wird[59]. Stellt sich heraus, dass die Industrie mal wieder klüger ist, lassen Sie uns Nachbesserung verlangen!

Hinterfragen wir doch weiterhin kritisch, ob diese Gesetze durch die Behörden auch so **angewendet werden**, dass sie in Bezug auf die Risiken durch den Einsatz von KI ihre maximale Wirkung entfalten. Insbesondere wird spannend, welche nationale Behörde die Aufsicht im Rahmen der KI-Verordnung übernehmen und wie sie dafür ausgestattet wird – mit Befugnissen, Kompetenzen, Personal und Geld.

Und drängen wir gemeinsam darauf, dass auf nationaler Ebene genügend **Sachverstand in der Politik** vertreten ist für eine angemessene weitere Regulierung bzw. Anwendung, so dass wir im Ergebnis ein Schutzniveau haben, das so umfassend ist wie in stark regulierten Branchen, bspw. Atomenergie, Banken, Pharma oder Biotechnologie. Dafür braucht es unbedingt Neueinstellungen in den Ministerien – oder gleich ein eigenes Ministerium für Neue Technologien.

Das einfachste Mittel dazu wäre natürlich, eine Partei zu wählen, in der dieser Sachverstand vertreten ist oder die zumindest die Meinung von Spezialisten einholt, wertschätzt und in ihrer Arbeit abbildet.

Langfristig sollten wir weiterhin von unseren Regierungen verlangen, eine **komplette Analyse und Ausrichtung der Gesellschaft** auf die Auswirkungen des flächendeckenden Einsatzes von KI vorzunehmen: So sprach sich der Internationale Währungsfonds im Juni 2024 u. a. für den Umbau der Sozialsysteme mit einer großzügigeren Arbeitslosenversicherung, eventuell einem bedingungsloses Grundeinkommen, Fortbildung der Bürger:innen, Umschulung der Arbeitnehmenden (wie z. B. in Singapur, wo allen Erwachsenen ein KI-Studium finanziert wird) und Neudefinition der Bildung an Schulen und Universitäten aus[60]. Dies alles nicht finanziert aus dem allgemeinen Steueraufkommen, sondern über eine neue Steuer, nur von den Unternehmen, die die Vorteile aus KI genießen. Das ist sicher ein dickes Brett – aber ohne wird es nicht gehen!

Europäische Ebene

In Bezug auf die regionale, europäische Ebene hat sich zuletzt eine Menge getan: Am 13. März dieses Jahres hat das Europäische Parlament, am 21. Mai 2024 dann auch der Europäische Rat die **KI-Verordnung der EU** beschlossen. Sie tritt in Kraft 20 Tage nach der Veröffentlichung, was im August geschehen ist. Das, was darin zu finden ist bzgl. der Regulierung von Anbietern von KI (Entwicklern und Betreibern), liest sich gut. Was es aber in der Wirklichkeit bedeutet, und ob es mit den gestaffelten Zeiten des »Scharfschaltens« bis zum Jahr 2028 schnell genug kommt, können wir heute noch nicht beurteilen. Eine Initiative zum freiwilligen Vorziehen der Wirksamkeit dieser Regelungen – **der EU AI Pact** –, bei dem Stand Mai 2024 550 Interessensbekundungen am neu eingerichteten Amt für KI der EU-Kommission eingegangen sind[61], lässt darauf hindeuten, dass selbst dem Verordnungsgeber diese Fristen zu lang vorkamen. Auf jeden Fall fehlen aber Regelungen für die Nutzenden von KI, die einige der oben dargestellten Maßgaben von persönlichen Vorhaben in echte rechtliche Verpflichtungen verwandeln.

Internationale Ebene

Aufgrund des grenzenlosen Wesens von KI ist die internationale Ebene die wichtigste, aber auch die schwierigste. Was können wir hier erreichen[62]?

Lassen Sie uns gemeinsam Druck darauf ausüben, dass unser Land und die gesamte EU sich auf dem internationalen Parkett so bewegen, dass sie mitspielen können bei den »Großen«. Dass die EU nicht an den Kindertisch gerät, sondern sich einen Platz am Erwachsenentisch sichert, um die supranationale Regulierung zusammen mit den USA, China und Indien mitzugestalten. Mit anderen Worten: Fordern Sie die Politik auf, sehr schnell KI-kompetent zu werden, um **auf Augenhöhe** zu kommen und eine intelligente, funktionierende und globale Regulierung (mit) zu bestimmen.

Vermutlich ist nationale oder regionale Regulierung ohnehin zahnlos angesichts der grenzüberschreitenden Natur der KI. Lassen Sie uns also mit allen uns zur Verfügung stehenden Mitteln – Unterschriftenaktionen, Demos etc. – verlangen, dass **supranationale Organisationen** geschaffen werden, die die Anbieter von KI-Tools und die Tools selbst auditieren und kontinuierlich überwachen – auch außerhalb der EU. Als Ausgangsmodell könnte vielleicht die Internationale Atomenergiebehörde dienen.

Und: Lassen Sie uns gemeinsam nach den besten Wegen suchen, Gespräche im Hinblick auf Verhandlungen und Abschluss eines **verbindlichen multilateralen Vertrags** anzustoßen, der die Entwicklung und Verbreitung von KI regelt. Verbindlich, im Gegensatz zu dem ersten Abkommen, das von 18 Staaten – darunter Deutschland, USA, Großbritannien und Singapur – im November 2023 geschlossen wurde[63]. Und der ersten Vereinbarung über gemeinsame Werte und Prinzipien bzgl. KI, die schon 2021 unter 193 Nationen innerhalb der UN geschlossen wurde. Vielleicht sind gerade die deutschsprachigen Staaten, mit ihrer Historie in starkem Datenschutz und guter Diplomatie, hier prädestiniert, auf internationalem Parkett in Führung zu gehen? Ausreichende KI-Kompetenz und volkswirtschaftliche Position wieder vorausgesetzt.

Dazu gehört auch, spätestens auf internationaler, aber vielleicht auch schon auf EU-Ebene, dass wir deutlich verlangen, dass ausreichend Ressourcen investiert werden in **Forschung und Entwicklung** von technischen Sicherheitsrahmen, in Tests sowie in die Ausbildung von entsprechend hochqualifizierten Entwicklern. Und all dies schnell, bevor »security debt« – zugunsten einer besonders schnellen Entwicklung übersprungene Sicherheits-Arbeiten – in die Fundamente von KI-Architektur übergehen (wenn es nicht schon zu spät ist ...). Und – last but not least – sollte auch sichergestellt werden, dass die KI-entwickelnden Unternehmen sich verpflichten, bis zu einem bestimmten Zeitpunkt einen Abschaltknopf zu bauen.

Lassen Sie uns eine Bewegung starten!

Wir haben viele Ansätze zusammengetragen, die uns ermöglichen, das Eine zu tun ohne das Andere zu lassen. Das sind unsere ersten Ideen. Vielleicht fallen Ihnen noch Weitere ein? Dann melden Sie sich unter ki-k@culcha.com.

Unabhängig davon sind alle Ansätze deutlich wirkungsvoller, je mehr Menschen sie verfolgen und sich dabei vielleicht sogar zusammentun. Unser Vorschlag ist daher: Lassen Sie uns eine Bewegung schaffen, die nicht nur die eigene KI-Kompetenz von Individuen und Organisationen stärkt, sondern die auch die KI-kompetente Regulierung durch unsere Regierungen einfordert.

Aktuell haben wir bereits rund 50 Multiplikator:innen, die sich als Einzelpersonen für diese Bewegung engagieren. Zudem konnten wir Verbände und Unternehmen dazu gewinnen, mit uns eine Partnerschaft einzugehen. Mit vielen Weiteren sind wir in Gesprächen. Den jeweils aktuellen Stand können Sie auf der Webseite www.ki-k.org einsehen.

Wir haben uns auf die Fahnen geschrieben, durch gemeinsame politische Arbeit, durch Social Media und durch Pressearbeit auch einem breiteren Kreis, über die Leserschaft dieses Buches hinaus, Impulse zu geben, sich KI-Kompetenz anzueignen. Zu diesem Zweck sind bereits Events geplant, wie z. B. Lesungen, Seminare oder Webinare, einerseits für Privatpersonen, andererseits für Unternehmen und ihre Führungskräfte. Ferner schicken wir uns an, ein starkes Netzwerk von Transformator:innen zu bilden, das sich gegenseitig unterstützt, die Gesellschaft weiterentwickelt durch Überzeugungsarbeit und praxisnahes Wissen und die Politik einbezieht.

All dies getreu dem Motto:

Ein KI-K muss durch Deutschland gehen:
KI-Kompetenz für eine Zukunft in Wohlstand

Nehmen wir diese beiden Hebel zusammen – kompetente und umfangreiche eigene Nutzung von KI bei Einzelnen und Organisationen einerseits, kompetente globale Regulierung andererseits – können wir es schaffen. Wir können ein neues Wirtschaftswunder auf den Weg bringen, so wie damals in den Sechzigern. Wir könnten aus dem unteren Mittelfeld wieder ins obere Drittel der Digitalisierungsrankings vorstoßen. Wir könnten, in der Folge, nicht mehr Schlusslicht bei der Entwicklung des Wohlstands sein. Wir könnten dann den riesigen Abstand zu China verringern sowie Japan und Indien gelassen ins Auge sehen. Damit hätten wir wieder die Chance, zum Führungstrio der stärksten Volkswirtschaften zu gehören und auf Augenhöhe mitzusprechen – genau so, wie es unser Anspruch ist.

Wäre das nicht schön?

Dankesworte

Während des Schreibens dieses Buches gab es viele Momente, in denen ich sehr dankbar war:

- Mein erster Dank gilt allen Podcastgästen, Expert:innen und Powerusern, die auf den inneren Umschlagseiten abgebildet sind, für ihre Zeit und ihre Weisheit. Wir hatten während der Gespräche oft auch viel Spaß. Ich hoffe, das transportiert sich!
- Ein riesiges Dankeschön an meine Freund:innen, die die inhaltliche Prüfung übernommen haben: Petra Lemcke und Ufuk Ebcinoglu für die allgemeine Durchsicht (I owe you a ton 🙂!) sowie Beate Heinisch, Harald Greiner und Claudia Qualbrink für die zusätzliche Vertiefung entsprechend ihrer Expertise.
- Ich danke dem Verlag Vahlen, insbesondere dem Lektor Thomas Ammon für seine herausragende Unterstützung sowie seinen Kolleg:innen Ralf During (für Spezial-Know-how), Nadine Bernhardt und Katrin Ebernau für die wunderbare Gestaltung im Außen und im Innen.
- Mein tiefer Dank auch für die besonderen Beiträge von Melanie Kehr und Dr. Ralf Wintergerst (Vorworte), der Verlegerin Karin Schmidt-Friderichs

(Sparring wann immer nötig) sowie Sebastian Ganske für den Laptop in Zeiten der Not.
- Abschließend danke ich meiner – erweiterten – Familie. Für mehr, als ich hier aufführen kann. Im Zusammenhang mit diesem Buch vor allem für ihre Geduld mit mir, wenn ich mal wieder im Tunnel war, und die Aufbauarbeit in den Momenten, in denen ich zwar wieder aufgetaucht, aber es immer noch hart war.

Nicht nur für die Kindererziehung, sondern auch für den Prozess zum Großziehen eines Buches gilt anscheinend »Es braucht ein Dorf!«.

Tausend Dank an alle, die dabei geholfen haben – genannt und ungenannt!

Verzeichnis der Abbildungen, Textkästen, Interviews

Stichwortverzeichnis

L

M

Endnoten- und Literaturverzeichnis

1 Europäische Kommission: Der Digital Economy and Society Index (DESI), in: Politikbereiche, 27. September 2023, https://digital-strategy.ec.europa.eu/en/policies/desi

2 World Competitiveness Center: World Digital Competitiveness Ranking 2023, in: International Institute for Management Development (IMD), 2024, https://www.imd.org/centers/wcc/world-competitiveness-center/rankings/world-digital-competitiveness-ranking/

3 Meissner, Prof. Dr. Philip/Schweinsberg, Prof. Dr. Klaus/Poensgen, Dr. Christian: Digital Riser Report 2021, in: European Center for Digital Competitiveness by ESCP Business School, 2. September 2021, https://digital-competitiveness.eu/wp-content/uploads/Digital_Riser_Report-2021.pdf, p. 10–13

4 Zentrum für Europäische Wirtschaftsforschung (ZEW), Calculus Consult: Länderindex Familienunternehmen, 9. Auflage, München: Stiftung Familienunternehmen (Hrsg.), 2023, https://www.familienunternehmen.de/media/pages/publikationen/laenderindex-familienunternehmen-2023/a7b017f9fa-1700136063/laenderindex-2022_studie_stiftung-familienunternehmen.pdf, S. 105.

5 OECD: Real GDP forecast (indicator), in: GDP and spending, 2024, doi: 10.1787/1f84150b-en
Erläuterung: Das reale Bruttoinlandsprodukt (BIP) ist das BIP in konstanten Preisen und bezieht sich auf das Volumenniveau des BIP. Schätzungen des BIP zu konstanten Preisen werden erhalten, indem der Wert aller in einem bestimmten Jahr produzierten Waren und Dienstleistungen ausgedrückt wird, ausgedrückt in Form eines Basiszeitraums. Die Prognose basiert auf einer Einschätzung des wirtschaftlichen Klimas in einzelnen Ländern und der Weltwirtschaft unter Verwendung einer Kombination aus modellbasierten Analysen und Expertenurteilen. Dieser Indikator wird in Wachstumsraten im Vergleich zum Vorjahr gemessen.

6 Büchel, Jan/Bakalis, Dennis/Scheufen, Marc: Digitalisierungsindex 2023: Digitalisierung der Wirtschaft in Deutschland, in: Institut der deutschen Wirtschaft,

i. A. des Bundesministeriums für Wirtschaft und Klimaschutz (BMWK), 27. Dezember 2023, https://www.iwkoeln.de/studien/jan-buechel-marc-scheufen-dennis-bakalis-digitalisierung-der-wirtschaft-in-deutschland-2023.html

7 Zimmermann, Dr. Volker: Digitalisierung im internationalen Vergleich, in: Kreditanstalt für Wiederaufbau (KfW), 14. Oktober 2021, *https://www.kfw.de/PDF/Download-Center/Konzernthemen/Research/PDF-Dokumente-Fokus-Volkswirtschaft/Fokus-2021/Fokus-Nr.-352-Oktober-2021-IT-Investitionen.pdf*

8 Marshall, Matt: IDC study: Businesses report a massive 250 % return on AI investments, in: Venture Beat, 2. November 2023, https://venturebeat.com/ai/idc-study-businesses-report-a-massive-3–5x-return-on-ai-investments/

9 Meisel, Pina/Göbel, Markus: Microsoft-Umfrage: KI fördert die Produktivität und verbessert das Zeitmanagement in deutschen Unternehmen, in: Microsoft News Center, 18. April 2024, https://news.microsoft.com/de-de/microsoft-umfrage-ki-foerdert-die-produktivitaet-und-verbessert-das-zeitmanagement-in-deutschen-unternehmen/

10 Chui, Michael et al.: The economic potential of generative AI: The next productivity frontier [Research Report], in: McKinsey digital, 14. Juni 2023, https://www.mckinsey.com/capabilities/mckinsey-digital/our-insights/the-economic-potential-of-generative-ai-the-next-productivity-frontier#key-insights

11 World Competitiveness Center: World Digital Competitiveness Ranking 2023, in: International Institute for Management Development (IMD), 2024, https://www.imd.org/centers/wcc/world-competitiveness-center/rankings/world-digital-competitiveness-ranking/

12 Future Today Institute (Webb, Amy), Future Today Institute: Country Scenarios: Germany, März 2024, https://futuretodayinstitute.com/download-germany/

13 Bundesministerium für Bildung und Forschung (BMBF): BMBF-Aktionsplan »Künstliche Intelligenz«, 07. November 2023, https://www.bmbf.de/bmbf/de/forschung/digitale-wirtschaft-und-gesellschaft/kuenstliche-intelligenz/ki-aktionsplan.html

14 Europäischer Rechnungshof: Im Wettrennen um künstliche Intelligenz muss die EU einen Zahn zulegen, 29. Mai 2024, https://www.eca.europa.eu/de/news/NEWS-SR-2024–08

15 Felden, Frank/Zelt, Thilo/Bauer, Patrick/Siegert, Sabine: Digital Government Citizen Survey. Schneller, einfacher, nutzerorientierter – drei zentrale Forderungen an die Digitalisierung der deutschen Behördendienste, in: Boston Consulting Group, Juni 2023, https://www.bcg.com/publications/2023/germany-digital-government-citizen-survey

16 OECD: OECD Economic Outlook, in: OECD Publications, Volume 2024 Issue 1, OECD Publishing, Paris, 02. Mai 2024, https://doi.org/10.1787/69a0c310-en

17 Gregory, Terry/Salomons, Anna/Zierahn, Ulrich: Racing With or Against the Machine? Evidence from Europe, in: Zentrum für Europäische Wirtschaftsforschung, Discussion Paper, Nr. 16–053, 2016, https://ftp.zew.de/pub/zew-docs/dp/dp16053.pdf

18 Arntz, Melanie/Gregory, Terry/Zierahn, Ulrich: The Risk of Automation for Jobs in OECD Countries: A Comparative Analysis, in: OECD Social, Employment and

Merlin Bauer
Head of Data Platforms
Ringier AG

Dr. Ralf Belusa
Managing Director
Digital Business &
Transformation
Hapag-Lloyd AG

Dr. Timo Christophersen
Chief AI Officer
Otto (GmbH & Co. KG)

Inga Dransfeld-Haase
Vorständin für Arbeit
und Soziales
BP Europa SE

Harald Greiner
Vice President IT,
Technology & Sourcing
Holtzbrinck Publishing Group

Kathrin Günther
Vice President
Digital Solutions
Uhlmann Pac-Systeme

Dr. Andreas Hamprecht
CIO/CDO
DB Regio AG

Dr. Sebastian Harrer
Bereichsleiter Personal
LBBW

Klaus Hermes
Director Digital
Transformation &
Global Partners
TotalEnergies

Gero Hesse
CEO
EMBRACE

Dr. Wolfgang Hildesheim
Director, Head of
Watson, Data Science
and AI DACH
IBM

Marc Horn
Chief Transformation
Officer Life Sciences
Merck Group

Matthias Hülsmann
Vice President
Source-to-Deliver
Bosch

Rainer Karcher
Global Director
IT Sustainability
Siemens AG

Dr. Markus Keddi
Senior Vice President
Corporate HR
Voith Group

Melanie Kehr
CIO / COO
Kreditanstalt für Wiederaufbau (KfW)